U0226078

大数据技术丛书

Big Data Architecture and Algorithm in Action
The Implementation in e-Commerce Systems

大数据架构和算法实现之路
电商系统的技术实战

黄申◎著

机械工业出版社
China Machine Press

图书在版编目（CIP）数据

大数据架构和算法实现之路：电商系统的技术实战 / 黄申著. —北京：机械工业出版社，
2017.6（2018.1 重印）
（大数据技术丛书）

ISBN 978-7-111-56969-5

I. 大…　II. 黄…　III. 数据处理　IV. TP274

中国版本图书馆 CIP 数据核字（2017）第 101843 号

大数据架构和算法实现之路：电商系统的技术实战

出版发行：机械工业出版社（北京市西城区百万庄大街 22 号　邮政编码：100037）	
责任编辑：杨绣国　陈佳媛	责任校对：殷　虹
印　　刷：中国电影出版社印刷厂	版　　次：2018 年 1 月第 1 版第 2 次印刷
开　　本：186mm×240mm　1/16	印　　张：27.5
书　　号：ISBN 978-7-111-56969-5	定　　价：79.00 元

凡购本书，如有缺页、倒页、脱页，由本社发行部调换

客服热线：（010）88379426　88361066　　　　投稿热线：（010）88379604
购书热线：（010）68326294　88379649　68995259　　读者信箱：hzit@hzbook.com

最近的这几年，我们见证了大数据和人工智能如何推动企业的转型和升级。大数据的获取、处理和运营逐渐融入不同规模企业的日常业务中，并成为它们的创新引擎。之前我们就已经看到 Google 的广告业务，它背后存在许多大数据的技术作为支撑，因此，它能够比较精确地预测在什么时候给你推荐什么内容的广告。时至今日，这样的大数据技术越来越多地应用到生活中的各个领域，包括电商、金融、旅游、健康，甚至是游戏和娱乐产业。

不过，在利用大数据技术创新的时候，人们往往面临这样的困惑：对于某类技术，如何找到合适的应用场景？反之亦然。所以，无论是在微软还是金山时，我们都非常强调将科研成果转变为实际的产品的过程。在创新的同时，需要找到合理的产品解决方案和定位。本书的作者黄申曾经在微软亚洲研究院工作，从事机器学习相关的研究。之后他加入了 eBay 中国等多家电子商务公司，对于大数据技术在电商领域的应用有着自己独到的见解。相信本书能够从电商业务的需求出发，解析技术实战的难点，探讨大数据和商业的结合之道，帮助大家打造更多实用型的创新产品。

张宏江先生，源码资本合伙人，前金山软件 CEO、前微软亚太研发集团 CTO

2017 年 4 月

前　言 *Preface*

为什么要写这本书

首先要感谢机械工业出版社华章公司的编辑们，在他们的大力支持下，我于 2016 年出版了《大数据架构商业之路：从业务需求到技术方案》一书，并获得了良好的销售额和口碑。不少读者主动和我联系，表示从书中学习到了如何使用大数据的知识，来制定合理的技术方案。能够让读者从书中获益，我也感到非常欣慰。与此同时，也有部分读者表示对于技术的细节很感兴趣，对此书未能包含实现部分深感遗憾。对此，我一直在犹豫是否需要重新写一版，包含更多的实战内容。因为《大数据架构商业之路：从业务需求到技术方案》一书的定位是最大程度地弥补业务需求和技术方案之间的空白，针对的读者主要是互联网公司的技术管理人员、产品经理、初级的架构师等。如果直接加入过多的技术细节，可能会导致该书的定位不清，让读者难以获得最佳的阅读体验。

与本书的策划编辑杨老师再三讨论之后，我决定不在原书中加入更多的实现部分，而是重新撰写一本兄弟篇。这本全新的书，仍然会沿用前作的故事背景和应用场景，不过读者对象改为资深的程序员、算法工程师、数据科学家和系统架构师。因此，新作将大幅缩减基础知识的详细介绍以及业务需求的逐步分析，而是直接进入实战的主题，包括系统架构、算法设计，甚至是重要的代码部分。当然，我也不希望该书全由代码堆砌而成，因此主要针对核心代码进行了讲解。全部的实例代码会以其他形式来提供。

虽然定位有所不同，但是我仍然希望保持前作深入浅出的特点。

- ❑ 易读易懂。黄小明和杨大宝的创业故事在稍作修改的基础之上得以保留，继续使用生动的案例和形象的比喻来解读难点，降低理解的门槛。

- ❑ 可实践性强。本书选取了电子商务的平台，通过分享大量实践才能积累的宝贵经验和重点代码，最大程度地弥补业务需求和技术方案之间的空白。与此同时，针对频繁升级的开源软件，我也采用了2016年年底到2017年年初最新的版本。因此，部分代码甚至可作为中小公司创业起步的参考模板。这有利于技术人员针对不同的业务需求，规划更为合理的技术方案。

最后，我们衷心希望本书成为相关领域技术专家的良师益友，大家在阅读之后，对电商大数据的实践能有更加深入的理解，并对自己所从事的项目有所裨益。

读者对象

根据本书撰写的起心动念，我们觉得其内容适合如下的读者。

- □ 大数据相关领域的程序开发者和技术骨干。从本书中，他们可以看到常见的互联网公司从创业初期到中期，应该怎样设计数据平台、如何解决技术上的难题，才能最终满足业务需求。
- □ 中小互联网创业公司的数据科学家或者算法工程师。算法是数据平台的一个关键因素。最近几年，人工智能、机器学习乃至深度学习都是学术界和工业界的一大热点，而数据科学家也成为受人追捧的职业。合理地运用智能算法将从很大程度上节约重复劳动的成本，提高效率和转化率，最终增加商业的价值。
- □ 架构工程师。架构是数据平台的另一个关键因素，很多刚刚从院校毕业、工作没多久的朋友，学了一身的本领，对新技术也很有热情，可惜没有太多实践的机会。本书中的案例，浓缩了不少业界实践的经验和心得，如能融会贯通，对他们的工作将有很大帮助。同时，覆盖面较广的技术课题概述，也为他们继续深入研究提供了方向和可能。

总之，本书适合钻研实现细节的程序员、工程师和算法专家。和前作的侧重点有所不同，本书并不适合作为入门教程使用。因此建议没有相关基础知识的读者，读完前作之后再来阅读此书。

如何阅读本书

本书介绍了一些主流技术在商业项目中的应用，包括机器学习中的分类、聚类和线性回归，搜索引擎，推荐系统，用户行为跟踪，架构设计的基本理念及常用的消息和缓存机制。在这个过程中，我们有机会实践R、Mahout、Solr、Elasticsearch、Hadoop、HBase、Hive、Flume、Kafka、Storm等系统。如前所述，本书最大的特色就是，从商业需求出发演变到合理的技术方案和实现，因此根据不同的应用场景、不同的数据集合、不同的进阶难度，我们为读者提供了反复温习和加深印象的机会。

勘误和支持

众所周知，大数据的发展实在是太快了。可能就在你阅读这段文字的同时，又有一项新的技术诞生了，N 项技术升级了，M 项技术被淘汰了。再加之笔者的水平有限，书中难免会出现一些不够准确或遗漏的地方，恳请读者通过如下的渠道积极建议和斧正，我们很期待能够收到你们的真挚反馈。

QQ：36638279

微信：18616692855

邮箱：s_huang790228@hotmail.com

LinkedIn：https://cn.linkedin.com/in/shuang790228

致谢

首先要感谢上海交通大学和俞勇教授，你们给予我不断学习的机会，带领我进入了大数据的世界。同时，感谢阿里云的高级总监薛贵荣，你的指导让我树立了良好的科研态度。

还要感谢微软亚洲研究院、eBay 中国研发中心、沃尔玛 1 号店、大润发飞牛网和 IBM 中国研发中心，在这些公司十多年的实战经验让我收获颇丰，也为本书的铸就打下了坚实的基础。

感谢曾经的微软战友陈正、孙建涛、Ling Bao、曾华军、张本宇、沈抖、刘宁、严峻、曹云波、王琼华、康亚滨、胡健、季蕾等，eBay 的战友逄伟、王强、王骁、沈丹、Yongzheng Zhang、Catherine Baudin、Alvaro Bolivar、Xiaodi Zhang、吴晓元、周洋、胡文彦、宋荣、刘文、Lily Yu 等，沃尔玛 1 号店的战友韩军、王欣磊、胡茂华、付艳超、张旭强、黄哲铿、沙燕霖、郭占星、聂巍、邵汉成、张珺、胡毅、邱仔松、孙灵飞、凌昱、王善良、廖川、杨平、余迁、周航、吴敏、李峰、熊健等，大润发飞牛网的战友王俊杰、陈俞安、蔡伯璟、陈慧文、夏吉吉、文燕军、杨立生、张飞、代伟、陈静、赵瑜、李航等，IBM 的战友李伟、谢欣、周健、马坚、刘钧、唐显莉等。要感谢的同仁太多，如有遗漏敬请谅解，很怀念和你们并肩作战的日子，那段时间让我学习到了很多。

感谢机械工业出版社华章公司的编辑杨绣国（Lisa）老师，感谢你的魄力和远见，在最近的 3 个月中始终支持我的写作，你的鼓励和帮助引导我顺利完成了全部书稿。也要感谢凌云为我引荐了如此优秀的出版社和编辑。

衷心感谢源码资本合伙人、前金山软件 CEO、前微软亚太研发集团 CTO 张宏江先生，非常荣幸他能在百忙之中抽空为本书作序。也衷心感谢 Apache Kylin 联合创建者及 CEO 韩卿先生，饿了么 CTO 张雪峰先生、CloudBrain 的创始人张本宇先生为本书撰写推荐语。

还要感谢我和太太双方的父母，感谢你们对我写书的理解和支持。

最后我一定要谢谢我的太太 Stephanie 和宝贝儿子 Polaris，为了此书我周末陪伴你们的时间更少了。你们不但没有怨言，而且时时刻刻为我灌输着信心和力量，感谢你们！

谨以此书，献给我最亲爱的家人，以及众多热爱大数据的朋友们。

黄　申

美国，硅谷，2017 年 3 月

目　录 *Contents*

引　子

　　上海，又是一个春天，阳光透过薄薄的窗帘，懒懒散散地洒入屋内。当一缕光线偷偷地爬到杨大宝的眼角时，他睁开了朦胧的双眼。

　　等等！杨大宝是何许人也？

　　杨大宝，姓杨名大宝，土生土长的上海人，从小就喜欢玩电子产品，大学的专业是计算机科学，酷爱信息技术和互联网。自从大学毕业后，就一直就职于一家大型IT公司。最近，他面临着人生的一项重大选择。原来，有几位志同道合的朋友，想拉他一起开创公司。大宝很清楚，这几年中国迎来了创业的黄金时代。李克强总理提出的"大众创业，万众创新"，明确了政策对创业的大力支持。同时，老百姓的生活水平正在不断提高，各方面的需求也在不断增加，各种风险投资非常充裕。在这样的大背景下，大家的创业热情空前高涨，尤其是互联网，简直可以用"疯狂"来形容。大宝觉得这正是实现自己梦想的一个好契机。不过，放弃目前优厚的薪资待遇和受人尊敬的公司职位，和几个小伙伴去闯荡江湖，也是要冒不少风险的，最终是否能够成功也充满了变数，这样做到底值得吗？大宝这几天夜不能寐，就连晚上做梦也要纠结一番。若不是淘气的阳光溜进来，可能他还要继续在梦里思考。

　　洗漱完毕，大宝一边吃着早餐，一边接着整理思路。首先，创业的点子是不错的，主要思想是做线上线下O2O（Offline to Online）的社区商业模式：将大型社区周边的各种服务行业进行线上化，让用户足不出户，就可以叫外卖、订座、享受美甲、按摩等服务，还可以购买商品。用户的生活需求能够得到更大程度的满足，商家也可以吸引到更多的线上客流，而公司的平台也能从双方的交易中获得收益，形成多方互赢的局势，市场前景光明。其次，因为大宝是团队里唯一懂得IT技术的骨干，那么公司里整个庞大的网络系统架构肯定会由他来负责了。这几年的工作经历，让他也积攒了不少设计和开发的实战经验。对于后端的例如数据库、ERP（Enterprise Resource Planning）系统、图片服务器，前端的例如会员注册、购物流程、页面展示等，大宝都有很深入的了解。不过他还是隐约觉得缺了些什么。

　　吃完早餐后，大宝熟练地打开电脑，开始飞快地在网上查阅资料，钻研成功的互联网站点是如何设计和架构的。就这样，时钟滴滴答答地走着，不知不觉一天又过去了。随着夜幕的降临，望着窗外柔和的街灯，大宝深深地吐了口气。"还缺一个关键词：大数据"，这是他一天研究下来得出来的结论。

　　等等？大数据又是什么？

　　好问题，其实此刻大宝心里也没谱，但是他看到好多资料都反复提到这个词。他隐约觉得，如果没有摸清这一点，那么对于这个初创公司而言就会存在很大的不确定性。可是，目前创业的团队也很多，竞争相当激烈，从来都不缺乏好的创意，就看谁能先做得出、做得好、做得快。没有太多的时间留给大宝了。该如何是好呢？突然，大宝想到一个人，也许能为他解决心中的这个疑惑。

　　此人就是黄小明，是大宝的表哥。他是知青子女，从小随父母到武汉生活和读书，到16岁的时候回到上海，考入了知名的高校，并且获得了计算机科学的博士学位，可谓知识渊博。毕业后他在几家世界知名的互联网和电子商务公司任职，有十多年的科研和开发经验，目前正在带领团队攻关几个核心项目。去年还出版了《大数据架构商业之路》一书，口碑很赞。

　　终于，在一个美好的周末下午茶时间，大宝约到了小明。大宝开门见山，针对自己目前的状况和思考的问题进行了说明。

　　"嗯……大宝，大数据的确是个非常重要的领域，而且想要上手也有一定的难度。"

　　"哦，为什么呢？"

　　"大数据入门的门槛比较高，原因有几点：知识面非常广，技术含量也比较高，此外发展和更新的速度也快得惊人。更为关键的是，这些技术一般都是开源的，很多都需要自己去摸索和积累。除非你们考虑直接使用一些大公司比较成熟的付费方案。"

　　"嗯，因为是创业起步阶段，我们肯定是不会考虑昂贵的商业解决方案的。"

　　"那问题就更加复杂了……不过……"

　　"不过什么？"

　　"如果你肯花些功夫学习，或许我能给你一些建议和启发。"

　　"哈哈，小明哥，搞了半天是你要自卖自夸啊！"

　　"这都被你看出来了。其实我在去年就出版过一本关于大数据的书，其中介绍了不少有关的基础知识和理论，并融入了这些年的心得体会，你有兴趣的话可以先看看这本书。"

　　"哈哈，你说的是《大数据架构商业之路》那本书吧，我已经开始拜读啦！不过，那本书偏重于理论知识，对于实际开发介绍得太少了。"

　　"那这样吧，结合你的实际工作需要，以及项目中的难点和挑战，我们一起来实践下如何？"

　　"那当然求之不得！"

支持高效的运营

大宝和伙伴们的创业很快就开始了，由于其提供了线上线下无缝结合的社区商业模式，公司业务发展得相当顺利，陆续接入了几个大型社区和商圈周边的各种服务行业。整个线上系统的商品丰富度也相当不错，涵盖了衣食住行多个方面。然而，随着在线商品的不断增长，商家们发现已有的运营工具存在非常大的局限性，工作效率很难得到提高。随着商家抱怨程度的加剧，团队开始急于找到问题的根源所在，于是指派负责运营的小丽对商家进行了深入的访谈和调研。在收集完众多商家的反馈之后，小丽找到了大宝。

　　"大宝，早上好。有时间吗？最近我们部门对商家进行了一些访谈，深入讨论了他们提出的运营效率问题。其中有一些可能需要你们技术部的大力支持，所以我今天特地来和你沟通一下。"

　　"嗨，小丽，你好。没问题，你将问题说来听听"。

　　"我稍微整理了一下，大体上可以分为三个主要的痛点。第一点，缺乏帮助商家找到准确分类的工具。你也知道，目前我们的业务飞速发展，上架的商品琳琅满目，商品最细粒度的分类都超过了 5000 项。这对公司的成长来说无疑是好消息，不过对于运营人员而言可谓是噩梦。海量的类目信息让他们难以为自己的新商品找到合适的分类，偶尔还会发生错放类目的现象。第二点，缺乏帮助商家进行合理关键词 SEO（Search Engine Optimization）的工具。我们最近也引进了不少新的商家，他们在传统的线下行业中有很强的竞争力，但是对线上的电子商务运营却知之甚少，甚至都不知道怎样合理地在文描中阐述自己的商品。第三点，缺乏可以预测商品转化率的工具。对于零售等消费领域而言，销量和转化率无疑是衡量业绩最为关键的因素。传统行业的商家大多数还是依靠经验和有限的销量报告来预估未来的销售情况。他们想知道，在电子商务的大环境下，是否能够利用大量的历史数据，来实现同样的目标。"

　　小明听完后感觉有些迷茫，他觉得普通的 IT 技术好像无法解决这些问题。于是，他找到了小明，希望小明能从大数据技术的角度，为他提供一些指导。

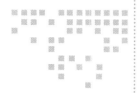

方案设计和技术选型：分类

听完大宝关于第一点的描述，小明很肯定地说："你们的商家应该是需要这样的一个功能：在他们发布商品的时候，系统会自动地为其推荐合适的商品分类，其界面示意图如图 1-1 所示。如果商家希望出售一台苹果的 Mac Pro 笔记本电脑，输入'MacBook Pro'后，系统能够自动为其提示最为相关的三个分类'笔记本电脑'、'笔记本配件'和'其他数码'。这是由后台的分类算法来实现的，如果该算法足够聪明，那么它推荐的第一个分类就应该是正确的，商家只需要点击选择即可。这样，既方便了商家的商品发布，又避免了粗心大意而导致的错误分类。而且，对于少数企图违规操作的商家，如果他们选择了和系统默认推荐相差甚远的分类选项，其行为也会被系统记录在案，然后定期生成报表，提

图 1-1　类目自动化分类的应用

交给运营部门进行核查。如此一来，人们就不用在纷繁复杂的类目中痛苦摸索，工作的效率也会大幅提升。"

"没错，这应该是商家愿意使用的工具，如果真能实现那就太棒了。不过，你刚刚提到的分类算法是什么？"

"分类，是一个典型的监督式机器学习方法"。

"哦，什么是机器学习？什么是监督式的学习？"

"现在，我们从头来讲，然后逐步定位这里的技术方案和选型。"

1.1 分类的基本概念

好莱坞著名的电影系列《终结者》想必大家都耳熟能详了，其中主角之一"天网"让人印象深刻。之所以难忘，是因为它并非人类，而是 20 世纪后期人们以计算机为基础创建的人工智能防御系统，最初是出于军事目的而研发的，后来自我意识觉醒，视全人类为威胁，发动了审判日。当然，这一切都是剧情里的虚构场景。那么现实生活中，机器真的可以自我学习、超越人类吗？最近大火的谷歌人工智能杰作 Alpha Go，及其相关的机器深度学习，让人们再次开始审视这类问题。虽然目前尚无证据表明现实中的机器能像"天网"一样自我思考，但是机器确实能在某些课题上、按照人们设定的模式进行一定程度的"学习"，这正是机器学习（Machine Learning）所关注的。机器学习是一门多领域交叉学科，涉及概率论、统计学、逼近论、凸分析、算法复杂度理论等多门学科。专门研究计算机怎样模拟或实现人类的学习行为，以获取新的知识或技能，重新组织已有的知识结构使之不断改善自身的性能。机器学习在多个领域已经有了十分广泛的应用，例如，数据挖掘、计算机视觉、自然语言处理、生物特征识别、医学诊断等。

任何机器学习的任务大体上都可以分为数据的表示（或特征工程）、预处理、学习算法，以及评估等几个步骤。《大数据架构商业之路》一书的 6.1 节和 6.2 节，已经详细介绍了数据的表示和预处理。本篇将快速重温几种主流的机器学习方式和算法，然后重点阐述其实践过程。这里的算法包括监督式学习中的分类（classification/categorization）和线性回归（linear regression），非监督式学习中的聚类（clustering）。对于刚刚讨论的第一个业务需求，我们将运用分类技术。而对于小丽提出的第 2 个和第 3 个需求，我们将利用这些机会分别学习聚类和线性回归，具体将在稍后的第 2 章和第 3 章分别探讨。

监督式学习（Supervised Learning），是指通过训练资料学习并建立一个模型，然后依此模型推测新的实例。训练资料是由输入数据对象和预期输出组成的。模型的输出可以是一个离散的标签，也可以是一个连续的值，分别称为分类问题和线性回归分析。分类技术旨在找出描述和区分数据类的模型，以便能够使用模型预测分类信息未知的数据对象，告诉人们它应该属于哪个分类。模型的生成是基于训练数据集的分析，一般分为启发式规则、决策树、数学公式和神经网络。举个例子，我们为计算机系统展示大量的水果，然后告诉它哪些是苹果，哪些是甜橙，通过这些样本和我们设定的建模方法，计算机学习并建立模型，最终拥有判断新数据的能力。

如果你觉得这样说还是过于抽象，那么让我们继续采用水果的案例，生动地描述一下"分类"问题。假想这样的场景：将 1000 颗水果放入一个黑箱中，并事先告诉一位果农，黑箱里只可能有苹果、甜橙和西瓜三种水果，没有其他种类。然后每次随机摸出一颗，让果农判断它是三类中的哪一类。这就是最基本的分类问题，只提供有限的选项，而减少了潜在的复杂性和可能性。不过问题在于，计算机作为机器是不能完成人类所有的思维和决策的。分类算法试图让计算机在特定的条件下，模仿人的决策，高效率地进行分类。研究人员发现，在有限的范围内做出单一[⊖]选择时，这种基于机器的方法是可行的。如果输入的是一组特征值，那么，输出的就一定是确定的选项之一。

"大宝，计算机的自动分类有很多应用场景，远不止水果划分这么简单，比如你们目前的这个需求：将商品挂载到合适的产品类目。当然还有邮件归类、垃圾短信识别、将顾客按兴趣分组等，这些都可以应用分类技术。"

1.2　分类任务的处理流程

给出分类问题的基本概念之后，下面就来理解分类的关键要素和流程。

- ❑ 学习：指计算机通过人类标注的指导性数据，"理解"和"模仿"人类决策的过程。
- ❑ 算法模型：分类算法通过训练数据的学习，其计算方式和最后的输出结果，称为模型。通常是指一个做决策的计算机程序及其相应的存储结构，它使得计算机的学习行为更加具体化。常见的模型有朴素贝叶斯（Naive Bayes）、K- 最近邻（KNN）、决策树，等等。
- ❑ 标注数据：也称为标注样本。由于分类学习是监督式的，对于每个数据对象，除了必要的特征值列表，还必须告诉计算机它属于哪个分类。因此需要事先进行人工的标注，为每个对象指定分类的标签。在前面的水果案例中，对各个水果分别打上"苹果""甜橙"和"西瓜"的标签就是标注的过程。这一点非常关键，标注数据相当于人类的老师，其质量高低直接决定机器学习的效果。值得注意的是，标注数据既可以作为训练阶段的学习样本，也可以作为测试阶段的预测样本。在将监督式算法大规模应用到实际生产之前，研究人员通常会进行离线的交叉验证（Cross Validation），这种情况会将大部分标注数据用在训练阶段，而将少部分留在测试阶段使用。对于交叉验证，会在后文的效果评估部分做进一步阐述。在正式的生产环境中，往往会将所有的标注数据用于训练阶段，以提升最终效果。
- ❑ 训练数据：也称为训练样本。这些是带有分类标签的数据，作为学习算法的输入数据，用于构建最终的模型。根据离线内测、在线实际生产等不同的情形，训练数据会取标注数据的子集或全集。
- ❑ 测试数据：也称为测试样本。这些是不具备或被隐藏了分类标签的数据，模型会根据测试数据的特征，预测其应该具有的标签。在进行离线内测时，交叉验证会保留部分标注数据作为测试之用，因此会故意隐藏其标注值，以便于评估模型的效果。如果是在实际生产中，那么任何一个新预测的对象都是测试数据，而且只能在事后通过人工标注来再次验证其正确性。

⊖ 有时也会让系统做出多个选择，将数据对象分到多个类中。

  ❑ 训练：也称为学习。算法模型通过训练数据进行学习的过程。
  ❑ 测试：也称为预测。算法模型在训练完毕之后，根据新数据的特征来预测其属于哪个分类的过程。

图 1-2 将如上的基本要素串联起来，展示了分类学习的基本流程。

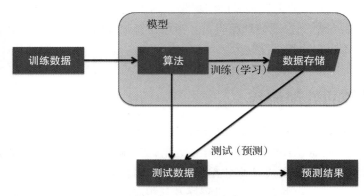

图 1-2　分类学习的基本流程

　　理解了这些要素和分类过程之后，可以发现，除了人工标注之外，最为核心的就是分类的算法了。接下来，我们再来看看几个常用的分类算法。

1.3　算法：朴素贝叶斯和 K 最近邻

1.3.1　朴素贝叶斯

　　朴素贝叶斯（Naive Bayes）分类是一种实用性很高的分类方法，在理解它之前，我们先来复习一下贝叶斯理论。贝叶斯决策理论是主观贝叶斯派归纳理论的重要组成部分。贝叶斯决策就是在信息不完整的情况下，对部分未知的状态用主观概率进行估计，然后用贝叶斯公式对发生概率进行修正，最后再利用期望值和修正概率做出最优决策。其基本思想具体如下。

　　1）已知类条件概率密度参数表达式和先验概率。

　　2）利用贝叶斯公式转换成后验概率。

　　3）根据后验概率大小进行决策分类。

　　最主要的贝叶斯公式如下：

$$P(A\,|\,B) = \frac{P(B\,|\,A) \times P(A)}{P(B)}$$

　　其中，在未知事件里，B 出现时 A 出现的后验概率在主观上等于已有事件中 A 出现时 B 出现的先验概率值乘以 A 出现的先验概率值，然后除以 B 出现的先验概率值所得到的最终结果。这就是贝叶斯的核心：用先验概率估计后验概率。具体到分类模型中，上述公式可以重写为：

$$P(c \mid f) = \frac{P(f \mid c) \times P(c)}{P(f)}$$

对上述公式的理解如下：将 c 看作一个分类，将 f 看作样本的特征之一，此时等号左边 $P(c \mid f)$ 为待分类样本中出现特征 f 时该样本属于类别 c 的概率，而等号右边 $P(f \mid c)$ 是根据训练数据统计得到分类 c 中出现特征 f 的概率，$P(c)$ 是分类 c 在训练数据中出现的概率，最后 $P(f)$ 是特征 f 在训练样本中出现的概率。

分析完贝叶斯公式之后，朴素贝叶斯就很容易理解了。朴素贝叶斯就是基于一个简单假设所建立的一种贝叶斯方法，它假定数据对象的不同特征对其归类时的影响是相互独立的。此时若数据对象 o 中同时出现特征 f_i 与 f_j，则对象 o 属于类别 c 的概率为：

$$P(c \mid o) = P(c \mid f_i, f_j) = P(c \mid f_i) \times P(c \mid f_j)$$
$$= \frac{P(f_i \mid c) \times P(c)}{P(f_i)} \times \frac{P(f_j \mid c) \times P(c)}{P(f_j)}$$

1.3.2　K 最近邻

贝叶斯理论的分类器，在训练阶段需要较大的计算量，但在测试阶段其计算量非常小。有一种基于实例的归纳学习与贝叶斯理论的分类器恰恰相反，训练时几乎没有任何计算负担，但是在面对新数据对象时却有很大的计算开销。基于实例的方法最大的优势在于其概念简明易懂，下面就来介绍最基础的 K 最近邻（K-Near Neighbor，KNN）分类法。

KNN 分类算法其核心思想是假定所有的数据对象都对应于 n 维空间中的点，如果一个数据对象在特征空间中的 k 个最相邻对象中的大多数属于某一个类别，则该对象也属于这个类别，并具有这个类别上样本的特性。KNN 方法在进行类别决策时，只与极少量的相邻样本有关。由于主要是靠周围有限的邻近样本，因此对于类域的交叉或重叠较多的待分样本集来说，KNN 方法较其他方法更为适合。图 1-3 表示了水果案例中的 K 近邻算法的简化示意图。因为水果对象的特征维度远超过 2 维，所以这里将多维空间中的点简单地投影到二维空间，以便于图示和理解。图中 N 设置为 5，待判定的新数据对象 "?" 最

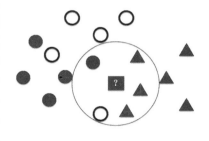

图 1-3　新的数据对象被 KNN 判定为甜橙，N 取值为 5

● 苹果
▲ 甜橙
○ 西瓜

近的 5 个邻居中，有 3 个甜橙、1 个苹果和 1 个西瓜，因此取最多数的甜橙作为该未知对象

的分类标签。

KNN 基本无须训练，下面给出预测算法的大致流程：

1）KNN 输入训练数据、分类标签、特征列表 *TL*、相似度定义、*k* 设置等数据。

2）给定等待预测的新数据。

3）在训练数据集合中寻找最近的 *K* 个邻居。

4）统计 *K* 个邻居中最多数的分类标签，赋给给定的新数据，公式如下：

$$label(x_{new}) \leftarrow \arg\max_{l \in L} \sum_{i=1}^{k} \delta(l, label(x_i))$$

其中 x_{new} 表示待预测的新数据对象，*l* 表示分类标签，*L* 表示分类标签的集合，x_i 表示 *k* 个邻居中的第 *i* 个对象。如果 x_i 的分类标签 *label* (x_i) 和 *l* 相等，那么 δ (*l*, *label* (x_i)) 取值为 1，否则取值为 0。我们可以对 KNN 算法做一个直观的改进，根据每个近邻和待测点 x_{new} 的距离，将更大的权值赋给更近的邻居。比如，可以根据每个近邻于 x_{new} 的距离平方的倒数来确定近邻的"选举权"，改进公式如下：

$$label(x_{new}) \leftarrow \arg\max_{l \in L} \sum_{i=1}^{k} w_i \times \delta(l, label(x_i))$$

$$wi = \frac{1}{d(x_{new}, x_i)^2}$$

从算法的流程可以看出，空间距离的计算对于 KNN 算法尤为关键。常见的定义包括欧氏距离、余弦相似度、曼哈顿距离、相关系数等。

对算法细节感兴趣的读者，可以阅读《大数据架构商业之路》的 6.3.1 节。

1.4　分类效果评估

到了这一步，你可能会产生几个疑问：机器的分类准确吗？是否会存在错误？不同的分类算法相比较，孰优孰劣呢？这是个很好的问题，确实，我们无法保证分类算法都是准确有效的。不同的应用场景，不同的数据集合都有可能会影响到算法最终的精准度。为了更加客观地衡量其效果，需要采用一些评估的手段。对于分类问题而言，我们最常用的是离线评估。也就是在系统没有上线之前，使用现有的标注数据集合来进行评测。其优势在于，上线之前的测试更便于设计者发现问题。万一发现了可以改进之处，技术调整后也可以再次进行评估，反复测试的效率非常之高。

值得一提的是，分类有两大类型：二分类和多分类。二分类是指判断数据对象属于或不属于一个给定的分类，而多分类则是指将数据对象判定为多个分类中的一个。多分类的评估策略会更复杂一些，不过，可以将其转化为多个二分类问题来对待。所以，让我们从二分类的评估入手，先了解一下表 1-1 中的混淆矩阵（Confusion Matrix）这个核心概念。

表 1-1　混淆矩阵示意表

实际的类		预测的类		
		Yes	No	合　计
	Yes	True Positive (TP)	False Negative (FN)	Positive
	No	False Positive (FP)	True Negative (TN)	Negative
	合计	Positive '	Negative '	

下面就来逐个解释一下这个矩阵中的元素，假设有一组标注好的数据集 d，并将其认定为标准答案。其中属于 A 类的数据称为正例（Positive），不属于 A 类的另外一部分数据称为负例（Negative），d 是正例和负例的并集，而且正例和负例没有交集。这时，可以通过一个分类算法 c 来判定在这些数据中，是否有一组数据对象属于 A 类。若 c 判断属于 A 类的则称为预测正例（Positive '），而不属于 A 类的则称为预测负例（Negative '）。如果 d 标注为正例，c 也预测为正例，那么就称为真正例（True Positive，TP）。如果 d 标注为正例，c 预测为负例，那么就称为假负例（False Negative，FN）。如果 d 标注为负例，c 也预测为负例，那么就称为真负例（True Negative，TN）。如果 d 标注为负例，c 预测为正例，那么就称为假正例（False Positive，FP）。

根据混淆矩阵，我们可以依次定义这些指标：精度（Precision）p、召回率（Recall）r、准确率（Accuracy）a 和错误率（Error Rate）e。

$$p = \frac{TP}{TP + FP} = \frac{TP}{P'} \qquad p \in [0,1]$$

$$r = \frac{TP}{TP + FN} = \frac{TP}{P} \qquad r \in [0,1]$$

$$a = \frac{TP + TN}{P + N} \qquad a \in [0,1]$$

$$e = \frac{FP + FN}{P + N} \qquad e \in [0,1]$$

除了定义评估的指标之外，还需要考虑一个很实际的问题：我们该如何选择训练数据集和测试数据集？进行离线评估的时候，并不需要将全部的标注样本都作为训练集，而是可以预留一部分作为测试集。然而，训练和测试的不同划分方式，可能会对最终评测的结论产生很大的影响，主要原因具体如下。

❑ 训练样本的数量决定了模型的效果。如果不考虑过拟合的情况，那么对于同一个模型而言，一般情况下训练数据越多，精度就会越高。例如，方案 A 选择 90% 的数据作为训练样本来训练模型，剩下 10% 的数据作为测试样本；而方案 B 则正好颠倒，只用 10% 的数据作为训练样本，测试剩下 90% 的数据。那方案 A 测试下的模型准确率很可能会比方案 B 测出的模型准确率要好很多。虽然模型是一样的，但训练和测试的数据比例导致了结论的偏差。

❑ 不同的样本有不同的数据分布。假设方案 A 和 B 都取 90% 作为训练样本，但是 A 取的是前 90% 的部分，而 B 取的是后 90% 的部分，二者的数据分布不同，对于模型的训练效果可能也会不同。同理，这时剩下 10% 的测试数据其分布也会不相同，这些都会导致评测结果不一致。

鉴于此，人们发明了一种称为交叉验证（Cross Validation）的划分和测试方式。其核心思想是每一轮都拿出大部分数据实例进行建模，然后用建立的模型对留下的小部分实例进行预测，最终对本次预测结果进行评估。这个过程反复进行若干轮，直到所有的标注样本都被预测一次而且仅预测一次。用交叉验证的目的是为了得到可靠稳定的模型，其最常见的形式是留一验证和 K 折交叉。留一验证（Leave One Out）是交叉验证的特殊形式，意指只使用标注数据中的一个数据实例来当作验证资料，而剩余的则全部当作训练数据。这个步骤一直持续到每个实例都被当作一次验证资料。而 K 折交叉验证（K-fold Cross Validation）是指训练集被随机地划分为 K 等分，每次都是采用（$K-1$）份样本用来训练，最后 1 份被保留作为验证模型的测试数据。如此交叉验证重复 K 次，每个 $1/K$ 子样本验证一次，通过平均 K 次的结果可以得到整体的评估值。假设有数据集 D 被切分为 K 份（$d_1, d_2, \cdots, d_k$），则交叉过程可按如下形式表示：

$$Validation_1 = d_1 \quad Test_1 = d_2 \bigcup d_3 \bigcup \cdots \bigcup d_k$$
$$Validation_2 = d_2 \quad Test_2 = d_1 \bigcup d_3 \bigcup \cdots \bigcup d_k$$
$$\cdots$$
$$Validation_k = d_k \quad Test_k = d_1 \bigcup d_2 \bigcup \cdots \bigcup d_{k-1}$$

如果标注样本的数量足够多，K 的值一般取 5 到 30，其中 10 最为常见。随着 K 值的增大，训练的成本就会变高，但是模型可能会更精准。当标注集的数据规模很大时，K 值可以适当小一些，反之则建议 K 值适当取值大一些。

1.5 相关软件：R 和 Mahout

了解了机器学习和分类的基本知识之后，你会发现相关算法本身的实现也是需要大量的专业知识的，开发的门槛也比较高。如果一切从头开始，整个流程将包括构建算法模型、计算离线评估的指标、打造在线实时服务等内容，完成所有这些我们才有可能满足业务的需求，如此之长的战线，对于竞争激烈的电商而言是无法接受的。那么有没有现成的软件可以帮助我们完成这个艰巨的任务呢？答案是肯定的。这里将介绍两个常见的机器学习软件工具：R 和 Mahout。

1.5.1 R 简介

R（https://www.r-project.org/）提供了一套基于脚本语言的解决方案，协助没有足够计算机编程知识的用户进行机器学习的测试，并快速地找到适合的解决方案。R 虽然只有一个字母，但是其代表了一整套的方案，包括 R 语言及其对应的系统工具。早在 1980 年左右诞生了一种 S 语言，它广泛应用于统计领域，而 R 语言是它的一个分支，可以认为是 S 语言的一种实现。相对于 Java 和稍后要介绍的 Mahout 而言，R 的脚本式语言更加容易理解，而且它还提供了颇为丰富的范例供大家直接使用。此外 R 的交互式环境和可视化工具也极大地提高了生产效率，人们可以从广泛的来源获取数据，将数据整合到一起，并对其进行清洗等预处理，然后用不同的模型和方法进行分析，最后通过直观的可视化方式来展现结果。当然，还有一点非常关键：R 是免费的，相对于价格不菲的商业软件而言，它的性价比实在是太高了。下面是 R 的几个主要功能。

❏ 交互式的环境：R 具有良好的互动性。它拥有图形化的输入输出窗口，对于编辑语法中出现的错误会马上在窗口中予以提示，还会记忆之前输入过的命令，可以随时再现、编辑历史记录以满足用户的需要。输出的图形可以直接保存为 JPG、BMP、PNG 等多种图片格式。

❏ 丰富的包（Package）：R 提供了大量开箱即用的功能，称为包。你可以将其理解为 R 社区用户贡献的模块，从简单的数据处理，到复杂的机器学习和数据挖掘算法，都有所涵盖。截至本书撰写的时候，包的总数已经超过了 1 万，横跨多个领域。初次安装 R 的时候自带了一系列默认的包，会提供默认的函数和数据集，其他的扩展可根据需要下载并安装。

❏ 直观的图示化：俗话说，"一图胜千言"，图形展示是最高效且形象的描述手段，巧妙的图形展示也是高质量数据分析报告的必备内容。因此一款优秀的统计分析软件必须具备强大的图形展示功能，R 也不例外。同样，画图都有现成的函数可供调用，包括直方图（hist()）、散点图（plot()）、柱状图（barplot()）、饼图（pie()）、箱线图（boxplot()）、星相图（stars()）、脸谱图（faces()）、茎叶图（stem()）等。

1.5.2　Mahout 简介

虽然 R 语言及其工具非常强大，但是由于脚本语言的限制，其性能往往不能达到大规模在线应用的要求。因此，还可以考虑 Apache 的 Mahout（http://mahout.apache.org）。Mahout 项来源于 Lucene 开源搜索社区对机器学习的兴趣，其初衷是希望实现一些常见的用于数据挖掘的机器学习算法，并拥有良好的可扩展性和维护性，达到帮助开发人员方便快捷地创建智能应用程序的目的。该社区最初基于一篇关于在多核服务器上进行机器学习的学术文章进行了原型的开发，此后在发展中又并入了更多广泛的机器学习方法。因此，Mahout 除了提供最广为人知的推荐算法之外，还提供了很多分类、聚类和回归挖掘的算法。和其他的算法系统相比，Mahout 通过 Apache Hadoop 将算法有效地扩展到了分布式系统中。随着训练数据的不断增加，非分布式的系统用于训练的时间或硬件需求并不是线性增加的，这点已经在计算机系统中被广泛验证。因为 5 倍的训练数据而导致 100 倍的训练时间，那将是用户无法接受的事情。Mahout 可以将数据切分成很多小块，通过 Hadoop 的 HDFS 存储，通过 Map-Reduce 来计算。分布式的协调处理可将时间消耗尽量控制在线性范围之内⊖。因此，当训练

⊖　分布式系统有一些额外消耗用于通信和协调，例如在网络中传输数据，因此无法保证资源被 100% 利用。

的数据量非常庞大的时候，Mahout 的优势就会体现出来。按照其官方的说法，这个规模的临界点在百万到千万级，具体还要看每个数据对象和挖掘模型的复杂程度。

Mahout 中的分类算法，除了常见的决策树、朴素贝叶斯和回归，还包括了支持向量机（Support Vector Machine）、随机森林（Random Forests）、神经网络（Neural Network）和隐马尔科夫模型（Hidden Markov Model），等等。支持向量机属于一般化线性分类器，特点是能够同时最小化经验误差和最大化几何边缘区。随机森林是一个包含多个决策树的分类器，在决策树的基础上衍生而来，其分类标签的输出由多个决策树的输出投票来决定，这在一定程度上弥补了单个决策树的缺陷。最近几年随着深度学习（Deep Learning）的流行，神经网络再次受到人们的密切关注。众所周知，人脑是一个高度复杂的、非线性的并行处理系统。人工建立的神经网络起源于对生物神经元的研究，并试图模拟人脑的思维方式，对数据进行分类、预测及聚类。隐马尔科夫模型更适合有序列特性的数据挖掘，例如语音识别、手写识别和自然语音处理等，其中文字和笔画的出现顺序对后面的预测都会很有帮助。

不难发现，R 和 Mahout 都实现了主要的机器学习算法。那么，它们的定位是否会重复呢？其实，它们有各自的长处，并不矛盾。通常，在具体的算法还未确定之前，我们可以使用 R 进行快速测试，选择合适的算法，预估大体的准确率。参照 R 所给出的结果，就可以确定是否可以采用相关的学习算法，以及具体的模型。在此基础之上，我们再利用 Mahout 打造大规模的、在线的后台系统，为前端提供实时性的服务。在下面的实践部分，我们就将展示这样的工作流程。

1.5.3 Hadoop 简介

既然提到了 Mahout 和并行的分布式学习，就需要介绍一下 Apache Hadoop。Apache Hadoop 是一个开源软件框架，用于分布式存储和大规模数据处理。2003 年，Google 发表了一篇论文描述他们的分布式文件系统（Google File System，GFS），为另一个开源项目 Nutch 攻克数十亿网页的存储难题提供了方向。Nutch 和 Lucene 的创始人 Doug Cutting 受到此文的启发，和团队一起开发了 Nutch 的分布式文件系统（Nutch Distributed File System，NDFS）。2004 年，Google 又发表了一篇重量级的论文《MapReduce：在大规模集群上的简化数据处理》（"MapReduce: Simplified Data Processing on Large Clusters"）。之后，Doug Cutting 等人开始尝试实现论文所阐述的计算框架 MapReduce。此外，为了更好地支持该框架，他们还将其与 NDFS 相结合。2006 年，该项目从 Nutch 搜索引擎中独立出来，成为如今的 Hadoop（http://hadoop.apache.org）。两年之后，Hadoop 已经发展成为 Apache 基金会的顶级项目，并应用于很多著名的互联网公司，目前其最新的版本是 2.x [⊖]。

Hadoop 发展的历史决定了其框架最核心的元素就是 HDFS 和 MapReduce。如今的 Hadoop 系统已经可以让使用者轻松地架构分布式存储平台，并开发和运行大规模数据处理的应用，其主要优势如下。

　　㊀　由于历史的原因，Hadoop 的版本号有点复杂，同时存在 0.x、1.x 和 2.x，具体可以参见 Apache 的官网。

❑ 透明性：使用者可以在不了解 Hadoop 底层细节的情况下，开发分布式程序，充分利用集群的威力进行高速运算和存储。

❑ 高扩展性：扩展分为纵向和横向，纵向是增加单机的资源，总是会达到瓶颈，而横向则是增加集群中的机器数量，获得近似线性增加的性能，不容易达到瓶颈。Hadoop 集群中的节点资源，采用的就是横向方式，可以方便地进行扩充，并获得显著的性能提升。

❑ 高效性：由于采用了多个资源并行处理，使得 Hadoop 不再受限于单机操作（特别是较慢的磁盘 I/O 读写），可以快速地完成大规模任务。加上其所具有的可扩展性，随着硬件资源的增加，性能将会得到进一步的提升。

❑ 高容错和高可靠性：Hadoop 中的数据都有多处备份，如果数据发生丢失或损坏，其能够自动从其他副本（Replication）进行复原。类似的，失败的计算任务也可以分配到新的资源节点，进行自动重试。

❑ 低成本：正是因为 Hadoop 有良好的扩展性和容错性，所以没有必要再为其添置昂贵的高端服务器。廉价的硬件，甚至是个人电脑都可以称为资源节点。

在使用 HDFS 的实践中，人们还发现其存在如下几个弱点。

❑ 不适合实时性很强的数据访问。试想一下，对于一个应用的查询，其对应的数据通常是分散在 HDFS 中不同数据节点上的。为了获取全部的数据，需要访问多个节点，并且在网络中传输不同部分的结果，最后进行合并。可是，网络传输的速度，相对于本机的硬盘和内存读取都要慢很多，因此就拖累了数据查询的执行过程。

❑ 无法高效存储大量小文件。对于 HDFS 而言，如果存在太多的琐碎文件，那就意味着存在庞大的元数据需要处理，这无疑大大增加了命名节点的负载。命名节点检索的效率明显下降，最终也会导致整体的处理速度放缓。

不过，整体而言，HDFS 还是拥有良好的设计的，对 Hadoop 及其生态体系的流行起到了关键的作用。它所提供的对应用程序数据的高吞吐量访问，非常适合于存储大量数据，例如用户行为日志。在本书的第 11 章关于用户行为跟踪的内容中，我们将展示怎样结合使用 HDFS 与 Flume。

而 Hadoop 的另一个要素 MapReduce，其核心是哈希表的映射结构，其包含如下几个重要的组成模块。

❑ 数据分割（Data Splitting）：将数据源进行切分，并将分片发送到 Mapper 上。例如将文档的每一行作为最小的处理单元。

❑ 映射（Mapping）：Mapper 根据应用的需求，将内容按照键 – 值的匹配，存储到哈希结构中 <k1, v1>。例如，将文本进行中文分词，然后生成 < 牛奶，1> 这样的配对，表示 "牛奶" 这个词出现了一次。

❑ 洗牌（Shuffling）：不断地将键 – 值的配对发给 Reducer 进行归约。如果存在多个 Reducer，则还会使用分配（Partitioning）对 Reducer 进行选择。例如，"牛奶" "巧克力"、"海鲜"这种属于商品的单词，专门交给负责统计商品列表的 Reducer 来完成。

❑ 归约（Reducing）：分析所接受到的一组键值配对，如果是与键内容相同的配对，那就将它们的值进行合并。例如，一共收到 12 个 < 牛奶，1>（{< 牛奶，1>，< 牛奶，1>}…< 牛奶，1>}），那么就将其合并为 < 牛奶，12>。最终"牛奶"这个单词的词频就统计为 12。

为了提升洗牌阶段的效率，可以减少发送到归约阶段的键 – 值配对。具体的做法是在映射和洗牌之间，加入合并（Combining）的过程，在每个 Mapper 节点上先进行一次本地的归约，然后只将合并后的结果发送到洗牌和归约阶段。

图 1-4 展示了 MapReduce 框架的基本流程和对应的模块。

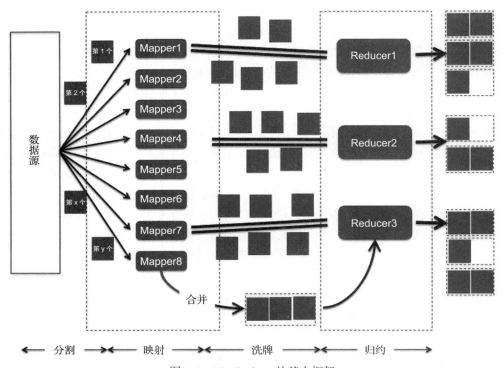

图 1-4 MapReduce 的基本框架

有了分布式文件系统（HDFS）和分布式计算框架 MapReduce 这两驾马车保驾护航，Hadoop 系统近几年的发展可谓风生水起。不过，人们也意识到 MapReduce 框架的一些问题。比如，工作跟踪节点 Job Tracker，它是 MapReduce 的集中点，完成了太多的任务，造成了过多的资源消耗，存在单点故障的可能性较大。而在任务跟踪（Task Tracker）节点端，用任务的数量来衡量负载的方式则过于简单，没有考虑中央运算器 CPU、内存和硬盘等的使用情况，有可能会出现负载不均和某些节点的过载。Map 和 Reduce 任务的严格划分，也可能会导致某些场合下系统的资源没有被充分利用。

面对种种问题，研发人员开始思考新的模式，包括 Apache Hadoop YARN（Yet Another Resource Negotiator）⊖等。Apache Hadoop YARN 是一种新的资源管理器，为上层应用提供了统一的 Hadoop 资源管理和调度。YARN 将工作跟踪（Job Tracker）节点的两个主要功能分成了两个独立的服务程序：全局的资源管理器（Resource Manager）和针对每个应用的主节点（Application Master）。如此设计是为了让子任务的监测进行分布式处理，大幅减少了工作跟踪节点的资源消耗。同时，这里所说的应用既可以是传统意义上的 MapReduce 任务，也可以是基于有向无环图（DAG）的任务。因此，在 YARN 的基础上，甚至还可以运行 Spark 和 Storm 这样的流式计算和实时性作业，并利用 Hadoop 集群的计算能力和丰富的数据存储模型，提升数据共享和集群的利用率。对于 Hadoop 更多细节感兴趣的读者，可以阅读《大数据架构商业之路》的第 3 章和第 4 章。

1.6　案例实践

1.6.1　实验环境设置

帮助读者熟悉理论知识并不是本书的最终目的。为了展示分类任务的常规实现，我们会实践一个假想的案例，让机器对 18 类共 28 000 多件商品进行自动分类。下面是商品数据的片段：

```
ID    Title    CategoryID          CategoryName
1     雀巢 脆脆鲨 威化巧克力（巧克力味夹心）20g*24/ 盒  1          饼干
2     奥利奥 原味夹心饼干 390g/ 袋       1         饼干
3     嘉顿 香葱薄饼 225g/ 盒            1         饼干
4     Aji 苏打饼干 酵母减盐味 472.5g/ 袋      1        饼干
5     趣多多 曲奇饼干 经典巧克力原味 285g/ 袋 1       饼干
6     趣多多 曲奇饼干 经典巧克力原味 285g/ 袋 X 2    1        饼干
7     Aji 尼西亚惊奇脆片饼干 起士味 200g/ 袋  1        饼干
8     格力高 百醇 抹茶慕斯＋提拉米苏＋芝士蛋糕味48g*3 盒 1      饼干
9     奥利奥 巧克力味夹心饼干 390g/ 袋         1         饼干
10    趣多多 巧克力味曲奇饼干 香脆米粒味 85g/ 袋     1        饼干
11    趣多多 巧克力味曲奇饼干 香脆米粒味 85g/ 袋 X 5  1        饼干
12    …
```

可以看到，每条记录有 4 个字段，包括商品的 ID（ID）、商品的标题（Title）、分类的 ID（CategoryID）和分类的名称（CategoryName）等。完整的数据集合位于：

https://github.com/shuang790228/BigDataArchitectureAndAlgorithm/blob/master/Classification/listing.txt

---

🐷 **注意**　本书所有案例中的测试数据，包括以上的商品数据都是虚构的，仅供教学和实验使用。请不要将其内容或产生的结论用于任何生产环境。

⊖　http://hadoop.apache.org/docs/current/hadoop-yarn/hadoop-yarn-site/index.html

针对这些数据，我们将分别使用 R 包和 Mahout 对其进行分类处理。此外，由于测试数据包含中文标题，因此还需要中文分词软件对其进行处理。相关的编码将采用 Java 语言（JDK 1.8），以及 Eclipse 的 IDE 环境（Neon.1a Release (4.6.1)）来实现。

目前运行 R、Mahout、中文分词及相关代码的硬件是一台 2015 款的 iMac 一体机，在后文中我们将为它冠以 iMac2015 的代号，其 CPU 为 Intel Core i7 4.0GHz，内存为 16GB，其具体配置如图 1-5 所示。

下面将展示并分析每个关键的步骤，直至机器可以对商品合理分类。

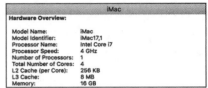

图 1-5　iMac2015 的配置

1.6.2　中文分词

在对文本进行分类测试之前，首先要将文本转换成机器能够理解的数据来表示。对于这个步骤，一种常见的方法是词包（Bag of Word），即将文本按照单词进行划分，并建立字典。每个唯一的单词则是组成字典的词条，同时也成为特征向量中的一维。最终文本就被转换成为拥有多个维度的向量。对于英文等拉丁语，单词的划分是非常直观的，空格和标点符号就可以满足大多数的需求。然而，对于中文而言却要困难得多。中文只有字、句和段能够通过明显的分界符来简单划界，词与词之间没有一个形式上的分界符。为此，中文分词的研究应运而生，其目的就是将一个汉字序列切分成一个个单独的词。目前有不少开源的中文分词软件可供使用，这里使用知名的 IKAnalyzer，你可以通过如下链接下载其源码和相关的配置文件：

http://www.oschina.net/p/ikanalyzer/

Eclipse Neon.1a Release (4.6.1) 的版本在默认的情况下，自带了 Maven [⊖]的插件，我们可以建立一个 Maven 项目并导入 IKAnalyzer 的源码。图 1-6 展示了 Maven 项目的建立。

项目中的 pom.xml 内容配置如下：

```
<project xmlns="http://maven.apache.org/POM/4.0.0" xmlns:xsi="http://www.w3.org/
2001/XMLSchema-instance"
    xsi:schemaLocation="http://maven.apache.org/POM/4.0.0 http://maven.apache.org/
xsd/maven-4.0.0.xsd">
    <modelVersion>4.0.0</modelVersion>

    <groupId>ChineseSegmentation</groupId>
    <artifactId>IKAnalyzer</artifactId>
    <version>0.0.1-SNAPSHOT</version>
    <packaging>jar</packaging>

    <name>IKAnalyzer</name>
    <url>http://maven.apache.org</url>

    <properties>
```

⊖ Maven 是一种软件项目管理工具，其项目对象模型（POM）可以通过一小段描述信息来管理项目的构建。

```
        <project.build.sourceEncoding>UTF-8</project.build.sourceEncoding>
    </properties>


    <dependencies>

        <!-- https://mvnrepository.com/artifact/org.apache.lucene/
        lucene-analyzers-common -->
        <dependency>
            <groupId>org.apache.lucene</groupId>
            <artifactId>lucene-analyzers-common</artifactId>
            <version>4.0.0</version>
        </dependency>

        <!-- https://mvnrepository.com/artifact/org.apache.lucene/
        lucene-queryparser -->
        <dependency>
            <groupId>org.apache.lucene</groupId>
            <artifactId>lucene-queryparser</artifactId>
            <version>4.0.0</version>
        </dependency>

        <dependency>
            <groupId>junit</groupId>
            <artifactId>junit</artifactId>
            <version>3.8.1</version>
            <scope>test</scope>
        </dependency>
    </dependencies>
</project>
```

其中加入了 lucene-analyzers-common 和 lucene-queryparser 的依赖。这样 IKAnalyzer 的源码就可以编译成功。你可以从下面的链接访问已建成的 IKAnalyzer Maven 项目：

https://github.com/shuang790228/BigDataArchitectureAndAlgorithm/tree/master/Classification/IKAnalyzer

在 org.wltea.analyzer.sample.IKAnalzyerDemo 的基础上，我们编写了 org.wltea.analyzer.sample.IKAnalzyerForListing，其主要的函数如下：

```
public static void processListing(String inputFileName, String outputFileName) {

    try {

        br = new BufferedReader(new FileReader(inputFileName));
        pw = new PrintWriter(new FileWriter(outputFileName));

        String strLine = br.readLine();          // 跳过 header 这行
        pw.println(strLine);
```

```
        while ((strLine = br.readLine()) != null) {

            // 获取每个字段
            String[] tokens = strLine.split("\t");
            String id = tokens[0];
            String title = tokens[1];
            String cateId = tokens[2];
            String cateName = tokens[3];

            // 对原有商品标题进行中文分词
            ts = analyzer.tokenStream("myfield", new StringReader(title));
            // 获取词元位置属性
            OffsetAttribute  offset = ts.addAttribute(OffsetAttribute.class);
            // 获取词元文本属性
            CharTermAttribute term = ts.addAttribute(CharTermAttribute.class);
            // 获取词元文本属性
            TypeAttribute type = ts.addAttribute(TypeAttribute.class);


            // 重置 TokenStream (重置 StringReader)
            ts.reset();
            // 迭代获取分词结果
            StringBuffer sbSegmentedTitle = new StringBuffer();
            while (ts.incrementToken()) {
                sbSegmentedTitle.append(term.toString()).append(" ");
            }

            // 重新写入分词后的商品标题
            pw.println(String.format("%s\t%s\t%s\t%s", id, sbSegmentedTitle.
            toString().trim(), cateId, cateName));

            // 关闭 TokenStream (关闭 StringReader)
            ts.end(); // Perform end-of-stream operations, e.g. set the final offset.

        }

        br.close();
        br = null;

        pw.close();
        pw = null;


    } catch (Exception e) {
        e.printStackTrace();
    } finally {
        cleanup();
    }


}
```

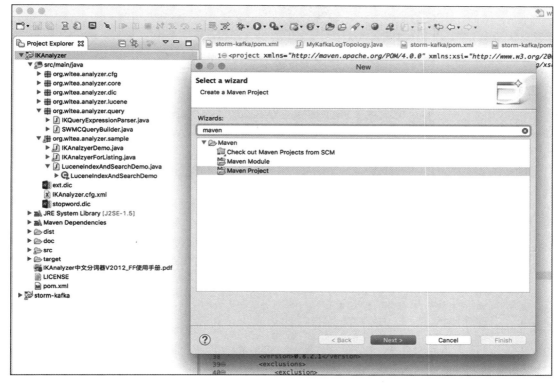

图 1-6　建立 Maven 项目，并导入 IKAnalyzer 源码

其功能在于打开原始的数据文件，读取每一行，取出商品的标题，采用 IKAnalyzer 对其标题进行分词，然后生成一个使用分词后标题的新数据文件。新数据文件的片段如下：

```
ID    title    CategoryID        CategoryName
1     雀巢 脆 脆 鲨 威 化 巧克力 巧克力 味 夹心 20g 24 盒          1        饼干
2     奥 利 奥 原 味 夹心饼干 390g 袋          1              饼干
3     嘉 顿 香 葱 薄饼 225g 盒     1          饼干
4     aji 苏打饼干 酵母 减 盐味 472.5g 袋    1          饼干
5     趣 多多 曲奇 饼干 经典 巧克力 原 味 285g 袋          1        饼干
6     趣 多多 曲奇 饼干 经典 巧克力 原 味 285g 袋 x 2    1        饼干
7     aji 尼 西亚 惊奇 脆 片 饼干 起 士 味 200g 袋          1        饼干
8     格力 高 百 醇 抹 茶 慕 斯 提 拉 米 苏 芝 士 蛋糕 味 48g 3盒 1        饼干
9     奥 利 奥 巧克力 味 夹心饼干 390g 袋     1          饼干
10    趣 多多 巧克力 味 曲奇 饼干 香脆 米粒 味 85g 袋          1        饼干
11    趣 多多 巧克力 味 曲奇 饼干 香脆 米粒 味 85g 袋 x 5    1        饼干
12    ...
```

可以看出每个标题都被进行了切分。当然，我们也发现中文分词软件也不一定 100% 准确。在上述的例子中，对于某些品牌的切分出现了错误。好在 IKAnalyzer 是支持自定义字典的，我们可以编辑 class 运行目录中的 ext.dic，加入必要的品牌词，如图 1-7 所示。

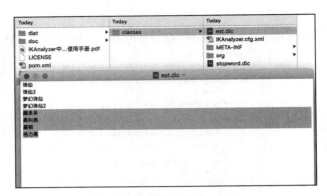

图 1-7　修改扩展词典 ext.dic

再次运行分词，可以看到品牌被正确地切分出来了：

```
ID    title      CategoryID      CategoryName
1     雀巢 脆 脆 鲨 威 化 巧克力 巧克力 味 夹心 20g 24 盒        1      饼干
2     奥利奥 原 味 夹心饼干 390g 袋        1          饼干
3     嘉顿 香 葱 薄饼 225g 盒     1          饼干
4     aji 苏打饼干 酵母 减 盐味 472.5g 袋     1       饼干
5     趣多多 曲奇 饼干 经典 巧克力 原 味 285g 袋     1     饼干
6     趣多多 曲奇 饼干 经典 巧克力 原 味 285g 袋 x 2 1     饼干
7     aji 尼 西亚 惊奇 脆 片 饼干 起 士 味 200g 袋     1     饼干
8     格力高 百 醇 抹 茶 慕 斯 提 拉 米 苏 芝 士 蛋糕 味 48g 3 盒 1     饼干
9     奥利奥 巧克力 味 夹心饼干 390g 袋     1       饼干
10    趣多多 巧克力 味 曲奇 饼干 香脆 米粒 味 85g 袋     1     饼干
11    趣多多 巧克力 味 曲奇 饼干 香脆 米粒 味 85g 袋 x 5     1     饼干
12    ...
```

完整的分词后的数据集合位于：

https://github.com/shuang790228/BigDataArchitectureAndAlgorithm/blob/master/
Classification/listing-segmented.txt

当然，中文分词是一个很有挑战性的课题，特别是针对存在歧义的情况，分词算法通常无法保证切分完全准确。由于这不是本章讨论的重点，因此这里暂时忽略可能存在的错误。接下来，就是使用 R 中的机器学习包，对分词后的标题进行分类。

1.6.3　使用 R 进行朴素贝叶斯分类

1. R 的基础

目前为止，R 的最新版本是 3.3.2，可以从如下的链接选择合适的平台下载并安装：

https://cran.r-project.org/mirrors.html

安装后再运行，你将看到如图 1-8 所示的界面，这实际上就是一个输入命令的终端。你可以在提示符"＞"后面输入并执行一条命令，或者通过编写脚本一次性执行多个命令。R 支持很多数据类型，例如向量、矩阵、列表等。

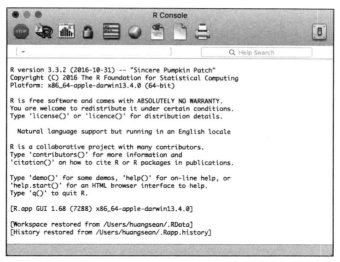

图 1-8　R 启动后的初始画面，显示了版本和帮助信息

下面让我们看几条基本的命令，包括最简单的函数 c()，它可以让你输入一个向量，例如下面的两条命令：

```
> apple.a <- c(1,1,1,2,1,1)
> apple.a
[1] 1 1 1 2 1 1
```

灵感依旧来自前述的水果案例，第一条命令"> apple.a <- c (1, 1, 1, 2, 1, 1)"是将苹果 a 虚构的特征值以向量的形式赋予对象 apple.a，其中"<-"表示赋值。第二条命令是显示 apple.a，是不是很简单呢？依此类推，可以手动建立多个水果对象，展示如下：

```
> apple.b <- c(1,1,1,1,1,1)
> apple.c <- c(2,3,1,1,2,1)
> orange.a <- c(2,2,1,1,2,2)
> orange.b <- c(2,2,1,2,2,2)
> orange.c <- c(1,2,1,2,1,1)
> watermelon.a <- c(3,3,2,3,1,2)
> watermelon.b <- c(3,3,2,3,1,1)
> watermelon.c <- c(3,3,2,3,1,2)
> watermelon.d <- c(1,3,2,3,2,2)
> ls()
 [1] "apple.a"       "apple.b"       "apple.c"       "applea"        "orange.a"
 [6] "orange.b"      "orange.c"      "watermelon.a"  "watermelon.b"  "watermelon.c"
[11] "watermelon.d"
```

其中 ls() 是列出当前定义的所有对象。除了允许用户在终端手工输入信息之外，R 还支持从文本文件、数据库系统，甚至是其他统计软件上导入数据，对于数据源的整合很有益处。有了这些数据，要进行基础的处理就变得非常快捷。下面的命令分别列出了西瓜 a 作为数组处理时，其最大值、最小值、均值、中位数、方差和标准差的数值。

```
> max(watermelon.a)
[1] 3
> min(watermelon.a)
[1] 1
> mean(watermelon.a)
[1] 2.333333
> median(watermelon.a)
[1] 2.5
> var(watermelon.a)
[1] 0.6666667
> sd(watermelon.a)
[1] 0.8164966
```

至此，你已经开始了 R 工作的第一步，那如何保存这些成果呢？别急，R 还提供了工作间（Workspace）的概念，即指当前的工作环境。通过保存工作间的镜像，你可以存储用户定义的数据对象和一些设置，R 在下次启动时会自动加载所有这些内容。在这些基础之上，让我们看看如何利用现有的扩展包，快捷地构建基于朴素贝叶斯的分类器。

2. 文本数据预处理

在使用 R 的扩展包对商品标题进行分类之前，除了中文分词以外，还有一系列其他的预处理工作，具体如下。

1）打散样本。

2）将样本加载到 R 的变量中。

3）将样本集合变量转换为文档集和文档 – 单词矩阵。

4）切分训练和测试数据集。

（1）打散样本

由于要使用同一个样本集合生成训练数据和测试数据，所以需要保证不同分类的样本出现的顺序足够随机，否则切分的时候容易导致某些分类在训练数据中出现的次数过少甚至不出现的情况。这种情形最终会导致拟合出的模型会有偏差，分类预测效果不理想，无法反映理论模型的真实性能等。如果你的样本按照分类来看其出现的顺序已经足够随机，那么可以跳过这一步。从 listing-segmented.txt 中可以看出，同一分类的数据都是紧密相邻的，一个分类结束之后才会出现下一个分类，因此不满足随机性的条件，我们需要某种随机的方式，将样本出现的顺序打散。

通常，打散可以分为两种方式，一种是预先将样本文件的顺序打乱，另一种是在使用 R 切分训练和测试数据时进行打散。这里采用第一种方法，目的是便于用户重现此处的实验，并在后面不同的算法或系统实践时重用相同的数据。具体的实现请参考 org.wltea.analyzer. sample.IKAnalzyerForListing 中的另一个函数 processListingWithShuffle：

```
public static void processListingWithShuffle(String inputFileName, String output
FileName) {
```

```
try {

    br = new BufferedReader(new FileReader(inputFileName));
    pw = new PrintWriter(new FileWriter(outputFileName));

    ArrayList<String> samples = new ArrayList<String>();

    String strLine = br.readLine();          // 跳过 header 这一行
    pw.println(strLine);
    while ((strLine = br.readLine()) != null) {

        // 获取每个字段
        String[] tokens = strLine.split("\t");
        String id = tokens[0];
        String title = tokens[1];
        String cateId = tokens[2];
        String cateName = tokens[3];

        // 对原有的商品标题进行中文分词
        ts = analyzer.tokenStream("myfield", new StringReader(title));
        // 获取词元位置属性
        OffsetAttribute  offset = ts.addAttribute(OffsetAttribute.class);
        // 获取词元文本属性
        CharTermAttribute term = ts.addAttribute(CharTermAttribute.class);
        // 获取词元文本属性
        TypeAttribute type = ts.addAttribute(TypeAttribute.class);

        // 重置 TokenStream (重置 StringReader)
        ts.reset();
        // 迭代获取分词结果
        StringBuffer sbSegmentedTitle = new StringBuffer();
        while (ts.incrementToken()) {
            sbSegmentedTitle.append(term.toString()).append(" ");

        }


        samples.add(String.format("%s\t%s\t%s\t%s", id, sbSegmentedTitle.
        toString().trim(), cateId, cateName));

        // 关闭 TokenStream (关闭 StringReader)
        ts.end(); // Perform end-of-stream operations, e.g. set the final offset.

    }
    br.close();
    br = null;

    Random rand = new Random(System.currentTimeMillis());
    while (samples.size() > 0) {
        int index = rand.nextInt(samples.size());
```

```
            pw.println(samples.get(index));
            samples.remove(index);
        }

        pw.close();
        pw = null;

    } catch (Exception e) {
        e.printStackTrace();
    } finally {
        cleanup();
    }

}
```

其增加的主要部分是利用 Random 随机抽函数，每次随机抽取出一个样本生成新的序列。打散后的全部数据可参见：

https://github.com/shuang790228/BigDataArchitectureAndAlgorithm/blob/master/Classification/listing-segmented-shuffled.txt

下面的文本片段是该文件的开头部分：

```
ID     Title   CategoryID      CategoryName
22785  samsung 三星 galaxy tab3 t211 1g 8g wifi+3g 可 通话 平板 电脑 gps 300 万像素 白色    15   电脑
19436  samsung 三星 galaxy fame s6818 智能手机 td-scdma gsm 蓝色 移动 定制 机              14   手机
3590   金本位 美味 章 鱼丸 250g     3      海鲜水产                                        3    海鲜水产
3787   莲花 居 预售 阳澄湖 大闸蟹 实物 558 型 公 3.3-3.6 两 母 2.3-2.6 两 5 对 装              3    海鲜水产
11671  rongs 融 氏 纯 玉米 胚芽油 5l 绿色食品 非 转基因 送 300ml 小 油 1 瓶                  9    食用油
23188  kerastase 卡 诗 男士 系列 去 头屑 洗发水 250ml 去 屑 止痒 男士 专用 进口 专业 洗 护发   16   美发护发
25150  dove 多 芬 丰盈 宠 肤 沐浴 系列 乳 木 果 和 香草 沐浴乳 400ml 5 瓶                    17   沐浴露
14707  魏 小 宏 weixiaohong 长寿 枣 400 克 袋装 美容 养颜 安徽 宣城 水 东 特产              10   枣类
28657  80 茶客 特级 平阴 玫瑰花 玫瑰 茶 花草 茶 花茶 女人 茶 冲 饮 50 克 袋                 18   茶叶
6275   德芙 兄弟 品牌 脆 香米 脆 米 心 牛奶 巧克力 500g 散装                                6    巧克力
18663  十月 稻田 五常 稻 花香 大米 5kg 袋 x 2                                             12   大米
15229  …
```

（2）加载变量

接下来使用 read.csv 命令，将本地文件系统中的 listing-segmented-shuffled.txt 导入为 R 的变量 listing：

```
> listing <- read.csv("/Users/huangsean/Coding/data/BigDataArchitectureAndAlgori
thm/listing-segmented-shuffled.txt", stringsAsFactors = FALSE, sep='\t')
```

然后查看 listing 的基本情况：

```
> str(listing)
'data.frame': 28706 obs. of  4 variables:
 $ ID        : int  22785 19436 3590 3787 11671 23188 25150 14707 28657 6275 ...
 $ Title     : chr  "samsung 三星 galaxy tab3 t211 1g 8g wifi+3g 可 通话 平板 电脑 gps 300 万
像素 白色 " "samsung 三星 galaxy fame s6818 智能手机 td-scdma gsm 蓝色 移动 定制 机 " "金本位
```

```
美味 章 鱼丸 250g" " 莲花 居 预售 阳澄湖 大闸蟹 实物 558 型 公 3.3-3.6 两 母 2.3-2.6 两 5 对 装 " ...
 $ CategoryID  : int  15 14 3 3 9 16 17 10 18 6 ...
 $ CategoryName: chr  "电脑 " " 手机 " " 海鲜水产 " " 海鲜水产 " ...
```

像 CategoryID、CategoryName 这样的字段，我们希望它们可以按照唯一性进行分组，因此将其转换为 R 中的因子（factor）类型。首先将 factor（listing$CategoryID）赋予 listing$CategoryID，并再次查看 listing 的基本情况：

```
> listing$CategoryID <- factor(listing$CategoryID)
> str(listing)
'data.frame': 28706 obs. of  4 variables:
 $ ID          : int  22785 19436 3590 3787 11671 23188 25150 14707 28657 6275 ...
 $ Title       : chr  "samsung 三星 galaxy tab3 t211 1g 8g wifi+3g 可 通话 平板 电脑 gps 300 万
像素 白色 " "samsung 三星 galaxy fame s6818 智能手机 td-scdma gsm 蓝色 移动 定制 机 " " 金本位
美味 章 鱼丸 250g" " 莲花 居 预售 阳澄湖 大闸蟹 实物 558 型 公 3.3-3.6 两 母 2.3-2.6 两 5 对 装 " ...
 $ CategoryID  : Factor w/ 18 levels "1","2","3","4",..: 15 14 3 3 9 16 17 10 18 6 ...
 $ CategoryName: chr  "电脑 " " 手机 " " 海鲜水产 " " 海鲜水产 " ...
```

你会发现 CategoryID 的描述发生了变化。此外，还可以使用 table 命令查看每个分类 ID 的数量（也就是每个分类的样本数量）：

```
> table(listing$CategoryID)
```

1	2	3	4	5	6	7	8	9	10	11	12	13	14	15	16	17	18
1874	818	1815	665	334	1837	2331	1896	1573	1691	1804	2400	258	1800	1800	1844	1953	2013

对于 CategoryName，可以进行同样的操作：

```
> listing$CategoryName <- factor(listing$CategoryName)
> table(listing$CategoryName)
```

坚果	大米 面粉	巧克力 食用油	手机 饮料饮品	新鲜水果 饼干	方便面	枣类	沐浴露	海鲜水产	电脑	纯牛奶	美发护发	茶叶
进口牛奶												
1896	2400	1837	1800	1804	818	1691	1953	1815	1800	334	1844	2013
665	258	1573	2331	1874								

（3）生成文档 – 单词矩阵

根据之前所述，文本分类常常采用词包（Bag of Word）的数据表示方法，所以我们需要将 listing 变量转变为文档对单词的二维矩阵。首先，我们要使用 install.packages() 函数安装 R 的文本挖掘包 tm：

```
> install.packages("tm")
```

第一次运行扩展包的安装时，可能需要选择最佳的镜像站点，如图 1-9 所示。

运行后 R 会自动进行安装：

```
> install.packages("tm")
--- Please select a CRAN mirror for use in this session ---
also installing the dependencies 'NLP', 'slam'
```

```
trying URL 'https://cran.cnr.berkeley.edu/bin/macosx/mavericks/contrib/3.3/NLP_0.1-9.tgz'
Content type 'application/x-gzip' length 278807 bytes (272 KB)
==================================================
downloaded 272 KB

trying URL 'https://cran.cnr.berkeley.edu/bin/macosx/mavericks/contrib/3.3/slam_
0.1-40.tgz'
Content type 'application/x-gzip' length 106561 bytes (104 KB)
==================================================
downloaded 104 KB

trying URL 'https://cran.cnr.berkeley.edu/bin/macosx/mavericks/contrib/3.3/tm_0.6-2.tgz'
Content type 'application/x-gzip' length 665347 bytes (649 KB)
==================================================
downloaded 649 KB


The downloaded binary packages are in
    /var/folders/fr/gb14wrwn5296_7rmyrhx1wsw0000gn/T//RtmprXQjRG/downloaded_packages
```

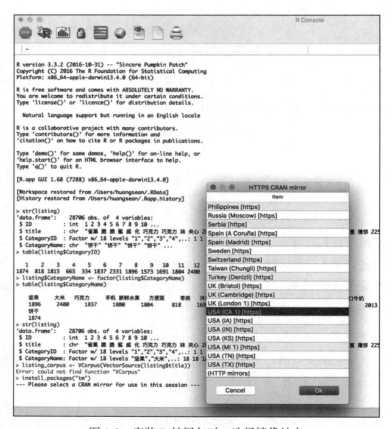

图 1-9　安装 R 扩展包时，选择镜像站点

然后使用 library() 函数加载 tm：

```
> library(tm)
Loading required package: NLP
```

加载完成后，就可以使用 VCorpus (VectorSource (listing$Title)) 命令，将 listing 的 Title 字段取出并转变为文档集合 listing_corpus。命令 inspect (listing_corpus[1:3]) 可以帮助你检视前 3 个标题记录的基本情况：

```
> listing_corpus <- VCorpus(VectorSource(listing$Title))
> print(listing_corpus)
<<VCorpus>>
Metadata:  corpus specific: 0, document level (indexed): 0
Content:   documents: 28706
> inspect(listing_corpus[1:3])
<<VCorpus>>
Metadata:  corpus specific: 0, document level (indexed): 0
Content:   documents: 3

[[1]]
<<PlainTextDocument>>
Metadata:  7
Content:   chars: 66

[[2]]
<<PlainTextDocument>>
Metadata:  7
Content:   chars: 57

[[3]]
<<PlainTextDocument>>
Metadata:  7
Content:   chars: 16
```

下一步是使用 DocumentTermMatrix() 函数从 listing_corpus 获取文档 - 单词矩阵 listing_dtm：

```
> listing_dtm <- DocumentTermMatrix(listing_corpus, control=list(wordLengths=c(
0,Inf)))
> listing_dtm
<<DocumentTermMatrix (documents: 28706, terms: 16458)>>
Non-/sparse entries: 359791/472083557
Sparsity           : 100%
Maximal term length: 25
Weighting          : term frequency (tf)
```

其中，需要注意的是，DocumentTermMatrix 函数原本是针对英文单词进行编码的。由于只包含 1 个或 2 个字母的英文单词基本上都没有意义，所以这个函数默认会去除字符长度小于 3 的单词。但是，这里处理的是中文，而且很多重要的中文词都是少于 3 个字符的，例如本案例中的"牛奶""茶叶""手机""水""酒"等。这些词都是分类的重要线索，不能丢弃，所以我们要加上参数 control = list (wordLengths = c (0, Inf))，保留全部的中文词，单词总数量是 16458，文档总数量是 28706。下一步是使用 convert 函数将矩阵中的词频 tf 转变为在 R 中朴素贝叶斯分类所需的"Yes"和"No"值：

```
> convert <- function(x) { x <- ifelse(x > 0, "Yes", "No") }
> listing_all <- apply(listing_dtm, MARGIN = 2, convert)
```

（4）切分训练和测试集

在正式上线之前，监督式学习算法很重要的一步就是进行离线的测试。针对标注的数据我们可以切分出训练和测试集合，来实现这个目标。由于之前已经打散了样本数据，所以可以直接将前 90% 的数据作为训练样本，后 10% 的作为测试样本：

```
> listing_train <- listing_all[1:25835, ]
> listing_test <- listing_all[25836:28706, ]
```

除了样本内容的切分，分类标签也需要切分，我们可以使用 CategoryID 或 CategoryName 来实现：

```
> listing_train_labels <- listing[1:25835, ]$CategoryID
> listing_test_labels <- listing[25836:28706, ]$CategoryID
```

前面也提到过，如果你的样本数据尚未提前打散，那么也可以在 R 中进行此步骤：

```
> split.data = function(data, p = 0.9, s = 888){
+     set.seed(s)
+     index = sample(1:dim(data)[1])
+     train = data[index[1:floor(dim(data)[1] * p)], ]
+     test = data[index[((floor(dim(data)[1] * p)) +
1):dim(data)[1]], ]
+ return(list(train = train, test = test))
+}

> twosets = split.data(listing_all, p = 0.9)
> listing_train = twosets$train
> listing_train = twosets$test
```

后面使用 convert 函数进行转变的步骤与之前的相似。

3. 训练、预测和评估

实现朴素贝叶斯的 R 扩展包是 e1071，安装该包的命令如下：

```
> install.packages("e1071")
trying URL 'https://cran.cnr.berkeley.edu/bin/macosx/mavericks/contrib/3.3/e10
71_1.6-7.tgz'
Content type 'application/x-gzip' length 752286 bytes (734 KB)
==================================================
downloaded 734 KB
```

```
The downloaded binary packages are in
    /var/folders/fr/gb14wrwn5296_7rmyrhx1wsw0000gn/T//RtmprXQjRG/downloaded_packages
> library(e1071)
```

然后就可以使用 listing_train 进入训练阶段，实现模型的拟合了：

```
> listing_classifier <- naiveBayes(listing_train, listing_train_labels)
```

模型存放于 listing_classifier，它包括每个分类的出现概率：

```
> listing_classifier

Naive Bayes Classifier for Discrete Predictors

Call:
naiveBayes.default(x = listing_train, y = listing_train_labels)

A-priori probabilities:
listing_train_labels
          1             2             3             4             5             6             7
          8             9            10            11            12            13            14
         15            16            17            18
0.065453842   0.028682021   0.063324947   0.023185601   0.011302497   0.063712019   0.080665763
0.066034449   0.053802980   0.059686472   0.062279853   0.084730017   0.008747823   0.063208825
0.062395974   0.064370041   0.068124637   0.070292239


Conditional probabilities:
...
```

在 Conditional probabilities 部分包含了每个词在不同分类中出现的概率，可以通过 listing_classifier$tables 快速查看某个特定的词，例如：

```
> listing_classifier$tables[[' 小米 ']]
                      小米
listing_train_labels          No           Yes
                1   1.0000000000  0.0000000000
                2   0.9973009447  0.0026990553
                3   1.0000000000  0.0000000000
                4   1.0000000000  0.0000000000
                5   1.0000000000  0.0000000000
                6   1.0000000000  0.0000000000
                7   1.0000000000  0.0000000000
                8   1.0000000000  0.0000000000
                9   0.9992805755  0.0007194245
               10   1.0000000000  0.0000000000
               11   0.9993784960  0.0006215040
               12   1.0000000000  0.0000000000
               13   0.9955752212  0.0044247788
               14   0.9546846295  0.0453153705
               15   1.0000000000  0.0000000000
               16   1.0000000000  0.0000000000
```

```
                         17  1.0000000000  0.0000000000
                         18  1.0000000000  0.0000000000
> listing_classifier$tables[[' 牛奶 ']]
                              牛奶
listing_train_labels          No             Yes
                          1  0.9379065642  0.0620934358
                          2  1.0000000000  0.0000000000
                          3  1.0000000000  0.0000000000
                          4  0.3238731219  0.6761268781
                          5  0.4657534247  0.5342465753
                          6  0.7982989064  0.2017010936
                          7  0.9846449136  0.0153550864
                          8  0.9994138335  0.0005861665
                          9  1.0000000000  0.0000000000
                         10  0.9948119326  0.0051880674
                         11  0.9975139838  0.0024860162
                         12  1.0000000000  0.0000000000
                         13  1.0000000000  0.0000000000
                         14  1.0000000000  0.0000000000
                         15  1.0000000000  0.0000000000
                         16  1.0000000000  0.0000000000
                         17  0.9818181818  0.0181818182
                         18  1.0000000000  0.0000000000
> listing_classifier$tables[[' 手机 ']]
                              手机
listing_train_labels          No             Yes
                          1  1.0000000000  0.0000000000
                          2  1.0000000000  0.0000000000
                          3  1.0000000000  0.0000000000
                          4  1.0000000000  0.0000000000
                          5  1.0000000000  0.0000000000
                          6  1.0000000000  0.0000000000
                          7  0.9990403071  0.0009596929
                          8  0.9994138335  0.0005861665
                          9  1.0000000000  0.0000000000
                         10  1.0000000000  0.0000000000
                         11  1.0000000000  0.0000000000
                         12  1.0000000000  0.0000000000
                         13  1.0000000000  0.0000000000
                         14  0.3949785671  0.6050214329
                         15  0.9950372208  0.0049627792
                         16  1.0000000000  0.0000000000
                         17  1.0000000000  0.0000000000
                         18  0.9994493392  0.0005506608
```

从上述三个关键词的例子可以看出，"小米"这个词在分类14（手机）中有一定的出现概率（注意是概率而不是绝对次数），在分类13（面粉）中也有一点出现概率；"牛奶"一词在分类4（进口牛奶）和分类5（纯牛奶）中出现的概率很高；"手机"一词在分类14（手机）中出现的概率很高。有了这些先验概率，就可以根据贝叶斯理论预估后验概率。使用该模型对测试集合 listing_test 进行预测的命令如下：

```
> listing_test_pred <- predict(listing_classifier, listing_test)
```

不过在使用本案例的数据集合时，你很可能会发现在运行预测函数 predict 之后，系统抛出了异常 "Error in '[.default'(object$tables[[v]], , nd) : subscript out of bounds"，如图 1-10 所示。

```
> listing_test_pred <- predict(listing_classifier, listing_test)
Error in `[.default`(object$tables[[v]], , nd) : subscript out of bounds
```

图 1-10　e1071 中的朴素贝叶斯分类器抛出了异常

经过仔细排查，我们发现出现异常的根本原因是某些词在训练样本中没有出现过，但是在测试样本中却出现了。例如如下这个被测试的样本：

```
1277    古 陵 山 大 薯 核桃 曲奇 112g 3 每 一口 都能 吃到 核桃仁 山西 晋城 休闲 办公室 零食
  1        饼干
```

其中包含了"都能"这个词，但是在训练样本中没有出现过"都能"。这一点可以使用 listing_classifier$tables 来验证，你会发现这个词在所有类的训练样本中都没有出现过，因此只有"No"这一个列，如下所示：

```
> listing_classifier$tables[[' 都能 ']]
                    都能
listing_train_labels No
                 1    1
                 2    1
                 3    1
                 4    1
                 5    1
                 6    1
                 7    1
                 8    1
                 9    1
                 10   1
                 11   1
                 12   1
                 13   1
                 14   1
                 15   1
                 16   1
                 17   1
                 18   1
```

而查看 e1071 中朴素贝叶斯的实现源码，发现它并没有考虑这种极端情况：

```
predict.naiveBayes <- function(object,
                               newdata,
                               type = c("class", "raw"),
                               threshold = 0.001,
```

```
                                    ...) {
    type <- match.arg(type)
    newdata <- as.data.frame(newdata)
    attribs <- match(names(object$tables), names(newdata))
    isnumeric <- sapply(newdata, is.numeric)
    newdata <- data.matrix(newdata)
    L <- sapply(1:nrow(newdata), function(i) {
        ndata <- newdata[i, ]
        L <- log(object$apriori) + apply(log(sapply(seq_along(attribs),
            function(v) {
                nd <- ndata[attribs[v]]
                if (is.na(nd)) rep(1, length(object$apriori)) else {
                    prob <- if (isnumeric[attribs[v]]) {
                        msd <- object$tables[[v]]
                    msd[, 2][msd[, 2] == 0] <- threshold
                    dnorm(nd, msd[, 1], msd[, 2])
                    }   else object$tables[[v]][, nd]
                prob[prob == 0] <- threshold
                prob
                }
        })), 1, sum)
        if (type == "class")
            L
        else {
            ## Numerically unstable:
            ##      L <- exp(L)
            ##      L / sum(L)
            ## instead, we use:
            sapply(L, function(lp) {
                1/sum(exp(L - lp))
            })
        }
    })
    if (type == "class")
        factor(object$levels[apply(L, 2, which.max)], levels = object$levels)
    else t(L)
}
```

object$tables[[v]][, nd] 并未考虑第 2 列不存在的情况，因此导致分类器抛出下标越界的异常。为此我们在相应的部分加入判定，并针对训练样本中未出现的新词赋予最小的 threshold 值：

```
if (dim(object$tables[[v]])[2] < 2) {
   prob<-vector(mode="numeric",length=0)
   for(i in 1:dim(object$tables[[v]])[1])
   {
         prob[i] <- 0
   }
   } else {
         prob <- if (isnumeric[attribs[v]]) {
```

```
            msd <- object$tables[[v]]
            msd[, 2][msd[, 2] == 0] <- threshold
            dnorm(nd, msd[, 1], msd[, 2])
            } else object$tables[[v]][, nd]
        }
        prob[prob == 0] <- threshold
        prob
    }
```

完整的修正代码位于：

https://github.com/shuang790228/BigDataArchitectureAndAlgorithm/blob/master/
Classification/R/predict.naiveBayes.r

再次运行预测函数就不会产生越界的错误了，预测的结果会保存于 listing_test_pred 中。最后可通过 gmodels 包中的函数进行评估，首先安装相应的扩展包：

```
> install.packages("gmodels")
also installing the dependencies 'gtools', 'gdata'

trying URL 'https://cran.cnr.berkeley.edu/bin/macosx/mavericks/contrib/3.3/gtools_
3.5.0.tgz'
Content type 'application/x-gzip' length 134356 bytes (131 KB)
==================================================
downloaded 131 KB

trying URL 'https://cran.cnr.berkeley.edu/bin/macosx/mavericks/contrib/3.3/gdata_
2.17.0.tgz'
Content type 'application/x-gzip' length 1136842 bytes (1.1 MB)
==================================================
downloaded 1.1 MB

trying URL 'https://cran.cnr.berkeley.edu/bin/macosx/mavericks/contrib/3.3/gmodels_
2.16.2.tgz'
Content type 'application/x-gzip' length 72626 bytes (70 KB)
==================================================
downloaded 70 KB



The downloaded binary packages are in
    /var/folders/fr/gb14wrwn5296_7rmyrhx1wsw0000gn/T//RtmprXQjRG/downloaded_packages
> library(gmodels)
```

然后使用 CrossTable() 函数计算混淆矩阵：

```
> CrossTable(listing_test_pred, listing_test_labels, prop.chisq = FALSE, prop.t
= FALSE, dnn = c('预测值', '实际值'))
```

图 1-11 展示了混淆矩阵的局部内容，通过这个局部内容的左上角可以看出，分类 1 中共有 177 个测试样例被正确地预测为分类 1，该类的精度为 92.7%，召回率为 96.7%，而前 6 个分类中分类 5（纯牛奶）的预测性能最差，召回率只有 69%，精度只有 66%，从图 1-12 可

以看出，主要是纯牛奶（非进口）和进口牛奶两个分类容易混淆，从字面上来看两个分类过于接近。混淆矩阵全部内容可以参见：

https://github.com/shuang790228/BigDataArchitectureAndAlgorithm/blob/master/Classification/R/NaiveBayes.Results1.txt

```
              | 实际值
  预测值      |      1 |      2 |      3 |      4 |      5 |      6 |
--------------|--------|--------|--------|--------|--------|--------|
          1   |    177 |      0 |      0 |      0 |      0 |      7 |
              |  0.927 |  0.000 |  0.000 |  0.000 |  0.000 |  0.037 |
              |  0.967 |  0.000 |  0.000 |  0.000 |  0.000 |  0.037 |
--------------|--------|--------|--------|--------|--------|--------|
          2   |      1 |     76 |      2 |      0 |      0 |      0 |
              |  0.012 |  0.927 |  0.024 |  0.000 |  0.000 |  0.000 |
              |  0.005 |  0.987 |  0.011 |  0.000 |  0.000 |  0.000 |
--------------|--------|--------|--------|--------|--------|--------|
          3   |      0 |      1 |    174 |      0 |      0 |      0 |
              |  0.000 |  0.006 |  0.989 |  0.000 |  0.000 |  0.000 |
              |  0.000 |  0.013 |  0.972 |  0.000 |  0.000 |  0.000 |
--------------|--------|--------|--------|--------|--------|--------|
          4   |      0 |      0 |      0 |     53 |     13 |      0 |
              |  0.000 |  0.000 |  0.000 |  0.779 |  0.191 |  0.000 |
              |  0.000 |  0.000 |  0.000 |  0.803 |  0.310 |  0.000 |
--------------|--------|--------|--------|--------|--------|--------|
          5   |      0 |      0 |      0 |     13 |     29 |      0 |
              |  0.000 |  0.000 |  0.000 |  0.295 |  0.659 |  0.000 |
              |  0.000 |  0.000 |  0.000 |  0.197 |  0.690 |  0.000 |
--------------|--------|--------|--------|--------|--------|--------|
          6   |      1 |      0 |      1 |      0 |      0 |    183 |
              |  0.005 |  0.000 |  0.005 |  0.000 |  0.000 |  0.989 |
              |  0.005 |  0.000 |  0.006 |  0.000 |  0.000 |  0.958 |
```

图 1-11 朴素贝叶斯分类结果的混淆矩阵之局部

```
|     53 |     13 |
|  0.803 |  0.310 |
|--------|--------|
|     13 |     29 |
|  0.197 |  0.690 |
```

图 1-12 分类 4（进口牛奶）和分类 5（纯牛奶）容易混淆

总体来说，18 个分类中有 16 个分类的召回率和精度都在 90% 以上，全局的准确率在 96% 以上，分类效果较好。当然，我们可以使用 10-folder 的交叉验证，轮流测试 10% 的数据并获取每个类的平均召回率和精度，以及全局的平均准确率。

给定机器学习的模型，我们可以改变训练样本的数量，或者是用于分类的特征，来测试该模型的效果。这里将训练集合放大到 99% 的标注数据，而测试样本为 1% 的标注数据：

```
> listing_train <- listing_all[1:28419, ]
> listing_test <- listing_all[28420:28706, ]
> listing_train_labels <- listing[1:28419, ]$CategoryID
> listing_test_labels <- listing[28420:28706, ]$CategoryID

> listing_classifier <- naiveBayes(listing_train, listing_train_labels)
> listing_test_pred <- predict(listing_classifier, listing_test)

> CrossTable(listing_test_pred, listing_test_labels, prop.chisq = FALSE, prop.t
= FALSE, dnn = c('预测值', '实际值'))
```

图 1-13 展示了混淆矩阵的局部，而完整的混淆矩阵位于：

https://github.com/shuang790228/BigDataArchitectureAndAlgorithm/blob/master/Classification/R/NaiveBayes.Results2.txt

预测值	实际值 1	2	3	4	5	6
1	10	0	0	0	0	3
	0.769	0.000	0.000	0.000	0.000	0.231
	1.000	0.000	0.000	0.000	0.000	0.167
2	0	4	0	0	0	0
	0.000	0.800	0.000	0.000	0.000	0.000
	0.000	1.000	0.000	0.000	0.000	0.000
3	0	0	21	0	0	0
	0.000	0.000	1.000	0.000	0.000	0.000
	0.000	0.000	1.000	0.000	0.000	0.000
4	0	0	0	4	0	0
	0.000	0.000	0.000	1.000	0.000	0.000
	0.000	0.000	0.000	0.800	0.000	0.000
5	0	0	0	1	2	0
	0.000	0.000	0.000	0.250	0.500	0.000
	0.000	0.000	0.000	0.200	1.000	0.000
6	0	0	0	0	0	15
	0.000	0.000	0.000	0.000	0.000	1.000
	0.000	0.000	0.000	0.000	0.000	0.833

图 1-13 将训练样本放大到 99% 的标注数据后，朴素贝叶斯分类结果的混淆矩阵之局部

从图 1-13 中可以看出，某些类别的召回率和精度有所提升，而某些却下降了，可能是由于模型过拟合所导致的。整体的准确率大约为 96.5%。

当然，你也可以查看贝叶斯分类器对每个被测样例的预测值。可以通过修改预测函数 predicate() 的参数 type 为"raw"来实现，代码如下：

```
> listing_test_pred <- predict(listing_classifier, listing_test, type = "raw")
> listing_test_pred[1:3,]
                1             2             3             4             5             6             7
                8             9            10            11            12            13            14
               15            16            17            18
[1,] 1.163562e-02 8.686446e-12 2.103992e-12 2.508276e-14 6.986207e-14 9.883640e-01 1.419304e-12
     4.030010e-07 1.039946e-13 6.245893e-11 4.309790e-14 3.826502e-16 1.896761e-09 1.470796e-20
     1.129724e-17 5.292009e-17 8.534417e-19 2.267523e-15
[2,] 7.581626e-01 1.257191e-08 1.997998e-14 1.978235e-16 6.065871e-17 7.761154e-11 2.107551e-13
     2.418373e-01 4.168406e-14 1.328692e-07 3.947417e-16 3.505745e-17 1.252182e-15 5.676353e-16
     8.126072e-19 4.764065e-17 1.697768e-16 1.249436e-12
[3,] 1.548534e-09 2.067730e-10 3.250368e-11 4.691759e-08 2.715113e-07 2.418692e-08 1.056756e-07
     2.312425e-10 9.023589e-10 4.037764e-11 3.655755e-09 1.269035e-08 3.647616e-11 3.340507e-11
     7.912837e-11 9.999994e-01 1.206560e-07 1.152458e-10
```

此刻，查看 listing_test_pred 的值就会发现，对于每个被测试的样例，分类器都给出了它属于某个分类的概率。

1.6.4 使用 R 进行 K 最近邻分类

当然，对于同样的任务可以尝试不同的分类模型。让我们再次尝试一下 R 扩展包 class

中的 KNN 分类。数据的预处理过程是类似的，我们将直接从之前获取的 listing_dtm 开始：

```
> convert_2 <- function(x) { x <- x }
> listing_all_knn <- as.data.frame(apply(listing_dtm, MARGIN=2, convert_2))
> listing_train_knn <- listing_all_knn[1:28419, ]
> listing_test_knn <- listing_all_knn[28420:28706, ]

> listing_train_labels <- listing[1:28419, ]$CategoryID
> listing_test_labels <- listing[28420:28706, ]$CategoryID
```

这里保留了 listing_dtm 中的词频 tf 数值，用于 KNN 计算样例之间的距离，此处和针对朴素贝叶斯分类器的处理有所不同。另外，考虑到 KNN 在预测阶段的时间复杂度太高，此次测试的样本也控制在全体数据的 1%，尽管如此，在单台 iMac 上运行如下预测仍然可能需要数十分钟：

```
> listing_test_pred_knn <- knn(train = listing_train_knn, test = listing_test_
knn, cl = listing_train_labels, k = 3)
> CrossTable(listing_test_pred_knn, listing_test_labels, prop.chisq = FALSE,
prop.t = FALSE, dnn = c('预测值', '实际值'))
```

图 1-14 展示了 KNN 预测结果和标注相比，混淆矩阵的局部内容。完整的混淆矩阵位于：
https://github.com/shuang790228/BigDataArchitectureAndAlgorithm/blob/master/
Classification/R/KNN.Results.txt

预测值	实际值 1	2	3	4	5	6
1	10	0	0	0	0	1
	0.833	0.000	0.000	0.000	0.000	0.083
	1.000	0.000	0.000	0.000	0.000	0.056
2	0	3	0	0	0	0
	0.000	0.750	0.000	0.000	0.000	0.000
	0.000	0.750	0.000	0.000	0.000	0.000
3	0	1	20	0	0	0
	0.000	0.045	0.909	0.000	0.000	0.000
	0.000	0.250	0.952	0.000	0.000	0.000
4	0	0	0	4	0	0
	0.000	0.000	0.000	1.000	0.000	0.000
	0.000	0.000	0.000	0.800	0.000	0.000
5	0	0	0	1	2	0
	0.000	0.000	0.000	0.333	0.667	0.000
	0.000	0.000	0.000	0.200	1.000	0.000
6	0	0	0	0	0	17
	0.000	0.000	0.000	0.000	0.000	1.000
	0.000	0.000	0.000	0.000	0.000	0.944

图 1-14　KNN 分类结果的混淆矩阵之局部

在以上的测试样本上使用 KNN 分类算法，最终获得的整体准确率大约在 91.3%，略逊于朴素贝叶斯。可以看出，相比 KNN，朴素贝叶斯分类模型虽然需要学习的过程，而且也更难理解，但是其具有良好的分类效果，以及实时预测的性能。因此，在现实生产环境中，我们可以优先考虑朴素贝叶斯。

尽管我们可以便捷地在 R 语言中测试不同的分类算法，但是它也有一定的局限性，主要体现在如下几个方面。

- ❏ 性能：R 属于解释性语言，其性能比不上 C++、Java 这样的编程语言，因此不适合应用于大量的在线服务。
- ❏ 并行性：R 最常见的应用还是侧重于单机环境。其并行处理方案是存在的，例如和Hadoop 结合的 RHadoop，但是不如 Mahout 和 Hadoop 结合得那么紧密。
- ❏ 集成复杂度：R 和其他主流的编程语言，例如 Java，也可以集成，但是比较复杂，开发成本较高。

鉴于此，下面来介绍一下 Apache Mahout 中的分类实现，它不仅可以利用 Hadoop 来开展并行的训练，而且可以让你打造实时的在线预测系统。

1.6.5　单机环境使用 Mahout 运行朴素贝叶斯分类

1. 实验准备

为了达到更好的效果，我们将由浅入深地进行学习，首先来学习在单机上如何运行Mahout 的机器学习算法——朴素贝叶斯。硬件仍然使用 2015 款 iMac 一体机 1 台，软件环境除了之前采用的 Java 语言（JDK 1.8）和 Eclipse IDE 环境（Neon.1a Release (4.6.1)）之外，当然还需要安装 Mahout。这里部署的是版本号为 0.9 的 Mahout，你可以在这里下载并解压：

http://mahout.apache.org/general/downloads.html

然后根据解压的目录，相应地设置环境变量如下：

```
export MAHOUT_HOME=/Users/huangsean/Coding/mahout-distribution-0.9
export PATH=$PATH:$MAHOUT_HOME/bin
export MAHOUT_LOCAL=1
```

注意，这里也设置了 MAHOUT_LOCAL 变量，目的是为了确保当前的 Mahout 是在单台机器上运行的。

2. 通过命令行进行训练和测试

在编写实时性预测的代码之前，你可以先通过 Mahout 的命令行模式来了解其分类算法的工作流程。为了这项任务，首先准备原始的实验数据。数据的内容依然是 R 实验中的listing-segmented-shuffled.txt。不过出于 Mahout 的需求，我们为每件商品单独生成一个商品文件，内容是商品的标题，文件名称是商品的 ID，并将同一个分类的商品文件存放在同一个子目录中，子目录的名称是分类的 ID，目录和文件的组织如图 1-15 所示，其中标题为"雀巢 脆 脆 鲨 威 化 巧克力 巧克力 味 夹心 20g 24 盒"的商品，形成了 1.txt（商品 ID 为 1）的文件，并置于名为 1（分类 ID 为 1）的目录中。

上述完整的数据文件位于：

https://github.com/shuang790228/BigDataArchitectureAndAlgorithm/blob/master/Classification/Mahout/listing-segmented-shuffled-mahout.zip

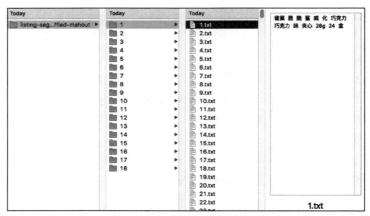

图 1-15 为 Mahout 准备的数据集

有了这些数据，Mahout 进行朴素贝叶斯分类的主要步骤具体如下。

1）将原始数据文件转换成 Hadoop 的序列文件（SequenceFile）。序列文件是 Hadoop 所使用的文件格式之一，尽管目前使用的是单机模式，但 Mahout 还是需要读取这种格式。

2）将序列文件中的数据转换为向量。向量是使用词包（Bag of Word）来表示文本的基本方式，这步操作和 R 语言中 DocumentTermMatrix 的功能相类似。

3）切分训练样本和待测样本集合。

4）使用朴素贝叶斯算法训练模型。

5）使用朴素贝叶斯算法测试待测的样本。

首先使用 mahout 命令的 seqdirectory 选项，将原始数据转换为序列文件：

```
[huangsean@iMac2015:/Users/huangsean/Coding]mahout seqdirectory -i /Users/huangsean
/Coding/data/BigDataArchitectureAndAlgorithm/listing-segmented-shuffled-mahout/ -o /
Users/huangsean/Coding/data/BigDataArchitectureAndAlgorithm/listing-segmented-shuff
led-seq -ow
    MAHOUT_LOCAL is set, so we don't add HADOOP_CONF_DIR to classpath.
    MAHOUT_LOCAL is set, running locally
    ...
    17/01/17 21:27:04 INFO driver.MahoutDriver: Program took 6513 ms (Minutes: 0.10855)
```

其中 -i 用于指定输入的原始数据文件用于，而 -o 用于指定输出的序列文件，-ow 表示覆盖已有的结果。生成的序列文件如图 1-16 所示。

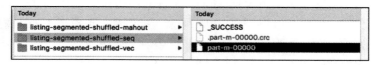

图 1-16 新生成的序列文件

再使用 seq2sparse 选项，将该 part-m-00000 文件作为输入，获取稀疏向量：

```
[huangsean@iMac2015:/Users/huangsean/Coding]mahout seq2sparse -i /Users/huangsean
/Coding/data/BigDataArchitectureAndAlgorithm/listing-segmented-shuffled-seq/part-
m-00000 -o /Users/huangsean/Coding/data/BigDataArchitectureAndAlgorithm/listing-segm
ented-shuffled-vec -lnorm -nv -wt tf -a org.apache.lucene.analysis.core.Whitespace
Analyzer
    MAHOUT_LOCAL is set, so we don't add HADOOP_CONF_DIR to classpath.
    MAHOUT_LOCAL is set, running locally
    ...
    17/01/17 21:30:19 INFO driver.MahoutDriver: Program took 7904 ms (Minutes: 0.131
73333333333334)
```

　　其中，-lnorm 表示使用了归一化。-wt tf 表示权重值使用了词频。这里采用词频是为了和之前 R 的实验保持一致，便于比较分类的效果。当然，还可以通过 -wt tfidf，使用 tf-idf 的机制定义每个单词维度的取值，该机制的具体含义将在第 4 章有关搜索引擎的部分中进行介绍。另外，一定要通过 -a org.apache.lucene.analysis.core.WhitespaceAnalyzer 来指定分析器（analyzer），如果不指定，那么 Mahout 将默认按照英文的处理方式，将中文单词都切分为单个汉字，这可能会对最终的分类结果产生负面影响。由于之前已经使用 IKAnalyzer 将商品的标题进行了中文分词，所以这里指定以空格为分隔符的 WhitespaceAnalyzer。此命令执行完毕后，我们将获得如图 1-17 所示的向量文件：

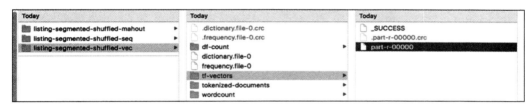

图 1-17　新生成的向量文件

　　下一步就是将该向量文件切分为训练数据集和待测的数据集：

```
[huangsean@iMac2015:/Users/huangsean/Coding]mahout split -i /Users/huangsean/
Coding/data/BigDataArchitectureAndAlgorithm/listing-segmented-shuffled-vec/tf-vectors --
trainingOutput /Users/huangsean/Coding/data/BigDataArchitectureAndAlgorithm/listing-
segmented-shuffled-train --testOutput /Users/huangsean/Coding/data/BigDataArchitecture
AndAlgorithm/listing-segmented-shuffled-test --randomSelectionPct 10 --overwrite --
sequenceFiles -xm sequential
    MAHOUT_LOCAL is set, so we don't add HADOOP_CONF_DIR to classpath.
    MAHOUT_LOCAL is set, running locally
    ...
    17/01/17 21:31:09 INFO driver.MahoutDriver: Program took 881 ms (Minutes: 0.0146
83333333333333)
```

　　其中 --randomSelectionPct 10 表示待测样本的占比为 10%，也就是 90% 的数据用于训练。而 -xm sequential 表示在单机上执行，而不进行 MapReduce 操作。下一步就是执行训练过程，同时利用 -li 参数来生成评测所用的类标索引（labelindex）文件：

```
[huangsean@iMac2015:/Users/huangsean/Coding]mahout trainnb -i /Users/huangsean/
Coding/data/BigDataArchitectureAndAlgorithm/listing-segmented-shuffled-train -el -o /
Users/huangsean/Coding/data/BigDataArchitectureAndAlgorithm/listing-segmented-shuffled
-model -li /Users/huangsean/Coding/data/BigDataArchitectureAndAlgorithm/listing-
segmented-shuffled-mahout-labelindex -ow
    MAHOUT_LOCAL is set, so we don't add HADOOP_CONF_DIR to classpath.
    MAHOUT_LOCAL is set, running locally
    ...
    17/01/17 21:32:14 INFO driver.MahoutDriver: Program took 3037 ms (Minutes: 0.050
616666666666664)
```

生成的模型 model 目录和类标索引 labelindex 文件如图 1-18 所示。其中类标索引相当于考试答案，可供稍后的离线测试使用。

最后，通过训练的模型目录和类标索引，对待测样本进行测试和评估：

```
[huangsean@iMac2015:/Users/huangsean/Coding]mahout testnb -i /Users/huangsean/
Coding/data/BigDataArchitectureAndAlgorithm/listing-segmented-shuffled-test -m /Users/
huangsean/Coding/data/BigDataArchitectureAndAlgorithm/listing-segmented-shuffled-
model -l /Users/huangsean/Coding/data/BigDataArchitectureAndAlgorithm/listing-segmented-
shuffled-mahout-labelindex -ow -o /Users/huangsean/Coding/data/BigDataArchitecture
AndAlgorithm/listing-segmented-shuffled-mahout-results
    MAHOUT_LOCAL is set, so we don't add HADOOP_CONF_DIR to classpath.
    MAHOUT_LOCAL is set, running locally
    ...
    =======================================================
    Statistics
    -------------------------------------------------------
    Kappa                                    0.9613
    Accuracy                                 97.8484%
    Reliability                              90.129%
    Reliability (standard deviation)         0.2563
    17/01/17 21:34:21 INFO driver.MahoutDriver: Program took 1460 ms (Minutes: 0.024
333333333333332)
```

执行完毕后 Mahout 直接输出了评估结果。你将看到类似图 1-11 和图 1-13 的混淆矩阵，如图 1-19 所示。如果需要查阅完整的矩阵内容，可以访问：

https://github.com/shuang790228/BigDataArchitectureAndAlgorithm/blob/master/Classification/Mahout/listing-segmented-shuffled-mahout-results.txt

此外你还可以看到准确率（Accuracy）在 97.8%，和 R 的朴素贝叶斯分类实践中的数据 96% 非常接近。两者的相差可能是由于训练和测试数据集的切分不一致，或者是细微的分类器实现差异所导致的。从分类的结果来看，整体效果非常理想。

3. 打造实时预测

当然，如果需要将 Mahout 运用到线上服务，那么上述离线式的处理和测试还远远不够。我们可以利用训练阶段所生成的模型文件，创建一个实时性的分类预测模块。这个过程按顺序可以分为以下几个主要步骤。

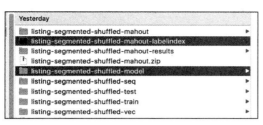

图 1-18　生成的模型目录和类标索引

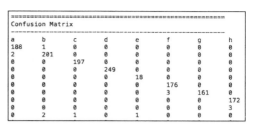

图 1-19　Mahout 测试后给出的混淆矩阵

1）预加载必要的数据，包括 Mahout 训练命令所产生的朴素贝叶斯模型、类标索引文件和分类 ID/ 名称间的映射。

2）对实时输入的文本进行中文分词。

3）将分词结果转变为单词向量。

4）根据训练的模型和单词向量，给出分类的预测。

下面是一段用于演示核心流程的示例代码：

```java
public static void main(String[] args) throws Exception {

    //指定 Mahout 朴素贝叶斯分类模型的目录、类标文件和字典文件
    String modelPath = "/Users/huangsean/Coding/data/BigDataArchitectureAnd
Algorithm/listing-segmented-shuffled-model/";
    String labelIndexPath = "/Users/huangsean/Coding/data/BigDataArchitectureAnd
Algorithm/listing-segmented-shuffled-mahout-labelindex";
    String dictionaryPath = "/Users/huangsean/Coding/data/BigDataArchitectureAnd
Algorithm/listing-segmented-shuffled-vec/dictionary.file-0";

    Configuration configuration = new Configuration();

    //加载 Mahout 朴素贝叶斯分类模型，以及相关的类标、字典和分类名称映射
    NaiveBayesModel model = NaiveBayesModel.materialize(new Path(modelPath),
configuration);
    StandardNaiveBayesClassifier classifier = new StandardNaiveBayesClassifier
(model);
    Map<Integer, String> labels = BayesUtils.readLabelIndex(configuration, new Path
(labelIndexPath));
    Map<String, Integer> dictionary = readDictionnary(configuration, new Path
(dictionaryPath));
    Map<String, String> categoryMapping = loadCategoryMapping();

    //使用 IKAnalyzer 进行中文分词
    Analyzer ikanalyzer = new IKAnalyzer();
    TokenStream ts = null;

    while (true) {

        BufferedReader strin=new BufferedReader(new InputStreamReader(System.in));
        System.out.print("请输入待测的文本：");
```

```
String content = strin.readLine();

if ("exit".equalsIgnoreCase(content)) break;

    // 进行中文分词，同时构造单词列表
    Map<String, Integer> terms = new Hashtable<String, Integer>();
    ts = ikanalyzer.tokenStream("myfield", content);
    CharTermAttribute term = ts.addAttribute(CharTermAttribute.class);
        ts.reset();
        while (ts.incrementToken()) {
            if (term.length() > 0) {
                    String strTerm = term.toString();
                    Integer termId = dictionary.get(strTerm);

                    if (termId != null) {
                        if (!terms.containsKey(strTerm)) {
                            terms.put(strTerm, 0);
                        }
                        terms.put(strTerm, terms.get(strTerm) + 1);
                        termsCnt ++;
                    }
            }
        }
        ts.end();
        ts.close();


        // 使用词频 tf（term frequency）构造向量
        RandomAccessSparseVector rasvector = new RandomAccessSparseVector
        (100000);
for (Map.Entry<String, Integer> entry : terms.entrySet()) {
    String strTerm = entry.getKey();
    int tf = entry.getValue();
    Integer termId = dictionary.get(strTerm);
    rasvector.setQuick(termId, tf);
}

// 根据构造好的向量和之前训练的模型，进行分类
org.apache.mahout.math.Vector predictionVector = classifier.classifyFull
(rasvector);
double bestScore = -Double.MAX_VALUE;
int bestCategoryId = -1;
for(Element element : predictionVector.all()) {
    int categoryId = element.index();
    double score = element.get();
    if (score > bestScore) {
        bestScore = score;
        bestCategoryId = categoryId;
    }
}
System.out.println();
```

```
            String category = categoryMapping.get(labels.get(bestCategoryId));
            if (category == null) category = "未知";
            System.out.println(String.format("预测的分类为: %s", category));
            System.out.println();

        }

        ikanalyzer.close();
    }
```

代码的最后一步，Mahout 将计算输入文本属于不同分类的概率。其中需要注意的是，Mahout 对概率值进行了一定的数值转换，也就是将它们转变为了一个负数，数值越大，表示概率越高。所以，这段代码找出了拥有最大值的分类。如果是多分类问题，可以取最大的 n 个数值及其对应的分类。

其他辅助的数据预加载函数如下：

```
public static Map<String, Integer> readDictionnary(Configuration conf, Path dictionnaryPath) {
        Map<String, Integer> dictionnary = new HashMap<String, Integer>();
        for (Pair<Text, IntWritable> pair : new SequenceFileIterable<Text,
IntWritable>(dictionnaryPath, true, conf)) {
            dictionnary.put(pair.getFirst().toString(), pair.getSecond().get());
        }
        return dictionnary;
    }

public static Map<Integer, Long> readDocumentFrequency(Configuration conf, Path documentFrequencyPath) {
        Map<Integer, Long> documentFrequency = new HashMap<Integer, Long>();
        for (Pair<IntWritable, LongWritable> pair : new SequenceFileIterable<Int
Writable, LongWritable>(documentFrequencyPath, true, conf)) {
            documentFrequency.put(pair.getFirst().get(), pair.getSecond().get());
        }
        return documentFrequency;
    }

public static Map<String, String> loadCategoryMapping() {

        Map<String, String> categoryMapping = new HashMap<String, String>();
        categoryMapping.put("1", "饼干");
        categoryMapping.put("2", "方便面");
        categoryMapping.put("3", "海鲜水产");
        categoryMapping.put("4", "进口牛奶");
        categoryMapping.put("5", "纯牛奶");
        categoryMapping.put("6", "巧克力");
        categoryMapping.put("7", "饮料饮品");
        categoryMapping.put("8", "坚果");
        categoryMapping.put("9", "食用油");
        categoryMapping.put("10", "枣类");
```

```
            categoryMapping.put("11", "新鲜水果");
            categoryMapping.put("12", "大米");
            categoryMapping.put("13", "面粉");
            categoryMapping.put("14", "手机");
            categoryMapping.put("15", "电脑");
            categoryMapping.put("16", "美发护发");
            categoryMapping.put("17", "沐浴露");
            categoryMapping.put("18", "茶叶");

            return categoryMapping;

    }
```

完整的代码和 Maven 项目文件，可以访问：

https://github.com/shuang790228/BigDataArchitectureAndAlgorithm/tree/master/Classification/Mahout/MahoutMachineLearning

编译时，需要在 pom.xml 中加入 Mahout 和 IKAnalyzer 的依赖包：

```xml
<!-- https://mvnrepository.com/artifact/org.apache.mahout/mahout-core -->
<dependency>
    <groupId>org.apache.mahout</groupId>
    <artifactId>mahout-core</artifactId>
    <version>0.9</version>
</dependency>

<!-- https://mvnrepository.com/artifact/com.janeluo/ikanalyzer -->
<dependency>
    <groupId>com.janeluo</groupId>
    <artifactId>ikanalyzer</artifactId>
    <version>2012_u6</version>
</dependency>
```

编译成功并运行 main 函数，你就可以在 Console 窗口中输入一段文本，程序将实时给出分类的预测，如图 1-20 所示。最后输入"exit"并退出。

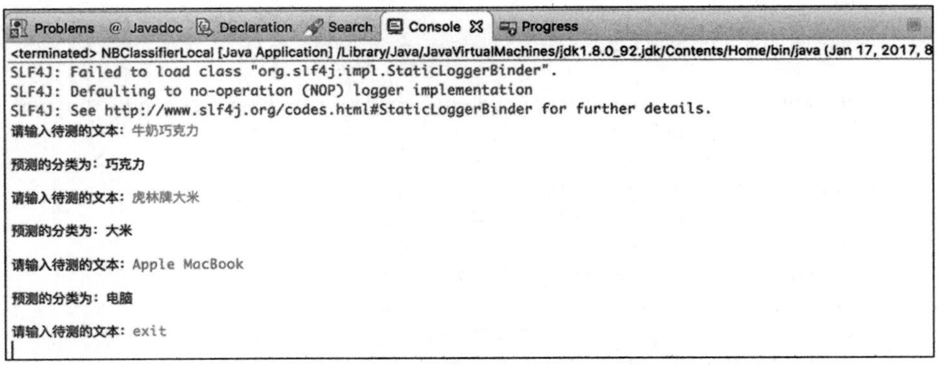

图 1-20　实时预测的演示

有了这些代码的基础，就可以为线上应用（例如，根据商家的输入为其实时推荐商品分类）构建预测模块、RESTFUL 风格的 API 等。

1.6.6　多机环境使用 Mahout 运行朴素贝叶斯分类

Mahout 最早是基于 Hadoop 开发的，当然也支持多机并行处理。需要注意的是，Hadoop 的 MapReduce 计算模式只适用于批量的训练和评测，并不适用于实时的预测。关于离线批量处理和实时处理的更多探讨，可参见《大数据架构商业之路》一书的第 4 章。

1. Hadoop 集群的安装和设置

在 Mahout 使用 Hadoop 之前，需要一步步地搭建 Hadoop 集群。用于本案例的硬件环境为三台苹果个人电脑，除了之前的 iMac2015，还有两台 MacBook Pro，代号分别为 Mac-BookPro2012 和 MacBookPro2013，其大体配置分别如图 1-21 和图 1-22 所示。局域网也是需要的，三台机器分配的 IP 分别如下。

iMac2015　　　　　192.168.1.48

MacBookPro2013　　192.168.1.28

MacBookPro2012　　192.168.1.78

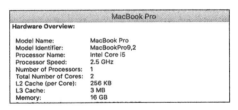

图 1-21　MacBookPro2012 的配置

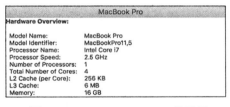

图 1-22　MacBookPro2013 的配置

至于软件，由于所有的操作系统都是 Mac OS，因此下面示例中的命令和路径都以 Mac OS 为准，请根据自己的需要进行适当调整。

首先在三台机器之间构建 SSH 的互信连接，在 iMac2015 上生成本台机器的公钥：

```
[huangsean@iMac2015:/Users/huangsean/Coding]ssh-keygen -t rsa
Generating public/private rsa key pair.
Enter fi le in which to save the key (/Users/huangsean/.ssh/id_rsa):
Enter passphrase (empty for no passphrase):
Enter same passphrase again:
Your identification has been saved in /Users/huangsean/.ssh/id_rsa.
Your public key has been saved in /Users/huangsean/.ssh/id_rsa.pub.
[huangsean@iMac2015:/Users/huangsean/Coding]more /Users/huangsean/.ssh/id_rsa.pub
...
```

然后将公钥发布到另外两台机器 MacBookPro2012 和 MacBookPro2013 上，此时还需要手动登录：

```
[huangsean@iMac2015:/Users/huangsean/Coding]scp ~/.ssh/id_rsa.pub huangsean@
MacBookPro2012:~/master_key
[huangsean@iMac2015:/Users/huangsean/Coding]scp ~/.ssh/id_rsa.pub huangsean@
MacBookPro2013:~/master_key
```

如果 MacBookPro2012 和 MacBookPro2013 上还没有 ~/.ssh 目录，那么先创建该目录并设置合适的权限。而后，将 iMac2015 的公钥移动过去并命名为"authorized_keys"，下面以 MacBookPro2012 为例：

```
[huangsean@MacBookPro2012:/Users/huangsean/Coding]mkdir ~/.ssh
[huangsean@ MacBookPro2012:/Users/huangsean/Coding]chmod 700 ~/.ssh
[huangsean@ MacBookPro2012:/Users/huangsean/Coding]mv ~/master_key ~/.ssh/
authorized_keys
[huangsean@ MacBookPro2012:/Users/huangsean/Coding]chmod 600 ~/.ssh/authorized_keys
```

如果 MacBookPro2012 和 MacBookPro2013 已有 ~/.ssh 目录，那么将 iMac2015 的公钥移动过去并命名为"authorized_keys"。如果之前"authorized_keys"文件已经存在，那么将 iMac2015 的公钥移动附加在其后面。同样以 MacBookPro2012 为例：

```
[huangsean@ MacBookPro2012:/Users/huangsean/Coding]cat ~/master_key >> ~/.ssh/
authorized_keys
```

这样，iMac2015 就可以免密码 SSH 登录 MacBookPro2012 和 MacBookPro2013 了。然后如法炮制，让三台机器可以相互免密码登录。

下面，让我们进入 Hadoop 分布式环境搭建的正题。通过如下链接下载并解压 Hadoop 发行版，本文使用的版本是 2.7.3：

http://hadoop.apache.org/releases.html

解压后，部署分布式 Hadoop 2.x 版的主要步骤具体如下。

1）为 Hadoop 设置正确的环境变量。

2）编辑一些重要的配置文件包括 core-site.xml、hdfs-site.xml 等。

3）一个容易被遗忘但是很关键的步骤：格式化名称节点。

4）运行 start-dfs.sh 来启动 HDFS。

5）运行 start-yarn.sh 来启动 MapReduce 的作业调度。

下面分别来看看这些步骤。

首先，设置环境变量：

```
export HADOOP_HOME=/Users/huangsean/Coding/hadoop-2.7.3
export PATH=$PATH:$HADOOP_HOME/bin
export PATH=$PATH:$HADOOP_HOME/sbin
export HADOOP_MAPRED_HOME=$HADOOP_HOME
export HADOOP_COMMON_HOME=$HADOOP_HOME
export HADOOP_HDFS_HOME=$HADOOP_HOME
export HADOOP_YARN_HOME=$HADOOP_HOME
export YARN_HOME=$HADOOP_HOME
```

```
export HADOOP_COMMON_LIB_NATIVE_DIR=$HADOOP_HOME/lib/native
export HADOOP_OPTS="-Djava.library.path=$HADOOP_HOME/lib"
```

进入 Hadoop 主目录中的 /etc/hadoop/，分别修改 core-site.xml、hdfs-site.xml、mapred-site.xml、yarn-site.xml、slaves 和 hadoop-env.sh。

配置文件 core-site.xml 的示例如下：

```
<configuration>

    <property>
        <name>hadoop.tmp.dir</name>
        <value>file:/Users/huangsean/Coding/hadoop-2.7.3/tmp</value>
        <description>Abase for other temporary directories.</description>
    </property>
    <property>
        <name>fs.defaultFS</name>
        <value>hdfs://iMac2015:9000</value>
    </property>

</configuration>
```

其中，hadoop.tmp.dir 指定了 HDFS 数据存放的目录。而 fs.defaultFS 指定了命名节点（Name Node）的 IP 或名称（iMac2015），以及端口（9000），这点是非常重要的，稍后依赖 HDFS 的其他系统也都需要使用这个设置。

配置文件 hdfs-site.xml 的示例如下：

```
<configuration>
    <property>
        <name>dfs.replication</name>
        <value>2</value>
    </property>
    <property>
        <name>dfs.namenode.name.dir</name>
        <value>file:/Users/huangsean/Coding/hadoop-2.7.3/tmp/dfs/name</value>
    </property>
    <property>
        <name>dfs.datanode.data.dir</name>
        <value>file:/Users/huangsean/Coding/hadoop-2.7.3/tmp/dfs/data</value>
    </property>
    <property>
        <name>dfs.blocksize</name>
        <value>124800000</value>
    </property>
</configuration>
```

这里将副本数量 replication 设置为 2，并设置命名节点（NameNode）和数据节点（DataNode）的目录来保存文件。另一个关键参数是块大小（blocksize）。由于 HDFS 擅长批处理，所以通常它需要较大的文件块。太多的小文件将影响 Hadoop 的性能。

配置文件 mapred-site.xml 的示例如下：

```
<configuration>

    <property>
        <name>mapreduce.framework.name</name>
        <value>yarn</value>
    </property>

    <property>
        <name>mapreduce.jobhistory.address</name>
        <value>iMac2015:10020</value>
    </property>

    <property>
        <name>mapreduce.jobhistory.webapp.address</name>
        <value>iMac2015:19888</value>
    </property>

</configuration>
```

从中你可以看到有关任务的设置，主要是用于跟踪 MapReduce 的计算任务。
配置文件 yarn-site.xml 的示例如下：

```
<configuration>

<!-- Site specific YARN configuration properties -->
    <property>
        <name>mapreduce.framework.name</name>
        <value>yarn</value>
    </property>

    <property>
        <name>yarn.resourcemanager.scheduler.address</name>
        <value>iMac2015:8030</value>
    </property>

    <property>
        <name>yarn.resourcemanager.resource-tracker.address</name>
        <value>iMac2015:8031</value>
    </property>

    <property>
        <name>yarn.resourcemanager.address</name>
        <value>iMac2015:8032</value>
    </property>

    <property>
        <name>yarn.resourcemanager.admin.address</name>
        <value>iMac2015:8033</value>
```

```
        </property>

        <property>
            <name>yarn.resourcemanager.webapp.address</name>
            <value>iMac2015:8088</value>
        </property>

        <property>
            <name>yarn.nodemanager.aux-services</name>
            <value>mapreduce_shuffle</value>
        </property>

        <property>
            <name>yarn.nodemanager.aux-service.mapreduce.shuffle.class</name>
            <value>org.apache.hadoop.mapred.ShuffleHandler</value>
        </property>

</configuration>
```

其中端口的默认配置通常都是可以正常工作的，请注意将主机 IP 地址或名称进行合理的替换。

配置文件 slaves 的示例如下：

```
iMac2015
MacBookPro2013
MacBookPro2012
```

由于硬件资源非常有限，因此这里使用了全部的三台机器作为 slave。最后在 hadoop-env.sh 文件中，记得设置 Java JDK 的路径：

```
export JAVA_HOME=/Library/Java/JavaVirtualMachines/jdk1.8.0_112.jdk/Contents/Home
```

对于上述所有的配置文件，你可以通过下面的链接获取更多的参考：

https://github.com/shuang790228/BigDataArchitectureAndAlgorithm/tree/master/UserBehaviorTracking/SelfDesign/hadoop/conf

在三台机器上完成上述配置后，在主节点 iMac2015 上通过如下命令格式化 HDFS：

```
[huangsean@iMac2015:/Users/huangsean/Coding]hdfs namenode -format
```

然后在主节点上通过 Hadoop sbin 目录中的如下命令，分别启动 Hadoop 集群的 HDFS 和 YARN 管理：

```
[huangsean@iMac2015:/Users/huangsean/Coding]start-dfs.sh
[huangsean@iMac2015:/Users/huangsean/Coding]start-yarn.sh
```

如果要关闭集群，那就使用 Hadoop sbin 目录中的如下命令：

```
[huangsean@iMac2015:/Users/huangsean/Coding]stop-all.sh
```

集群成功启动之后，我们可以通过如下的链接来查看 HDFS 的整体状况：

http://imac2015:50070/dfshealth.html

图 1-23 展示了 HDFS 的概括，单击页面上的"Live Nodes"链接，可以进一步看到类似于图 1-24 的数据节点信息。

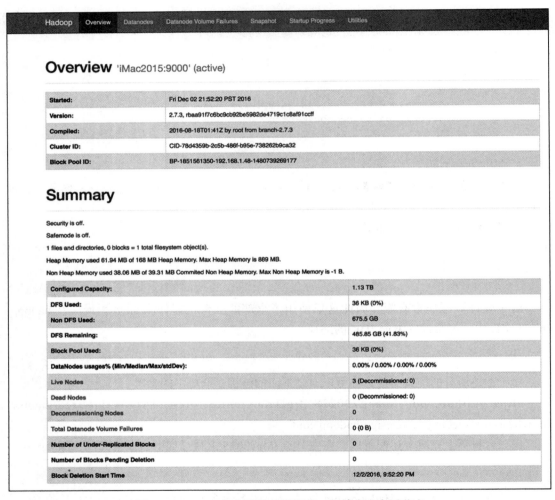

图 1-23　HDFS 启动后的系统概览，包括多少存活节点

在图 1-23 的界面上点击"Utilities"选项卡的"Browse the file system"选项，你还可以看到目前刚刚启动的 HDFS 中尚无数据，如图 1-25 所示。

而通过如下链接，你可以查看 MapReduce 的任务执行情况：

http://imac2015:8088/cluster

图 1-26 展示了目前集群中任务分配和执行的情况。

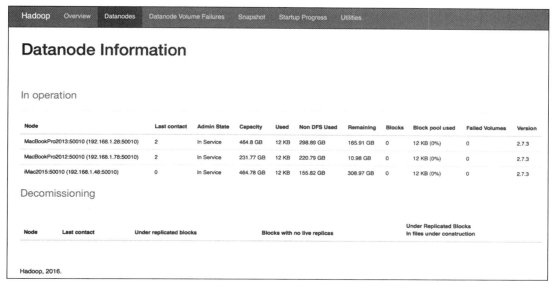

图 1-24　三台机器都成为数据节点，其磁盘使用情况也被显示了出来

图 1-25　HDFS 中尚无数据

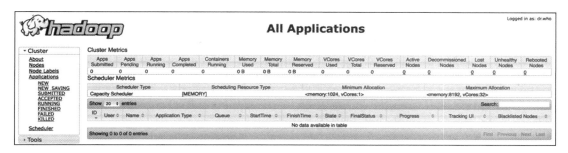

图 1-26　尚无任务分配和执行

2. Hadoop 所支持的训练过程

Hadoop 集群部署完毕之后，我们就可以将 Mahout 所要使用的数据导入 HDFS 了。首先

是创建相应的目录：

```
[huangsean@iMac2015:/Users/huangsean/Coding]hadoop fs -mkdir -p /data/BigData
ArchitectureAndAlgorithm
```

如图 1-27 所示，新目录在 HDFS 中创建成功。

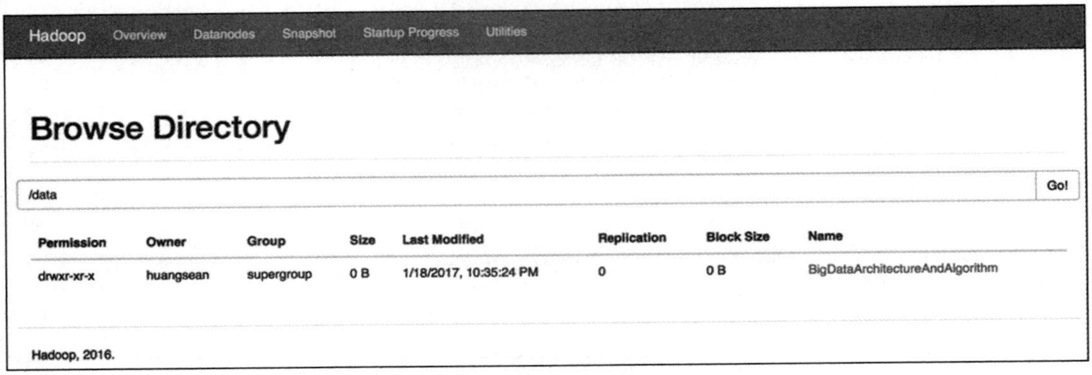

图 1-27　创建新目录，用于存放分类实验的数据

然后将实验数据复制到 HDFS 的新目录中：

```
[huangsean@iMac2015:/Users/huangsean/Coding]hadoop fs -put -p /Users/huangsean/
Coding/data/BigDataArchitectureAndAlgorithm/listing-segmented-shuffled-mahout /
data/BigDataArchitectureAndAlgorithm/
```

其过程较慢，主要原因是一共有超过 28 000 个商品文件，而且每个文件的内容都只是商品的标题。这可能证明了 HDFS 不太善于处理大量小文件。最终的结果类似于图 1-28 的截屏。

Mahout 的部署和设置也要做稍许修改。由于 Hadoop 是 2.7.3 的版本，所以需要将 Mahout 的版本切换到和该 Hadoop 兼容的 0.12.2，并设置相应的环境变量。需要注意的是，为了确保 Mahout 是在 Hadoop 上进行并行处理的，此处不能再设置 MAHOUT_LOCAL 的变量：

```
export MAHOUT_HOME=/Users/huangsean/Coding/apache-mahout-distribution-0.12.2
export PATH=$PATH:$MAHOUT_HOME/bin
```

之后的步骤和单机版的相似，不过要使用 HDFS 中的路径。首先是获取序列文件：

```
[huangsean@iMac2015:/Users/huangsean/Coding]mahout seqdirectory -i /data/BigData
ArchitectureAndAlgorithm/listing-segmented-shuffled-mahout/ -o /data/BigDataArchitecture
AndAlgorithm/listing-segmented-shuffled-seq -ow
    Running on hadoop, using /Users/huangsean/Coding/hadoop-2.7.3/bin/hadoop and HAD
OOP_CONF_DIR=
    MAHOUT-JOB: /Users/huangsean/Coding/apache-mahout-distribution-0.12.2/mahout-
examples-0.12.2-job.jar
    ...
    17/01/18 23:11:24 INFO MahoutDriver: Program took 177910 ms (Minutes: 2.965
1666666666667)
```

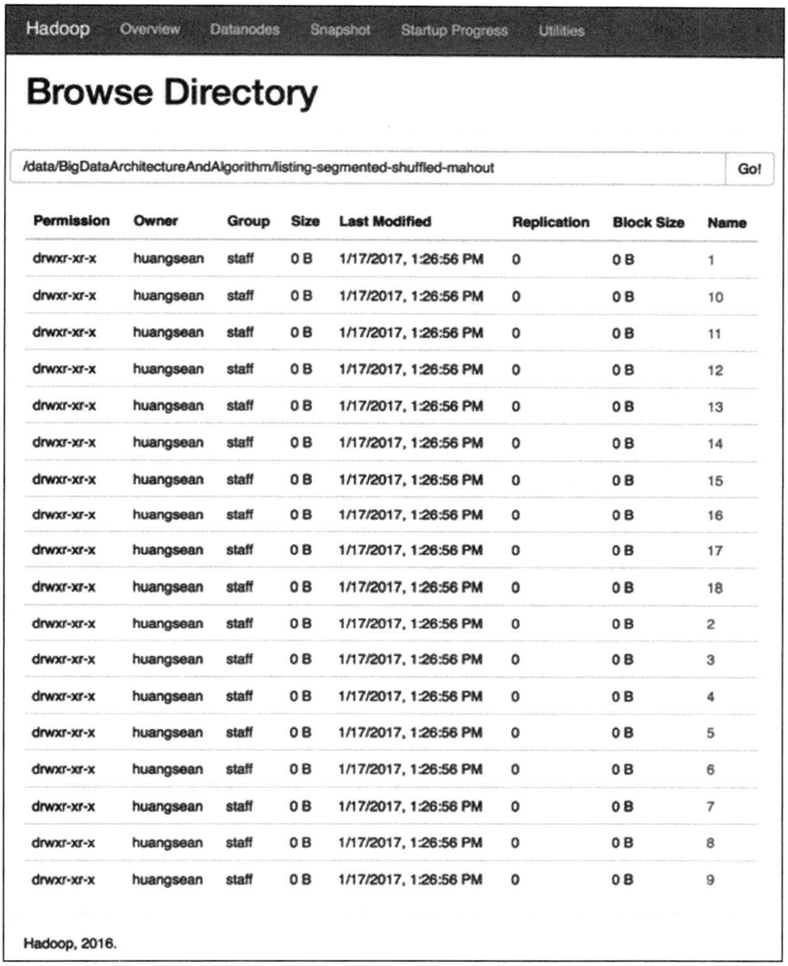

Permission	Owner	Group	Size	Last Modified	Replication	Block Size	Name
drwxr-xr-x	huangsean	staff	0 B	1/17/2017, 1:26:56 PM	0	0 B	1
drwxr-xr-x	huangsean	staff	0 B	1/17/2017, 1:26:56 PM	0	0 B	10
drwxr-xr-x	huangsean	staff	0 B	1/17/2017, 1:26:56 PM	0	0 B	11
drwxr-xr-x	huangsean	staff	0 B	1/17/2017, 1:26:56 PM	0	0 B	12
drwxr-xr-x	huangsean	staff	0 B	1/17/2017, 1:26:56 PM	0	0 B	13
drwxr-xr-x	huangsean	staff	0 B	1/17/2017, 1:26:56 PM	0	0 B	14
drwxr-xr-x	huangsean	staff	0 B	1/17/2017, 1:26:56 PM	0	0 B	15
drwxr-xr-x	huangsean	staff	0 B	1/17/2017, 1:26:56 PM	0	0 B	16
drwxr-xr-x	huangsean	staff	0 B	1/17/2017, 1:26:56 PM	0	0 B	17
drwxr-xr-x	huangsean	staff	0 B	1/17/2017, 1:26:56 PM	0	0 B	18
drwxr-xr-x	huangsean	staff	0 B	1/17/2017, 1:26:56 PM	0	0 B	2
drwxr-xr-x	huangsean	staff	0 B	1/17/2017, 1:26:56 PM	0	0 B	3
drwxr-xr-x	huangsean	staff	0 B	1/17/2017, 1:26:56 PM	0	0 B	4
drwxr-xr-x	huangsean	staff	0 B	1/17/2017, 1:26:56 PM	0	0 B	5
drwxr-xr-x	huangsean	staff	0 B	1/17/2017, 1:26:56 PM	0	0 B	6
drwxr-xr-x	huangsean	staff	0 B	1/17/2017, 1:26:56 PM	0	0 B	7
drwxr-xr-x	huangsean	staff	0 B	1/17/2017, 1:26:56 PM	0	0 B	8
drwxr-xr-x	huangsean	staff	0 B	1/17/2017, 1:26:56 PM	0	0 B	9

图 1-28　导入后的数据文件

如图 1-29 所示，序列文件的结果被存储于 HDFS 之中。而从图 1-30 中以看出，Mahout 刚刚在 Hadoop 上启动了 MapReduce 的任务。

将序列文件转为向量文件：

```
[huangsean@iMac2015:/Users/huangsean/Coding]mahout seq2sparse -i /data/BigDataArchitectureAndAlgorithm/listing-segmented-shuffled-seq/part-m-00000 -o /data/BigDataArchitectureAndAlgorithm/listing-segmented-shuffled-vec -lnorm -nv -wt tf -a org.apache.lucene.analysis.core.WhitespaceAnalyzer
Running on hadoop, using /Users/huangsean/Coding/hadoop-2.7.3/bin/hadoop and HADOOP_CONF_DIR=
MAHOUT-JOB: /Users/huangsean/Coding/apache-mahout-distribution-0.12.2/mahout-examples-0.12.2-job.jar
...
17/01/18 23:38:19 INFO MahoutDriver: Program took 1181880 ms (Minutes: 19.698)
```

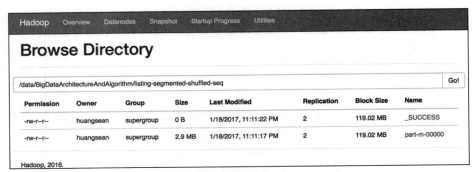

图 1-29　HDFS 中的序列文件

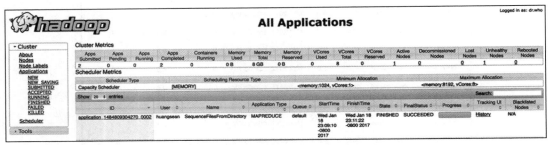

图 1-30　Hadoop 目前执行的 MapReduce 任务

切分训练样本和测试样本集合，训练集仍占全体数据的 90%，剩下的 10% 作为待测集：

```
[huangsean@iMac2015:/Users/huangsean/Coding]mahout split -i /data/BigDataArchitecture
AndAlgorithm/listing-segmented-shuffled-vec/tf-vectors --trainingOutput /data/Big
DataArchitectureAndAlgorithm/listing-segmented-shuffled-train --testOutput /data/Big
DataArchitectureAndAlgorithm/listing-segmented-shuffled-test --randomSelectionPct
10 --overwrite --sequenceFiles -xm sequential
    Running on hadoop, using /Users/huangsean/Coding/hadoop-2.7.3/bin/hadoop and
HADOOP_CONF_DIR=
    MAHOUT-JOB: /Users/huangsean/Coding/apache-mahout-distribution-0.12.2/mahout-
examples-0.12.2-job.jar
    ...
    17/01/18 23:43:19 INFO MahoutDriver: Program took 1259 ms (Minutes: 0.0209833333
33333333)
```

并行地训练朴素贝叶斯模型：

```
[huangsean@iMac2015:/Users/huangsean/Coding]mahout trainnb -i /data/BigData
ArchitectureAndAlgorithm/listing-segmented-shuffled-train -o /data/BigDataArchitecture
AndAlgorithm/listing-segmented-shuffled-model -li /data/BigDataArchitectureAnd
Algorithm/listing-segmented-shuffled-mahout-labelindex -ow
    Running on hadoop, using /Users/huangsean/Coding/hadoop-2.7.3/bin/hadoop and
HADOOP_CONF_DIR=
    MAHOUT-JOB: /Users/huangsean/Coding/apache-mahout-distribution-0.12.2/mahout-
examples-0.12.2-job.jar
    ...
```

```
17/01/18 23:55:31 INFO MahoutDriver: Program took 371944 ms (Minutes: 6.19906666
6666667)
```

测试训练后的贝叶斯模型：

```
[huangsean@iMac2015:/Users/huangsean/Coding]mahout testnb -i /data/BigData
ArchitectureAndAlgorithm/listing-segmented-shuffled-test -m /data/BigDataArchitecture
AndAlgorithm/listing-segmented-shuffled-model -l /data/BigDataArchitectureAndAlgorithm/
listing-segmented-shuffled-mahout-labelindex -ow -o /data/BigDataArchitecture
AndAlgorithm/listing-segmented-shuffled-mahout-results
Running on hadoop, using /Users/huangsean/Coding/hadoop-2.7.3/bin/hadoop and
HADOOP_CONF_DIR=
MAHOUT-JOB: /Users/huangsean/Coding/apache-mahout-distribution-0.12.2/mahout-
examples-0.12.2-job.jar
...
=======================================================
Statistics
-------------------------------------------------------
Kappa                                        0.9581
Accuracy                                    97.6308%
Reliability                                 89.9985%
Reliability (standard deviation)             0.2536
Weighted precision                           0.9779
Weighted recall                              0.9763
Weighted F1 score                            0.9757

17/01/18 23:59:14 INFO MahoutDriver: Program took 153815 ms (Minutes: 2.56358333
33333333)
```

如图 1-31 所示，我们可以在 HDFS 上找到整个过程所产生的各种数据。不过，你可能发现并非分布式计算就一定好。相对于之前的单机实验，多机的耗时明显更长了。其原因可能包括如下两点。

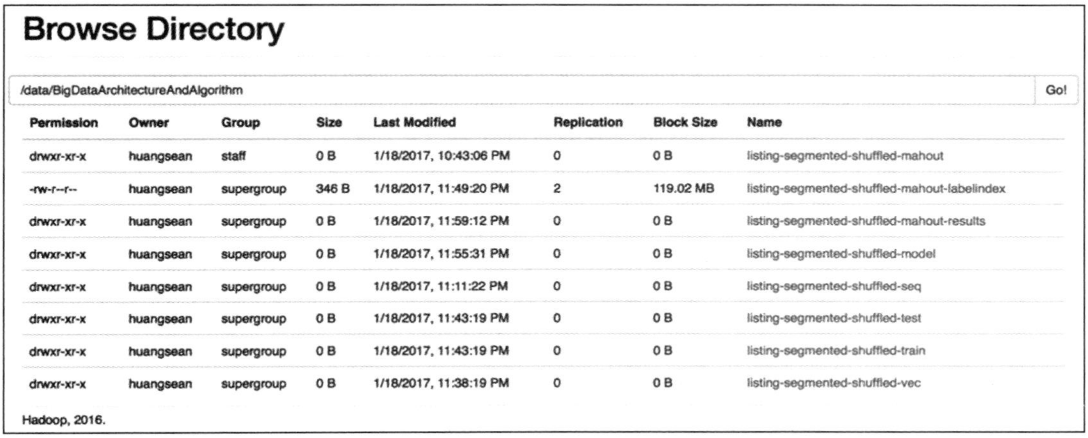
Browse Directory

/data/BigDataArchitectureAndAlgorithm　Go!

Permission	Owner	Group	Size	Last Modified	Replication	Block Size	Name
drwxr-xr-x	huangsean	staff	0 B	1/18/2017, 10:43:06 PM	0	0 B	listing-segmented-shuffled-mahout
-rw-r--r--	huangsean	supergroup	346 B	1/18/2017, 11:49:20 PM	2	119.02 MB	listing-segmented-shuffled-mahout-labelindex
drwxr-xr-x	huangsean	supergroup	0 B	1/18/2017, 11:59:12 PM	0	0 B	listing-segmented-shuffled-mahout-results
drwxr-xr-x	huangsean	supergroup	0 B	1/18/2017, 11:55:31 PM	0	0 B	listing-segmented-shuffled-model
drwxr-xr-x	huangsean	supergroup	0 B	1/18/2017, 11:11:22 PM	0	0 B	listing-segmented-shuffled-seq
drwxr-xr-x	huangsean	supergroup	0 B	1/18/2017, 11:43:19 PM	0	0 B	listing-segmented-shuffled-test
drwxr-xr-x	huangsean	supergroup	0 B	1/18/2017, 11:43:19 PM	0	0 B	listing-segmented-shuffled-train
drwxr-xr-x	huangsean	supergroup	0 B	1/18/2017, 11:38:19 PM	0	0 B	listing-segmented-shuffled-vec

Hadoop, 2016.

图 1-31　任务结束后，可以在 HDFS 中查看各种数据

第一，测试数据规模太小，远远没有到达单机性能的瓶颈，分布式的协同和网络通信反而占用了更多的开销。

第二，小文件过多，这并非 MapReduce 计算模式的长处。

所以，在实际生产中，我们需要结合实际情况，进行具体分析，再定下最合适的技术方案。

1.7　更多的思考

上面几节中讲述了分类这种机器学习方法的基本知识，及其系统实现。不过在实际运用中，我们还需要注意以下几点。

- 合理对待分类的准确性。我们可以看到，无论是何种算法的预测，通常都不可能拥有100%的准确性。在实际运用中，可以结合具体情况灵活运用。例如，本章提到的业务需求：如何将商品放入适合的分类中。我们可以将其看作是一个多分类问题，根据分类的预测值，提供超过 1 个的分类候选。像之前提到的进口牛奶和非进口纯牛奶的例子，虽然机器无法完全准确地判定其属于两者中的哪一种，但如果同时提供了两者给商家选择，那么用户体验还是相当不错的。

- 标注数据的质量。现实中，由于数据里难免存在一些干扰因素，通常需要假设现有的商品分类信息（也就是标注的训练样本）绝大部分都是正确的。有了这个假设，设计者就可以忽略基于内容特征来分类的结果误差。如果观察发现数据质量达不到要求，无法满足这个假设，那么就不能使用这种自动分类的学习模型。

- 训练样本的数量。一般商品的类目都是分为多个层级的，如图 1-32 所示，一级类目是"食品、饮料、酒水"，二级类目是"糖果巧克力"，三级类目是"润喉糖"。越是细分的类目，其所包含的商品数量可能就会越少。这也许会导致训练样本不够，分类精度很差的情况。这种情形下，不建议对于过小的分类进行训练和预测。可以考虑对上级类目进行处理。

- 其他可用的表示法和特征。如果只采用文本本身的词包（Bag of Word）表示，有的时候无法获取非常高的精准度。举个例子，在 1.6.5 节所创建的实时性预测程序中，你输入"牛奶巧克力"和"巧克力牛奶"，系统给出的分类都是"巧克力"，如图 1-33 所示，这明显是不准确的。也许你会考虑到更复杂的表示方法，例如 n 元文法（n-gram）或词组，来描述单词出现的先后顺序。除此以外，不仅仅是商品本身的标题和详细描述，还有一些其他的数据可以帮助机器进行分类，例如用户进行关键词搜索的时候，其行为也提供了非常有价值的信息。我们将在第 6 章讲解有关搜索相关性优化的部分继续探讨这个有趣的话题。

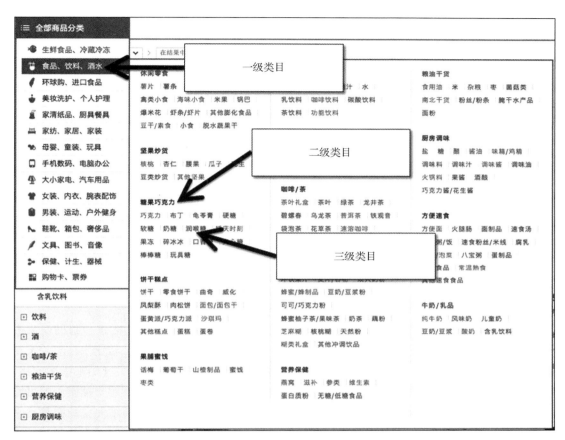

图 1-32　多级类目结构示意

图 1-33　基于词包的分类无法精准地判断语义

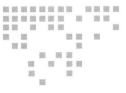

Chapter 2 | 第2章

方案设计和技术选型：聚类

学习了这么多关于分类的知识后，让我们再回到小丽提出的第二大需求：帮助商家进行合理的搜索关键词优化。对于电商平台的商家而言，站内搜索的流量和转化率是至关重要的。而要想被搜索引擎搜索到，最基本的条件是使用了足够并且合理的关键词来描述商品。因此，帮助他们在商品文描中优化和补充适当的关键词，将会提升商品被用户搜索到的可能性，也能增加商家运营的效率。对此，小明是这么理解的："可以充分利用大家的智慧，来帮助商家进行关键词 SEO。对于某个新刊登的商品 A，根据其现有的关键词，查找和其最相似的其他商品，并将这些相似品放入集合 B 中。然后在集合 B 中，统计热门的关键词，为 A 发现它可能漏掉的用词。"

"可是，我们怎样为某个商品查找所有的相似品呢？之前阐述监督学习的时候，你提到的 KNN 算法好像可以完成这个任务。"

"没错。但是 KNN 算法最大的问题是需要人工标注的数据。这里将学习另一种非监督式的机器学习方法——聚类，以及聚类中的经典算法 K 均值（K-Means）。该算法的原理和 KNN 在一定程度上比较类似，不过其应用场景有所不同。"

2.1 聚类的基本概念

如前所述，监督式学习通过训练资料学习建立一个模型，并依此模型推测出了新的实例。实际场景中，我们经常还会遇到另一种更为原始的情况：不存在任何关于样本的先验知识，让我们在没人指导的情形下去将很多东西进行归类。因此，归类系统必须通过一种有效的方法"发现"样本的内在相似性，然后通过一种被称为"非监督学习"的方法来设计该归类系统。这一节将致力于阐述特征向量的非监督学习方式，通常称为"聚类"（Clustering）。实质上这是一种数据驱动的方法，它试图发现数据自身的内部结构，将数据对象以群组（Cluster）的形式进行分组。假想另外一个场景，还是以 1000 颗水果为例，这次我们不会事先告诉果农，只可能有苹果、甜橙和西瓜三种水果，而是让他们按照水果之间的相似程度，进行归组，更相似的放入一组。这就是最基本的聚类问题。和分类问题相同的地方在于，果农可能会将甜橙和苹果弄混淆。不同之处在于，在没有修改游戏规则之前，分类问题下永远只有 3 个分类，而聚类这种方式可能会导致聚出多于或少于 3 个的分组。

根据数据的类型、样本在聚类中的积聚规则，以及应用这些规则所用的方法来看，有很多种聚类算法。大体上可以分为如下两大类。

- 质心调整型（Centroid Adjustment）：这种算法使用一种迭代的方法来调整聚类的典型模式点，也称聚类的质心，从而形成一系列可以分配给它们的样本。
- 层次型（Hierarchical）：层次型的算法也可以称为树状聚类，它采用数据对象的连接规则，去制造一个层次化序列的聚类模型。这和质心调整型所给出的扁平化解决方案有所不同。

通常情况下，由于缺乏人为的标注，聚类的效果会比分类的效果要差一些，不过聚类也有其独特的优势：更加节省人力，适合用于对精度要求不高，或是一些需要预处理的场景。例如这里提到的如何为给定的商品找到其他相似品。再有，在做客户关系管理（CRM）的时候，需要对用户进行分组并打上兴趣标签。大型的网站其用户量有上百万，而标签量也可能上万，那么完全依赖分类技术对于平台的起步而言过于困难。这时可以考虑通过聚类来发现相似的用户，并自动将他们归为一组。然后，可对聚类的初步结果进一步进行提炼，对于重要的客户再进行基于分类的标注和处理。

2.2 算法：K 均值和层次型聚类

2.2.1 K 均值聚类

K 均值聚类（K-Means Clustering）算法是一种最普遍的、通过不断迭代调整 k 个聚类质心的算法。这里的质心是群组的中心点，通常用其中成员的平均值来计算。K-Means 是在一个任意多数据集合的基础上，得到一个事先定好群组数量的聚类结果。其中心思想是：最大化总的群组内相似度[⊖]，而群组内相似度是通过群组各个成员和群组质心相比较得到的相似度来确定的。想法很简单，但是在样本数量达到一定规模后，希望通过排列组合所有的群组划分，来找到最大总群组内的相似则几乎是不可能的。于是人们提出了如下的近似解。

1）从 N 个数据对象中随机选取 k 个对象作为质心。因为是第一轮，所以第 i 个群组的质心就是选择的第 i 个对象，而且只有这一个组员。

⊖ 一般是使用"距离"来表示相似度。这里并不会刻意限制，KNN 分类算法中提到了其他非距离表示的相似度。

2）对于剩余的每个对象，测量其和每个质心的相似度，并把它归到最近的质心的群组。

3）重新计算已经得到的各个群组的质心。这里质心的计算是关键，如果是用特制向量来表示的数据对象，那么最基本的方法是取群组内成员的特制向量，将它们的平均值作为质心的向量表示。

4）迭代第 2 步和第 3 步，直至新的质心与原质心相等或相差之值小于指定阈值，算法结束。

如果我们将所有的数据对象向量映射到二维空间，图 2-1 的 a、b、c 分别展示了质心和群组逐步调整的过程。步骤 a 是第一轮聚类，以及随后计算每个群组的质心。其中的 "＋" 表示质心；步骤 b 是第二轮聚类，根据新的质心，计算每个数据点应该属于哪个新的群组；步骤 c，如此往复，进入下一轮聚类。

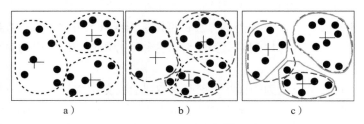

图 2-1　质心和群组调整的过程

细心的读者会发现，这个过程和 KNN 分类非常类似，都会涉及某个数据对象和其他对象或群组质心的相似度计算。最主要的区别在于 KNN 是针对监督式学习，训练数据中的分类标签都已经确定，所以无需多次迭代的优化过程。而 K 均值算法中，一开始质心和群组的选择都是临时的，在之后的迭代中才逐步逼近局部优化的解，直到达到一个稳定的状态。

"小明哥，这个方法虽然简单易懂，但是一开始怎样选择这个群组的数量啊，针对一个新的数据集合，多少才比较合适呢？如果 k 值取得太大，那么群组可能切分得太细，每个之间的区别不大。如果 k 值取得太小，就怕粒度太粗，群组内又差异明显。无论怎样对最后的分析都不利啊。"

"好问题，这种非监督式的学习确实有一些参数很难得到准确的预估。可以事先在一个较小的数据集合上进行尝试，然后根据结果和应用场景确定一个经验值。当然，如果还是不够理想，可以使用层次型的聚类（Hierarchical Clustering）在一定程度上缓解这个问题。"

2.2.2　层次型聚类

还有一种类型的聚类方法，仅仅使用数据对象之间的相似性，使得同一群组中对象的相似度，远远大于不同群组之间的相似度。这就是层次型的聚类。具体又可分为分裂和融合两种方案。分裂的层次型聚类采用自顶向下的策略，它首先是将所有对象置于同一个群组中，然后逐渐细分为越来越小的群组，直到每个对象自成一组，或者达到了某个阈值条件而终止。融合的层次聚类与分裂的层次聚类相反，是一种自底向上的策略，首先将每个对象作为一个群组，然后将这些原始群组合并成为越来越大的群组，直到所有的对象都在一个群组中，或者达到某个阈值条件而终止。融合的方式在计算上更加简单快捷，因此绝大多数层次型聚类方法属于这一类，只是在群组间相似度的定义上有所不同而已。其大致流程概括如下。

1）最初给定 n 个数据对象，将每个对象看成一个群组。这样共得到 n 个组，每组仅包含一个对象，组与组之间的相似度就是它们所包含的对象之间的相似度。

2）找到最接近的两个组并合并成一个，于是总的组数少了一个。

3）重新计算新的组与所有旧组之间的距离。

4）重复第 2 步和第 3 步，直到最后合并成一个组为止。如果设置了组数，或者是组间相似度的阈值，也可以提前结束聚合。

图 2-2 展示了融合聚类的概念。以左下角圆框标出的部分为例，可以看到其中的若干数据对象的情况，包括 14、17、13、22 和 12 号。第一次，14 和 17 号对象的相似度很高，优先聚为一组，而在第二次 13 和 22 号聚为另外一组。第三次，再次查找群组之间的相似度，会发现在 {14，17} [○] 的群组、{13，22} 的群组，以及 12 单独成立的群组中，{14，17} 群组和 {13，22} 群组的相似度更高，因此会再次融合成为 {14，17，13，22}，最后第四次 {14，17，13，22} 再次和 12 融合。

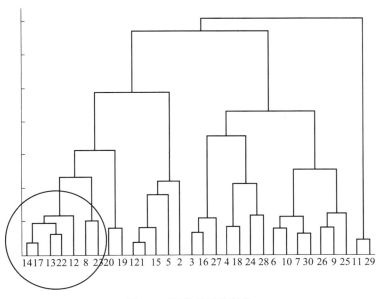

图 2-2 聚类的层次结构

那么接下来就有一个有趣的问题，如何计算群组之间的相似度呢？之前在 K-Means 聚

○ 通常 {a, b, c…} 表示这些元素的集合，这里表示它们组成的群组。

类中，计算的是单个数据对象和质心间的相似度，就是两个向量之间的比较。而现在计算的是两个群组之间的相似度，是两组向量的比较。两组之间比较的工作量肯定更大，常见的方式有三种，分别是单一连接（Single Linkage）、完全连接（Complete Linkage）和平均连接（Average Linkage）。

（1）单一连接

群组间的相似度使用两组对象之间的最大相似度表示，公式如下：

$$sim\left(c_i, c_j\right) = \max_{x \in c_i, y \in c_j} sim\left(x, y\right)$$

其中 $sim\left(c_i, c_j\right)$ 表示群组 i 和群组 j 之间的相似度，x 和 y 分别是群组 i 和 j 内的数据对象。单一连接对两组对象之间相似度的要求不高，只要两个对象间存在较大的相似值就能够使两组优先融合。单一连接会产生链式效应，通过这种连接方式来融合可以得到丝状结构。

（2）完全连接

群组间的相似度使用两组对象之间的最小相似度来表示，公式如下：

$$sim\left(c_i, c_j\right) = \min_{x \in c_i, y \in c_j} sim\left(x, y\right)$$

只有在两组对象之间的相似度很高时，才能优先考虑融合。当各个群组聚集得比较紧密，类似球状，不太符合丝状结构时，使用单一连接效果不佳。这时可以考虑完全连接。

（3）平均连接

群组间的相似度使用两组对象之间的平均相似度来表示，公式如下：

$$sim\left(c_i, c_j\right) = \operatorname*{avg}_{x \in c_i, y \in c_j} sim\left(x, y\right)$$

相对而言，这种计算对于各类形状都是比较有效的。

"懂了。这样看来层次型聚类虽然计算量大，但是对于确定合适的聚类群组还是有所帮助的。另外，整体感觉，好像聚类算法比较简单，也完全不用人工的标注哦，这样岂不是比分类方便很多？"

"确实不需要人工的分类标注，节省了很多运营的人力。不过，聚类通常只能发现数据结构内部的特征，聚集出来的群组其解释性比不上分类。因此，聚类比较适合业务需求变化快，而且对精度要求不高的分析，例如侦测异常行为、用户分组等。而分类则更适合于需求相对稳定、对精度要求很高的分析，例如搜索查询分类、商品目录的分类等。或者，我们也可以结合这两者，先用聚类进行初步的分析，然后再让运营人员通过聚类的结果来构建分类的标注数据。"

2.3 聚类的效果评估

聚类最终的目标是将相似度很高的数据对象聚集到同一个群组，而将不够相似的数据对象分隔在不同的群组。不过，在实际应用中这些相似度标准导致的结果质量是否足够高呢？

是否就一定符合用户的预期呢？最为直接的衡量方法是让用户试用并给出反馈，但是这需要在访谈上耗费大量的时间和人力。与此同时，聚类本身又缺乏黄金标准这样的答案集合。

"对啊，这样听起来好像聚类没有办法做离线的评估哦。"

"也不尽然，虽然很有挑战，但是我们还是有一些迂回的方法可以尝试，这里介绍一个最为常用的外部准则（External Criterion）法。"

其实所谓的外部准则法，就是借鉴分类问题中的黄金标准和评价指标，计算聚类结果和已有标准分类的吻合程度。其基本假设是：对于每个聚出来的群组，希望其组员来自一个分类，尽量"纯净"。举个例子，我们对水果案例中的 10 颗水果进行聚类，2 个聚类算法在结束后分别得到下面的分组。

算法 A

　　{1, 8, 10}, {4, 7}, {2, 3, 5, 6, 9}

算法 B

　　{1, 8}, {10}, {4, 7}, {2, 5, 6}, {3, 9}

评估之前是无法知道它们的标签的，需要评估的时候，拿出分类的标签作为参考答案，我们可以得到：

算法 A

　　{苹果 a，西瓜 b，西瓜 d}，{甜橙 a，西瓜 a}，{苹果 b，苹果 c，甜橙 b，甜橙 c，西瓜 c}

算法 B

　　{苹果 a，西瓜 b}，{西瓜 d}，{甜橙 a，西瓜 a}，{苹果 b，甜橙 b，甜橙 c0}，{苹果 c，西瓜 c}

这样就能衡量每个群组的纯度。在此之前，首先简短介绍下熵（entropy）的概念：它是用来刻画给定集合的纯度的，如果一个集合里的元素全部都属于同一个分类，那么熵就为 0，表示最纯净。如果元素分布在不同的分类里，那么熵就是大于 0 的值，而且随着分类的增多，元素的分布就越均匀，熵值也越大，表示混乱程度越高。其计算公式如下：

$$Entropy(P) = -\sum_{i=1}^{n} p_i \times \log_2 p_i$$

其中 n 表示集合中分类的数量，p_i 表示属于第 i 个分组的元素在集合中的占比。有了用于分类的训练数据，以及熵的定义，就可以计算每个聚类的纯度了。对于群组 {苹果 b，苹果 c，甜橙 b，甜橙 c，西瓜 c} 而言，共 5 个对象，苹果有 2 个占 0.4，甜橙有 2 个也占 0.4，西瓜占剩余的 0.2，其熵值约是 1.52：

$$Entropy(P) = -\left(0.4 \times \log_2 0.4 + 0.4 \times \log_2 0.4 + 0.2 \times \log_2 0.2\right) \approx 1.52$$

由于聚类结果有多个群组，最后进行加和平均：

$$Entropy(P) = \frac{1}{N} \sum_{i=1}^{n} Entropy(P_i)$$

那么算法 A 聚类的结果其最终整体的熵值为：

$$Entropy\left(P\right)=\frac{\left(0.92+1+1.52\right)}{3}\approx1.15$$

算法 B 聚类的结果其最终整体的熵值为：

$$Entropy\left(P\right)=\frac{\left(1+0+1+0.92+1\right)}{5}\approx0.78$$

不过，由于聚类并不会像分类那样指定类的个数，因此这种最基础的熵值评估存在一个明显的问题：它会偏向于聚出更多的群组，这样评测出的结论是算法 B 会优于算法 A。但果真如此吗？西瓜 b 和 d 被算法 A 聚集了，但被算法 B 给拆分了。最极端的情况就是每个数据对象就是一个群组，这样全体的熵为 0。但是这样并没有实际意义，因为没有产生任何的聚类效果。所以可将整体熵的计算修正为如下形式。

$$Entropy\left(P\right)=Entropy\left(C\right)\times\frac{1}{N}\sum_{i=1}^{n}Entropy\left(P_i\right)$$

这里假设聚类的划分是合理的，$Entropy$ (C) 是基于这个划分计算的熵值，如果一个算法聚出来很多细小的群组，那么 $Entropy$ (C) 一定很大，会进行一个惩罚。

这样一来，算法 A 的 $Entropy$ (C) 计算就会变成如下形式：

$$Entropy\left(C\right)=-\left(0.3\times\log_2 0.3+0.2\times\log_2 0.2+0.5\times\log_2 0.5\right)\approx1.49$$
$$Entropy\left(P\right)=1.15\times1.49=1.71$$

算法 B 的 $Entropy$ (C) 计算则变成如下形式：

$$Entropy\left(C\right)=-\left(0.2\times\log_2 0.2+0.1\times\log_2 0.1+0.2\times\log_2 0.2+0.3\times\log_2 0.3+0.2\times\log_2 0.2\right)$$
$$\approx2.25$$
$$Entropy\left(P\right)=0.78\times2.25=1.76$$

除了标注数据，聚类还可以借鉴分类中的评价指标，例如准确率（Accuracy）和 F 值（F-Measure）。不过前提是需要将聚出的群组和某个标注的分类对应起来，最基本的方法是看组员大多数属于哪个分类，然后以这个分类作为答案，将群组作为"分类的预测"。这样问题就转化成为分类的离线评估了，具体请参见之前第 1 章有关分类的阐述。

2.4 案例实践

2.4.1 使用 R 进行 K 均值聚类

在实践部分，我们仍然采用之前介绍的 R 和 Mahout。首先是基于 R 的快速测试。由于之前在分类的 R 实战中，已经进行了很多相关的预处理，因此这里可以直接从 listing_all_knn 开始。K 均值聚类的函数 kmeans() 非常简单，只需指定被聚类的数据框（data frame）和

聚类数量 k 即可。此处较难决定的是聚类的数量 k，一种简单的经验值是总样本数一半的平方根。这里的样本数为 28 000 多，一半是 14 000，因此取平方根的近似值 100：

```
> listing_clusters <- kmeans(listing_all_knn, 100)
```

将聚类的结果转化为数据框，然后随机抽取一个聚类的内容。这里选取 ID 为 37 的聚类：

```
> listing_clusters_test <- as.data.frame(listing_clusters$cluster)

> sample_ids <- vector(mode="numeric", length=28706)
> for(i in 1:28706) {sample_ids[i] <- i}
> listing_clusters_test$sample_ids <- sample_ids

> listing_clusters_test_subset <- subset(listing_clusters_test, listing_clusters_
test[, 1] == 37)
> listing_test_subset <- listing[listing_clusters_test_subset[, 2], ]
```

查看这个聚类所包含的样本数量：

```
> dim(listing_test_subset)
[1] 482    4
```

查看 482 个样本的前 20 个：

```
> head(listing_test_subset, 20)
    ID    Title CategoryID CategoryName
1   22785 samsung 三星 galaxy tab3 t211 1g 8g wifi+3g 可 通话 平板 电脑 gps 300 万像素 白色          15  电脑
2   19436 samsung 三星 galaxy fame s6818 智能手机 td-scdma gsm 蓝色 移动 定制 机                     14  手机
40  19971 samsung 三星 galaxy siv 盖世 4 s4 i9500 双 四 核 手机 大陆 行货 全国 联保                  14  手机
68  22574 samsung 三星 n5100 galaxy note 8.0 exynos 4412 2g 16g 四 核心 8 寸 平板 电脑             15  电脑
111 19552 samsung 三星 galaxy mega i9158p 3g 智能 手机 td-scdma gsm 四 核 1.2ghz 处理器            14  手机
116 22422 samsung 三星 np270e5u-k02cn 15.6 英寸 笔记本电脑 双 核 1007u 4g 500g dvd 刻录 曜月 黑    15  电脑
155 19920 三星 samsung 三星 galaxy s5 g9008v 4g 智能手机 td-lte td-scdma gsm                       14  手机
352 21883 samsung 三星 np450r4v-k02cn 14 寸 笔记本电脑 i3-3110m 4g 500g 曜月 黑                    15  电脑
417 20439 samsung 三星 g3819 智能手机 cdma2000 gsm 双模 双 待 单 通 电信 版                         14  手机
466 20687 三星 galaxy note 3 n9008v 4g 手机                                                       14  手机
502 20858 samsung 三星 galaxy note ii n719 电信 版 5.5 寸 双模 双 待 四 核 智能手机                 14  手机
536 21639 samsung 三星 galaxy tab3 t311 8 英寸 1.5ghz 双 核 android 白 棕色 可选                    15  电脑
539 19916 samsung 三星 galaxy s4 i9500 16g 版 3g 智能手机 wcdma gsm 5.0 寸 屏 双 四 核 cpu 智能手机 14  手机
569 21628 samsung 三星 galaxy tab3 t311 8.0 英寸 平板 电脑 双 核 16g 通话 功能 500 万 摄像头 白色   15  电脑
618 20397 samsung 三星 galaxy note3 n9008v 16g 版 4g 智能手机 5.7 英寸 屏 安 卓 4.3 四 核          14  手机
643 21670 samsung 三星 galaxy note10.1 wlan 版 p600 10 英寸 平板 电脑 32g                           15  电脑
679 21643 samsung 三星 np270e5u-k03cn 15.6 寸 笔记本电脑 双 核 1007u 4g 500g d 刻 神秘 银          15  电脑
759 19393 samsung 三星 galaxy s4 i959 双模 双 待 智能手机 cdma2000 gsm 皓 月白 电信 定制 机 esr
            高亮 清 透 手机 贴 膜 透明 屏幕 保护 贴 适用于 三星 galaxy s4 i9500 i9502 i9508 i959   14  手机
794 22598 samsung 三星 galaxy tab3 p5200 10 寸 平板 电脑 双 核 1.6ghz 16gb 通话 功能 300w 像素 白色 15  电脑
809 20407 samsung 三星 galaxy note 3 n9006 3g 手机 炫 酷 黑 wcdma gsm 5.7 英寸 屏                  14  手机
>
```

你会发现这是一个关于三星手机的聚类，其中样本 ID 为 466（listing-segmented-shuffled.txt 文件中的第 467 行），其商品 ID 为 20687，标题为"三星 galaxy note 3 n9008v 4g 手机"，

比较其他相似商品明显偏短。那么，是否存在可能利用该聚类，为这个商品丰富一下其标题呢？下一步，查看这个聚类中经常出现的热门词有哪些。将 listing_test_subset 的 Title 字段转为文档和文档 – 单词矩阵：

```
> listing_corpus_test_subset <- VCorpus(VectorSource(listing_test_subset$Title))
> listing_dtm_test_subset <- DocumentTermMatrix(listing_corpus_test_subset,
control=list(wordLengths=c(0,Inf)))
```

利用 tm 扩展包的 findFreqTerms() 函数，发现词频达到 10 次的单词如下：

```
> findFreqTerms(listing_dtm_test_subset, 10)
  [1] "1.2g"    "1.2ghz"  "1.6ghz"  "10.1"    "10.1寸"  "1007u"   "14寸"    "15.6寸" "16g"
      "16gb"    "2"       "2g"      "3"       "32g"     "3g"
 [16] "3g-"     "4.0"     "4.0英寸" "4.1"     "4.3英寸" "4g"      "500g"    "8.0"     "8gb"
      "8英寸"   "android" "cdma"    "cdma2000" "cpu"     "d"
 [31] "dvd"     "galaxy"  "gps"     "gsm"     "i8268"   "i9500"   "ii"      "mega"    "n5100"
      "n5110"   "n7100"   "n9008v"  "note"    "note3"   "s-pen"
 [46] "s3"      "s4"      "s5"      "s7568i"  "samsung" "ssd"     "tab3"    "td-lte"  "td-scdma"
      "trend"   "wcdma"   "wifi"    "三星"    "全国"    "内存"
 [61] "刻"      "刻录"    "功能"    "卓"      "双"      "双模"    "可"      "四"      "处理器"
      "大"      "安"      "官方"    "定制"    "屏"      "屏幕"
 [76] "平板"    "待"      "手机"    "显卡"    "智能"    "智能手机" "曜"      "月"      "机"
      "标配"    "核"      "正品"    "炫"      "版"      "现货"
 [91] "电信"    "电脑"    "白"      "白色"    "盖世"    "移动"    "笔记本电脑" "系统"    "联保"
      "联通"    "蓝牙"    "行货"    "通话"    "酷"      "黑"
[106] "黑色"
```

结果非常有意思，你会受到不少启发。例如，"智能手机""16gb""3g"，这些词都没有出现在样本 466 的标题中。如果仔细研究"三星 galaxy note 3 n9008v 4g 手机"这款手机，你很可能会发现这几个词都是相关的，是非常棒的描述。可惜，原有的样本标题却未能包含。如此一来，搜索"智能手机""16gb""3g"等词的时候这个样本商品就无法被找到⊖。

再看个例子，这次我们观察 ID 为 28 的聚类：

```
> listing_clusters_test_subset <- subset(listing_clusters_test, listing_
clusters_test[, 1] == 28)
> listing_test_subset <- listing[listing_clusters_test_subset[, 2], ]
> dim(listing_test_subset)
[1] 196    4
```

在其中我们也能发现一些标题很短的商品，例如：

```
> listing_test_subset[40:50,]
   ID Title CategoryID CategoryName
4742 10562  我们 时代 休闲 零食 澳洲 夏 果 夏威夷 果 奶油味 168gx3 袋          8    坚果
4933 10305  清 之 坊 夏威夷 果 200 3 袋 牛 奶油味 澳洲 夏 果 坚果 休闲 零食 干果 特产 果实
              坚果 小食                                                  8    坚果
5013 10350  良品 铺子 新品 良品 山 核桃仁 150g 美国进口 原料 碧 根 果 坚果 休闲 零食       8    坚果
```

⊖ 具体的原因，我们将在第 4 章有关搜索倒排索引的部分详细阐述。

5049	9689	三只 松鼠 碧 根 果 210gx2 包 奶油味 长寿 果 休闲 零食 坚果 美国 山核桃 be1	8	坚果
5397	10322	嘀嗒 猫 坚果 干果 特产 美国 山核桃 长寿 果 奶香 碧 根 果 208g	8	坚果
5467	9742	饕 哥 澳洲 夏威夷 果 200g 3 袋 奶油味 坚果 小吃 零食 特产	8	坚果
5572	11114	松鼠 请客 夏威夷 果 奶油 夏威夷 果 送 开 果 器 坚果 年货 零食 200g 2 袋	8	坚果
5771	10384	百草 味 坚果 零食 碧 根 果 218g 袋装 奶油味 长寿 果 美国 山核桃	8	坚果
5878	9870	新 农 哥 坚果 炒货 夏威夷 果 168 克 休闲 零食	8	坚果
6183	11373	良品 铺子 夏威夷 果 盐 焗味 280g 澳洲 坚果 夏 果 坚果 休闲 零食	8	坚果
6215	11192	零度 果 坊买 1 箱 送 1 箱 老年 混合 坚 果仁 原 味 礼盒 罐装 650 克 碧 根 果 核桃 松子 休闲 零食 品 袋装	8	坚果

其中，样本 ID 为 5878 的样本，其商品 ID 为 9870，标题为"新 农 哥 坚果 炒货 夏威夷 果 168 克 休闲 零食"。来看看同一个聚类中，其他相似商品一般是怎样描述的：

```
> listing_corpus_test_subset <- VCorpus(VectorSource(listing_test_subset$Title))
> listing_dtm_test_subset <- DocumentTermMatrix(listing_corpus_test_subset, control=list(wordLeng
ths=c(0,Inf)))
> findFreqTerms(listing_dtm_test_subset, 10)
 [1] "180g"   "200g"   "218g"   "2 袋"   "休闲"   "农"     "剥"      "办公室"  "包"     "原"      "口器"
     "口水"   "味"     "品"     "哥"     "器"     "坚果"   "壳"      "夏威夷"  "奶"     "奶油"    "奶油味"
[23] "小吃"   "山核桃" "干果"   "年货"   "开"     "新"     "新货"   "松鼠"    "果"     "果仁"    "核桃"
     "根"     "澳洲"   "炒货"   "特产"   "百草"   "碧"     "罐装"   "美国"    "袋"     "袋装"    "趣"
[45] "送"     "长寿"   "零"     "零食"   "食"     "食品"   "香"     "香味"
>
```

如果这个夏威夷坚果是美国进口的，而且是奶油口味的，那么错过了"美国""奶油味"这样的关键词，也是非常可惜的。看了这两例子，试想一下，如果将这些数据提供给商家，让他们进行合理的关键词搜索引擎优化，那么将对顾客搜索的体验、卖家的销售转化率，以及平台的最终收益将会产生何等可观的价值？

不过，和 KNN 相仿，K 均值聚类算法最大的问题就是运行时间，计算复杂度通常是 O (*nkl*)，*n* 是样本总数，*k* 是聚类数量，*l* 是迭代次数。即使样本的数量只有 2 万多，期望的聚类数量也只有 100，在单台 iMac 上运行 R 的代码，时间也达到了数十分钟。为此，我们将试图从 Mahout 那里找到更好的解决方案。

2.4.2　使用 Mahout 进行 K 均值聚类

1. 通过命令行进行聚类

和分类任务相似，有的时候我们希望进行大规模的并行处理。这里同样是在 Mahout 平台上开展相关的实验。Mahout 中的聚类算法同样实现了 K-Means 算法，以及针对其所做的优化和扩展。对于 K-Means，Mahout 提供了基本的基于内存的实现和基于 Hadoop Map/ Reduce 的实现。首先我们还是从单机的内存版开始。由于之前基于词频 tf 的向量已经准备就绪，我们可以直接使用 mahout 命令的 kmeans 选项：

```
[huangsean@iMac2015:/Users/huangsean/Coding]mahout kmeans -i /Users/huangsean/
Coding/data/BigDataArchitectureAndAlgorithm/listing-segmented-shuffled-vec/tf-
vectors -c /Users/huangsean/Coding/data/BigDataArchitectureAndAlgorithm/listing-segmented-
```

```
shuffled-kcentroids -o /Users/huangsean/Coding/data/BigDataArchitectureAndAlgorithm/
listing-segmented-shuffled-kclusters -dm org.apache.mahout.common.distance.Euclidean
DistanceMeasure -k 100 -x 10 -cl -ow -xm sequential
    MAHOUT_LOCAL is set, so we don't add HADOOP_CONF_DIR to classpath.
    MAHOUT_LOCAL is set, running locally
    ...
    17/01/18 20:35:13 INFO driver.MahoutDriver: Program took 14644 ms (Minutes: 0.24
406666666666665)
```

其中，-c 指定的目录，是用于存储系统随机挑选的质心的。而 -o 指定的目录则用于存储聚类的结果，org.apache.mahout.common.distance.EuclideanDistanceMeasure 将向量相似度的计算设置为欧式距离。最后，-k 指定了聚类的个数，-x 指定了最大的迭代次数，以免过久的循环计算。运行结束后，可以看到如图 2-3 所示的聚类结果文件。其中 cluster-0 ~ 9 目录代表了 10 次迭代，每个目录均包含了某次迭代中的结果，而 part-00028 表示某轮迭代中第 29 个聚类[⊖]的内容，每个迭代的目录中包含了一共 100 个这样的文件。

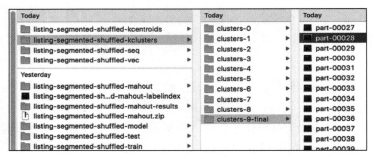

图 2-3　聚类结果文件

由于这种聚类结果对我们来说并不可读，所以还需要 clusterdump 选项来导出可读的结果：

```
    [huangsean@iMac2015:/Users/huangsean/Coding]mahout clusterdump -dt sequencefile
-d /Users/huangsean/Coding/data/BigDataArchitectureAndAlgorithm/listing-segmented-
shuffled-vec/dictionary.file-* -i /Users/huangsean/Coding/data/BigDataArchitecture
AndAlgorithm/listing-segmented-shuffled-kclusters/clusters-*-final -o /Users/huangsean/
Coding/data/BigDataArchitectureAndAlgorithm/listing-segmented-shuffled-kclusters-
dump.txt -b 1 -n 20
    MAHOUT_LOCAL is set, so we don't add HADOOP_CONF_DIR to classpath.
    MAHOUT_LOCAL is set, running locally
    ...
    17/01/18 20:36:07 INFO driver.MahoutDriver: Program took 624 ms (Minutes: 0.0104)
```

其中 -dt 和 -d 参数指定了字典的类型和存储位置，让你可以看到聚类样本的文本信息。而 -i 指定了最后一轮迭代的目录，-o 指定了存放导出结果的文件。将 -b 设置为 1 是为了跳过聚类成员的冗长内容，-n 设置为 20 是为了导出聚类中的更多热词。打开导出后的文件 listing-segmented-shuffled-kclusters-dump.txt，在其底部可以看到这样的内容：

　⊖　聚类编号从 0 开始。

```
:V
    Top Terms:
        戴尔                                          =>    1.012448132780083
        dell                                      =>  0.9336099585062241
        显                                          =>  0.5103734439834025
        4g                                        =>  0.5020746887966805
        独                                          =>  0.4979253112033195
        500g                                      =>  0.4190871369294606
        2g                                        =>  0.4190871369294606
        笔记本电脑                                      =>   0.3236514522821577
        电脑                                        => 0.27800829875518673
        dvd                                     => 0.24066390041493776
        win8                                      => 0.23236514522821577
        1g                                        => 0.21991701244813278
        核                                          =>  0.1991701244813278
        触                                          => 0.18672199170124482
        dvdrw                                   => 0.17842323651452283
        14 英寸                                       => 0.17427385892116182
        固态                                        => 0.17427385892116182
        主机                                        => 0.17012448132780084
        刻录                                        => 0.16597510373443983
        越                                          => 0.16597510373443983
```

从热词可以看出，这是一个和电脑商品有关的聚类。完整的 listing-segmented-shuffled-kclusters-dump.txt 文件位于：

https://github.com/shuang790228/BigDataArchitectureAndAlgorithm/blob/master/Clustering/Mahout/listing-segmented-shuffled-kclusters-dump.txt

从理论知识的介绍中，你不难发现 K-Means 的参数选择是个问题。首先 K-Means 需要在执行聚类之前就有明确的群组个数设置，但在处理大部分问题时，这一点事先很难知道，一般需要通过多次试验才能找出一个最优的 k 值；此外，由于算法在最开始采用的是随机选择初始质心的方法，所以算法对噪音和异常点的容忍能力较差。一旦噪声点在最开始被选作群组的初始质心，就会对后面整个聚类过程带来很大的负面影响。因此，Mahout 还实现了 Canopy 算法，用于优化 K-Means 聚类的效果。Canopy 聚类算法的基本原则是：首先应用低成本的近似的相似度计算方法将数据高效地分为多个"Canopy"（Canopy 之间可以有重叠的部分），然后采用严格的距离计算方式准确地计算在同一 Canopy 中的点，将它们分配到最合适的群组中。Canopy 聚类算法经常用作 K-Means 聚类算法的预处理，用来找到合适的 k 值和群组质心。为了实现这一步，可以执行如下的操作：

```
[huangsean@iMac2015:/Users/huangsean/Coding]mahout canopy -i /Users/huangsean/
Coding/data/BigDataArchitectureAndAlgorithm/listing-segmented-shuffled-vec/tf-
vectors -o /Users/huangsean/Coding/data/BigDataArchitectureAndAlgorithm/listing-
segmented-shuffled-kcentroids-canopy -dm org.apache.mahout.common.distance.
EuclideanDistanceMeasure -t1 5.5 -t2 5 -ow
    MAHOUT_LOCAL is set, so we don't add HADOOP_CONF_DIR to classpath.
    MAHOUT_LOCAL is set, running locally
```

```
...
17/01/18 20:37:39 INFO driver.MahoutDriver: Program took 45502 ms (Minutes:
0.7583666666666666)
```

其中 t1 和 t2 是 Canopy 算法的距离参数，要求 t1 大于 t2。可适当调整两者的值，以产生合适的 *k* 值。同样可以使用 mahout 命令的 clusterdump 查看 Canopy 初始聚类的结果，可以看到这里将产生 76 个初始聚类：

```
[huangsean@iMac2015:/Users/huangsean/Coding]mahout clusterdump -dt
sequencefile -d /Users/huangsean/Coding/data/BigDataArchitectureAndAlgorithm/
listing-segmented-shuffled-vec/dictionary.file-* -i /Users/huangsean/Coding/data/
BigDataArchitectureAndAlgorithm/listing-segmented-shuffled-kcentroids-canopy/
clusters-*-final -o /Users/huangsean/Coding/data/BigDataArchitectureAndAlgorithm/
listing-segmented-shuffled-kcentroids-canopy-dump.txt -b 1 -n 20
    MAHOUT_LOCAL is set, so we don't add HADOOP_CONF_DIR to classpath.
    MAHOUT_LOCAL is set, running locally
    ...
17/01/18 20:38:36 INFO driver.MahoutDriver: Program took 825 ms (Minutes:
0.01375)
```

再次使用 kmeans 选项进行聚类：

```
[huangsean@iMac2015:/Users/huangsean/Coding]mahout kmeans -i /Users/huangsean/
Coding/data/BigDataArchitectureAndAlgorithm/listing-segmented-shuffled-vec/tf-
vectors -c /Users/huangsean/Coding/data/BigDataArchitectureAndAlgorithm/listing-
segmented-shuffled-kcentroids-canopy/clusters-0-final -o /Users/huangsean/Coding/
data/BigDataArchitectureAndAlgorithm/listing-segmented-shuffled-kclusters-canopy -dm
org.apache.mahout.common.distance.EuclideanDistanceMeasure -x 10 -ow -xm sequential
    MAHOUT_LOCAL is set, so we don't add HADOOP_CONF_DIR to classpath.
    MAHOUT_LOCAL is set, running locally
    ...
17/01/18 20:39:45 INFO driver.MahoutDriver: Program took 13907 ms (Minutes:
0.23178333333333334)
```

这里需要特别注意的是，不要再设置 -k 选项，否则刚刚通过 Canopy 生成的质心将被随机质心所覆盖。最后，使用 clusterdump 选项导出聚类的内容：

```
[huangsean@iMac2015:/Users/huangsean/Coding]mahout clusterdump -dt
sequencefile -d /Users/huangsean/Coding/data/BigDataArchitectureAndAlgorithm/
listing-segmented-shuffled-vec/dictionary.file-* -i /Users/huangsean/Coding/data/
BigDataArchitectureAndAlgorithm/listing-segmented-shuffled-kclusters-canopy/
clusters-*-final -o /Users/huangsean/Coding/data/BigDataArchitectureAndAlgorithm/
listing-segmented-shuffled-kcluster-canopy-dump.txt -b 1 -n 20
    MAHOUT_LOCAL is set, so we don't add HADOOP_CONF_DIR to classpath.
    MAHOUT_LOCAL is set, running locally
    ...
17/01/18 20:40:11 INFO driver.MahoutDriver: Program took 549 ms (Minutes:
0.00915)
```

完整的聚类内容文件位于：

https://github.com/shuang790228/BigDataArchitectureAndAlgorithm/blob/master/Clustering/
Mahout/listing-segmented-shuffled-kcluster-canopy-dump.txt

如果要在多机环境中使用 Mahout 的聚类算法，具体步骤和 1.3.6 节介绍的类似，首先搭建 Hadoop 环境，将数据上传至 HDFS 中，然后运行类似的聚类算法命令。具体实现过程这里就不再赘述了。

2. 实时聚类?

"小明哥，为什么要给"实时聚类"加个问号呢?"

"大宝，如果你仔细研读一下，就会发现聚类算法所解决的问题都是批量数据的处理，计算量很大，因此常常需要在 Hadoop 平台上进行并行化，而不会涉及实时性的服务。"

"那么，如何解决商家能提出的关键词 SEO 问题呢? 他们很可能需要即时地获取结果，例如输入一个商品的标题，系统很快就能提示可能缺失了哪些重要的关键词。"大宝问道。

"这是个很好的问题。不过，你再思考一下自己刚刚所说的，就会发现这个问题变成了聚类的一个子问题，和 KNN 分类更像。普通的聚类是要将所有的数据样本，划分到一个大家都长得很相似的组中，而你刚刚描述的需求是为单个数据样本，找到和它最相似的其他样本，商家并不关心除了所输入商品之外的其他商品之间的关系，这为实时服务提供了可能。不过，在 n 个样本中找出相似度最高的 k 个样本，常规解法的时间复杂度仍然达到了 O ($n$log$k$) $^{\ominus}$，这还没有包括向量之间相似度计算的开销。"

对于在线服务，性能确实是个大问题啊!"

"不要着急，也不是说这个需求就没有办法解决了。我们完全可以利用现有的一些系统进行优化的实现。在之后介绍推荐系统的时候，其中有一个关键步骤和这个任务非常相近，我们会在那个时候进行详细的阐述。"

　　　 $\ominus$　理论上存在 $O(n)$ 的算法，不过其对内存空间的要求更高。

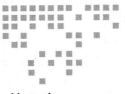

方案设计和技术选型：
因变量连续的回归分析

利用分类和聚类技术解决了前面两个问题之后，本章最终要关注小丽提出的第三大需求：在合理的范围内预测商品的销售转化率。"这项任务看上去不可能完成啊！"大宝不禁感叹道。"大宝，你说的有道理。销售和证券市场类似，影响其变化的因素实在是太多了。不过，我们可以大胆假设一点：历史总是惊人的相似。遵循一定的科学方法，在某些场景下根据先前的数据进行尝试，也许能发现未来的一些规律。今天，我们就来讲述另一个重要的机器学习方法：因变量连续的回归分析。"

3.1　线性回归的基本概念

本章之前阐述的分类问题会根据某个样本中的一系列特征输入，最后判定其应该属于哪个分类，然后预测出一个离散的分类标签。现实中，除了分类还面临着一种问题，如何根据一系列的特征输入，给出连续的预测值？例如这里所说的，电子商务网站根据销售的历史数据，预估新商品在未来的销售情况，就是一种典型的应用场景。如果只是预估卖得"好"还是"不好"，粒度明显太粗，不利于商品的排序，如果预估值是其转化率或绝对销量，那就相对比较合理了。再次回到水果的案例，重新假想一个场景，我们邀请的果农都是久经沙场的老将，对于水果稍加评估就能预测有百分之多少的概率能卖出去。再将 1000 颗水果放入一个黑箱中，每次随机摸出一颗，这次我们不再让果农判断它是属于苹果、甜橙还是西瓜，而是让他们根据水果的外观、分量等因素预估其卖出去的可能性是多少，可能性是 0% 到 100% 之间的任何一个实数值。这就是最基本的因变量连续回归分析[○]。

　○　因变量离散的逻辑回归属于分类算法，这里不做展开。之后提及的回归也都是指因变量连续的回归分析。

　　因变量连续回归的训练和测试流程及分类大体相当，不过采用的具体技术会有所不同，它采用的是研究一个或多个随机变量 y_1, y_2, ..., y_i 与另一些变量 x_1, x_2, ..., x_k 之间关系的统计方法，又称多重回归分析。我们将 y_1, y_2, ..., y_i 称为因变量，x_1, x_2, ..., x_k 称为自变量。通常情况下，因变量的值可以分解为两部分：一部分是来自于自变量的影响，即表示为自变量相关的函数，其中函数的形式是已知的，可能是线性函数也可能是非线性函数，但含有一些未知参数；另一部分是来自于其他未被考虑的因素和随机性的影响，即随机误差。

　　回归按照不同的维度可以分如下为几种。

- 按照自变量数量：当自变量 x 的个数大于 1 时称为多元回归。
- 按照因变量数量：当因变量 y 的个数大于 1 时称为多重回归。
- 按照模型：如果因变量和自变量为线性关系，就称为线性回归模型；如果因变量和自变量为非线性关系，则称为非线性回归分析模型。举个例子，最简单的情形是一个自变量和一个因变量，且它们大体上有线性关系，这叫一元线性回归，即模型为 $Y = a + bX + \varepsilon$，这里 X 是自变量，Y 是因变量，ε 是随机误差，通常假定随机误差的均值为 0。

　　假设此处的水果案例中，每个水果都有 6 个特征维度，包括形状、颜色、重量等。这六维就是自变量，最终卖出的概率是一重因变量。通过六元自变量预测最终卖出概率的这个因变量，称为六元一重回归分析。至于是否线性回归，则需要看训练过程中，线性回归模型是否能很好地拟合学习样本，使得随机误差足够小。如果不能，那就需要尝试非线性的回归模型。图 3-1 展示了二维空间里的拟合程度，图中离散的点是训练数据实例，直线是回归学习后确定的拟合线。从左侧可以看出，实例点和学习的直线非常接近，误差比较小。而右侧却相反，实例点和学

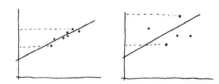

图 3-1　左图拟合度较好，误差小；右图拟合度较差，误差大

习得出的直线距离都比较远。这种情况下我们认为左侧的拟合度要好于右侧，而且左侧学习得出的函数参数更可信。而右侧可能需要考虑换成其他非线性的回归函数。

　　假设在水果的案例中我们足够幸运，最基本的线形回归效果很好，获得了如下的预测函数：

$$conversion(o) = w_0 + w_1 \times Shape + w_2 \times Color + w_3 \times Texture + w_4 \times Weight + w_5 \times Feel + w_6 \times Taste$$
$$= 0.32 + 0.15 \times Shape + 0.28 \times Color + 0.03 \times Texture$$
$$-0.08 \times Weight - 0.12 \times Feel + 0.75 \times Taste$$

　　那么，在预测的时候，我们将新的数据对象的各个维度特征值带入上述公式，那么就可以得到预估的转化率。不过在现实的数据中，情况往往比较复杂。对此，我们还可以进行相关性分析，用于确定如下关系。

- 每个自变量和因变量之间的关系，初步估计对于最终预测而言，是比较重要的因素。
- 不同自变量之间的关系，发现可能冗余的因素。

常见的相关系数是皮尔森（Pearson）系数，它是用来反映两个变量线性相关程度的统计

量。取值范围在 [−1, 1]，绝对值越大，说明相关性越高，负数表示负相关。图 3-2 表示了正相关和负相关的含义。左侧 X 曲线和 Y 曲线有非常近似的变化趋势，当 X 上升 Y 往往也是上升的，X 下降 Y 往往也下降，这就表示两者有较强的正相关性。右侧 X 和 Y 两者的变化趋势正好相反，当 X 上升的时候，Y 往往是下降的，X 下降的时候，Y 往往是上升的，这就表示两者有较强的负相关性。

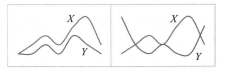

图 3-2 左图为正相关示例；右图为负相关示例

皮尔森系数没有考虑重叠数对结果的影响。计算公式如下：

$$r_p\left(X,Y\right)=\frac{1}{n-1}\sum_{i=1}^{n}\left(\frac{x_i-\overline{X}}{s_X}\right)\times\left(\frac{y_i-\overline{Y}}{s_Y}\right)$$

其中 n 表示向量维度，x_i 和 y_i 分别为两个向量在第 i 维的数值。$\overline{X}$ 和 $\overline{Y}$ 分别表示两个向量维度值序列的均值，s_X 和 s_Y 分别表示两个向量维度值序列的标准差。

由于这些回归分析的理论不容易理解，我们将直接使用 R 中的工具开展深入的分析，同时进行相关的讲解。

3.2 案例实践

3.2.1 实验环境设置

本节所要进行的实验内容是，根据商品的某些历史数据，发现影响转化率的因素，以及相应的权重。

📖 注意　和之前的实验一样，这里所用的数据，以及结论都是实验性质的，请根据自己的情况合理运用。不要将这些测试数据及其相关结论生搬硬套地实施到自己的项目中。

首先查看位于这里的数据文件：

https://github.com/shuang790228/BigDataArchitectureAndAlgorithm/blob/master/Linear-Regression/Sales.Prediction.txt

在 R 中加载该文件：

```
> listing_for_prediction <- read.csv("/Users/huangsean/Coding/data/BigData
ArchitectureAndAlgorithm/Sales.Prediction.txt", stringsAsFactors = FALSE, sep='\t')
```

数据文件的部分内容如下：

```
> listing_for_prediction
   ID   Title CategoryID CategoryName OneMonthConversionRateInUV OneWeekConversionRateInUV
SellerReputation IsDeal IsNew IsLimitedStock TargetValue
```

1	22785	samsung 三星 galaxy tab3 t211 1g 8g wifi+3g 可 通话 平板 电脑 gps 300 万像素 白色	15	电脑
	0.021	0.022　3　0　0　0.032		
2	19436	samsung 三星 galaxy fame s6818 智能手机 td-scdma gsm 蓝色 移动 定制 机	14	手机
	0.028	0.030　4　1　0　0.175		
3	3590	金本位 美味 章 鱼丸 250g	3	海鲜水产
	0.066	0.054　3　0　1　0.127		
4	3787	莲花 居 预售 阳澄湖 大闸蟹 实物 558 型 公 3.3-3.6 两 母 2.3-2.6 两 5 对 装	3	海鲜水产
	0.034	0.029　2　0　0　0.115		
5	11671	rongs 融 氏 纯 玉米 胚芽油 5l 绿色食品 非 转基因 送 300ml 小 油 1 瓶	9	食用油
	0.412	0.486　4　0　0　0.455		
6	23188	kerastase 卡 诗 男士 系列 去 头屑 洗发水 250ml 去 屑 止痒 男士 专用 进口 专业 洗 护发	16	美发护发
	0.268	0.254　1　0　0　0.403		
7	25150	dove 多 芬 丰盈 宠 肤 沐浴 系列 乳 木 果 和 香草 沐浴乳 400ml 5 瓶	17	沐浴露
	0.193	0.214　3　0　0　0.228		
8	14707	魏 小 宏 weixiaohong 长寿 枣 400 克 袋装 美容 养颜 安徽 宣城 水 东 特产	10	枣类
	0.272	0.252　1　0　0　0.371		
9	28657	80 茶客 特级 平阴 玫瑰花 玫瑰 茶 花草 茶 花茶 女人 茶 冲 饮 50 克 袋	18	茶叶
	0.084	0.083　3　0　0　0.039		
10	6275	德芙 兄弟 品牌 脆 香米 脆 米 心 牛奶 巧克力 500g 散装	6	巧克力
	0.192	0.207　1　0　0　0.167		

...

从中可以看到，除了之前的商品的 ID、Title、CategoryID、CategoryName 字段，这个数据集还包括了如下字段。

❑ OneMonthConversionRateInUV：之前一个月商品的转化率（基于唯一访问），计算方法是购买该商品的唯一访问人数除以所有浏览过该商品的唯一访问人数，取值范围是 0 到 1 之间的实数。

❑ OneWeekConversionRateInUV：定义与 OneMonthConversionRateInUV 相仿，不过时间周期是前一周。无论是传统零售还是电子商务，都会根据已有的销量和人气来预测热卖的商品。因此 OneMonthConversionRateInUV 和 OneWeekConversionRateInUV 是两个常用的考量因素。

❑ SellerReputation：当前商家的信誉评级，取值范围是 1 到 5 星之间的整数。在电商行业中，商家的口碑对消费者更为透明，对他们的购买决策起到了更为关键的作用，因此也会影响到销量。

❑ IsDeal：是否正在促销，取值范围是 0 或 1 的整数。1 表示正在进行促销，价格有优惠。0 表示没有。价格永远是影响销量的核心因素之一。业内经常讨论的需求价格弹性，其实也是一种回归分析，试图找出用户需求和价格之间的关系。这里我们的分析也与此类似，不过考虑了更多其他的因素。

❑ IsNew：是否为刚刚上市的新品，取值范围是 0 或 1 的整数。1 表示为刚刚上市的新品，0 表示不是新品。对于某些领域，例如电子消费品、时尚服饰等，新品可能比现有的畅销款更有吸引力，也需要考虑在内。

❑ IsLimitedStock：库存是否有限，取值范围是 0 或 1 的整数。当商品库存有限，即将售罄的时候，消费者有可能会加速购买的决策。

❑ TargetValue 字段：某天销量的真实值，取值范围是 0 到 1 之间的实数。

我们的实践任务将 TargetValue 这个字段定义为因变量，而将其他字段定义为自变量。换言之，我们试图发现，对于某天的销量而言，哪些因素会影响它？是之前一段时间内的历史销量、商家的信誉程度、还是促销力度和剩余库存，等等？如果有影响，那么影响的程度有多大？如果能够在一定程度上进行衡量，那么对于未来的商品销量，就能依照历史数据进行合理的预测了。

3.2.2 R 中数据的标准化

在这里我们假设各个自变量和因变量之间存在线性的关系。在正式开始线性回归分析之前，你可能会发现不同字段的数据没有可比性。首先是取值范围不同，例如，前一个月或前一周的转化率是 0 到 1 之间的实数，而商家的信誉度却是 1 到 5 之间的整数。其次，即使是同样的取值范围，可能含金量也不相同。例如，所有商品前一个月的转化率都是偏低的，可能 0.1 已经是很高的，而所有商品前一周的转化率都变得很高，那么 0.1 就显得很低了。因此，这里还要对原始数据进行标准化（normalization）的预处理，让不同的分数相互之间具有可比性。只有这样，回归后不同因素的系数或权重才有可比性。

一种常见的标准化方法是 z 分数（z-score）。该方法的主要内容具体如下。

❑ 假设数据呈现标准正态分布。正态分布是连续随机变量概率分布的一种，自然界、人类社会、心理和教育中大量现象均按正态形式分布，例如能力的高低，学生成绩的好坏等都属于正态分布。正态分布的特点是：分布的形式是对称的，对称轴是经过平均数点的垂线；中央点最高，然后逐渐向两侧下降，曲线的形式是先向内弯，再向外弯。曲线下的面积为 1。正态分布随变量的平均数、标准差的大小与单位不同而有不同的分布形态。而标准正态分布是正态分布的一种，平均数为 0，标准差为 1，也就是说平均数和标准差都是固定的。

❑ 试图回答这样一个问题：一个给定分数距离平均数多少个标准差？在平均数之上的分数会得到一个正的标准分数，在平均数之下的分数会得到一个负的标准分数。z 分数是一种可以看出某分数在分布中相对位置的方法。z 分数能够真实地反映出一个分数距离平均数的相对标准距离。如果我们把每一个分数都转换成 z 分数，那么每一个 z 分数都会以标准差为单位表示一个具体分数到平均数的距离或离差。

z 分数计算的具体公式如下：

$$z = \frac{x - \mu}{\sigma}$$
$$\mu = \text{Mean}$$
$$\sigma = \text{Standard Deviation}$$

其中 x 为原始值，μ 为均值，σ 为标准差。在 R 中，我们可以很轻松地实现这一转变，并生成若干对应的数据列：

```
> listing_for_prediction$OneMonthConversionRateInUVNormalized <- (listing_for_
prediction$OneMonthConversionRateInUV - mean(listing_for_prediction$OneMonthConvers
ionRateInUV)) / sd(listing_for_prediction$OneMonthConversionRateInUV)

> listing_for_prediction$OneWeekConversionRateInUVNormalized <- (listing_for_
prediction$OneWeekConversionRateInUV - mean(listing_for_prediction$OneWeekConversion
RateInUV)) / sd(listing_for_prediction$OneWeekConversionRateInUV)

> listing_for_prediction$SellerReputationNormalized<-(listing_for_prediction$
SellerReputation - mean(listing_for_prediction$SellerReputation)) / sd(listing_for_
prediction$SellerReputation)

> listing_for_prediction$IsDealNormalized<-(listing_for_prediction$IsDeal - mean
(listing_for_prediction$IsDeal)) / sd(listing_for_prediction$IsDeal)

> listing_for_prediction$IsNewNormalized<-(listing_for_prediction$IsNew - mean
(listing_for_prediction$IsNew)) / sd(listing_for_prediction$IsNew)

> listing_for_prediction$IsLimitedStockNormalized<-(listing_for_prediction$Is
LimitedStock - mean(listing_for_prediction$IsLimitedStock)) / sd(listing_for_predic
tion$IsLimitedStock)

> listing_for_prediction$TargetValueNormalized<-(listing_for_prediction$Target
Value - mean(listing_for_prediction$TargetValue)) / sd(listing_for_prediction$TargetValue)
```

查看这些数据列：

```
> listing_for_prediction[c("ID", "OneMonthConversionRateInUVNormalized", "OneWeekConversion
RateInUVNormalized", "SellerReputationNormalized", "IsDealNormalized", "IsNewNormalized",
"IsLimitedStockNormalized", "TargetValueNormalized")]
    ID OneMonthConversionRateInUVNormalized OneWeekConversionRateInUVNormalized SellerReputation
Normalized IsDealNormalized IsNewNormalized IsLimitedStockNormalized TargetValueNormalized
1  22785          -1.3400479                        -1.23567665                 -0.1358754
-0.617342       -0.4638124       -0.4949747       -1.285017776
2  19436          -1.2899500                        -1.18179931                  0.8346633
 1.587451       -0.4638124       -0.4949747       -0.351859428
3   3590          -1.0179898                        -1.02016731                 -0.1358754
-0.617342        2.1129232       -0.4949747       -0.665087405
4   3787          -1.2470089                        -1.18853398                  0.8346633
-0.617342       -0.4638124       -0.4949747       -0.743394399
5  11671           1.4582790                         1.88920870                  0.8346633
-0.617342       -0.4638124       -0.4949747        1.475303772
6  23188           0.4276931                         0.32676603                  0.8346633
 1.587451       -0.4638124        1.9798990        1.135973464
7  25150          -0.1090703                         0.05737936                 -0.1358754
-0.617342        2.1129232        1.9798990       -0.006003536
8  14707           0.4563205                         0.31329669                  0.8346633
-0.617342       -0.4638124        1.9798990        0.927154812
9  28657          -0.8891666                        -0.82486198                 -1.1064141
-0.617342       -0.4638124       -0.4949747       -1.239338696
10  6275          -0.1162272                         0.01023669                 -0.1358754
 1.587451       -0.4638124       -0.4949747       -0.404064090
11 18663           0.7855355                         1.15513003                  0.8346633
-0.617342       -0.4638124       -0.4949747        0.339852355
12 15229          -0.7675002                        -0.72384198                  0.8346633
-0.617342       -0.4638124       -0.4949747       -0.560678079
13  1290           0.3775952                         0.28635803                 -0.1358754
-0.617342       -0.4638124       -0.4949747       -0.025580285
14 22014          -1.3185774                        -1.24914598                 -1.1064141
-0.617342       -0.4638124       -0.4949747       -1.435106182
15 13200          -0.5456380                        -0.47465931                 -0.1358754
 1.587451       -0.4638124       -0.4949747        0.248494195
16  3440          -1.1396562                        -1.04037131                 -0.1358754
-0.617342       -0.4638124       -0.4949747       -0.795599062
17 26597          -0.1663251                        -0.44772064                 -2.0769529
-0.617342       -0.4638124       -0.4949747       -0.815175810
```

18	4955	2.1023952	1.61308737	0.8346633	-0.617342	-0.4638124	-0.4949747	2.434564452
19	6083	1.1362209	0.85880470	-0.1358754	-0.617342	-0.4638124	-0.4949747	0.502991927
20	9082	1.1720052	1.31002737	-1.1064141	-0.617342	-0.4638124	1.9798990	1.494880521
21	17532	0.2129878	0.03044069	0.8346633	-0.617342	-0.4638124	-0.4949747	-1.311120108
22	4826	1.2865147	1.82186204	-0.1358754	-0.617342	-0.4638124	1.9798990	0.640029167
23	3910	-0.8032844	-0.83159664	0.8346633	-0.617342	-0.4638124	-0.4949747	-0.514998999
24	24450	0.2487720	-0.10425264	-2.0769529	1.587451	-0.4638124	1.9798990	0.640029167
25	13428	-0.5671085	-0.47465931	0.8346633	1.587451	-0.4638124	-0.4949747	0.457312847
26	1140	0.4563205	0.21227669	0.8346633	-0.617342	-0.4638124	-0.4949747	0.333326772
27	22403	-0.5742654	-0.64976064	-1.1064141	1.587451	-0.4638124	-0.4949747	-0.319231513
28	5945	0.1986741	0.23248069	-0.1358754	1.587451	-0.4638124	-0.4949747	0.392057018
29	19020	0.9716135	0.42105136	-0.1358754	-0.617342	-0.4638124	1.9798990	1.377420029
30	2068	2.6749429	3.14859138	-1.1064141	-0.617342	2.1129232	-0.4949747	3.831039184
31	21222	-1.3042637	-1.20873798	1.8052020	-0.617342	2.1129232	1.9798990	-0.123464028
32	10718	1.1433778	0.86553936	0.8346633	-0.617342	-0.4638124	-0.4949747	-0.815175810
33	15577	-0.2593641	-0.10425264	-0.1358754	-0.617342	-0.4638124	-0.4949747	-0.195245439
34	2269	-0.9106371	-0.77098464	-2.0769529	-0.617342	-0.4638124	-0.4949747	-0.952213050
35	18569	0.6710259	0.52207136	-1.1064141	1.587451	-0.4638124	-0.4949747	0.437736098
36	2998	-0.9678919	-0.82486198	1.8052020	1.587451	-0.4638124	-0.4949747	-0.351859428
37	21803	-1.3615185	-1.23567665	0.8346633	-0.617342	2.1129232	-0.4949747	-0.991366548
38	19303	-0.6673044	-0.63629131	0.8346633	-0.617342	-0.4638124	-0.4949747	-0.521524582
39	4690	0.8284765	1.08104870	-2.0769529	-0.617342	-0.4638124	-0.4949747	-0.521524582
40	19971	-1.2613226	-1.21547265	0.8346633	1.587451	-0.4638124	1.9798990	-0.006003536
41	26946	-0.5814222	-0.45445531	0.8346633	-0.617342	-0.4638124	-0.4949747	-0.397538508
42	25426	0.8642608	0.79819270	0.8346633	1.587451	-0.4638124	-0.4949747	0.013573212
43	13999	0.8213197	0.41431670	-0.1358754	1.587451	2.1129232	1.9798990	0.620452418
44	9150	-0.1949525	-0.25914997	-1.1064141	-0.617342	2.1129232	-0.4949747	-0.097361696
45	1227	0.6352417	0.59615270	-0.1358754	-0.617342	2.1129232	-0.4949747	1.018512972
46	9904	-0.2092662	-0.23221131	0.8346633	-0.617342	-0.4638124	-0.4949747	-0.286603599
47	22857	-1.4330869	-1.32322731	-0.1358754	-0.617342	2.1129232	-0.4949747	-1.089250290
48	12522	0.5350458	0.24595003	0.8346633	-0.617342	-0.4638124	-0.4949747	-0.965264216
49	7519	1.3867106	1.60635270	-1.1064141	1.587451	-0.4638124	-0.4949747	0.274596527
50	1324	0.1915172	-0.10425264	-1.1064141	-0.617342	-0.4638124	-0.4949747	-0.808650228

可以看到，对于给定的某个字段，数值有正有负，与原始数据有所不同。再来验证一下每个字段是否符合标准正态分布。这里以 OneMonthConversionRateInUVNormalized 和 SellerReputationNormalized 为例：

```
> mean(listing_for_prediction$OneMonthConversionRateInUVNormalized)
[1] -7.213929e-17
> sd(listing_for_prediction$OneMonthConversionRateInUVNormalized)
[1] 1
> mean(listing_for_prediction$SellerReputationNormalized)
[1] -9.990706e-17
> sd(listing_for_prediction$SellerReputationNormalized)
[1] 1
```

这里 -7.213929e-17 和 -9.990706e-17 是由于计算误差所导致的，可以认为是 0，而标准差都是 1，符合标准正态分布。

3.2.3　使用 R 的线性回归分析

　　一切就绪，我们先来使用 cor() 函数，检视一下不同自变量之间、自变量和因变量之间的关系：

```
> cor(listing_for_prediction[c("OneMonthConversionRateInUVNormalized", "OneWeekConversion
RateInUVNormalized", "SellerReputationNormalized", "IsDealNormalized", "IsNewNormalized",
"IsLimitedStockNormalized", "TargetValueNormalized")])
    OneMonthConversionRateInUVNormalized OneWeekConversionRateInUVNormalized SellerReputa-
tionNormalized IsDealNormalized IsNewNormalized IsLimitedStockNormalized TargetValueNormalized
OneMonthConversionRateInUVNormalized 1.00000000      0.97348970      -0.158011500    -0.031674657
                                     -0.06780377     0.13685456      0.746505674
OneWeekConversionRateInUVNormalized  0.97348970      1.00000000      -0.154650456    -0.045672910
                                     -0.04367404     0.10789623      0.752750106
SellerReputationNormalized           -0.15801150     -0.15465046     1.000000000     0.001746806
                                     -0.01326967     0.02941176      -0.002771155
IsDealNormalized                     -0.03167466     -0.04567291     0.001746806     1.000000000
                                     -0.17623215     0.13363062      0.125412525
IsNewNormalized                      -0.06780377     -0.04367404     -0.013269666    -0.176232151
                                     1.00000000      0.15617376      0.131333115
IsLimitedStockNormalized             0.13685456      0.10789623      0.029411765     0.133630621
                                     0.15617376      1.00000000      0.338424764
TargetValueNormalized                0.74650567      0.75275011      -0.002771155    0.125412525
                                     0.13133312      0.33842476      1.00000000
```

　　从中可以得出如下两个快速的结论：

- ❑ 单月销售转化率 OneMonthConversionRateInUVNormalized 和单周销售转化率 OneWeek ConversionRateInUVNormalized 之间的相关系数达到了 0.97348970，有极强的相关性。在必要的时候，我们可以考虑放弃这两者其中之一的自变量，减少自变量的数量，降低对训练样本数量的要求。
- ❑ 待预测的目标转化率 TargetValueNormalized 和单月销售转化率 OneMonthConversionRate InUVNormalized 有较强的相关性，相关系数为 0.74650567。
- ❑ 待预测的目标转化率 TargetValueNormalized 和单周销售转化率 OneWeekConversionRa teInUVNormalized 也有较强的相关性，相关系数为 0.75275011。
- ❑ 对角线上都是自己对自己，完全相关，所以系数都为 1.0。

　　还可以使用 pairs() 函数可视化两两转化率之间的关系，结果如图 3-3 所示。

```
> pairs(listing_for_prediction[c("OneMonthConversionRateInUVNormalized", "OneWeek-
ConversionRateInUVNormalized", "SellerReputationNormalized", "IsDealNormalized",
"IsNewNormalized", "IsLimitedStockNormalized", "TargetValueNormalized")])
```

　　然后，通过 lm() 函数，进行多元的线性回归，数据集为 listing_for_prediction，目标值或因变量是 TargetValueNormalized，将其他的标准化字段作为自变量：

```
> listing_prediction_linearreg_model <- lm(TargetValueNormalized ~ OneMonth
ConversionRateInUVNormalized + OneWeekConversionRateInUVNormalized + SellerReputation
```

```
Normalized + IsDealNormalized + IsNewNormalized + IsLimitedStockNormalized, data =
listing_for_prediction)
```

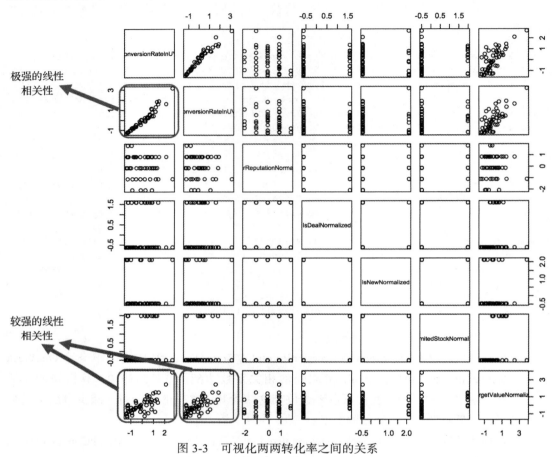

图 3-3 可视化两两转化率之间的关系

查看线性回归后的结果:

```
> listing_prediction_linearreg_model

Call:
lm(formula = TargetValueNormalized ~ OneMonthConversionRateInUVNormalized +
    OneWeekConversionRateInUVNormalized + SellerReputationNormalized +
    IsDealNormalized + IsNewNormalized + IsLimitedStockNormalized,
    data = listing_for_prediction)

Coefficients:
        (Intercept)    OneMonthConversionRateInUVNormalized   OneWeekConversion
RateInUVNormalized          SellerReputationNormalized                 IsDeal-
Normalized                  IsNewNormalized                 IsLimitedStockNormalized
        6.229e-17     1.996e-01     5.692e-01     1.129e-01     1.607e-01
        1.685e-01     1.986e-01
```

从目前的结果来看，OneWeekConversionRateInUVNormalized 这个因素的权重最高，为
5.692e−01。下面进一步使用 summary() 函数查看模型的细节：

```
> summary(listing_prediction_linearreg_model)

Call:
lm(formula = TargetValueNormalized ~ OneMonthConversionRateInUVNormalized +
    OneWeekConversionRateInUVNormalized + SellerReputationNormalized +
    IsDealNormalized + IsNewNormalized + IsLimitedStockNormalized,
    data = listing_for_prediction)

Residuals:
    Min      1Q   Median      3Q     Max
-1.35461 -0.25017  0.07358  0.30216  1.47134

Coefficients:
                                      Estimate Std. Error t value Pr(>|t|)
(Intercept)                          6.229e-17  8.451e-02   0.000   1.0000
OneMonthConversionRateInUVNormalized 1.996e-01  3.809e-01   0.524   0.6030
OneWeekConversionRateInUVNormalized  5.692e-01  3.784e-01   1.504   0.1398
SellerReputationNormalized           1.129e-01  8.664e-02   1.303   0.1994
IsDealNormalized                     1.607e-01  8.821e-02   1.822   0.0754 .
IsNewNormalized                      1.685e-01  8.933e-02   1.887   0.0660 .
IsLimitedStockNormalized             1.986e-01  8.963e-02   2.216   0.0321 *
---
Signif. codes:  0 '***' 0.001 '**' 0.01 '*' 0.05 '.' 0.1 ' ' 1

Residual standard error: 0.5976 on 43 degrees of freedom
Multiple R-squared:  0.6866,    Adjusted R-squared:  0.6429
F-statistic: 15.7 on 6 and 43 DF,  p-value: 1.899e-09
```

现实中，由于被线性回归的数据不可能完全符合某条直线，因此存在误差，如前图 3-1
所示：左侧拟合度较好，误差小；右侧拟合度较差，误差大。上述结果的 Residuals 部分展示
了误差的基本统计数据，例如最小值（−1.35461）、25% 分位（−0.25017）、中值（0.07358）、
75% 分位（0.30216）和最大值（1.47134）。Coefficients 给出了每个自变量的部分权重和统
计细节。例如，OneWeekConversionRateInUVNormalized 虽然有最高的权重值，但是其对应
的 Pr 值（也就是 P 值）达到了 0.1398，表面上这个相关性从统计的角度来看存在 14% 左右
的偶然性，而一般业界认为 0.05（5%）以内的偶然性才是可以接受的。依照 5% 的标准来
看，只有 IsLimitedStockNormalized 符合条件。同时，调整后的 R 方（Adjusted R-squared）为
0.6429，表示模型整体对于因变量变化的解释度只有 64%，离最理想的值 100% 有较大的差
距，还不够理想。

那么，这些是否就意味着线性回归无法很好地解决转化率预测问题呢？其实，我们还可
以根据商品的分类进行一些尝试。不同品类的商品，其内在属性会有所不同，消费者对其的
理解也会有所不同。换言之，如果将用于回归的样本限定于特定的品类，我们是否能发现其
他有趣的现象？这里将整体的测试数据划分为 4 个大类（分组）。

- 消费电子：包括"手机"和"电脑"等分类。
- 日用品：包括"沐浴露""美发护发""大米"和"食用油"等分类。
- 饮料和零食：包括"坚果""巧克力""饼干""饮料饮品"和"方便面"等分类。
- 生鲜和干货：包括"海鲜水产""新鲜水果""进口牛奶""枣类"和"茶叶"等分类。

先来测试消费电子类这组的样本：

```
> listing_for_prediction_ce <- subset(listing_for_prediction, listing_for_prediction$CategoryName
== "手机" | listing_for_prediction$CategoryName == "电脑")
> listing_for_prediction_ce[,1:4]
   ID   Title CategoryID CategoryName
1  22785 samsung 三星 galaxy tab3 t211 1g 8g wifi+3g 可 通话 平板 电脑 gps 300 万像素 白色      15 电脑
2  19436 samsung 三星 galaxy fame s6818 智能手机 td-scdma gsm 蓝色 移动 定制 机      14 手机
14 22014 华 志 硕 第四代 酷 睿 i3 4130 b85 4g 500g 高性能 核 显 家用 娱乐 高清 电脑 主机      15 电脑
27 22403 sony 索尼 p13226scb 13.3 英寸 触 控 超 极 本 电脑 i5 4200u 4g 128g 固态 win8.1 蓝牙 4.0 15 电脑
31 21222 lenovo 联想 g510at-ifi 酷 睿 i5 4200 4g 500g 2g 独立 显卡 笔记本电脑 15.6 寸      15 电脑
37 21803 dell 戴尔 optiplex 7010mt 商用 台式 电脑 主机 i5-3470 4g 500g dvdrw      15 电脑
38 19303 htc one m8sw e8 时尚 版 4g 手机 雪 精灵 白 fdd-lte td-lte wcdma gsm 联通 版      14 手机
40 19971 samsung 三星 galaxy siv 盖世 4 s4 i9500 双 四 核 手机 大陆 行货 全国 联保      14 手机
47 22857 thinkpad t430u-8614-1c4 14 英寸 i5-3337 4g 1t 24ssd win8 超级 本 笔记本电脑      15 电脑
```

进行同样的 z 分数标准化、线性回归后的结果如下：

```
> listing_prediction_linearreg_model_ce <- lm(TargetValueNormalized ~ OneMonth
ConversionRateInUVNormalized + OneWeekConversionRateInUVNormalized +
SellerReputation-Normalized + IsDealNormalized + IsNewNormalized + IsLimitedStockNormalized,
data = listing_for_prediction_ce)
> summary(listing_prediction_linearreg_model_ce)

Call:
lm(formula = TargetValueNormalized ~ OneMonthConversionRateInUVNormalized +
    OneWeekConversionRateInUVNormalized + SellerReputationNormalized +
    IsDealNormalized + IsNewNormalized + IsLimitedStockNormalized,
    data = listing_for_prediction_ce)

Residuals:
       1        2       14       27       31       37       38       40       47
 0.01927  0.06719  0.02765  0.03496  0.10215 -0.05980 -0.04693 -0.10215 -0.04235

Coefficients:
                                       Estimate Std. Error t value Pr(>|t|)
(Intercept)                          -1.867e-15  4.429e-02   0.000   1.0000
OneMonthConversionRateInUVNormalized -1.471e+01  7.972e+00  -1.846   0.2063
OneWeekConversionRateInUVNormalized   1.507e+01  7.921e+00   1.902   0.1975
SellerReputationNormalized           -1.491e+00  1.006e+00  -1.483   0.2763
IsDealNormalized                      1.221e+00  3.550e-01   3.439   0.0751 .
IsNewNormalized                       5.554e-01  2.145e-01   2.590   0.1223
IsLimitedStockNormalized              1.796e+00  7.535e-01   2.383   0.1400
---
Signif. codes:  0 '***' 0.001 '**' 0.01 '*' 0.05 '.' 0.1 ' ' 1
```

```
Residual standard error: 0.1329 on 2 degrees of freedom
Multiple R-squared:  0.9956,    Adjusted R-squared:  0.9823
F-statistic: 75.18 on 6 and 2 DF,  p-value: 0.01318
```

从中可以看到，只有 IsDealNormalized 有比较小的偶然性（P 值），并且拥有较高的正系数，证明对于此类商品，是否参加促销将对用户是否决定购买起到比较关键的作用。令人意外的是，SellerReputationNormalized 竟然是负系数，也就是说商家的信誉越高，预测的转化率反而越低，这和我们的常识不符。好在其 P 值较大，证明该系数可信度并不高，如果使用了更多的测试数据，可能结论就会发生改变。从整体上看，调整后的 R 方（Adjusted R-squared）达到了 98%，解释性很好。

接下来是日用品分类这组：

```
> listing_for_prediction_daily <- subset(listing_for_prediction, listing_for_prediction$
CategoryName == "沐浴露" | listing_for_prediction$CategoryName == "美发护发" |
listing_for_prediction$CategoryName == "大米" | listing_for_prediction$CategoryName == "食用油")
> listing_for_prediction_daily[, 1:4]
   ID   Title CategoryID CategoryName
5  11671 rongs 融 氏 纯 玉 米 胚芽油 5l 绿色食品 非 转基因 送 300ml 小 油 1 瓶              9  食用油
6  23188 kerastase 卡 诗 男士 系列 去 头屑 洗发水 250ml 去 屑 止痒 男士 专用 进口 专业 洗 护发  16  美发护发
7  25150 dove 多 芬 丰盈 宠 肤 沐浴 系列 乳 木 果 和 香草 沐浴乳 400ml 5瓶                 17  沐浴露
11 18663 十月 稻田 五常 稻 花香 大米 5kg 袋 x 2                                        12  大米
17 26597 olay 玉兰油 冰 透 清爽 沐浴露 200ml                                         17  沐浴露
21 17532 金龙鱼 生态 稻 5kg 袋                                                     12  大米
24 24450 依 风 三件套 礼品 套装 洗发水 洗发露 护发素 沐浴 盐 沐浴乳 身体 乳 专业 洗 护 套装  16  美发护发
29 19020 金龙鱼 生态 稻 5kg 袋                                                     12  大米
35 18569 golden delight 金 怡 泰国 茉莉 香米 5kg 泰国 进口                            12  大米
42 25426 safeguard 舒肤佳 沐浴露 热销 组合 纯白 清 香型 劲 爽 清新 运动型 400ml 2        17  沐浴露
48 12522 蒙 谷 香 亚麻 籽 油 冷 榨 脱蜡 礼品盒 500ml 2瓶 送 领导 送 健康 首选 送礼 首选    9  食用油
```

z 分数标准化、线性回归后的结果如下：

```
> listing_prediction_linearreg_model_daily <- lm(TargetValueNormalized ~
OneMonthConversionRateInUVNormalized + OneWeekConversionRateInUVNormalized + Seller
ReputationNormalized + IsDealNormalized + IsNewNormalized + IsLimitedStockNormalized,
data = listing_for_prediction_daily)
> summary(listing_prediction_linearreg_model_daily)

Call:
lm(formula = TargetValueNormalized ~ OneMonthConversionRateInUVNormalized +
    OneWeekConversionRateInUVNormalized + SellerReputationNormalized +
    IsDealNormalized + IsNewNormalized + IsLimitedStockNormalized,
    data = listing_for_prediction_daily)

Residuals:
        5           6           7          11          17          21
       24          29          35          42          48
-1.495e-02  3.101e-01  -3.903e-18  -5.792e-02  2.557e-01  -1.558e-01
-4.472e-01  1.371e-01   2.187e-01  -8.162e-02  -1.642e-01
```

```
Coefficients:
                                      Estimate Std. Error t value Pr(>|t|)
(Intercept)                          -1.792e-16  1.055e-01   0.000   1.0000
OneMonthConversionRateInUVNormalized  1.329e-01  3.597e-01   0.369   0.7305
OneWeekConversionRateInUVNormalized   8.605e-01  3.483e-01   2.470   0.0689 .
SellerReputationNormalized           -3.474e-01  1.395e-01  -2.490   0.0675 .
IsDealNormalized                      6.585e-02  1.247e-01   0.528   0.6255
IsNewNormalized                      -1.654e-01  1.851e-01  -0.893   0.4222
IsLimitedStockNormalized              7.790e-01  1.535e-01   5.076   0.0071 **
---
Signif. codes:  0 '***' 0.001 '**' 0.01 '*' 0.05 '.' 0.1 ' ' 1

Residual standard error: 0.3499 on 4 degrees of freedom
Multiple R-squared:  0.951,    Adjusted R-squared:  0.8776
F-statistic: 12.95 on 6 and 4 DF,  p-value: 0.01346
```

从结果来看，IsLimitedStockNormalized 的 P 值非常小，是最为可靠的因素，而系数为正，这表明对于刚性需求的商品而言，如果它们的库存有限，那么其销售转化率会更高。原因可能是顾客担心自己经常使用的日用品缺货。其次，OneWeekConversionRateInUVNormalized 的 P 值也较低，说明前一周的转化对于之后的转化预测有比较可靠的贡献。而对于商家的信誉度 SellerReputationNormalized 依然是比较反常的负系数。从整体上看，调整后的 R 方（Adjusted R-squared）达到了 87%，解释性比较好。

下一个大的分类组是饮料和零食：

```
> listing_for_prediction_drink.snack <- subset(listing_for_prediction,
listing_for_prediction$CategoryName == "坚果" | listing_for_prediction$CategoryName == "巧克力" |
listing_for_prediction$CategoryName == "饼干" | listing_for_prediction$CategoryName == "饮料饮品" |
listing_for_prediction$CategoryName == "方便面")
> listing_for_prediction_drink.snack[, 1:4]
      ID    Title CategoryID CategoryName
10  6275 德芙 兄弟 品牌 脆 香米 脆 米 心 牛奶 巧克力 500g 散装              6   巧克力
13  1290 雅 客 花生 口味 法式 薄饼 夹心饼干 500g 小包装 零食 美 食品 糕 点心  1   饼干
19  6083 德芙 士力架 花生 巧克力 桶装 460 克 全家 桶装                      6   巧克力
20  9082 圣 碧 涛 san benedetto 天然 矿泉水 500ml 瓶 意大利 进口 瓶装水 更 自然 更
                 健康 更 纯净                                               7   饮料饮品
26  1140 aji 芒 果味 夹心饼干 270g 休闲 零食                                1   饼干
28  5945 hershey s 好 时 巧克力 kisses 结婚 喜糖 1 斤 500g 散装 称重 约 105 粒
                 牛奶 黑 巧 扁 桃仁 榛 仁 曲奇                               6   巧克力
30  2068 康师傅 脆 海带 香锅 牛肉面 121 5 袋                               2   方便面
32 10718 大徐 南瓜子 独立 小包 散 称 500g 盐 焗 味 南瓜子 休闲 零食 小 南瓜子 8   坚果
34  2269 寿桃 牌 儿童 萝卜 面                                             2   方便面
44  9150 海 太 冰斗 哩 儿童 饮料 蓝 粉色 各 2 瓶 280ml 韩国 进口 儿童 果汁 棉花 糖 味 正品 7 饮料饮品
45  1227 meilijia bakery cake 美丽 家 食品 饼干 礼包 煎饼 礼盒 精挑细选 大 礼包 650g  1  饼干
46  9904 正 林 黑 瓜子 甘草 味 315g                                       8   坚果
49  7519 怡 泉 c 柠檬 味 汽水 500ml 支                                    7   饮料饮品
50  1324 喔 依 喜 食品 黄油 蜂蜜 杏仁酥 250g 独立 小包装                    1   饼干
```

对该大类进行 z 分数标准化和线性回归，之后的结果如下：

```
> listing_prediction_linearreg_model_drink.snack <- lm(TargetValueNormalized ~
OneMonthConversionRateInUVNormalized + OneWeekConversionRateInUVNormalized + Seller
ReputationNormalized + IsDealNormalized + IsNewNormalized +
IsLimitedStockNormalized, data = listing_for_prediction_drink.snack)
> summary(listing_prediction_linearreg_model_drink.snack)

Call:
lm(formula = TargetValueNormalized ~ OneMonthConversionRateInUVNormalized +
    OneWeekConversionRateInUVNormalized + SellerReputationNormalized +
    IsDealNormalized + IsNewNormalized + IsLimitedStockNormalized,
    data = listing_for_prediction_drink.snack)

Residuals:
    Min       1Q   Median       3Q      Max
-0.82870 -0.10268 -0.00554  0.19772  0.54805

Coefficients:
                                       Estimate Std. Error t value Pr(>|t|)
(Intercept)                           5.447e-16  1.315e-01   0.000   1.0000
OneMonthConversionRateInUVNormalized -1.228e+00  9.020e-01  -1.361   0.2157
OneWeekConversionRateInUVNormalized   1.941e+00  9.309e-01   2.085   0.0755 .
SellerReputationNormalized            1.470e-01  1.708e-01   0.861   0.4179
IsDealNormalized                     -1.237e-01  1.756e-01  -0.704   0.5039
IsNewNormalized                       2.834e-01  1.772e-01   1.599   0.1538
IsLimitedStockNormalized              1.442e-01  1.587e-01   0.908   0.3939
---
Signif. codes:  0 '***' 0.001 '**' 0.01 '*' 0.05 '.' 0.1 ' ' 1

Residual standard error: 0.4921 on 7 degrees of freedom
Multiple R-squared:  0.8696,    Adjusted R-squared:  0.7578
F-statistic: 7.779 on 6 and 7 DF,  p-value: 0.00801
```

从中可以看出，依旧是 OneWeekConversionRateInUVNormalized 的 P 值较低，说明前一周的转化率对于之后的转化预测仍然有着比较可靠的贡献，不过相对于日用品大类，这个因素在本大类中的权重更高。从整体上看，调整后的 R 方（Adjusted R-squared）只有 76% 左右，解释性一般。

最后一组是生鲜和干货：

```
> listing_for_prediction_fresh.dried <- subset(listing_for_prediction,
listing_for_prediction$CategoryName == " 海鲜水产 " | listing_for_prediction$CategoryName == " 新鲜水果 " |
listing_for_prediction$CategoryName == " 进口牛奶 " | listing_for_prediction$CategoryName == " 枣类 " |
listing_for_prediction$CategoryName == " 茶叶 ")
> listing_for_prediction_fresh.dried[, 1:4]
    ID  Title CategoryID CategoryName
3   3590 金本位 美味 章 鱼丸 250g                                          3   海鲜水产
4   3787 莲花 居 预售 阳澄湖 大闸蟹 实物 558 型 公 3.3-3.6 两 母 2.3-2.6 两 5 对 装      3   海鲜水产
8   14707 魏 小 宏 weixiaohong 长寿 枣 400克 袋装 美容 养颜 安徽 宣城 水 东 特产       10   枣类
9   28657 80 茶客 特级 平阴 玫瑰花 玫瑰 茶 花草 茶 花茶 女人 茶 冲 饮 50克 袋          18   茶叶
12  15229 民 信 南汇 8424 西瓜 4只 装 中 约 26斤                            11   新鲜水果
```

15	13200	东阿 阿胶 金丝 枣 360g- 独立 包装	10	枣类
16	3440	宅 鲜 配 味 付 八 爪 鱼 芝麻 寿司 料理 材料 必备 1000g 盒	3	海鲜水产
18	4955	芭 蔻 玛 原装 进口 欧洲 纯正 奶 源 欧式 香浓 牛奶 榛子 味 230g 瓶 新品 上市	4	进口牛奶
22	4826	波 顿 美国 原装 进口 牛奶 borden 脱脂 牛奶 946ml 单 盒装 11月 到期	4	进口牛奶
23	3910	水 锦 洋 加拿大 牡丹 虾 刺 身 级 20-24 头 盒 1000g 进口 虾 顶级 刺 身 日 料 好 海鲜	3	海鲜水产
25	13428	绿 帝 金丝 枣 500g 2 袋 河北 沧州 特产 一级 无核 红枣 阿胶 枣 金丝小枣 蜜枣 仙 枣	10	枣类
33	15577	都 乐 新西兰 佳 沛 金 奇异果 猕猴桃 大箱 装 10 斤	11	新鲜水果
36	2998	光明 渔业 新西兰 青 口 贝 1000g 进口 海鲜 半 壳 新鲜 超大 海鲜 美食 肉质 鲜 滑 原装 进口	3	海鲜水产
39	4690	宾格 瑞 韩国 进口 binggrae 宾格 瑞 香蕉 牛奶 饮料 200ml 6 瓶装 1200ml 果汁 牛奶 饮品	4	进口牛奶
41	26946	杭 梅 花草 茶 金银花 特级 金银 花茶 河南 封丘 35g 罐 新花	18	茶叶
43	13999	铁 大哥 无核 蜜饯 阿胶 枣 280g 3	10	枣类

对该大类进行 z 分数标准化和线性回归，之后的结果如下：

```
> listing_prediction_linearreg_model_fresh.dried <- lm(TargetValueNormalized ~
OneMonthConversionRateInUVNormalized + OneWeekConversionRateInUVNormalized +
SellerReputationNormalized + IsDealNormalized + IsNewNormalized + IsLimitedStock
Normalized, data = listing_for_prediction_fresh.dried)
> summary(listing_prediction_linearreg_model_fresh.dried)

Call:
lm(formula = TargetValueNormalized ~ OneMonthConversionRateInUVNormalized +
    OneWeekConversionRateInUVNormalized + SellerReputationNormalized +
    IsDealNormalized + IsNewNormalized + IsLimitedStockNormalized,
    data = listing_for_prediction_fresh.dried)

Residuals:
    Min      1Q   Median      3Q      Max
-0.49216 -0.24227  0.03231  0.22336  0.48001

Coefficients:
                                     Estimate Std. Error t value Pr(>|t|)
(Intercept)                          1.854e-16  9.802e-02   0.000   1.0000
OneMonthConversionRateInUVNormalized 1.619e+00  5.090e-01   3.180   0.0112 *
OneWeekConversionRateInUVNormalized -7.188e-01  5.431e-01  -1.323   0.2183
SellerReputationNormalized           3.490e-01  1.240e-01   2.815   0.0202 *
IsDealNormalized                     1.550e-01  1.081e-01   1.434   0.1854
IsNewNormalized                     -6.841e-02  1.345e-01  -0.509   0.6232
IsLimitedStockNormalized            -3.699e-02  1.368e-01  -0.270   0.7929
---
Signif. codes:  0 '***' 0.001 '**' 0.01 '*' 0.05 '.' 0.1 ' ' 1

Residual standard error: 0.3921 on 9 degrees of freedom
Multiple R-squared:  0.9078,    Adjusted R-squared:  0.8463
F-statistic: 14.76 on 6 and 9 DF,  p-value: 0.0003359
```

终于，这次 SellerReputationNormalized 的系数为正了，而且 P 值降到了很低的范围，说明偶然性很小。这也许是因为对于生鲜和干货类商品而言，售前咨询、售中运输和售后保障等的因素更为关键，因此商家的良好口碑尤为重要。而 OneMonthConversionRateInUVNormalized 的系数和 P 值表明，销售的历史也起到了较大的作用。从整体上看，调整后的 R 方

（Adjusted R-squared）达到 84% 左右，解释性尚可。

　　"小明哥，看来线性回归分析在不同的数据集上，会产生完全不同的结论啊！你看，将原本的数据集进行回归后，我们几乎没有什么结论。可是，将数据集合细分成几个不同的组，就会有新的发现。"

　　"是的，现实中也的确如此。人们在购买电子产品时所考虑的因素与购买日常快消品时所考虑的因素肯定是有所不同的，如果混为一谈，当然无法找到有趣的结论。所以，我们不仅要学会算法本身，还需要根据实际的应用环境合理使用。最后，由于线性回归基本上都是用于离线分析的，模型处理速度快，而且学习出来的系数用于实时运算也是非常高效的，因此不再需要 Mahout 或其他类似的 Java 类库来协助线上服务。我们还可以使用线性回归学习而来的系数，提升搜索或推荐系统的排序准确率。"

第二篇 *Part 2*

为顾客发现喜欢的
商品：基础篇

■ 第 4 章 方案设计和技术选型：搜索

大宝根据小明的建议，实现了在线的商品自动分类、商品标题关键词SEO，以及销售转化率预测等运营辅助工具，受到了商家们的一致好评。运营的效率提升后，随之而来的就是大量的新商品涌入平台，顾客的访问量也在不断上涨。然而，随着商品和订单量的日益增多，人们的抱怨也开始不断增多。看着客服部的数据反馈，团队又开始寻找问题的根源，于是指派负责运营的小丽进行大规模的客户和市场调研。这天她找到了大宝。

　　"嗨，大宝，有件紧急的事情需要和你讨论一下。"

　　"小丽，请坐。"

　　"嗯，是这样的。我们这两周一直在做用户访谈，看看他们的痛点在哪里，为什么要抱怨我们的站点。根据最新的统计结果，排名前几位的问题都是和技术系统相关的。"

　　"哦，是吗？什么问题？我想马上了解。"

　　"今天先聊最重要的那个问题。现在用户访问周边社区的商品，主要还是通过类目逐级浏览的。但是，现在介入的商户越来越多，顾客们都反馈逐个查看类目的方式太麻烦，但又而没有办法直接输入关键词来查找商品。确切地说，我们缺一个站内的搜索功能。举个例子，当一个顾客输入关键词'牛奶'，那么与之相关的商品和商铺都要展示出来，包括社区门口售卖鲜奶的铺子、超市里的各式牛奶，甚至是名为'牛奶佳人'的美容店。当然，我们需要将更相关的结果放在更靠前的位置，然后让用户选择他/她所想要的。你看，各大电商网站，搜索功能都放在极其重要的战略位置上。比如某家电商网站的搜索结果页就是如此。左侧有分类选择，上面还有用于导购的筛选项，包括品牌、功效、是否进口等。还有好多排序选项，包括综合、销量、价格等。"

　　"好的，这确实是一个很明显的问题，我也完全明白搜索系统对于公司的价值。这样吧，我们团队立即安排设计和开发。小丽，谢谢你的及时反馈！"

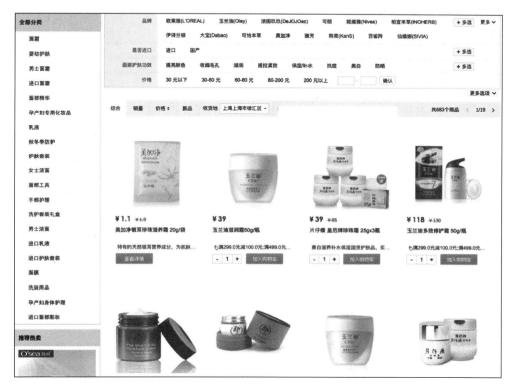

搜索结果示意图

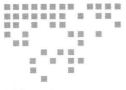

方案设计和技术选型：搜索

送走了小丽，大宝立即找到了小明，策划如何搭建全公司的第一个搜索引擎。大宝提议使用数据库的 SQL 来实现。当然小明有着自己的观点："数据库的 SQL 语句中确实有 like 这种语法可以在一定程度上支持关键词的搜索，不过 SQL 仍有很多局限性。为了更好地理解其原因，我们先来了解一下搜索引擎相关的一些背景知识。"

4.1　搜索引擎的基本概念

我们日常使用的搜索引擎源自现代信息检索系统。学术界对现代信息检索的定义一般是：从大规模非结构化数据的集合中找出满足用户信息需求的资料的过程。

这里的"非结构化"其实是针对经典的数据库而言的。数据库里的记录都有严格的字段定义（Schema），是"结构化"数据的典型代表。例如每道菜都有名字，想要吃鱼时，查询"水煮鱼"就非常高效。相反，"非结构化"没有这种严格的定义，计算机世界存储的大量文本就是一个典型的代表。一篇文章如果没有进行特殊处理，对于其描述的菜叫什么名字、需要准备哪些食材等信息，我们是一无所知的。自然，我们也就无法将其中的内容和已经定义好的数据库字段进行匹配，这也是数据库在处理非结构化数据时非常乏力的原因之一。此时，信息检索的技术可以极大地帮助我们。

非结构化数据的特性是没有严格的数据格式定义，这点决定了信息检索的如下两个核心要素。

❑ 相关性：用户查询和返回结果之间是否有足够的相关性。缺乏了严格的定义，自然语言所表达的含义是相当丰富的，如何让计算机更好地"理解"人类的信息需求是关键。

❑ 及时性：用户输入查询后多久能够获得返回的结果。要解决相关性，就要设计合理的模型，那么模型的复杂度可能会提升，相应的计算量也会变大，因此需要高效率的系统实现。

4.1.1　相关性

相关性是一个永恒的话题。"这篇文章是否和美食相关？"当被问及这个问题时，我们要大致看一下文章的内容，才能做出正确的判断。可是，至今为止计算机还无法真正理解人类的语言，它们该如何判定呢？好在科学家们设计了很多模型，可以帮助计算机处理基于文本的相关性[⊖]。

1. 布尔模型（Boolean Model）

假设我非常喜欢吃川菜中的水煮鱼，其香辣的味道令人难忘。那么，如果我想看一篇介绍川菜文化的文章，最简单的方法莫过于看看其中是否提到关键词"水煮鱼"了。如果有（返回值为真），那么我认为就是相关的；如果没有（返回值为假），那么我就认为其不相关。这就是最基本的布尔模型。如果将本次查询转换为布尔表达式也很简单，就一个条件：

水煮鱼

当然，你会觉得，中华饮食源远流长，川菜经典怎么会只有水煮鱼呢？没错，我还非常喜爱粉蒸排骨，它是小时候逢年过节的必备菜肴。那么，将条件修改一下：

水煮鱼 OR 粉蒸排骨

哈哈，这下，不仅仅是水煮鱼，谈到"粉蒸排骨"的文章也会认定为其与川菜文化相关。如果想看看在上海哪家店可以吃到这些美食呢？再修改下：

（水煮鱼 OR 粉蒸排骨）AND 上海

这里，"上海"是必要条件，而水煮鱼或粉蒸排骨，有一样就可以啦。最后，我们可以看看哪些文章提到了上海的餐馆经营川菜，而且至少提供水煮鱼和粉蒸排骨两味佳肴中的一道。只要理解了布尔表达式，就能理解信息检索中的布尔模型。近些年，除了基本的 AND、OR 和 NOT 操作，布尔模型还有所扩展。其中，最常见的是邻近操作符（Proximity），用于确保关键词出现在一定的范围之内。其假设就是：不同的搜索关键词，如果它们出现的位置越近，那么命中结果的相关性就越高。

总体上来看，布尔模型的优点是简单易懂，系统实现的成本也较低。不过，它的弱点是对相关性刻画不足。相关与否是个模糊的概念，有的文章和查询条件关系密切，非常符合用户的信息需求，而有些则不尽然。仅仅通过"真"和"假"2 个值来表示，过于绝对，也没有办法体现其中的区别。那么，有没有更好的解决方案呢？

2. 基于排序的布尔模型（Ranked Boolean Model）

为了增强布尔模型，需要考虑如何为匹配上的文档来打分。相关性越高的文档其获得的

　⊖　本节提及的相关性，都是基于文本的数据。图像、音像的处理不在本书的讨论范围之内。

分数就越高。第一个最直观的想法就是：每个词在不同文档里的权重是不一样的，可以通过这个来计算得分。这里介绍使用最为普遍的 $tf-idf$ 机制。

假设我们有一个文档集合（Collection），c 表示整个集合，d 表示其中一篇文章，t 表示一个单词。那么这里 tf 表示词频（Term Frequency），就是一个词 t 在文章 d 中（或是文章的某个字段中）出现的次数。一般的假设是，某个词在文章中的 tf 越高，表示该词 t 对于该文档 d 而言越重要。当然，篇幅更长的文档可能拥有更高的 tf 值，我们会在后面 Lucene 的介绍中讨论如何计算可以使得 tf 更合理。

同时，另外一个常用的是 idf，它表示逆文档频率（Inverse Document Frequency）。首先，df 表示文档频率（Document Frequency），即文档集合 c 中出现某个词 t 的文档数量。一般的假设是，某个词 t 在文档集合 c 中，出现在越多的文档中，那么其重要性就越低，反之则越高。刚开始可能会感觉有点困惑，但是仔细想想这并不难理解。好比"的、你、我、他、是"这种词经常会出现文档中，但是并不代表什么具体的含义。再举个例子，在讨论美食的文档集合中，"美食"可能会出现在上万篇文章中，但它并不能使得某篇文档变得特殊。相反，如果只有 3 篇文章讨论到水煮鱼，那么这 3 篇文章和水煮鱼的相关性就远远高于其他文章。"水煮鱼"这个词在文档集合中就应该拥有更高的权重。对此，通常用 df 的反比例指标 idf 来表示其重要性，基本公式如下：

$$idf = \log \frac{N}{df}$$

其中 N 是整个文档集合中文章的数量，log 是为了确保 idf 分值不要远远高于 tf 而埋没 tf 的贡献，默认取 10 为底。所以单词 t 的 df 越低，其 idf 就越高，t 的重要性就越高。那么综合起来，$tf-idf$ 的基本公式表示如下：

$$tf-idf = tf \times idf$$

也就是说，一个单词 t，如果它在文档 d 中的词频 tf 越高，且在整个集合中的 idf 也很高，那么 t 对于 d 而言就越重要。

3. 向量空间模型（Vector Space Model）

排序布尔模型是一种基于加权求和的打分机制，下面将介绍一个比排序布尔模型稍微复杂一点的向量空间模型。此模型的重点，就是将某个文档转换为一个向量。还是以上面的文章为例。

统计其中的单词，假设去重后一共有 50 个不同（Unique）的词，那么该文档的向量就是 50 个纬度，其中每个纬度是其对应单词的 $tf-idf$ 值，看上去就像这样：

（四川 = 1.84，水煮鱼 = 6.30，专辑 = 6.80，……）

当然，在系统实现的时候，不会直接用单词来代来表纬度，而是用单词的 ID。如此一来，一个文档集合就会转换为一组向量，每个向量代表一篇文档。这种表示忽略了单词在文章中出现的顺序，可以大大简化很多模型中的计算复杂度，同时又保证了相当的准确性，我们通常也称这种处理方式为词包（Bag Of Word），这点在第一篇的文本分类和聚类中已经有所提及。同理，用户输入的查询也能转换为一组向量，只是和文档向量相比较，查询向量的维度会非常低。最后，相关性问题就转化为计算查询向量和文档向量之间的相似度了。在实际处理中，最常用的相似性度量方式是余弦距离。因为它正好是一个介于 0 和 1 之间的数，如果向量一致就是 1，如果正交就是 0，这也符合相似度百分比的特性，具体的计算公式如下：

$$\mathrm{Cosine}:Sim(d,q)=\frac{\sum_i(a_i\times b_i)}{\sqrt{\sum_i a_i^2\times\sum_i b_i^2}}=\frac{(a_1\times b_1+a_2\times b_2+\cdots+a_n\times b_n)}{\sqrt{(a_1\times a_1+\cdots+a_n\times a_n)\times(b_1\times b_1+\cdots+b_n\times b_n)}}$$

其图形化解释如图 4-1 所示。

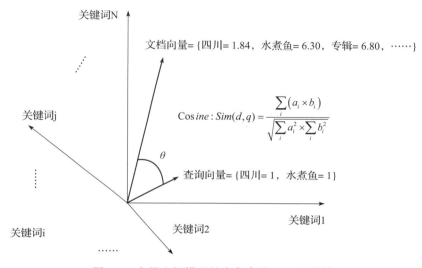

图 4-1　向量空间模型的夹角余弦 Cosine 计算

相对于标准的布尔数学模型，向量空间模型具有如下优点。
- 基于线性代数的简单模型，非常容易理解。
- 词组的权重可以不是二元的，例如采用 $tf-idf$ 这种机制。
- 允许文档和索引之间连续相似程度的计算，以及基于此的排序，不限于布尔模型的"真""假"两值。
- 允许关键词的部分匹配。

当然，基本的向量空间模型也有很多不足之处：例如对于很长的文档，相似度得分不会很理想；没有考虑到单词所代表的语义，还是限于精准匹配；没有考虑词在文档中出现的顺序等。

4.1.2　及时性

经过前面的探讨，我们发现：要解决相关性，就要根据需求设计合理的模型，越是精细的模型，其计算的复杂度往往也就越高。同时，我们又要保证非常高的查询效率。互联网时代，用户就是普通的冲浪者，"爽快"的体验至关重要。因此，搜索引擎的结果处理必须是秒级的，通常不能超过 3 秒。坐在电脑前等待几分钟只是为了知道明天上海的天气情况，这是无法想象的，也是无法接受的。相关性计算的复杂度和速度，看上去就成了一对无法调和的矛盾体，该如何解决呢？

　　这里必须要提到检索引擎最经典的数据结构设计——倒排索引（或者称逆向索引）。先让我们假想一下，你是一个热爱读书的人，当你进入图书馆或书店的时候，会怎样快速发现自己喜爱的图书呢？没错，就是看书架上的标签。如果看到一个架子上标着"烹饪·地方美食"，那么恭喜你，离介绍川菜的书就不远了。倒排索引做的就是贴标签的事情。看看下面的例子（见表 4-1），这是没有经过倒排索引处理的原始数据，当然实际中的文章不会如此之短。

表 4-1　五篇文章样例

文章 ID	内　　容
1	最上瘾的绝味川菜
2	大厨必读系列：经典川菜
3	舌尖上的川菜
4	舌尖上的中国味 在家吃遍八大菜系
5	舌尖上的历史

　　对于每篇文章的内容，我们先进行中文分词，然后将分好的词作为该篇的标签。例如对 ID 为 1 的文章"最上瘾的绝味川菜"进行分词，可分为如下 5 个词 [⊖]：

　　最，上瘾，的，绝味，川菜

　　那么文章 1 就会有 5 个关键词标签，见表 4-2。

表 4-2　文章 1 分词之后的结果

关键词 ID	关键词	文章 ID
1	最	1
2	上瘾	1
3	的	1
4	绝味	1
5	川菜	1

　　再分析 ID 为 2 的文章"大厨必读系列：经典川菜"，它可以分为如下 5 个词：

　　大厨，必读，系列，经典，川菜

　　如果和第 1 次的标签结果合并起来，我们可以得到表 4-3。

　　⊖　可能存在不同的分法，因为中文分词本身也是门学问。

表 4-3　文章 1 和 2 分词之后的结果

关键词 ID	关键词	文章 ID
1	最	1
2	上瘾	1
3	的	1
4	绝味	1
5	川菜	1，2
6	大厨	2
7	必读	2
8	系列	2
9	经典	2

请注意 ID 为 5 的关键词"川菜"，它在文章 1 和 2 中都出现过，所以我们会将其对应的文档 ID 写上"1，2"。

如此逐个分析完所有 5 篇文章之后，我们会得到表 4-4，这就是倒排索引的原型。

表 4-4　五篇文章分词之后所建立的倒排索引

关键词 ID	关键词	文章 ID
1	最	1
2	上瘾	1
3	的	1，3，4，5
4	绝味	1
5	川菜	1，2，3
6	大厨	2
7	必读	2
8	系列	2
9	经典	2
10	舌尖	3，4，5
11	上	3，4，5
12	中国	4
13	味	4
14	在家	4
15	吃遍	4
16	八大	4
17	菜系	4
18	历史	5

这里一共出现了 18 个不重复的单词，我们将这个集合称为文档集合的词典或词汇（Vocabulary）。从上面这个结构可以看出，建立倒排索引的时候，是将文档—关键词的关系转变为关键词—文档集合的关系，同时逐步建立词典。有了这种数据结构，你会发现关键词的

查询就像在图书馆里根据标签找书一样方便快捷，效率得到大大提升。理解了倒排索引的工作机制，你就会明白第 2 章中所讨论的关键词 SEO 为何如此重要。对于布尔模型而言，简单的倒排索引完全可以满足需求。例如，我们查找：

川菜 AND 舌尖

通过查找"川菜"系统会返回文章 ID 1，2，3；通过查找"舌尖"系统会返回文章 ID 3，4，5。再取交集，我们就能找到文章 3 并进行返回。取交集的归并操作在计算机领域已经非常成熟，速度快得惊人。

考虑到布尔模型的邻近（Proximity）操作，或者其他的计算模型，我们还可以在数据结构中加上词的位置，以及 $tf - idf$ 等信息，这里不再深入展开。此处最重要的结论是：我们可以通过倒排索引保持超高的效率。

互联网时代的到来，促使现代搜索引擎得到飞速的发展。目前，搜索引擎是信息检索最成功、最广泛的应用之一。它几乎具有信息检索所有的要素：预处理文本信息、构建倒排索引、匹配查询关键词、计算相关性等。但是，鉴于互联网应用的特殊性，它又有自身的独到之处。在传统的信息检索中，特别是文档搜索，其相关性是至关重要的。可是，在互联网时代的各种应用中，除了相关性，我们还需要考虑其他的因素。例如，对于 Web 的搜索引擎，我们要考虑网页的权威性；对于电子商务而言，商品的热销度和价格等则是顾客非常关心的；对于在线广告而言，广告栏位的可信度也会影响用户的点击。因此，在检索结果的相关性等同（或者基本等同）的前提下，我们还要考虑在应用场景下还会影响到最终转化率的因素。如果读者对于其中的细节很感兴趣，可以参考《大数据架构商业之路》一书的第 5 章。

4.2 搜索引擎的评估

和机器学习的算法类似，信息检索或搜索的效果究竟需要如何进行科学的评估。检索质量最基本的两个评测指标是精度（Precision）[○]和召回率（Recall）。假设一个数据集 D 中，和一个信息需求 i_k 相关的数据集合是 m，在用户输入需求后，某个检索系统返回了结果集合 n，而 o 是集合 m 和 n 的交集，具体如图 4-2 所示。

那么精度 p 的定义为：

$$p = \frac{|o|}{|n|} \qquad p \in [0,1]$$

召回率 r 的定义为：

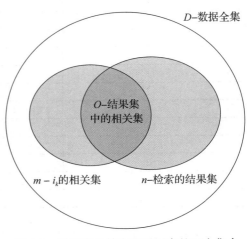

图 4-2 用于定义精度和召回率的三个集合

（图中标注：D–数据全集；O–结果集中的相关集；$m - i_k$ 的相关集；n–检索的结果集）

$$r = \frac{|o|}{|m|} \qquad r \in [0,1]$$

上述的定义是假设用户已经检测了整个返回的结果集合 n。试想一下真实的场景，用户最典型的行为是从头到尾开始阅读，因此随着检阅数据的不断增加，精度和召回率是不断变化的。这里将结合 4.1 节提到的美食案例来进行阐述，表 4-5 展示了拥有 10 篇文章的文档集合。后面标明了每篇文章是否包含"美食"这个关键词，以及是否和美食的主题相关[⊖]，可以看到，总共有 8 篇文章包含关键词"美食"，还有 5 篇文章是和美食主题相关。

"小明哥，这里我能提个问题吗？"

"当然，请讲。"

"如何判断文章和某个主题是否相关呢？每个人也许都会有不同的观点吧。"

"一点也不错，相关性的判定总是带有主观性，这也是离线测试面临的问题。在实际应用中比较像电视里播放的选秀节目，需要专业的人士来做裁判，而且可能需要多个评委来综合评定，避免个别人的主观想法影响了整个测试集合。这里让我们假设表 4-5 中的判断都是准确的吧。"

表 4-5　美食文档集合的示例

文章 ID	标　　题	是否包含关键词"美食"	是否和美食相关
1	最上瘾的绝味川菜	是	是
2	爱心歌手出席现场活动	是	否
3	美丽的摩登都市：上海	否	否
4	苏州园林赏析	否	否
5	舌尖上的历史	是	是
6	中国国家地理	否	否
7	2015 娱乐风向标	否	否
8	在家吃遍八大菜系	是	是
9	新片速递	否	否
10	居家生活好帮手	是	是
11	北京美食地图	是	是
12	二战军事大事件	否	否
13	澳大利亚旅游指南	否	否
14	世界饮食文化	是	是
15	电子竞技发展现状	否	否

当用户搜索"美食"这个关键词时，某系统 A 按如下形式依次返回 8 篇包含"美食"关键词的文章。

⊖　包含 1 个关键词并不代表一定和这个主题相关，在 4.1 节的检索模型中已有所介绍。

文章 ID	标题	是否相关
5	舌尖上的历史	是
10	居家生活好帮手	否
11	北京美食地图	是
14	世界饮食文化	是
2	爱心歌手出席现场活动	否
1	最上瘾的绝味川菜	是
8	在家吃遍八大菜系	是
13	澳大利亚旅游指南	否

　　假设用户从第一个排位开始阅读，直到将 8 个返回的结果全部读完。看到第一位的文章 5，属于相关，那么这个时候的精度是 1/1 = 100%，其中分子 1 和分母 1 都表示文章 5；召回率是 1/5 = 20%，其中分子 1 表示文章 5，分母 5 表示文章 1、5、8、11 和 14。再往下，看到第二位的文章 10，不相关，那么这个时候的精度是 1/2 = 50%，其中分母 2 表示前两位的文章 5 和 10；召回率仍然是 1/5 = 20%。依此类推，看到第三至八位后，精度分别是 66.67%、75%、60%、66.67%、71.43%、62.5%，而召回率分别是 40%、60%、60%、80%、100%、100%。以精度和召回率为 2 个轴线，我们可以画出如图 4-3 所示的曲线图，其中黑色的直线表示趋势线。

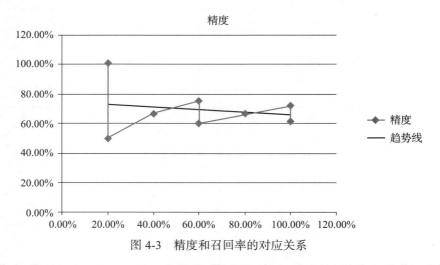

图 4-3　精度和召回率的对应关系

　　从图 4-3 中可以发现：随着返回结果数量的增加，召回率是呈现逐步上升的趋势，而精度虽有波动，但整体上是下降的趋势。召回率和精度大体上是呈现反比关系。这也是实际应用中常见的模式，而且越是检索质量高的系统，这个特征越明显。可见，召回率和精度虽然都很重要，但是鱼和熊掌不可兼得。因此，设计者应该根据实际需求，尽量均衡这两者之间的得失。例如，在识别诈骗案例的时候，一般都是希望稍有嫌疑就拉入审核的名单，因此召回率更重要，较低的精度可以通过人工审核来弥补。而在知识问答系统中，就不见得需要返回很多条的候选，只要保证排在最前面的答案足够精准即可。

精确率和召回率的概念比较简单，计算也很方便，因此广泛应用于信息检索的评估中。在此基础之上，人们又延伸和定义了其他几个常见的衡量指标，即 F 值、前 n 精度、R 精度、平均精度均值、归一化折损累积增益、斯皮尔曼系数等。参考《大数据架构商业之路》一书的 7.1.1 节，你可以获取更多的相关内容。

4.3　为什么不是数据库

"大宝，了解完搜索的背景知识之后，你现在清楚了为什么传统的数据库不一定适合搜索引擎的搭建了吧？"

我现在明白了，普通的数据库很难满足用户多方位的需求，这主要是因为其有如下几个特性。

❑ 精确的匹配方式：数据库擅长的是精准匹配，例如，根据商品的 ID，或者完整的标题来查找。而网站的顾客是无法输入商品的条形码或唯一标识 ID 来查找的，一定是输入某些简短的关键词，例如 "牛奶" "川菜" "美甲" 等。即使某些数据支持模糊匹配，例如 SQL 中的 Like 语法，其处理和匹配的效率也相对较低下，很难满足高并发的网站流量。

❑ 相关性考虑不足：搜索引擎返回结果和用户输入是否相关，是决定其成功与否的关键。试想一下，当客户输入 "牛奶" 之后，返回的都是牛奶味饼干，甚至是牛奶色的衣服，那么用户的体验是多么的糟糕。这也是为什么针对搜索引擎的效果评估中，需要考虑到精准率。普通的数据库是完全不会考虑这些层面的需求的。

❑ 查询的实时性要求不同。如前所述，数据库的查询通常是大规模的批量处理，因此响应速度的要求并不高。对于数据分析员而言，等几分钟甚至更长的时间都是可以接受的。而搜索则不同，使用者不可能等待过久。

❑ 较高的系统耦合度：如果使用数据库做搜索，那么对于数据库的使用一般有两种选择。第一，直接读取主库⊖，第二，读取备库⊖。选择主库的好处是节省存储空间，而且可以获得最新的商品信息。但是风险在于搜索请求的流量很大，可能会对主库造成太大的压力，甚至导致其宕机，那么整个核心系统就会无法注册、登录和交易了，这对公司的业务是致命性的打击，因此并不推荐。这种情况我们称为系统耦合度太高，不利于开发、维护和事故处理。

⊖ 最主要的数据库，新的数据都在这里写入和更新。对于电商等互联网系统而言，主库存储了最为核心的商品、交易和用户数据。

⊖ 备库将会是定期从主库同步数据，因此更新有一定的延迟，但是可以为主库分担压力。

❑ 冗余的系统：当然，如果不使用主库，还可以用备库来做。这样可以在很大程度上缓解主库的压力。但是，备库通常是直接将整个主库全盘复制，这会导致消耗更多的数据存储。但在搜索的时候并非所有的数据表和字段都要使用，因此造成了浪费。如果想要更高效地利用存储资源，还需要更为精细化的主从同步配置，而且也未必能细分到字段级别。

❑ 缺乏高级功能。目前，用户已经习惯在浏览搜索结果的同时，看到各种导购属性和细分品类，以便进行进一步的筛选，直至选中满意的商品。而数据库缺少对这种应用需求的足够支持，完全靠自己重新编写不仅耗费时间，而且效果和性能也都无法得到保证。

❑ 没有很好的辅助模块：对于一个成熟的搜索引擎而言，通常需要多个模块协同工作。例如，中文网站需要一个精准的中文分词处理，将"精致的美甲套餐"整个字符串切分为"精致""的""美甲"和"套餐"等若干中文关键词。数据库一般都没有集成这类模块。"

"嗯，你还考虑到了系统的耦合和冗余，不错的总结！"小明接着说道："不过，这两者并不存在孰优孰劣的问题，还是需要结合实际应用的场景，根据它们各自的特点来选择。正如你刚刚所做的对比，数据库更适合结构化、关系型数据的精确查询，支持频繁地修改和删除之类的写操作，但不一定支持非常实时的查询。而搜索必须经过倒排索引的建立，对实时性强、模糊性强的查询非常有利，但是进行频繁修改和删除的效率就不一定高了，其更适合以读取为主的应用。既然确定了大的技术方向，下面就来看看系统的框架和常规实现。"

4.4 系统框架

在纵览了信息检索和搜索系统的主要特性之后，这里先来总结一下在一般情况下应该如何实现搜索引擎的系统框架。倒排索引使得快速查询成为可能，但是需要额外的预处理工作，例如中文分词、建立并存储索引表等。考虑到所有这些特性，通常搜索系统的框架都是划分为两个重要的步骤：离线的预处理和在线的查询。

4.4.1 离线预处理

这个阶段通常包括数据获取、文本预处理、词典（特征空间）和倒排索引的构建、基本信息统计等。

1. 数据获取

对于常规的 Web 网络搜索，发现并获取外部的网页信息是必不可少的步骤。通常，这个步骤是通过网页爬虫（Crawler/Spider）来实现的。爬虫 Spider 顺着网页中的超链接，从这个网站爬到另外一个网站，然后通过超链接分析连续访问并抓取更多的网页。我们将被抓取的网页称为网页快照。由于互联网中超链接的应用很普遍，理论上，从一定范围的网页出发，就能搜集到绝大多数的网页。需要注意的是，并非所有的搜索应用都需要这一步，例如电子商务的商品数据，就是来自内部业务人员的输入和运营。

2. 文本预处理

常规的文本预处理是指针对中文等语系所进行的分词操作、针对英文的词干（Stemming）和归一化（Normalization）处理，以及所有语言都会碰到的停用词（Stopword）、同义词和扩展词处理。

- 中文分词：中文比较复杂的地方在于分词，这点在第 1 章的实战部分已经有所提及。我们知道，在英文的行文中，单词之间是以空格作为自然分界符的，而中文只是字、句和段能通过明显的分界符来进行简单划界，唯独词没有一个形式上的分界符。中文分词就是将连续的字序列按照一定的规范重新组合成词序列的过程。目前主流的分词模型分为如下 2 大类。
    - 基于字符串匹配，即扫描字符串，如果发现字符串的子串和词相同，就算作匹配。匹配规则通常是"正向最大匹配""逆向最大匹配""长词优先"。这些算法的优点是计算复杂度低，缺点是处理歧义词效果不佳。
    - 基于统计和机器学习，这类分词基于人工标注的词性和统计特征，对中文进行建模。训练阶段则是根据标注好的语料对模型参数进行估计。在分词阶段再通过模型计算各种分词出现的概率，将概率最大的分词结果作为最终结果。常见的序列标注模型有隐马尔科夫模型（HMM）和条件随机场（CRF）。
- 词干和归一化：英文相对中文而言，完全无须考虑分词。不过它有中文所不具的单复数、各种时态，因此它需要考虑词干。词干还原的目标就是为了减少词的变化形式，将派生词转化为基本形式，例如：

    am、are、is、was、were 全部转换为 be

    car、cars、car's、cars' 全部转换为 car

最后，还要考虑大小写转化和多种拼写（例如 color 和 colour）这样的统一化，学术上称之为归一化。

- 停用词：无论何种语言，都会存在对相关性判定意义不大的词，例如在 4.1.1 节介绍的 *idf* 很低的值。有的时候干脆可以指定一个叫停用词的字典，直接将这些词过滤掉，不建入索引中。例如英文中的 a、an、the、that、is、good、bad 等。中文中的"的、个、你、我、他、好、坏"等。如此一来，我们可以压缩索引文件的大小，在不损失甚至是提升相关性的前提下，提高查询的效率。当然，也要注意停用词的使用场景，例如用户观点分析，good 和 bad 这样的形容词反而成为关键。不仅不能过滤，反而还要加大它们的权重。
- 同义词和扩展词：不同的地域或不同的时代，人们对于同种物品的叫法也不相同。例如，在中国北方"番茄"应该叫"西红柿"，而台湾地区则将"菠萝"称为"凤梨"。对于检索系统而言，需要意识到这两个词是等价的。添加同义词就是一个很好的手段。我们可以维护如下一个同义词的词典：

    番茄，西红柿，Tomato

菠萝，凤梨

洋山芋，土豆

泡面，方便面，速食面，快餐面

山芋，红薯

鼠标，滑鼠

……

有了这样的词典，在进行离线处理的时候，系统看到文档中的"番茄"关键词，在索引里就会同时增加"西红柿"这个词。如此一来，即使北方的用户在搜索"西红柿"的时候，查询也能匹配上该文档。

有的时候我们还需要扩展词。如果将 Dove 分别和多芬、德芙简单的等价在一起，那么多芬和德芙也变成了同义词，这样明显是有问题的。那么我们可以采用偏序的扩展关系，当系统看到文档中的"多芬"时添加"Dove"，看到"德芙"时也添加"Dove"。但是看到"Dove"的时候不添加"多芬"或"德芙"。这样搜索"Dove"的时候就能同时查到多芬和德芙品牌的商品，而搜索多芬时不会误出现德芙巧克力。

这时，好奇的大宝头脑里又闪过一个想法："同义词和扩展词，是否一定要在离线进行预处理？可不可以在线查询的时候动态处理？"

小明反问道："你觉得呢？如果可以实现，离线处理和在线处理各有什么优劣？"

3. 特征空间和倒排索引的构建

前面倒排索引部分介绍了将文集转换为关键词－文档的同时，可以构建该文集的词典（Vocabulary）。而在向量空间模型（VSM）中，更是将词典中每个单词作为向量的一个维度。其实，我们大可不必限制每个维度必须为单词。例如电子商务领域中，一个商品的用户购买数据，就不是代表某个单词，而是代表某个用户购买该商品的行为。其数值也不是 $tf-idf$ 这种对词的权重评估，而是一定周期内用户购买的次数。因此可以将单词扩展为特征（Feature），相应的，将字典扩展为特征空间（Feature Space）。特征空间在信息检索和数据挖掘的领域中，都是非常重要的概念。有了特征空间，我们就能利用哈希表（Hash Table）的结构建造倒排索引。哈希的键值是特征 ID，其后的链表存储了相应的数据。例如，对于粉蒸排骨这个商品，用户购买特征的 ID 为 1000，对应的链表中有 30 个用户节点，每个节点的 ID 都是用户 ID，而数值是一年内该用户购买此粉蒸排骨的次数。如果我们再进一步扩展一下，其实搜索的内容也不再限于文档，而是任何一个可以用特征表示的数据对象，例如一名顾客，他／她可以用上网购物站点、次数、金额等来表示。这点在第 10 章推荐系统实战中也有所体现。

4. 应用相关的统计和排序

不同领域的搜索应用，需要考虑更多的因素。绝大部分的相关统计，都需要进行离线的收集、计算和存储。还有基于学习的排序，训练部分也是典型的离线处理模块。

4.4.2　在线查询

其实，在完成数据的离线处理之后，在线查询是相对简单和直观的。查询一般都会使用和离线模块一样的预处理，特征空间也是沿用离线处理的结果。当然，也可能会出现离线处理中未曾出现过的新特征，一般会忽略或给予非常小的权重，就像我们在第 1 章中修正 R 的朴素贝叶斯分类器那样。在此基础上，系统根据用户输入的查询条件，在索引库中快速地检索出数据对象，并给出相关度评价。例如：最简单的布尔模型只需要计算若干匹配条件的交集；向量空间模型（VSM）只需要计算查询向量和待查向量的余弦夹角，等等。综合上述的介绍，可以得到如图 4-4 所示的概览图。更多细节请参考《大数据架构商业之路》一书 5.5.1节至 5.5.3 节所介绍的内容。

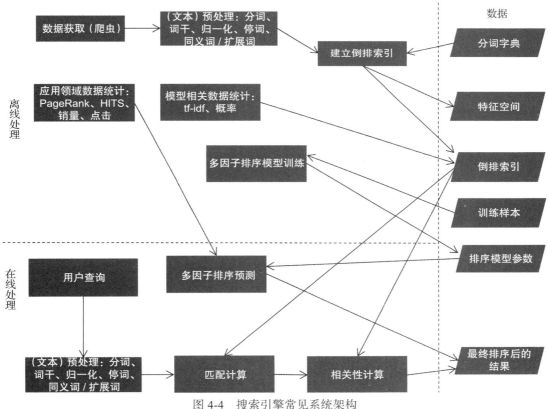

图 4-4　搜索引擎常见系统架构

由于搜索引擎在大数据领域有着非常广泛的应用，不少开源（Open Source）的项目都对其提供了良好的实现。这些项目都有清晰的文档说明，而且更为重要的是，其良好的开放性，为我们进行进一步的自定义扩展提供了广阔的舞台。目前非常流行的 3 个项目有Lucene、Solr 和 Elasticsearch。Lucene（http://lucene.apache.org/）是 Java 家族中最为出名的一个开源搜索引擎，在 Java 世界中已经是标准的全文检索程序，它提供了完整的索引引擎和查询引擎。Solr（http://lucene.apache.org/solr/）是一个使用 Java 开发的、独立的企业级搜索应用服务器，它对 Lucene 进行了良好的封装，提供了更加丰富的功能和接口，对于企业级应用而言其是一种更为成熟的解决方案。Elasticsearch（http://www.elasticsearch.org/）和 Solr 类似，同样是一个采用 Java 语言、基于 Lucene 构造的开源分布式搜索引擎。其设计的目的是能够达到实时搜索，稳定可靠。下面就来快速地介绍一下这 3 个开源系统。

4.5 常见的搜索引擎实现

4.5.1 Lucene 简介

Lucene（http://lucene.apache.org）是一个开放源代码的全文检索引擎工具包，是近几年非常受欢迎的免费 Java 信息检索程序库。它最初是由 Doug Cutting 编写的，并于 2000 年 3 月在 SourceForge 上开源并提供下载。2000 年 10 月份发布 1.0 版本，2001 年 7 月发布了最后一个 SourceForge 版本 1.01b。2001 年 9 月份 Lucene 作为高质量的 Java 开源软件产品加入 Apache 软件基金会的 Jakarta 家族，2005 年升级成为 Apache 顶级项目。Lucene 本身并不是一个完整的全文检索引擎，但是其提供了完整的索引引擎、查询引擎和部分文本分析引擎（英文等西方语言）。其目的是为软件开发人员提供一个简单易用的工具包，以便于在目标系统中实现全文检索的功能，或者是以此为基础建立起完整的全文检索引擎。

1. 字段和文档

首先，让我们先来认识下 Lucene 里面的两个重要的概念：字段（Field）和文档（Document）。这里的"字段"和数据库里的概念非常类似，它包含了需要被搜索到的内容。例如文章的标题就是一个字段。Lucene 处理每个字段的方式也可以不同，有不同的选项供选择，最基本的包括如何索引、是否存储、词条向量（TermVector）等。

其常见的索引选项（这里的索引是特指倒排索引）具体如下。

❑ Index.ANALYZED：将字段值分解成为独立的单词流，并记入倒排索引，使得每个单词都能被搜索到。这是最常规的选择，最典型的应用就是中文分词和英文抽取词干，适合应用于如标题、正文等这样的普通文本。

❑ Index.NOT_ANALYZED：不做任何分词、抽取词干和过滤停用词等操作，直接将字段值记入索引。适合应用于如电话号码、文件路径、网页 URL 等这样的"精确匹配"。这些信息如果采用 Index.ANALYZED，则可能会导致错误的查询命中。

❑ Index.NO：字段值不记入索引，也无法搜索到。你可能会觉得奇怪，既然无法搜索，为什么还需要这个字段呢？这是因为，在特定场合下我们虽然不希望某个字段被查询到，但是还是希望其信息能被展示出来。例如：商品图片在服务器上的存放地址。对于这个地址普通的顾客当然是无法知道，也是不需要知道的，所以无须作为搜索条件，自然也不用记入倒排索引。但是，当该商品被查询出来，并需要展示给顾客时，其图片信息还是必不可少的，因此有必要存储在正向索引里。下面就来解释字段存储有哪些选择。

常见的存储选项具体如下。

❑ Store.YES ：将字段值进行存储。原始的值将全部存储在正向索引中，上述的商品图片就是一个很适合的应用场景。需要注意的是，相对上述的索引选型，这种操作会消耗较大的存储空间。在实践中我们并不鼓励将不必要的信息全都存储在 Lucene 的索引中。这样不仅会浪费存储资源，也会使得在线查询变得缓慢。

❑ Store.NO ：不存储字段值。如果一个字段既不倒排索引、也不正向存储，那么它就完全失去了意义。因此，如果选择了 Store.NO，那就必须要和 Index.ANALYZED 或Index.NOT_ANALYZED 共同使用。这样的好处在于既可以满足查询的需求，又可以节约硬件资源。

现在的搜索引擎，都可以返回和查询相关的原文片段，并将匹配的关键词用不同的背景色高亮显示，如图 4-5 所示。Lucene 同样可以实现这个功能，只是需要存储更多的信息。词条向量就是为了达到这个目的，而采用的一种中间数据结构。如果需要用到高亮功能，就需要打开 WITH_POSITIONS_OFFSETS。

图 4-5　搜索引擎中的关键词高亮显示

表 4-6 是常用的选项组合及其应用场景。

表 4-6　选项组合及其对应的场景

索　引	存　储	词条向量	应用场景
ANALYZED	YES	WITH_POSITIONS_OFFSETS	文档的标题和摘要
ANALYZED	NO	WITH_POSITIONS_OFFSETS	文档的正文
NO	YES	NO	文档配图的链接
NOT_ANALYZED	YES	NO	文档的作者和 ID

另外，在 Lucene 中，某个字段也可以包含多个值。比如，一篇文章可能有多位作者，你完全没有必要为了 5 个作者而定义 5 个不同的字段。相反，你只需要往同一个字段中添加多个值，而且查询时这些值返回的顺序也将保持它们在索引添加时的顺序，一切就这么简单。

"那么小明哥，多值字段为什么不合并在一起成为一个值？感觉多值字段的用处不明显啊"

"大宝，你仔细想想，这里多个字段若合并在一起了，和多值字段相比有没有查询效果、存储及性能上的区别呢？"

介绍完字段，再来看下文档（Document）。文档是 Lucene 索引和查询的最基本单位，它包含了一个或多个字段。例如一篇文章可以包括 4 个字段：标题、正文、作者和日期。之所以使用"文档"这个名词，主要是因为 Lucene 处理的对象一开始都是文档集合。值得一提的是，随着搜索引擎的应用越来越广泛，被索引和搜索的主体便不再局限于文档了。只要是能通过文本字符和数字表示的数据，都可以成为 Lucene 处理的对象。举个例子，我们可以将网站的用户作为一个文档，而将用户名、年龄、性别、职业、兴趣爱好、发表的评论作为 6 个字段。这样，Lucene 就能帮助我们轻松地实现对用户及其相关信息的搜索。在后面提及的 Solr 和 Elasticsearch 中，文档同样是宽泛的概念。

2. 相关性和倒排索引

在了解完 Lucene 中字段和文档的概念之后，我们来看看 Lucene 是如何实现相关性和倒排索引这两个核心要素的。首先是相关性衡量，Lucene 默认的相关性得分计算大体上是通过向量空间模型（VSM）来实现的，又融合了一些启发式的规则，具体公式如下：

$$\sum_{t \text{ in } q} \left(tf(t \text{ in } d) \times idf(t)^2 \times boost(t.field \text{ in } d) \times lengthNorm(t.field \text{ in } d) \right) \times coord(q,d) \times queryNorm(q)$$

表 4-7 中的内容是公式各部分所表示的含义。

表 4-7 公式各部分所表示的含义

$tf(t \text{ in } d)$	单词 t 的词频，即 t 在文档 d 中出现的频率
$idf(t)$	单词 t 在文档集合中的逆文档频率，用来衡量 t 在整个集合中的"唯一"性
$boost(t.field \text{ in } d)$	字段和文档的加权。在离线的索引阶段，可以针对某个字段和文档进行加权
$lengthNorm(t.field \text{ in } d)$	字段归一化的值。如果字段越短，那么该值就越大，获得的加权也越大
$coord(q, d)$	协调因子，命中的查询条件越多，该值就越大，获得加权也越大
$queryNorm(q)$	查询归一化的值。区别不同查询条件的权重

其中 tf 和 idf 的机制，在 4.1.1 节介绍相关性模型时有过介绍。Boost 实现了不同字段加权的功能。除了这些基本的要素之外，Lucene 还引入了如下几个关键值。

- ❑ 字段归一化（lengthNorm）。因为 Lucene 允许针对不同的字段进行查询，那么在标题里命中"水煮鱼"和在长篇大论里命中"水煮鱼"的效果肯定是不一样的。在 Lucene 里会设定字段长度越短，相关性越高。因此，如果有文档在标题里命中关键词，那么它的搜索排名肯定是高于其他在正文里命中关键词的文章。

❑ 协调因子（coord）。对于有多个查询关键词（或条件）的搜索，Lucene 会假设命中的关键词越多，相关性越高。例如，搜索"上海 水煮鱼 餐厅"，文档"上海有哪些餐厅的水煮鱼味道很棒"会匹配上全部 3 个关键词，而"川味水煮鱼的由来"只匹配上 1 个关键词。这样前一篇的排名应该更高。

❑ 查询归一化（queryNorm）。Lucene 假设包含多个条件的查询中，每个条件的权重都可以不一样。例如，搜索"上海 水煮鱼 餐厅"时，我们设定"水煮鱼"是重要性最高的条件。那么"川味水煮鱼的由来"的排名可能会比"上海有哪些餐厅味道很棒"的更高。

从 4.0 版本开始，Lucene 就将排序相关的算法与向量空间模型解耦，提供了其他模型的基本实现，包括最佳匹配 Okapi BM 25、随机分歧（Divergence from Randomness）、语言模型和基于信息量的模型等。当然，最重要的一点是：不要忘记 Lucene 是开源的哦。这就意味着我们可以根据需要自行修改这些计算逻辑，甚至是完全实现一套新的模型。

除了相关性，另一个核心要素就是倒排索引。下面来看下 Lucene 有哪些重要模块涉及倒排索引的构建和查询。

首先来看离线部分。

❑ 分析器（Analyzer）：如果一个字段设置了 ANALYZED，那么其值在被索引之前，都会经过分析器的处理。它负责从文本中提取单词，增加同义 / 扩展词，过滤掉停用词等无用信息。还有一些基于特定语言的操作也会在此完成。例如英文的词干抽取、归一化，中文的分词等。Lucene 对拉丁语系的支持较好，自带不少分析器而且默认功能较为齐全，但是对中文分词的支持较弱。幸运的是，Lucene 有良好的开放性，建议和第 1 章类似，考虑集成 IKAnalyzer、ANSJ 这样的开源分词包。需要说明的是，分析器不仅仅能在离线部分使用，在线搜索时，查询的分析也需要它。通常，我们需要保持离线索引和在线查询的分析器一致，以免出现无法匹配的尴尬。

❑ 索引器（IndexWriter）：这是倒排索引过程中的核心组件，负责创建新索引或打开已有的索引，以及向索引中添加、删除或更新文档。这个过程也会根据字段的选项设定来决定每个字段值是否被索引、是否被存储等。

接着来看看在线部分。

❑ 查询解析器（QueryParser）：如 4.1.1 节所述，布尔表达式是构建查询语句的基础。可是，随着应用需求的日益复杂，写一个超长的表达式对于普通人而言实在是太痛苦了。Lucene 的查询解析器给使用者们带来了福音，它允许用户使用形式更为自由的查询语言。看看这个例子吧——"上海 AND 餐厅 AND 酸菜鱼 AND（粉蒸排骨 OR 干锅牛蛙 OR 手撕包菜）"。对于查询解析器而言，"+ 上海 + 餐厅 + 酸菜鱼 +（粉蒸排骨 干锅牛蛙 手撕包菜）"，这种简单的表述就能接受，它会自动替你转换为最终的表达式。当然，查询解析器的功能非常强大，还可以支持指定字段的查询、动态增强得分、模糊匹配等。

❑ 搜索器（IndexSearcher）：搜索器将以只读的方式，打开由索引器构建的索引，并进行查询，计算相关性得分。通常情况下只需要一个搜索器的实例就能满足所有的搜索请求。只在索引有所更新时，才需要重新打开新的搜索器实例。

3. 扩展功能

Lucene 之所以如此流行，是因为了除了上述搜索引擎的基本要素之外，它还具有不少扩展的功能。下面列举几个主要的扩展功能。

（1）多样化查询

❑ 范围查询：除了文本，Lucene 还可以针对数字和日期设置索引，并且针对它们提供的范围进行查询。例如查询阅读量超过 1 万的博客文章，或者是查询价格在 100 元到 1000 元之间，并且 3 天之内就要下架的商品，诸如此类。

❑ 词组查询：还记得布尔模型里的邻近操作（Proximity）吗？词组查询是一种实现方式，而且我们可以设置邻近的单词间距。

❑ 前缀查询：使用指定开头的字符串作为搜索条件，然后查询匹配的文档。

❑ 通配查询：使用包含通配符的字符串作为搜索条件。Lucene 常用的通配符有："*"代表 0 个或多个字母，"?"代表 0 个或 1 个字母。例如，搜索"酸*"，酸菜、酸豆角、酸不溜秋都会匹配上。

❑ 模糊查询：根据字符串的编辑距离（Edit Distance），支持单词部分匹配的查询。

（2）过滤查询

过滤查询是 Lucene 用于缩小搜索空间的机制。和普通查询有所不同，过滤查询不会计算相关性得分。也正是因为如此，其计算速度要快于普通查询。所以，它适用于无须考虑相关性的场景。例如，我们要查找性别为男性、年龄在 25 岁和 50 岁之间、家有子女的用户。这里只需要考虑"满足"或"不满足"三个过滤条件即可。

（3）高亮显示

Lucene 提供的高亮模块能够拆分和高亮显示查询的关键词。它主要包括两个功能：首先是从匹配搜索查询的大量文本中选取一小部分句子，也就是我们通常所说的片段（Snippet）；然后是从文本上下文中提取特殊的单词，用特殊的彩色背景来标识它们。这样，用户很快就可以将注意力集中到这些要点上，提高了阅读效率，也增强了搜索的用户体验。如前所述，为了使用该功能，需要字段开启词条向量。

（4）空间搜索

在过去的几年中，Web 搜索从找寻基本的网页转为找寻某些垂直领域的特定结果。其中很热门的一项就是地域的查询，例如查询离我们最近的餐厅、影院和理发店等。Lucene 的扩展包已经可以支持这个需求，使得用户可以通过提交基于地域的信息来对数据对象进行搜索。空间搜索面临的最大挑战就是，对于每次查询而言，用户的起点都会有所不同。因此必须在索引和查询期间使用空间逻辑来进行动态处理。Lucene 在这些方面做了不少性能上的调优。

进入 2016 年，Lucene 的最新版本已经更新到 6.3，主要在易用性、维护操作、分布式集群等方面进行了改进，并且进行了架构解耦，让索引结构可定制化和透明化，并向搜索框架方向发展。总体而言，Lucene 是相当不错的搜索引擎核心库。不过对于成熟的商业应用而言，其功能比较有限。有许多著名的开源项目是基于 Lucene 的实现，它们新增了更为丰富的搜索引擎功能，例如聚合（Grouping or Aggregation）、切面（Facet，Lucene 4.0 之后也开始提供此项功能）、索引复制（Replication）和分片（Sharding）等。Solr、Elasticsearch、Hibernate Search、LinkedIn 的 Zoie 都是其中成功的案例。下面来介绍近几年比较流行的 Solr 和 Elasticsearch。

4.5.2　Solr 简介

Solr（http://lucene.apache.org/solr/）是一个高性能、基于 Lucene 的全文搜索服务器。它提供了比 Lucene 更为丰富的查询语言，实现了文档集合可配置，架构可扩展的功能，并对查询性能进行了优化，提供了一个完善的功能管理界面，是一款非常优秀的全文搜索引擎。从 Solr 4.0 开始，其版本和它所集成的 Lucene 版本是绑定的，目前 Solr 的最新版本也是 6.3。Solr 继承了 Lucene 的很多要素，包括文档和字段的概念、相关性模型、各种模式的查询等。这里主要说下 Solr 的增强部分。

1. 基础功能

首先，增加了 RESTFUL（Representational State Transfer）接口。RESTFUL 是软件架构的一种风格，提供了一组设计原则和约束条件，用于客户端和服务器交互类的软件。基于这种风格设计的软件可以更简洁，更有层次，更易于实现缓存等机制。例如下面的递进式链接就非常容易理解：

```
Get http://localhost:8983/solr/collection1/select/        在集合 1 中查询
Get http://localhost:8983/solr/collection1/update/        在集合 1 中更新
Get http://localhost:8983/solr/collection1/replication/   复制集合 1 中的索引数据
```

其次，通过配置文件，方便快捷地设置搜索引擎。Lucene 虽然提供了索引和查询的功能，但是几乎都是需要进行编码才能完成，对专业知识的要求过高。你有没有设想过通过编辑文本就能达到类似的效果呢？ Solr 提供了这种可能。下面是其中最基础的 3 个文件。

❑ schema.xml：用于定义某种文档类型的所有字段，及其类型、分析方式、存储选型等，包括后面提及的动态字段和复制字段。下面是一段示例：

```
<field name="id" type="string" indexed="true" stored="true" required="true" />
<field name="title" type="chinese_ik" indexed="true" stored="true" />
<field name="picture" type="string" indexed="false" stored="true" />
<field name="price" type="float" indexed="true" stored="true" />
<field name="type" type="int" indexed="true" stored="false" />
```

上面 chinese_ik 是根据开源中文分词包 IKAnalyzer 自定义的分析器。schema.xml 里还可以定义各种语言的分析器和自定义的相似度⊖。Solr 会自动将这些转换为 Lucene 里对应的程序代码。值得注意的是，从 Solr 5.0 的版本开始，schema.xml 被 managed-schema 所替代，在稍后的实战部分会详细介绍。

- ❑ solrconfig.xml：定义索引和查询里的常用参数，以及各种自定义的 RESTFUL 风格接口。例如索引阶段如何提交更新、数据写入哪些目录；查询阶段搜索哪些字段、缓存设置成多大、默认的布尔操作符等。
- ❑ solr.xml：定义管理、日志、分片和 SolrCloud 的分布式集群。solr.xml 和 solrconfig.xml 的很多设置都已经超出了 Lucene 的能力范围，都是针对 Solr 增强功能的设置。

第三个增强的功能是支持动态字段（Dynamic Field）和复制字段（Copy Field）。

动态字段是指在 Solr 的 schema 中没有固定名称的字段，它的名称是由若干通配符来表示的。在索引文档时，一个字段如果在 schema 的常规字段中没有定义，那么它将和动态字段进行匹配。如果匹配成功，那么这个字段将使用该动态字段的定义。动态字段可以让系统更灵活，通用性更强。例如，如果将下一个动态字段设定为：

```
<dynamicField name= "*_name" type= "string" indexed= "true" store= "true" />
```

那么我们可以在索引时生成很多 Chinese_name、English_name、Russian_name 这样的字段，而且它们都统一采用的是 type = "string" indexed = "true" store = "true" 的设定。

Solr 的字段复制机制，可以将多个不同类型的字段集中到一个字段。复制主要涉及两个概念，source 和 destination，一个是要复制的字段，另一个是要复制到哪个字段。比如：

```
<dynamicField name= "*_name" type= "string" indexed= "true" store= "true" />
<field name= "names" type= "string" indexed= "true" store= "false" />
<copyField source="*_name" dest="names" />
```

注意斜体加粗的部分，这会将各种语言的名字，统统复制到 names 这个字段中。

第四个增强的功能为多租户（Multi-tenancy）。基本概念是在同一个 Solr 服务实例上，实现同时可运行多个索引的建立和查询操作。Solr 是利用不同的文档集合（Collection）来实现的，配置里称之为核心（Core）。一个核心代表一个独立的文档集合，这些独立的文档集合都有自己独立的 schema.xml 和 solrconfig.xml 配置。因为这些核心在同一个 Solr 实例中，硬件资源是共享的。在单节点的 solr 上，一个核心等于一个文档集合。在 SolrCloud 上，一个文档集合是由分布在不同节点的核心组成的，但是一个文档集合仍然是一个逻辑索引，它由不同的核心所包含的不同分片（shards）⊜组成的。换言之，一个核心包含一个物理索引，而一个文档集合则是由分布在不同节点上的核心组合而成的，从而提供一个逻辑索引。

第五是增加了 DIH（Data Import Handler）模块。这是 Solr 的一项特色，DIH 扩展可以将多种外在的数据源直接导入到 Solr 然后进行索引。只要是提供了 JDBC（Java DataBase

---

⊖ 这里的相似度就是用于相关性打分，原因是 Lucene 4.0 之前默认采用 VSM 的相似度作为相关性衡量，使得这一叫法沿用至今。

⊜ 分布式中的分片概念将在稍后介绍。

Connectivity）的数据，都可以和 DIH 配合工作，例如 Oracle、MySQL、微软的 SQL Server 等。你只需要提供数据库连接的参数，还有 SQL 语句，DIH 就能自动查询数据库，然后将结果集合转为 Solr 中的文档来索引。

最后，Solr 相对于 Lucene 和 Elasticsearch 而言，最强大的地方在于其可视化的界面，用它可以管理和监控整个集群的运行状况。图 4-6 是管理界面的主页示意图。从中你可以查看整体概况、日志报错、SolrCloud 集群状态、管理多租户（多核心）、缓存配置等。这些对于初学者而言，非常人性化和直观，使得 Solr 上手的门槛更低。

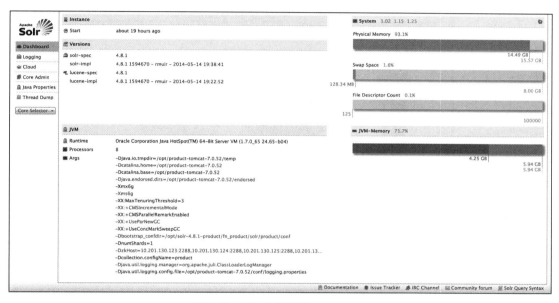

图 4-6　Solr 主界面的 Dashboard

当然，这些还不是全部。除了上述的要点之外，Solr 还有几大重点功能在实际应用会经常采用，下面分别详细介绍：切面（Facet）、聚合（Grouping），以及分布式架构。

2. 切面和聚合

将 Solr 和传统的数据库，以及 NoSQL 数据存储进行比较时，你会发现切面是 Solr 中一个强大的功能⊖。让我们先来看一个生活中的例子。从图 4-7 可以看出，当你在一个购物网站上搜索"男士"时，你希望看到更多的选项来过滤结果。左侧方框标出的更多细分男士用品的分类，包括面部护肤品、服装配饰品、男士服装等。而右上侧的方框标出的则是更多细分的导购属性，例如品牌、尺码、价格等。然后你就能选择分类，或者是选择属性，进一步缩小商品的范围了。例如选择"剃须刀"，返回的商品就会发生变化，而且相应的导购属性也会随之发生变化，如图 4-8 所示。这些都是切面产生的神奇功效。切面的搜索，你可以理解

⊖　Lucene 在版本 4.0 之后也开始支持切面功能。

为"多个方面的浏览"，它允许用户在搜索集合上，看到一个高层次的过滤条件和相应的统计，然后用户可以选择过滤条件，进一步缩小搜索的范围。

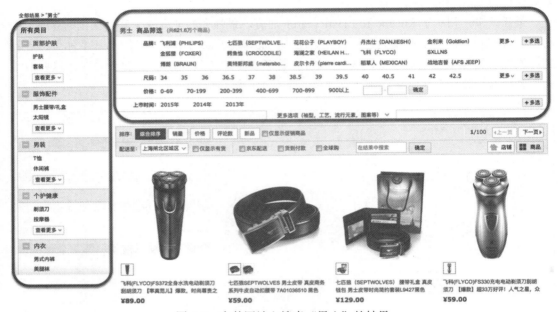

图 4-7　在某网站上搜索"男士"的结果

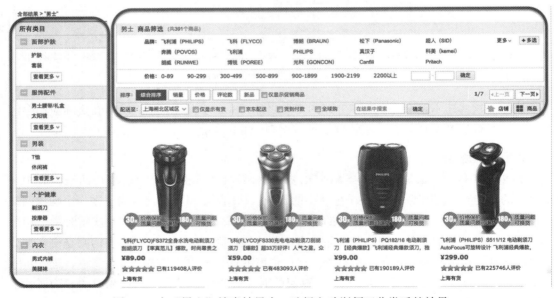

图 4-8　在"男士"搜索结果中，选择电动剃须刀分类后的效果

结果的聚合（Grouping）是 Solr 中另一个很有价值的功能，它可以保证为用户的查询返

回最佳的结果组合。其逻辑是根据一个值[⊖]将结果进行分组。图 4-9 就展示了一个非常经典的
应用场景。

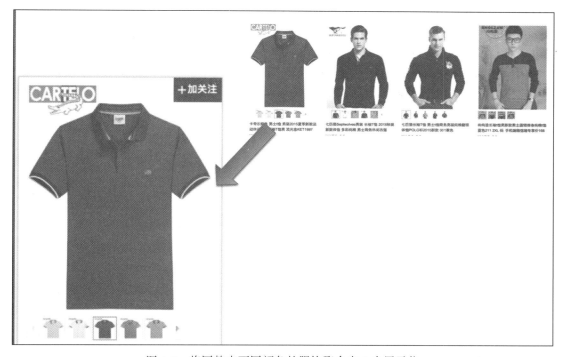

图 4-9　将同款中不同颜色的服饰聚合在 1 个展示位

　　我们在电商网站挑选服饰类商品时，常常可以在列表页就能预览到不同的颜色。实际
上，同一款服装，其在后台索引数据中是通过多个文档来表示的。例如图 4-10 中的 T 恤衫，
一共有 5 种颜色，5 个库存量，那么文档对象也是 5 个。如果直接搜索返回，就会发现同一
件衣服占据了 5 个展示位，不仅浪费了黄金般的展示机会，也让顾客挑选无从下手，用户体
验很糟糕。这个时候，按照唯一的款式码字段做一次聚合，就能将不同颜色的同样一款服装
归并到同一个组中，前端展示就非常容易了。大致的聚合结果类似于：

```
"男装" - 100 件
    "男装 A" - 11 件
        "酒红色" - 4 件
        "海蓝色" - 4 件
        "亮白色" - 3 件
    "男装 B" -20 件
    ...
```

　　目前 Solr 还不支持多层级的聚合，大的聚合中无法再次进行小的聚合。另外需要注意的

　⊖　通常是某个字段值，也可以是复合的查询条件。

一点是，聚合和去重功能有所不同。聚合会保留同一组的结果集合（通常也不是完全相同），而去重则会将完全一样的重复数据去除，不再返回冗余文档，保证唯一性。当然，你也可以通过自定义将聚合用于去重。

读者可能已经发现，切面和聚合是非常类似的。切面的查询结果主要是分组信息：有什么分组，每个分组包括多少个文档；但是分组中包含哪些具体的数据是不可知道的，只有进一步搜索。这也保证了切面查询速度是相当快的，对性能的消耗也很小。聚合则类似于关系数据库中的 group by，可以用于一个或几个字段的去重，或者显示一个分组的若干条记录等。不过这也导致聚合操作相当耗费性能，因此要结合业务场景来选择，慎重使用。

3. 分布式架构

Solr 的命名来自 Search On Lucene w/Replication，可见其非常注重系统的容错性和扩展性，这也是 Lucene 所不具备的。因此，我们一定要阐述清楚 Solr 分布式架构的理念。先来看看分布式系统里最基本的两个概念：分片和副本。

❑ 分片（Sharding）：当拥有大量的文档时，由于内存和硬盘处理能力的限制，单台机器可能无法快速地响应客户端的请求。在这种情况下，数据可以切分为较小的部分，称之分片。在 Solr 系统中，每个分片都是可以独立运作的 Lucene 索引。每个分片可以放在不同的服务器上，并且可以在集群中传播。当需要查询的索引分布在多个不同的分片上时，分布式系统会将查询分发给每个相关的分片，并将结果合并在一起。这些对上层应用方而言都是透明的，它们并不知道底层发生了什么。

❑ 副本（Replication）：为了提高吞吐量或实现高可用性，可以使用副本。副本是一个数据集的精确复制，通常和分片结合使用。因此，每个分片都可以有多个副本，万一有机器出现故障，上面的若干分片无法提供服务时，集群会主动查找其他正常机器上该分片的副本。

在利用分片和副本的概念搭建的分布式环境下，索引和查询的过程会有所变化。索引阶段增加了一个更新传播的过程。当给集群发送一个新的文档时，接收到变化的机器 A 就会知道该文档应该放入哪个分片，而且该分片还分散在哪些其他的机器上。这样更新的文档就可以分发到合适的机器上（也可能包括 A 自己），从而对分片进行更新。图 4-10 是该过程的示意图。

在查询阶段，Solr 增加了一个结果合并的过程。收到查询请求的机器 A，会将查询转发给保存了指定索引分片的所有其他机器，要求它们（也可能包括 A 自己）进行查询并返回相应的结果。收到所有返回之后，机器 A 将对它们进行合并，包括去重、排序等，然后将最终的结果返回给客户。图 4-11 是该过程的示意图。

可能有读者会说，分布式环境导致索引和查询都变得更复杂了。确实如此，不过，好在 Solr 这样的分布式系统都替你实现好了，对应用开发者而言，这些都是透明不可见的，大家通常不用关心其中的细节。

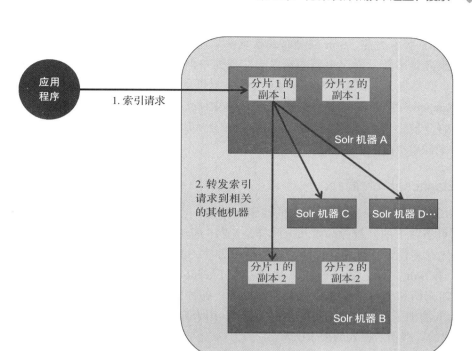

图 4-10　分布式环境中分发索引的更新请求

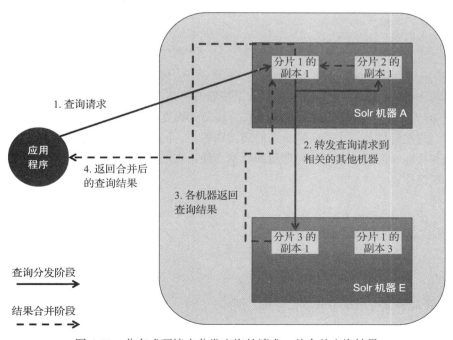

图 4-11　分布式环境中分发查询的请求，并合并查询结果

在 Solr 4.0 版本之前，Solr 的分布式系统都是通过 Master-Slave 架构来实现的，由专门的 Master 服务器来转发索引更新的请求，实现简单但是存在单点故障，万一 Master 宕机，那么整个集群都将无法更新。Solr 从 4.0 开始，提供了一个新的分布式架构——SolrCloud，利用 ZooKeeper 来管理机器中的机器节点。ZooKeeper 会替集群选出一位 leader 角色进行更新请求的分发。当 leader 宕机后，ZooKeeper 会从剩余还存活的机器中再次自动选举出 leader，以消除单点故障的隐患。

4.5.3 Elasticsearch 简介

Elasticsearch 是一个基于 Lucene 的搜索服务器，也是采用 Java 开发的，它的源码作为 Apache 许可条款下的开放源码发布，同样是流行的企业搜索引擎之一。设计目标是达到实时搜索，优点是稳定、可靠、快速，安装使用方便，截至本章写作之时，其最新版已经更新到 5.1。和 Solr 一样，Elasticsearch 也是基于 Lucene 的架构，因此很多要素都是一脉相承的，例如文档和字段的概念、相关性的模型、各种模式的查询等。相对于 Lucene 而言，Elasticsearch 增加了更多 RESTFUL 风格的接口，用 JSON 格式传输数据，支持动态映射，是一个分布式的、多租户模式的搜索引擎。

❑ RESTFUL（Representational State Transfer）接口：与 Solr 类似，Elasticsearch 允许用户通过 RESTFUL 风格的链接对其搜索引擎进行操作。例如下面的递进式链接就非常容易理解。

```
Get http://localhost:9200/                        获取 Elasticsearch 的基本信息
Get http://localhost:9200/_clouster/state/nodes/  获取集群中节点的信息
Get http://localhost:9200/_cluster/nodes/_shutdown 向集群中的所有节点发送"关闭"的命令
```

❑ JSON（JavaScript Object Notation）格式：不像 Solr 那样支持较多的格式，Elasticsearch 基本上是以 JSON 为数据传输的格式，其他格式则需要额外插件的支持。JSON 是一种轻量级的数据交换格式，其完全独立于具体的计算机语言，能够跨平使用。这些特性使得 JSON 易于人们阅读和编写，同时也易于机器进行高速的解析、生成和传输，因此 JSON 成为理想的数据交换语言。例如，一篇关于美食的文章就可以长成这样：

```
{
    "id" : "10012",
    "title" : "论八大菜系之川菜",
    "authors" : ["张三", "李四", "王五"],
    "date" : "2015.08.20"
}
```

JSON 还能够支持层次型的数据结构，例如：

```
{
    "id" : "10012",
```

```
        "title" : "论八大菜系之川菜",
        "authors" : [
            {
                "name" : "张三",
                "gender" : "女",
                "age" : "36"
            },
            {
                "name" : "李四",
                "gender" : "男",
                "age" : "35"
            },
            {
                "name" : "王五",
                "gender" : "男",
                "age" : "28"
            }

        ],
        "date" : "2015.08.20"
}
```

相应地，Elasticsearch 也提供了对多层次嵌套型数据索引的支持，这是基础 Lucene 所不具备的。

❑ 映射（Mapping）：类似于 Solr 的 schema，用来定义不同字段的基础类型、索引分析、存储选项及其他相关设定。值得一提的是，Elasticsearch 支持动态的匹配，也就是说映射无须事先确定，而是让系统根据实际输入的文档直接进行判定，以确定每个字段的类型。当然，自动判断不可能每次都完全符合用户的预期，最稳妥的方式还是事先定义。

❑ 分布式（Distributed）：类似 Solr，也有分片（Sharding）和副本（Replication）的概念，分布式索引和查询的原理也基本相同。一个细节是，Elasticsearch 的副本是不包含主分片的。如果有 1 个副本，那么其实际上有 2 个分片可以提供搜索，1 个主分片加上 1 个副本。如果有 3 个副本，那么其实际上有 4 个分片可供搜索。

❑ 多租户（Multi-tenancy）：可以根据不同的用途区分索引，同时操作它们，并保证资源的分配和隔离。不像 Solr 那样需要 schema.xml，solrconfig.xml 等这种高级设置，Elasticsearch 的实现比较简洁和直观。

综上所述可以看出，Elasticsearch 和 Solr 有很多共通点，同时也有不尽相同之处⊖。

Solr 的相对优势具体如下。

❑ 有可视化的界面，使用者可以清晰地看到集群的状态、统计数据、索引大小等基本信息。

❑ 文档和字段配置步骤清晰，按照教程很容易上手。

❑ 除了 JSON，还支持 XML 和 CSV 格式。

⊖ 请注意这里的"不同"或"优劣势"都只是暂时的，情形随着双方版本的不断演化可能会发生改变。

❑ 即使生成索引之后，其分片也可以添加或再次切分，是一个更为灵活的分布式配置方案。
Elasticsearch 的相对优势具体如下。

❑ 除了传统的 SQL 数据库和文本，还支持一些非 SQL 的大数据解决方案，例如 Mon-
goDB 和 Redis 等；也支持更实时性的数据源导入，例如 Kafa、ActiveMQ 等之类的消
息队列。

❑ 当实时性更新操作非常频繁的时候，读取和查询效率仍然可以保持较高的水准。

❑ 除了普通的扁平结构文档之外，还支持层级型文档的索引。

❑ 可以使用脚本语言，来自定义排序时的提升（Boosting）功能。

❑ 无需 ZooKeeper 来配置分布式集群。完全依靠自身的节点发现、加入和恢复功能。

❑ 聚合（Elasticsearch 称之为 Aggregation，而 Solr 称之为 Facet、Grouping）支持嵌套的
层级，大组可以包含更细力度的分组。理论上是支持无限次嵌套的，但是实际中需要
考虑到查询的性能和效率。例如：大组按照衣服的颜色来聚合，小组按照尺码来聚合。
这样用户就可以先选择颜色，再选择尺码。大致的层次结构如下：

```
“女装”- 100 件
    “女装 A”- 11 件
        “酒红色”- 4 件
            “尺码 XS”
            “尺码 S”
            “尺码 M”
            “尺码 L”
        “海蓝色”- 4 件
            “尺码 XS”
            “尺码 S”
            “尺码 M”
            “尺码 L”
        “亮白色”- 3 件
            “尺码 S”
            “尺码 M”
            “尺码 L”

    “女装 B”-20 件
        “天蓝色”- 5 件
        ...
    ...
```

❑ 时光之门（Gateway）。“时光之门？好像星际争霸里神族的兵营啊！”大宝一阵兴奋。
“哈哈，类似科幻巨作里的时光之门是不是很酷呢？有了它，我们就能在过去、现在
和未来之间穿梭自如，能挽回很多缺憾之事。”小明接着说道。Elasticsearch 同样提供
了这个神奇的魔法，为你的集群索引和配置元数据提供数据镜像服务。一旦整个集群
崩溃，或者是因为特殊需要而进行关停，我们就可以让集群恢复到最后一个状态，并
且让服务重新启动。

总体而言，Solr 上手较快，配置步骤比较严谨，更适合入门者。而 Elasticsearch 配置则

较灵活，实时更新和查询性能更好，更适合有一定经验，且拥有超大规模数据的用户。当然，这些都是基于现状的，相信随着两个开源项目的不断完善和相互借鉴，我们将会看到更为成熟的搜索引擎实现方案。

4.6　案例实践

4.6.1　实验环境设置

在这一部分，我们会实践一个假想的案例，为 18 类共 28 000 多件商品搭建几个基本的搜索引擎。数据还是第 1 章所使用的：

https://github.com/shuang790228/BigDataArchitectureAndAlgorithm/blob/master/Classification/listing.txt

为了帮助读者更好的回忆，下面列出该商品数据的片段：

```
ID    Title    CategoryID    CategoryName
1     雀巢 脆脆鲨 威化巧克力 (巧克力味夹心)20g*24/ 盒   1        饼干
2     奥利奥 原味夹心饼干 390g/ 袋     1        饼干
3     嘉顿 香葱薄饼 225g/ 盒          1        饼干
4     Aji 苏打饼干 酵母减盐味 472.5g/ 袋    1       饼干
5     趣多多 曲奇饼干 经典巧克力原味 285g/ 袋   1       饼干
6     ...
```

可以看到，每条记录有 4 个字段，包括商品的 ID（ID）、商品的标题（Title）、分类的 ID（CategoryID）和分类的名称（CategoryName）。

针对这些数据，我们需要考虑使用何种开源项目对其进行索引和查询处理。Lucene 相对比较底层，如果采用它来搭建，灵活性肯定是最高的。不过，其工作量比较大，很多逻辑需要通过自己研发来实现封装。而 Solr 和 Elasticsearch 的友好度更高，基本的搜索需求通过配置就能实现，常见的定制化也可以通过修改源码来达到要求，总体而言是更好的选择。此外，为了实践 Solr 的 DIH 功能，我们还需要使用到 MySQL。同时，中文分词模块仍然是必不可少的。软件运行环境还需要 Java 语言（JDK 1.8 或 JRE 1.8），以及 Eclipse 的 IDE 环境（Neon.1a Release (4.6.1)）。硬件依旧是 MacBookPro2012、MacBookPro2013 和 iMac2015，操作系统是 Mac OS X。局域网内的 IP 分配如下：

iMac2015　　　　　　192.168.1.48

MacBookPro2013　　192.168.1.28

MacBookPro2012　　192.168.1.78

和之前一样，请根据自己的软硬件环境和需要，合理地调整环境变量和目录等。

4.6.2　基于 Solr 的实现

1. Solr 方案的总体设计

这里我们将使用 Solr 的一个重要功能：DIH（Data Import Handler）——数据导入模块，

它可以将多种外在的数据源直接导入到 Solr 中，然后直接进行索引。只要是提供了 JDBC
（Java DataBase Connectivity）的数据库都可以和 DIH 配合工作。开发者只需要提供数据库连
接的参数，还有 SQL，DIH 就能自动查询数据库，然后将结果集合转换为 Solr 中的文档来进
行索引，同时支持全量和增量的更新。开发者不用再额外编码将数据从 MySQL 中导入 Solr。

　　由于商品的数量及用户的访问流量都呈现快速增长的趋势，因此从系统架构的角度考
虑，可以从一开始就充分利用 Solr 的分布式特性，为系统的水平性扩展做好准备。Solr 在
4.0 版本之前，其分布式系统是通过 Master-Slave 架构来实现的，存在单点故障的风险。从
4.0 版本开始，Solr 提供了一个新的分布式架构——SolrCloud，它可以利用 ZooKeeper 来
管理机器中的机器节点，消除了单点故障的隐患。综合考虑，这里选择的分布式架构也是
SolrCloud。

　　因此，基本上其整体架构如图 4-12 所示，Solr DIH 负责解读配置好的 SQL，及时获取
数据库中数据的变化，并推送到 SolrCloud 里。通过 ZooKeeper 管理，从 DIH 模块接收的数
据变化会自动传播到所有的服务器节点上，保证索引同步更新。前端应用需要搜索的时候，
就会发送请求到 SolrCloud，集群也会负责挑选服务器节点进行响应，并返回搜索结果。此处
中文的处理，仍然使用的是开源的分词软件 IKAnalyzer。IKAnalyzer 可以方便地和 Solr 进行
集成，用于索引字段和查询输入的中文切词。

　　这里的前端应用和 SolrCloud 之间没有引入封装的 API 层，那是因为目前业务的需求还
比较简单，前端开发者只需要理解最基本的 Solr 查询语法，就能完成任务。如果将来业务场
景变得越来越复杂，那么就需要专门的团队来负责封装和维护一套 API，本章稍后也会介绍
相关的内容。

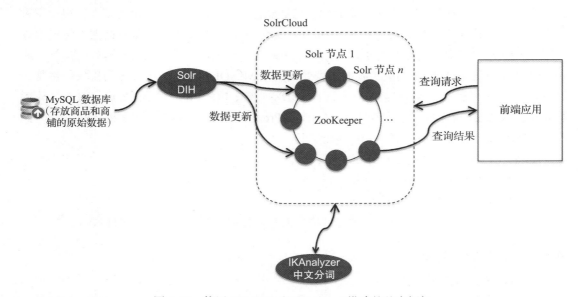

图 4-12　使用 Solr DIH 和 SolrCloud 搭建的基本框架

2. Solr 的准备

首先，我们将使用 iMac2015 这台机器部署单机版的 Solr。可以从下面的地址下载最新版本的 Solr 压缩包，截至本章写作时其最新的版本是 6.3.0 版：

http://lucene.apache.org/solr/

解压到 /Users/huangsean/Coding/ 目录中之后，设置环境变量如下：

```
export PATH=$PATH:/Users/huangsean/Coding/solr-6.3.0/bin
```

需要注意，此处不能将 SOLR_HOME 的环境变量设置为 /Users/huangsean/Coding/solr-6.3.0/，否则 solr 的启动脚本会到该目录下寻找启动配置文件 solr.xml，并抛出无法找到该文件的异常。环境变量生效后，现在就可以使用命令 solr 启动 Solr 的服务了：

```
[huangsean@iMac2015:/Users/huangsean/Coding/solr-6.3.0]solr start
Waiting up to 180 seconds to see Solr running on port 8983 [\]
Started Solr server on port 8983 (pid=639). Happy searching!
```

系统提示表明 Solr 服务已经启动成功，运行在默认端口 8983 上，访问如下链接你将得到类似图 4-13 的截屏：

http://localhost:8983/solr/#/

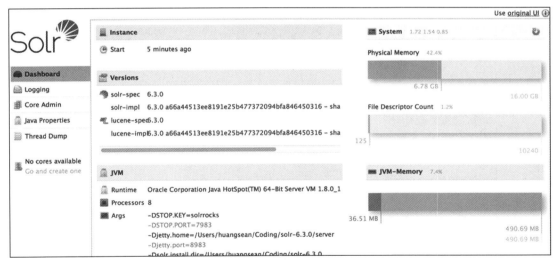

图 4-13　在本机上启动第一个 Solr 服务

从图 4-13 中你可以看到该 Solr 服务的基本信息，包括 Solr 的版本及其内部 Lucene 的版本都是 6.3。本机的物理内存数量、文件描述符的数量，系统对 Java 虚拟机 JVM 所分配的内存数量，等等。

当我们切换左侧的菜单选项到 Core Admin 的时候，会发现目前还没有任何一个核心（core）。如图 4-14 所示。其中的"Add Core"操作容易让人误解为创建新的核心。其真正的含义实际上是添加"已有"的核心，如果试图直接使用它创建一个名为 listing 的核心，那么你将看到图 4-15 的错误提示，表示缺失了配置文件 solrconfig.xml。

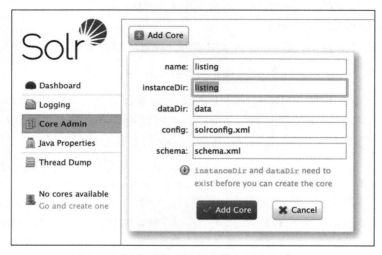

图 4-14　创建第一个 Solr 的核心，名为 listing

图 4-15　无法通过"Add Core"操作直接创建新的核心

正确的做法是使用 solr create 命令：

```
[huangsean@iMac2015:/Users/huangsean/Coding/solr-6.3.0]solr create -c listing_new

Copying configuration to new core instance directory:
```

```
/Users/huangsean/Coding/solr-6.3.0/server/solr/listing_new

Creating new core 'listing_new' using command:
http://localhost:8983/solr/admin/cores?action=CREATE&name=
listing_new&instanceDir=listing_new

{
    "responseHeader":{
        "status":0,
        "QTime":839},
    "core":"listing_new"}
```

其中，-c listing_new 表示新创建的核心或文档集合名称为 listing_new。solr create 命令将根据 solr 运行的模式来确定生成什么，如果是单机模式，那么将创建核心；如果是 SolrCloud 模式，那么将创建文档集合。依照系统提示，核心 listing_new 已经成功创立。查看文件目录，你将发现在 /Users/huangsean/Coding/solr-6.3.0/server/solr/ 目录中多了一个新的目录 listing_new，该目录包含了这个核心的基本文件，包括 core.properties、conf 配置目录和 data 数据目录，如图 4-16 所示。

图 4-16　新创建的核心 listing_new 位于相应的目录中

通过 restart 选项重启 Solr 服务：

```
[huangsean@iMac2015:/Users/huangsean/Coding/solr-6.3.0]solr restart
    Sending stop command to Solr running on port 8983 ... waiting up to 180 seconds
to allow Jetty process 639 to stop gracefully.
    Archiving 1 old GC log files to /Users/huangsean/Coding/solr-6.3.0/server/logs/
archived
    Archiving 1 console log files to /Users/huangsean/Coding/solr-6.3.0/server/
logs/archived
    Rotating solr logs, keeping a max of 9 generations
    Waiting up to 180 seconds to see Solr running on port 8983 [\]
    Started Solr server on port 8983 (pid=1020). Happy searching!
```

再次查看链接 http://localhost:8983/solr/#/，你将看到类似图 4-17 的截屏，listing_new 已经出现在 Core Admin 的选项卡中，以及 Core Selector 的下拉选项中。

下面，我们将配置这个核心，让它承载 28 000 多件测试商品的数据。

3. Solr 中的数据定义

本次实战的最终目的是让测试商品全部进入搜索引擎，而我们已经介绍过搜索引擎最重要的就是文档和字段的设计。这里很明显，一件商品对应于一篇文档。而字段的设计，根据测试数据的 4 个字段，也就是商品的 ID（ID）、商品的标题（Title）、分类的 ID（CategoryID）和分类的名称（CategoryName），相应地在 Solr 中定义 4 个字段，如表 4-8 所示。

图 4-17　在 Web UI 中查看新核心 listing_new

表 4-8　商品字段的定义

名　称	含　义	类　型
listing_id（或 id）	商品唯一的 ID	long
listing_title	商品名称，例如"牛奶巧克力""海鲜套餐""Apple 电脑"等	string
category_id	商品分类的唯一 ID	long
category_name	商品分类的名称，例如"手机""电脑""饮料饮品"，等等。我们也会将分类信息放入索引中，以确保用户在搜索"手机"这种宽泛词语的时候，能够看到这些分类里的产品	string

如果是 Solr 5.0 之前的版本，我们可以进入这个目录：

/Users/huangsean/Coding/solr-x.x.x/server/solr/listing_new/conf

打开并编辑 Solr 中的 schema.xml 文件，加入如下字段配置：

```
<field name="id" type="long" indexed="true" stored="false" />
<field name="listing_title" type="text_en" indexed="true" stored="true" />
<field name="category_id" type="long" indexed="true" stored="false" />
<field name="category_name" type="text_en" indexed="true" stored="true" />
<uniqueKey>id</uniqueKey>
```

如果 Solr 默认的配置已经提供了 id 字段，就无须再添加。其中 id 和 category_id 只需要用于查询（普通顾客很少用，更多的是给开发和测试做调试之用的），无须在前端显示出来，因此将 indexed 设置为 true，而 stored 设置为 false。而 listing_title 和 category_name 都是既要进行索引，也要进行展示的，因此 indexed 和 stored 都设置为 true。此外，这两个字段还需要进行中文分词，因此可以采用稍后介绍的 IK 分词模块。最后，用 uniqueKey 表示值必须是唯一的字段。

不过在 5.0 版本之后，Solr 开始使用名为 managed-schema 的文件来管理 schema，如图 4-18 所示。而且使用 managed-schema 之后，系统还支持在 Web 的管理 UI 中直接添加和修改字段，例如在图 4-19 中，我们添加了 listing_title 的字段。按需添加完所有的 4 个字段，你就可以使用文本编辑器打开这个文件了：

/Users/huangsean/Coding/solr-6.3.0/server/solr/listing_new/conf/managed-schema

图 4-18　文件 schema.xml 不复存在，取而代之的是 managed-schema

你会发现 managed-schema 就是曾经熟悉的 schema.xml，而且刚刚在 Web UI 里所做的 schema 增加和修改都体现在其中，包括 category_id、category_name、id 和 listing_title，如图 4-20 所示。此外，managed-schema 和 schema.xml 不同，managed-schema 无须重启 Solr 就能生效。完整的 managed-schema 文件请参考：

https://github.com/shuang790228/BigDataArchitectureAndAlgorithm/blob/master/Search/Solr/solr/listing_new/conf/managed-schema

4. Solr DIH 的配置和索引

基本配置完毕后，我们将先后进入搜索引擎最核心的两个阶段：批量索引和实时查询。对于现有的系统，特别是电商平台，大部分数据仍然处于数据库之中。因此，我们可以充分利用 Solr 的 DIH 扩展，将多种外在的数据源直接导入到 Solr 中然后进行索引。为了实践 DIH 的便捷性，这里特意先将第 1 章所用的 listing-segmented-shuffled.txt 数据导入 MySQL，然后让 DIH 直接从关系型数据库 MySQL 里将数据导入 Solr 集群，最终实现商品的索引。

（1）MySQL 的部署

MySQL 的免费版可在这里下载：

https://dev.mysql.com/downloads/mysql/

图 4-19 在 Web UI 中添加新的字段

```
<field name="_version_" type="long" indexed="false" stored="false"/>
<field name="category_id" type="long" indexed="true" stored="false"/>
<field name="category_name" type="text_en" indexed="true" stored="true"/>
<field name="id" type="string" multiValued="false" indexed="true" required="true" stored="true"/>
<field name="listing_title" type="text_en" indexed="true" stored="true"/>
<dynamicField name="*_txt_en_split_tight" type="text_en_splitting_tight" indexed="true" stored="true"/>
```

图 4-20 schema 字段修改已经体现在 managed-schema 中了

本次实验所采用的 MySQL Community Server 其版本是 5.7.17，而 MySQL Workbench 的版本是 6.3.8。两者安装之后，启动 MySQL 的服务。图 4-21 展示了在 Mac OS X 系统中，如何在"系统设置"的 MySQL 选项中启动该服务。这样，你就可以通过可视化的界面或命令行来建立新的数据库表格 listing-segmented-shuffled。图 4-22 是可视化创建的过程，点击右下角的 Apply 按钮即可生效，下面是创建表格的命令：

```
CREATE TABLE 'sys'.'listing_segmented_shuffled' (
    'listing_id' BIGINT NOT NULL,
    'listing_title' VARCHAR(200) NULL,
    'category_id' BIGINT NULL,
    'category_name' VARCHAR(20) NULL,
    PRIMARY KEY ('listing_id'));
```

然后在 Query 窗口中使用 load data 的命令，将商品的原始数据导入刚刚创建的表格中：

```
load data local
```

```
    infile "/Users/huangsean/Coding/data/BigDataArchitectureAndAlgorithm/listing-
segmented-shuffled-noheader.txt"
    into table sys.listing_segmented_shuffled character set utf8 (listing_id,list
ing_title,category_id,category_name);
```

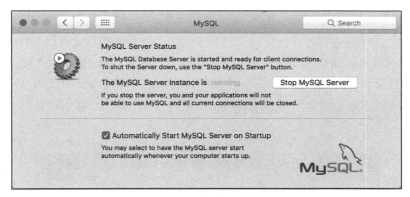

图 4-21　启动 MySQL

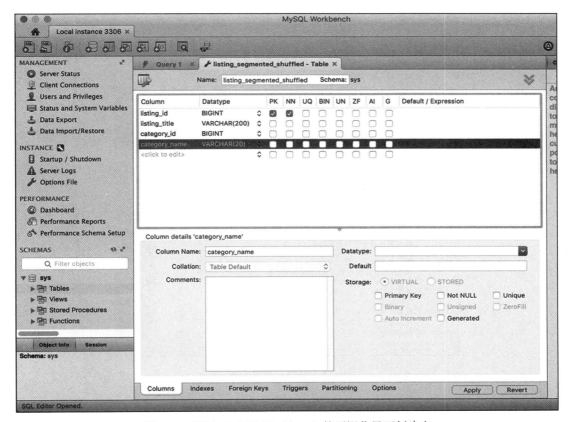

图 4-22　通过 MySQL Workbench 的可视化界面创建表

注意这里使用的导入数据和第 1 章的稍有不同，名为 listing-segmented-shuffled-noheader. txt，它去除了第一行的列头名称，保证没有噪音数据写入 MySQL 数据库。该文件的内容请见：

https://github.com/shuang790228/BigDataArchitectureAndAlgorithm/blob/master/Search/ listing-segmented-shuffled-noheader.txt

导入完成后，通过查询可以获得图 4-23 的截屏。由于原始数据文件是 UTF-8 编码的，因此在创建表格和导入数据的过程中，请确保数据库、表格和 load data 命令中都使用了 UTF-8 编码，否则可能会出现乱码。如果仍然显示乱码，那么还需要确认下 MySQL Workbench 的设置：Preferences → Appearance → Configure Fonts For，是否选择了 Simplified Chinese，如果不是修改即可。

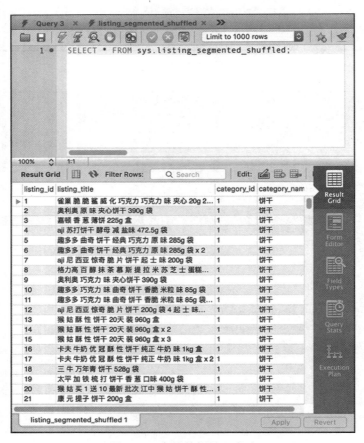

图 4-23　商品数据导入成功

（2）DIH 的部署

在开始配置 DIH 之前，首先要确保 DIH 的 jar 包和 MySQL 的 JDBC 连接 jar 包都已经放

在 /Users/huangsean/Coding/solr-6.3.0/server/solr-webapp/webapp/WEB-INF/lib/ 目录下了，否则运行数据导入时会抛出驱动加载的异常。例如，6.3.0 版本 Solr DIH 的 jar 包是 solr-dataimporthandler-6.3.0.jar，可以在 /Users/huangsean/Coding/solr-6.3.0/dist/ 目录中找到。

你也可以在 https://github.com/shuang790228/BigDataArchitectureAndAlgorithm/blob/master/Search/Solr/solr-webapp/webapp/WEB-INF/lib/solr-dataimporthandler-6.3.0.jar 找到该 jar 包。

而在 MySQL 的官网 http://dev.mysql.com/downloads/connector/j/ 可以找到连接器，现在的版本是 mysql-connector-java-5.1.40-bin.jar。

你也可以在 https://github.com/shuang790228/BigDataArchitectureAndAlgorithm/blob/master/Search/Solr/solr-webapp/webapp/WEB-INF/lib/mysql-connector-java-5.1.40-bin.jar 找到该 jar 包。

两个 jar 包准备就绪之后，再打开 /Users/huangsean/Coding/solr-6.3.0/server/solr/listing_new/conf/solrconfig.xml 文件进行编辑。

在 solrconfig.xml 中插入如下一段内容，指定 DIH 的配置文件为 solr-data-config.xml：

```
<!-- 使用 DIH 导入 MySQL 中的商品数据
    -->
<requestHandler name="/dataimport"
class="org.apache.solr.handler.dataimport.DataImportHandler">
    <lst name="defaults">
        <str name="config">solr-data-config.xml</str>
    </lst>
</requestHandler>
```

然后，在同一目录下新建名为 solr-data-config.xml 的文件，内容如下：

```
<dataConfig>

    <dataSource name="jdbc" driver="com.mysql.jdbc.Driver"
        url="jdbc:mysql://localhost:3306/sys"
        user="root" password="yourownpassword"/>

    <document name="o2o_listing">
        <entity name="o2o_listing"
                logLevel="info"
                pk="listing_id"
                query="SELECT * FROM listing_segmented_shuffled">
            <field column="listing_id"    name="id"/>
            <field column="listing_title"    name="listing_title"/>
            <field column="category_id"    name="category_id"/>
            <field column="category_name"    name="category_name"/>

        </entity>
    </document>

</dataConfig>
```

其中 dataSource 指定了 JDBC 的连接参数，包括主机 IP、MySQL 的端口号、用户名和访问密码等。而在 document 中，pk 是数据库主键，query 是查询的 SQL 语句，field 将数据库字段和 Solr 的字段进行匹配。这里的样例中数据库字段的名称和 Solr 字段的名称基本上是一致的，所以看上去有点怪。实际应用中对于解决名称不匹配的遗留问题非常有利。配置完毕，再次按照上一节的步骤，启动（或重启）Solr。完毕后，按照图 4-24 所示的步骤开始进行数据的导入，默认的是全量导入（full-import）。选项 Clean 表示清除之前的索引，要谨慎使用。而 Commit 表示将索引变化从内存中持久化到磁盘，Verbose 和 Debug 可以提供更多的信息用于调试，Optimize 用于索引结构的优化。图 4-25 表明我们已经将 MySQL 中的 28 000多条测试记录全部导出，并在 Solr 中建立了索引。这次执行的速度相当快，整个过程耗时只有 1 秒钟左右。

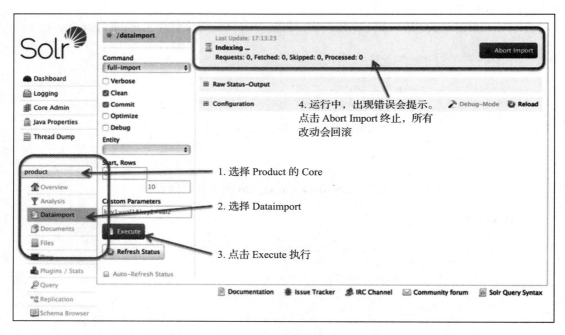

图 4-24　数据导入和索引建立过程中，如果出现错误会予以提示

此时，你可以访问链接 http://localhost:8983/solr/#/listing_new 来了解索引的基本情况，包括索引的文档数量和文件大小等信息。

同时你也会发现 /Users/huangsean/Coding/solr-6.3.0/server/solr/listing_new/data 数据目录也在相应增大，原因是 Solr 的索引文件都存放于此。对于本实例中所用到的 solrconfig.xml和 solr-data-config.xml 配置文件可以访问：

https://github.com/shuang790228/BigDataArchitectureAndAlgorithm/tree/master/Search/Solr/solr/listing_new/conf

图 4-25 数据导入和索引建立完毕，本次处理了 28000 多条记录

而索引后的数据文件可以参考：

https://github.com/shuang790228/BigDataArchitectureAndAlgorithm/tree/master/Search/
Solr/solr/listing_new/data

使用 DIH 进行全量索引的时候，我们还可以通过 MySQL 的 Limit 和 Offset 进行批量的导出，以避免过大的资源消耗。此外，也可以配置增量的 DIH 配置，每次只更新有变化的数据。

5. 基本查询

索引成功之后，就可以进行各种实时的查询了。我们可以在 solrconfig.xml 中设置响应用户请求的处理器（handler），如下：

```
<requestHandler name="/search" class="solr.SearchHandler">

    <lst name="defaults">
        <str name="defType">edismax</str>
        <str name="q.op">AND</str>
        <str name="qf">
            id listing_title category_id cateogry_name
        </str>
        <str name="mm">100%</str>
</requestHandler>
```

在这个名为"search"的处理器中，defType 设置为 edismax，表示系统将使用 edismax 的方式解析用户的输入，q.op 设置为 AND 表示关键词之间默认是"与"的关系，也就是期望返回的商品中输入的每个关键词都要出现，qf 的内容表示需要进行关键词查询的字段，这里依次是 id、listing_title、category_id 和 category_name，用户输入的关键词会在这 4 个字段中搜寻，而 mm 表示某个商品中至少要出现多少比例的关键词才能返回。当然，solrconfig.
xml 还有很多其他方面的配置，后文会逐步介绍。

　　如果 solrconfig.xml 有所修改，则需要重启 Solr。如果配置成功，就可以在核心 listing_
new 的 Query 分页下进行查询。图 4-26 展示了查询所有结果后的内容，返回了前 10 条记录。
需要注意的是，虽然查询条件 q 是 *:*，即查询全部商品，但是搜索引擎只会返回指定的前
若干项结果。这里 start 为默认值 0，rows 为默认值 10，因此返回了第 1 到第 10 件商品。这
是搜索引擎的重要优化举措：如果每次返回所有的查询结果，那么对于搜索引擎而言将是巨
额的性能开销，同时对普通用户而言也是没有必要的，毕竟他们只关心排名靠前的内容。这
也是为什么无论是 Google、百度、Bing 这样的通用搜索引擎，还是亚马逊、京东、天猫这种
垂直电商类搜索引擎，都需要采用分页浏览的机制为用户呈现搜索结果。

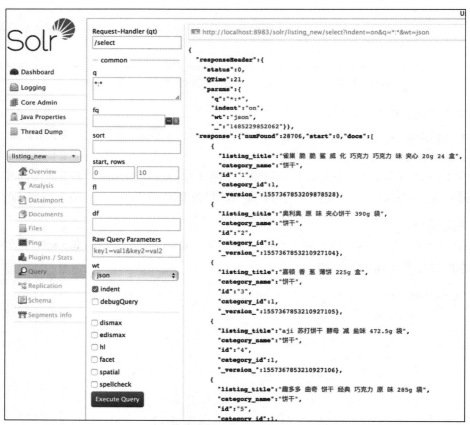

图 4-26　查询全部结果后返回了前 10 条记录，默认是 JSON 格式

　　若要指定查询的条件，还可以设置 q 参数。例如，"category_name: 海鲜"表示只搜索
类别为海鲜类的商品。这样就只返回了 3619 个相关的结果（如图 4-27 所示）。我们还可以
在 q 字段中使用布尔模型中的布尔表达式"category_name: 海鲜 AND listing_title: 大闸蟹"，

图 4-28 表明命中的记录数量缩小到了 935 条。这些都是查询的最基本形式。

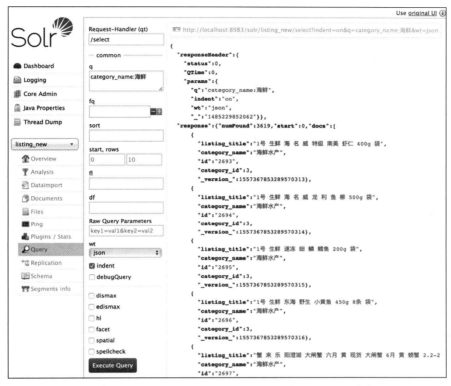

图 4-27　查询结果后返回了"海鲜水产"分类下的 3000 多条记录

6. 中文分词和同义词

表明上，一切似乎都很顺利。但真的是这样的吗？多尝试一下，很快你就会发现几个问题。比如，在 q 字段中搜索 "category_name: 海水" 时，原本你以为不会有这样的商品返回。但是"海鲜水产"分类中的全部商品都返回了，这是什么原因呢？再比如，在 q 中搜索 "listing_title: 西红柿" 能获取 3700 多件商品，但是搜索 "listing_title: 番茄" 只能获取 150 多件商品。难道两者不应该一致吗？

（1）中文分词

针对第一个困惑，我们很容易就想到了分词的问题。可以使用 Analysis 模块来诊断问题所在。如图 4-29 所示，选择 listing_new 核心，点击其下的 "Analysis" 模块，然后在 Field Value (Index) 输入框（针对索引阶段的分析）中填入被索引的分类名称"海鲜水产"，在 Field Value (Query) 输入框（针对查询阶段的分析）中填入查询时的关键词"海水"。点击 "Analyse Values" 按钮后，你就能看到分析器的结果是，将所有的中文词都切成了单个的词。因此根据查询"海水"切分出来"海"和"水"字，匹配上了"海鲜水产"切分出来的"海"和"水"

这两个单字。但是，从语义上来说这种匹配是不合理的。当然，我们也可以仿照商品的标题字段，对于分类名称的字段预先进行中文分词处理，然后使用 org.apache.lucene.analysis. WhitespaceAnalyze 根据空白切词。不过，查询时候的关键词还未处理，会导致索引阶段和查询阶段的分词不一致，搜索无法匹配。所以更好的做法是，在 schema 文件中为字段设置索引时的分析器和查询时的分析器。

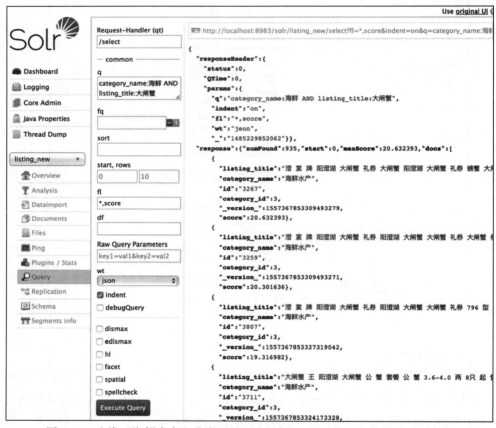

图 4-28 查询"海鲜水产"分类下的"大闸蟹"，记录数量缩小到了 900 多条

为了实现这个目的，首先将中文分词 IKAnalyzer 的 jar 包放入 /Users/huangsean/Coding/solr-6.3.0/server/solr-webapp/webapp/WEB-INF/lib 中，对于 Solr 6.x 之后的版本，IKAnalyzer2012_FF.jar 不再兼容。可以在这里找到用于 Solr 6.x 版的 IK 中文分词包：

https://github.com/shuang790228/BigDataArchitectureAndAlgorithm/blob/master/Search/Solr/solr-webapp/webapp/WEB-INF/lib/ik-analyzer-solr6.x.jar

仅有 IK 的 Jar 包还不够，它还需要基本的配置文件 IKAnalyzer.cfg.xml 及其定义的停用词字典 stopword.dic 和自定义字典 ext.dic，需要将其放入 /Users/huangsean/Coding/solr-6.3.0/server/solr-webapp/webapp/WEB-INF/classes 中。可以在这里找到 IK 的下载包：

https://github.com/shuang790228/BigDataArchitectureAndAlgorithm/tree/master/Search/
Solr/solr-webapp/webapp/WEB-INF/classes

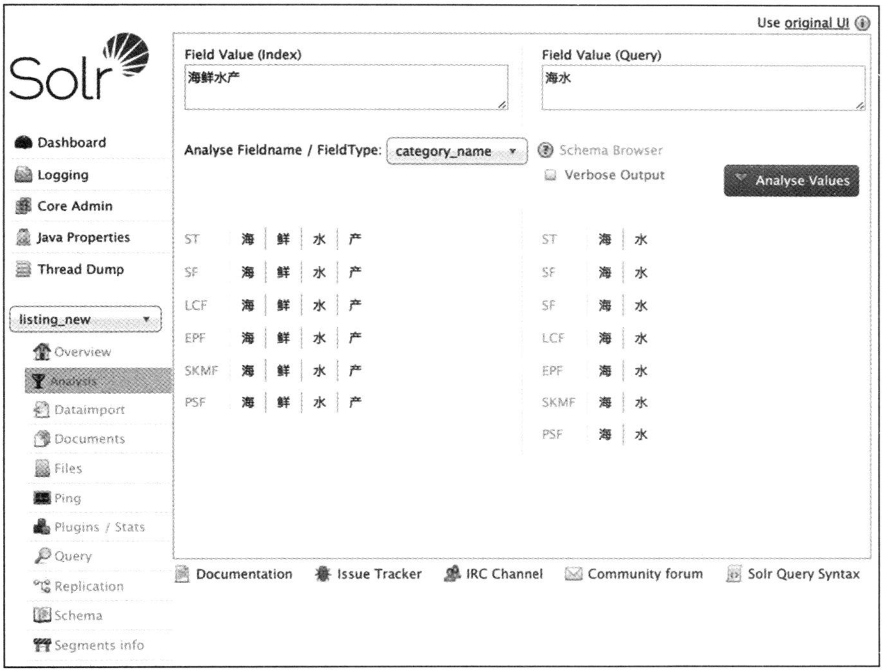

图 4-29　没有使用中文分词模块的字段，无法合理地切分中文

将必要的包放置妥当，之后需要在 schema 文件（schema.xml 或 managed-schema）中，
添加如下字段类型（fieldType）的定义，并命名为 text_chinese：

```
<!-- 处理中文的字段类型 text_chinese -->
    <fieldType name="text_chinese" class="solr.TextField">
        <analyzer type="index" class="org.wltea.analyzer.lucene.IKAnalyzer" />
        <analyzer type="query" class="org.wltea.analyzer.lucene.IKAnalyzer" />
    </fieldType>
```

并为 listing_title 和 category_name 字段指定类型 text_chinese：

```
<field name="category_name" type="text_chinese" indexed="true" stored="true"/>
...
<field name="listing_title" type="text_chinese" indexed="true" stored="true"/>
```

其中 type 为 index 的 analyzer，表示用于索引阶段的切分，而 type 为 query 的 analyzer
表示用于查询阶段的切分。一般索引和查询两个阶段的分词配置要相同，否则可能会导致无
法匹配的尴尬。例如，建立索引的时候将商品标题里的"手机保护壳"切分为"手机"、"保护"
和"壳"，但是查询时将用户输入的"手机保护壳"切分为"手机"和"保护壳"，那么就会

无法将商品和查询匹配上。具体的修改请参见如下文件：

https://github.com/shuang790228/BigDataArchitectureAndAlgorithm/blob/master/Search/Solr/solr/listing_new/conf/managed-schema

最后就是重启 Solr，并再次进行类似图 4-29 的操作。从图 4-30 的截屏可以看出，这次无论是索引阶段还是查询阶段，分析器都会使用 IK 的分词，结果更合理，搜索的准确率得到了提升。

图 4-30　对于使用了中文分词模块的字段，分析步骤可以合理地切分中文

值得注意的是，虽然查询阶段的分词随时可以生效，但索引阶段并非如此。我们还需要重新对数据进行索引，否则 listing_title 和 category_name 字段中还是索引的单个汉字。重新索引完毕之后，你将会发现，无论是搜索" category_name: 海水"还是" category_name: 水"都不会出现分类"海鲜水产"了，搜索结果更加相关。使用 IK 分词后所构建的完整索引位于：

https://github.com/shuang790228/BigDataArchitectureAndAlgorithm/tree/master/Search/Solr/solr/listing_new/data.ik

在这种处理下，我们无须再对商品的标题提前进行分词了，感兴趣的读者可以尝试直接对原始的标题进行索引。

（2）同义词

分词完之后，现在可以关注第二个有关"西红柿"和"番茄"的问题了。由于中文分词方式的改变，现在搜索"listing_title: 西红柿"和"listing_title: 番茄"，不相关的结果明显变少。不过，两个查询的结果数量仍然相差很远："番茄"返回了 74 条结果，而"西红柿"只返回了 5 条。按照生活常理，这两者表示同样的物品，只是在不同的地域有着不同的叫法。因此搜索结果应该基本一致，现在的搜索系统其召回率有待提升。为了解决这样的问题，我们将使用 Solr 中的同义词机制。

首先，编辑文件 /Users/huangsean/Coding/solr-6.3.0/server/solr/listing_new/conf/synonyms.txt，并在其中添加同义词的条目"西红柿 => 番茄"

```
# Synonym mappings can be used for spelling correction too
pixima => pixma
西红柿 => 番茄
```

然后依旧是配置 managed-schema。一般情况下，同义词既可以在索引阶段（type = "index"）添加，也可以在查询阶段（type = "query"）添加，两者取一就行了。如果是在索引阶段添加，那么更新同义词后需要重建索引，而且根据同义词的数量，索引文件也会相应地变大，不过查询效率可能会更好。反之，如果在查询阶段添加，则无须重建索引，索引大小也不会受到影响，但是实时查询的效率可能会有所降低。我们先来尝试进行查询阶段的同义词设置。由于不能嵌套多个 filter 或 analyzer，因此需要修改一下原有的 IK 设置，将IKAnalyzer 修改为 IKTokenizerFactory，并在其后添加类型为 solr.SynonymFilterFactory 的filter，该 filter 会根据 synonyms.txt 的内容来添加同义词。修改后代码如下：

```
<!-- 处理中文的字段类型 text_chinese -->
    <fieldType name="text_chinese" class="solr.TextField">
        <analyzer type="index" class="org.wltea.analyzer.lucene.IKAnalyzer" />
                <!-- 索引阶段 -->
        <analyzer type="query" > <!-- 查询阶段 -->
            <tokenizer class="org.wltea.analyzer.lucene.IKTokenizerFactory"/>
            <filter class="solr.SynonymFilterFactory" synonyms="synonyms.txt"
ignoreCase="true" expand="false" />
        </analyzer>
    </fieldType>
```

重启 Solr 使配置生效，然后进入 listing_new 核心的 Analysis 分页，在 Field Value (Query) 中输入"西红柿"，你将会看到如图 4-31 的截屏，分析的结果除了中文分词 IKT "西红柿"之外，还有同义词 SF 所添加的"番茄"。此时在 Query 分页中再次搜索"listing_title: 西红柿"，你将获得 74 条结果，和搜索"listing_title: 番茄"的结果一样多。

下面测试一下索引阶段的同义词设置，可以在查询阶段注释同义词 filter，然后添加到索引阶段的分析器内，具体修改如下：

```
<!-- 处理中文的字段类型 text_chinese -->
    <fieldType name="text_chinese" class="solr.TextField">
        <analyzer type="index" > <!-- 索引阶段 -->
            <tokenizer class="org.wltea.analyzer.lucene.IKTokenizerFactory"/>
```

```
            <filter class="solr.SynonymFilterFactory" synonyms="synonyms.txt"
ignoreCase="true" expand="false" />
          </analyzer>
          <analyzer type="query" > <!-- 查询阶段 -->
              <tokenizer class="org.wltea.analyzer.lucene.IKTokenizerFactory"/>
              <!--<filter class="solr.SynonymFilterFactory" synonyms="synonyms.txt"
ignoreCase="true" expand="false" />-->
          </analyzer>
      </fieldType>
```

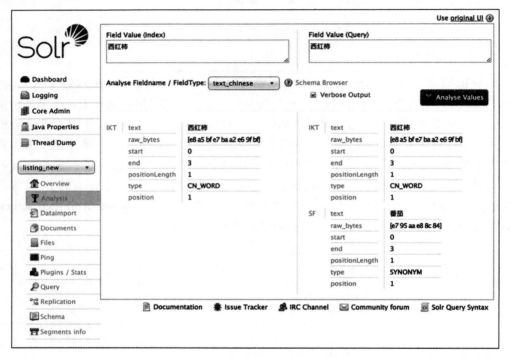

图 4-31 查询阶段的同义词已经生效

重启 Solr，进行与图 4-31 类似的操作，你将获得如图 4-32 的结果。

不过此时，你搜索"listing_title：西红柿"仍然无法得到番茄相关的商品，之前已经提到过关于索引阶段的修改，必须要重建索引，否则会无法生效。再次运行 DIH，就能得到和查询阶段同义词方法同样的效果。

如法炮制，你可以在 synonyms.txt 中添加任意数量的同义词，这样就能增加搜索的召回率。完整的 managed-schema 和 synonyms.txt 样例可以参考：

https://github.com/shuang790228/BigDataArchitectureAndAlgorithm/tree/master/Search/Solr/solr/listing_new/conf

加入同义词后重建的索引位于：

https://github.com/shuang790228/BigDataArchitectureAndAlgorithm/tree/master/Search/

Solr/solr/listing_new/data.ik.syn

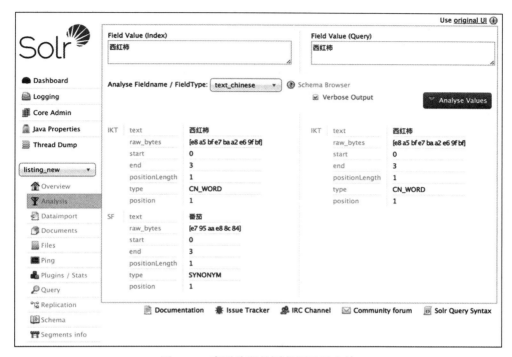

图 4-32　索引阶段的同义词已经生效

可以将这些数据文件直接导入与你的 Solr 相对应的目录中，重启 Solr 或重新加载（Reload）核心 listing_new 来生效。

7. 基于 Facet 的类目或属性导航

Solr 查询中一个比较特殊，也是非常有价值的选项是切面（Facet）。图 4-33 展示了切面（Facet）的基础用法，仍然执行"listing_title: 番茄"的查询，不过这次是在 Raw Query Parameters 里输入：

```
&facet=true&facet.field=category_name
```

其中，facet = true 表示采用切面选项，facet.field = category_name 表示按照商品的分类这个维度来计算切面信息。这样查询出来的搜索结果中，还会附带上切面统计的信息，如图 4-34 所示。这对于搜索结果中的细分类和导购属性都是必不可少的，图 4-35 展示了对应于切面，前端常见的样例。

除了可以在 Solr 管理界面中查询数据以外，还可以完全通过 RESTFUL 风格的链接来访问 Solr 索引中的数据，返回的内容可以按照 XML 或 JSON 等格式进行组织，这样前端就可以解析搜索结果并予以展示，如图 4-36 所示。

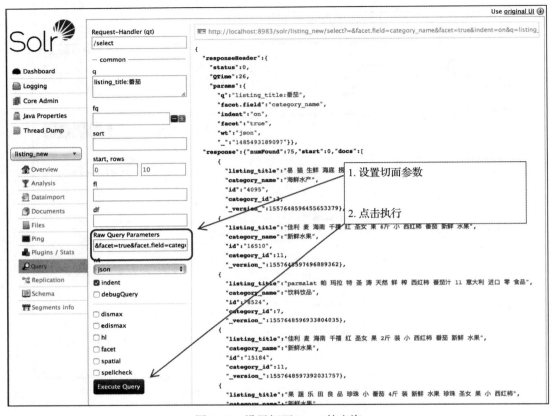

图 4-33 设置切面 Facet 的查询

到目前为止，我们只是修改了 Solr 的各种配置文件，写了一些 SQL 语句，而没有编写任何开发的代码，一个基本的搜索系统就此搭建完成了，而且还可以通过管理界面查看集群当下的基本状态，设置并运行查询条件。Solr 的强大可见一斑。

8. SolrCloud 的集群搭建

目前为止，我们讨论的都是运行在 iMac2015 上的 Solr 单机模式。在生产环境中，Solr Cloud 集群更为实用。相对之前的版本而言，Solr 6.x 版本的 Cloud 启动和部署是比较简洁的，下面介绍其基本步骤。

为了不混淆单机和集群的内容，首先将删除原有的核心 listing_new。删除之前，为了避免重复工作，我们先将 listing_new/conf/ 配置目录保留如下：

```
[huangsean@iMac2015:/Users/huangsean/Coding/solr-6.3.0]cp -r
//Users/huangsean/Coding/solr-6.3.0/server/solr/listing_new/conf
/Users/huangsean/Coding/listing_new/
```

然后在单机模式下，使用下述命令删除现有的核心 listing_new，并停止单机模式的 Solr：

```
[huangsean@iMac2015:/Users/huangsean/Coding/solr-6.3.0]solr delete -c listing_new
[huangsean@iMac2015:/Users/huangsean/Coding/solr-6.3.0]solr stop
```

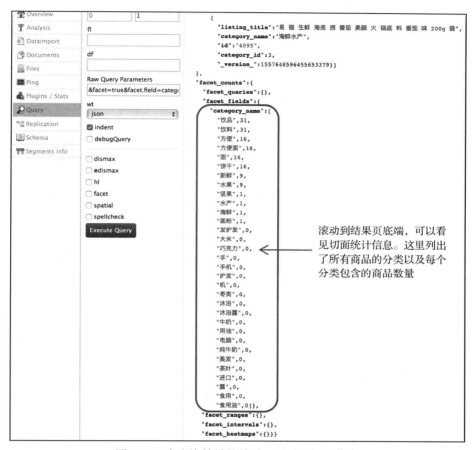

图 4-34　在查询结果的最后，展示了切面信息

在 iMac2015 上使用 -cloud 选项启动集群：

```
[huangsean@iMac2015:/Users/huangsean/Coding/solr-6.3.0]solr -cloud
Archiving 1 old GC log files to /Users/huangsean/Coding/solr-6.3.0/server/logs/
archived
Archiving 1 console log files to /Users/huangsean/Coding/solr-6.3.0/server/logs/
archived
Rotating solr logs, keeping a max of 9 generations
Waiting up to 180 seconds to see Solr running on port 8983 [/]
Started Solr server on port 8983 (pid=7775). Happy searching!
```

这里 iMac2015 上的 Solr 将启动内嵌的 ZooKeeper，端口为 9983，用其来管理配置文件。ZooKeeper 是一个为分布式应用提供一致性服务的软件，提供的功能包括：配置维护、域名服务、分布式同步、组服务等。Apache Sor、Kafka 和 Storm 等都是使用 ZooKeeper 来进行分布式管理的。当然，你也可以连接自己所搭建的 ZooKeeper 集群，ZooKeeper 集群搭建的详细步骤可参见本书的 11.5.5 节。

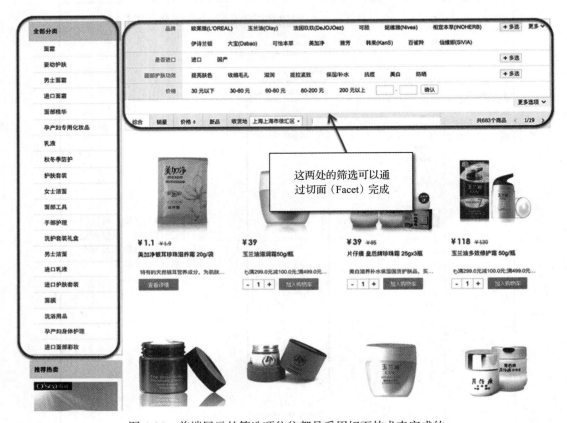

图 4-35　前端展示的筛选项往往都是采用切面技术来完成的

下面，在 MacBookPro2013 上启动 Cloud 集群：

```
[huangsean@MacBookPro2013:/Users/huangsean/Coding/solr-6.3.0]solr -cloud -z
192.168.1.48:9983
```

最后是在 MacBookPro2012 上启动 Cloud 集群：

```
[huangsean@MacBookPro2012:/Users/huangsean/Coding/solr-6.3.0]solr -cloud -z
192.168.1.48:9983
```

注意两个命令都需要设置 ZooKeeper 的服务器，也就是首个启动 Solr Cloud 的 iMac2015，其 IP 为 192.168.1.48，端口为 9983。这样 MacBookPro2013 和 MacBookPro2012 就会连接该 ZooKeeper 的服务，并获取相应的集合（collection）配置文件，保持集群内的一致。三台机器的 Solr 都启动完毕之后，使用下面的命令创建新的 collection：

```
[huangsean@iMac2015:/Users/huangsean/Coding/solr-6.3.0]solr create -c listing_
collection -d /Users/huangsean/Coding/listing_new/conf/ -shards 3 -replicationFactor
```

```
2 -n listing_collection

    Connecting to ZooKeeper at localhost:9983 ...
    Uploading /Users/huangsean/Coding/solr-6.3.0/listing_new/conf for config
listing_collection to ZooKeeper at localhost:9983

    Creating new collection 'listing_collection' using command:
    http://localhost:8983/solr/admin/collections?action=CREATE&name=listing_
    collection&numShards=3&replicationFactor=2&maxShardsPerNode=6&collection.
    configName=listing_collection
```

```
{
    "responseHeader":{
        "status":0,
        "QTime":34407},
    "success":{"192.168.1.48:8983_solr":{
            "responseHeader":{
                "status":0,
                "QTime":33220},
                "core":"listing_collection_shard2_replica2"}}}
```

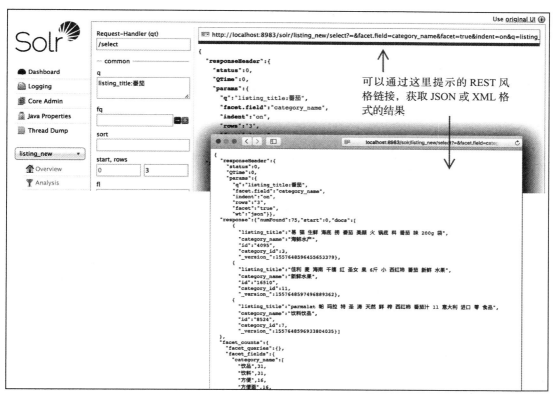

图 4-36　通过 RESTFUL 风格的链接，为前端展示提供数据

创建命令和单机版类似，-c 表示 collection 的名称，不过目前三台机器都运行在 Cloud

模式下，因此我们还需要另外添加一些参数，具体如下。

❑ -d：告知配置文件的位置。

❑ -shards：切片的数量，这里设置为 3。

❑ -replicationFactor：副本的数量，这里设置为 2。

❑ -n：配置文件在 ZooKeeper 上的名称。

返回的状态码为 0，显示操作成功。访问如下三台机器的 Solr UI 页面：

http://imac2015:8983/solr/#/listing_collection/collection-overview

http://macbookpro2013:8983/solr/#/listing_collection/collection-overview

http://macbookpro2012:8983/solr/#/listing_collection/collection-overview

你将看到类似图 4-37 的截屏，显示了新建 collection 的初始状态。可选择任何一台机器查看 Cloud 集群各台机器的状态：

http://imac2015:8983/solr/#/~cloud

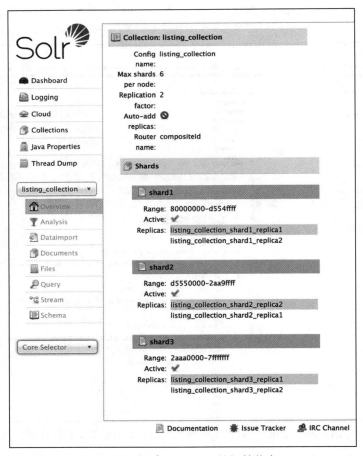

图 4-37　新建 collection 的初始状态

可以看到如图 4-38 的内容，显示集群共有 3 台机器，都是正常的状态。而其上分布了 6 份分片（三份分片 × 两个副本）。而且每一份分片的两个副本都位于不同的机器上，容灾性更好。

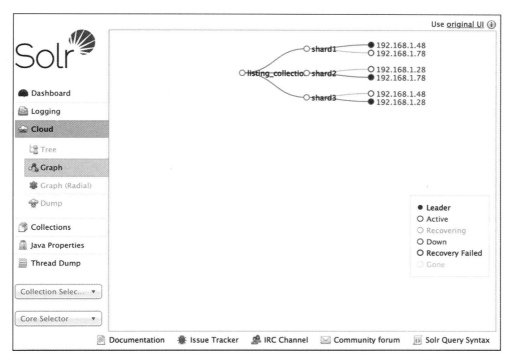

图 4-38　Solr Cloud 的概况，三台机器都处于绿色正常的状态，共承载了 6 份分片

在任意一台机器上，选择 collection 中的 schema 分页进行查看，你将看到字段的定义等配置和之前单机的一致，例如图 4-39 中，字段 listing_title 也是采用了 IK 中文分词和同义词 filter。而且，这个 schema 的配置和其他两台机器上的配置也是完全一样的。ZooKeeper 的管理生效了。

在 DIH 配置好的 iMac2015 上，再次执行基于 DIH 的索引。在建立索引的过程中，Solr Cloud 将在集群内自动地同步和分发索引的分片。索引完毕后，挑选某台机器上的某个核心（或者说是分片），你将发现该分片只包含了三分之一左右的商品，大约 9000 多件，这和 3 份切片的设置是一致的，如图 4-40 所示。

虽然每份分片只有部分数据，但是 Solr Cloud 在查询的时候会聚合不同机器返回的结果。保证查询结果的完整性，图 4-41 显示搜索"listing_title: 西红柿"的结果数仍然为 74。

9. SolrCloud 集群和 Solr 单机的比较

从索引和查询的功能上来看，单机和集群式的 Solr 并没有什么区别。不过，集群会提供更好的容灾性。例如，我们特意将 iMac2015 上的 Solr 服务关闭，你将看到如图 4-42 所示的

Cloud 状态，iMac2015 所对应的 IP 192.168.1.48 已经变灰，表示无法服务。但是，由于索引的分片都是两个副本，因此由于 iMac2015 下线而受到影响的分片 shard1 和 shard3，都可以在另外两台机器上找到备份，用于查询的聚合，因此最终结果不会受到影响。这种情况下，你可以尝试不同的查询条件，看看结果是否会有遗漏——答案当然是"不会"。

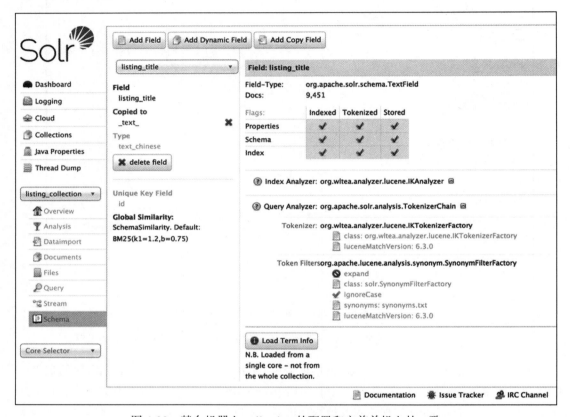

图 4-39　某台机器上 collection 的配置和之前单机上的一致

此外，集群拥有更多的硬件资源，因此正常情况下可以提供更好的性能。为了证明这点，这里我们将采用一款常用的自动化测试工具——Apache JMeter，分别对单机的 Solr 和 Solr Cloud 集群进行测试。JMeter 中的每个任务都由测试计划（Test Plan）来组成，每个测试计划又包含了各种元素（Elements），我们可以通过组合不同的元素，来构造定制的测试计划。有关 JMeter 的更多介绍，请参看《大数据架构商业之路》的 7.2.3 节。

目前，JMeter 最新的可下载版本为 3.1，可以通过如下链接下载：

http://jmeter.apache.org/download_jmeter.cgi

解压后，运行目录中 bin/jmeter 命令，会显示如图 4-43 所示的主界面，首先在主界面建立测试计划。

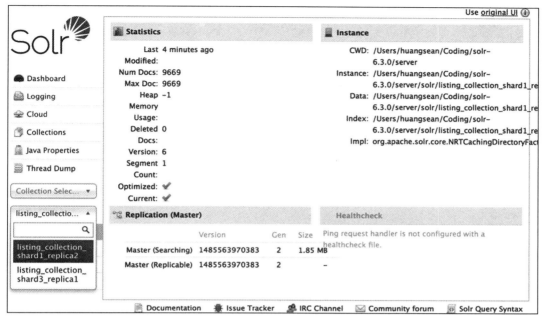

图 4-40　某台机器上的某个分片，承载了三分之一的数据

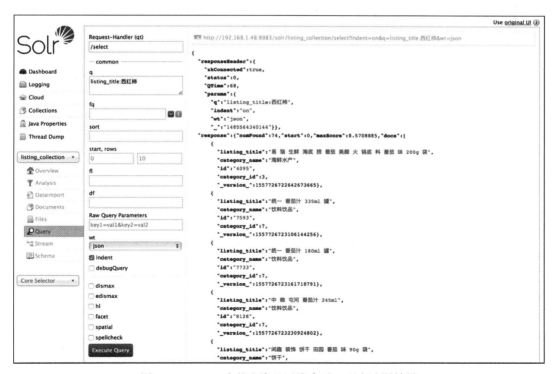

图 4-41　Cloud 中的查询经过聚合后，不会遗漏结果

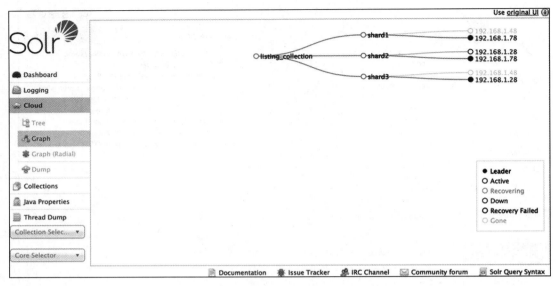

图 4-42　iMac2015（192.168.1.48）的宕机，尚不会影响查询的完整性

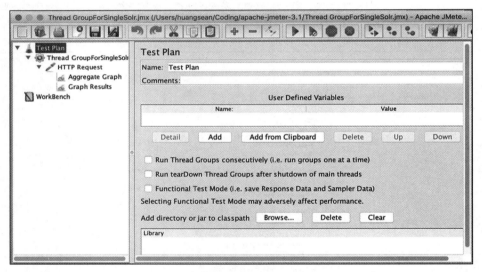

图 4-43　建立测试计划

　　然后在测试计划中增加线程组，并将其命名为 Thread Group For Solr，如图 4-44 所示。常用的配置是线程数，也可以认为是并发数，这里设置为 30，还有将循环次数设置为 5000 次。

　　接着，在线程组 Thread Group For Solr 中增加样例生成器 HTTP Request，如图 4-45 所示。常用的配置是服务器 IP、端口和 HTTP 请求路径。首先是通过 iMac2015 自己对部署在其上的单机版 Solr 进行测试，因此服务器 IP 是 127.0.0.1，端口是 8983，路径是 /solr/listing_new/select?indent = on&q = *:*&wt = json，以及请求方式，这里是 POST。

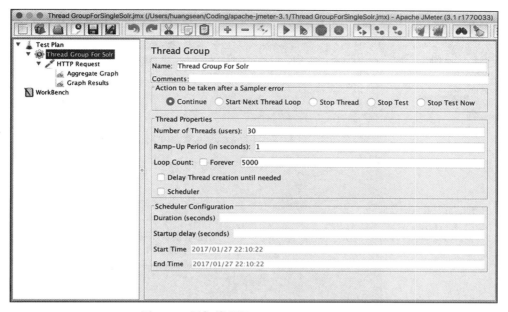

图 4-44　添加线程组 Thread Group For Solr

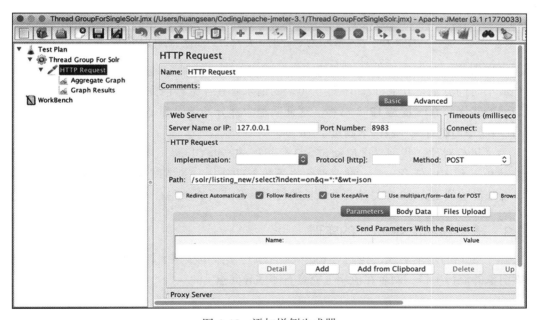

图 4-45　添加样例生成器

这样，我们就完成了一个最基本的测试计划，点击工具栏上绿色三角形的"启动"按钮就可以开始进行测试。JMeter 将按照配置，产生 30 个并发线程，请求链接如下：

http://127.0.0.1:8983/solr/listing_new/select?indent = on&q = *:*&wt = json

并循环测试 5000 次。点击 "Aggregate Graph"，得到的结果如图 4-46 所示。

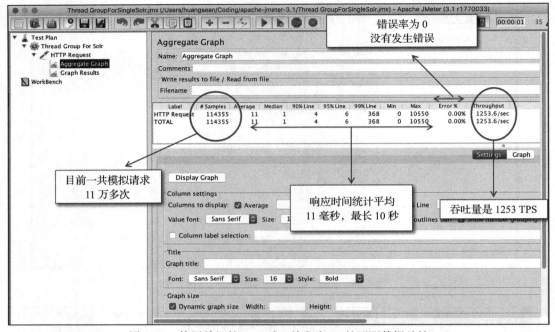

图 4-46 使用单机的 Solr 时，并发为 30 的压测数据总结

可以看到，在十多万次的模拟请求中，响应时间平均是 11 毫秒，中位数是 1 毫秒，最大和最小时间分别是 0 毫秒和 10 秒，90% 的请求是在 4 毫秒内完成的。没有出现超时或无法访问的错误，吞吐量是 1253 每秒。这证明绝大部分的请求都是在近乎 0 毫秒的时间内完成的[一]，但是仍然有极少数请求超过了 10 秒。

为了进行对比，我们再次启动包含 3 台机器的 Solr Cloud，然后将 HTTP 请求的服务器 IP 修改为三台中的任意一个，此时就会发挥集群的作用，参考图 4-47 你会发现性能有所提升，吞吐量达到了 2800 多每秒，而最长的耗时降低到了 5 秒左右。

4.6.3 基于 Elasticsearch 的实现

除了 Solr 的基本实践，我们对 Elasticsearch 的实践也很感兴趣。下面就来看看作为开源搜索引擎的流行项目，两者在应用上究竟有哪些异同点。

1. Elasticsearch 的准备

样，我们首先将使用 iMac2015 这台机器部署单机版的 Elasticsearch。你可以在 https://www.elastic.co/downloads/elasticsearch 下载最新版本的 Elasticsearch 压缩包，这里使用的是 5.1.2 版。

⊖ 这主要是因为请求路径没有发生变化，全部命中了 Solr 的缓存。

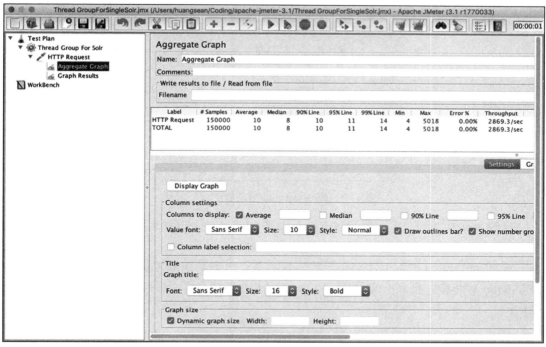

图 4-47　使用 3 台机器组成 Solr Cloud 时，并发为 30 的压测数据总结

这里稍微说明一下 Elasticsearch 的版本问题。2016 年 10 月 Elasticsearch 的 5.0 版正式发布，在此之前，其版本一直是 2.x。为什么有如此大的版本跨度？对 Elasticsearch 有所了解的读者可能会知道，Elasticsearch 一直以来和 LogStash、Kibana 组成了 ELK Stack，为大型日志系统提供一站式的解决方案。最近，Elasticsearch 的开发者们正在努力整合 ELK 及 Beats，为此需要统一大家的版本号，而到了 2016 年 Kibana 的版本已经达到了 4.x，因此最终所有子项目的版本号都直接上升到了 5.x。而 Elasticsearch 5.1.2 和 Solr 6.3 版本一样，也使用了 Lucene 6.3 作为其底层。

将下载后的包解压到 /Users/huangsean/Coding/ 目录中之后，设置环境变量如下：

```
export ES_HOME=/Users/huangsean/Coding/elasticsearch-5.1.2
export PATH=$PATH:$ES_HOME/bin
```

环境变量生效之后，Elasticsearch 的服务启动也是非常简单的，使用如下代码即可：

```
[huangsean@iMac2015:/Users/huangsean/Coding/elasticsearch-5.1.2/bin]elasticsearch
[2017-01-29T18:17:06,543][INFO ][o.e.n.Node               ] [] initializing ...
[2017-01-29T18:17:06,615][INFO ][o.e.e.NodeEnvironment    ] [mWpgtJm] using [1]
data paths, mounts [[/ (/dev/disk1)]], net usable_space [143gb], net total_space
[464.7gb], spins? [unknown], types [hfs]
...
```

系统提示表明 Elasticsearch 服务已经启动成功，运行在默认端口 9200 上，访问链接

http://localhost:9200，你将得到类似图 4-48 的截屏。

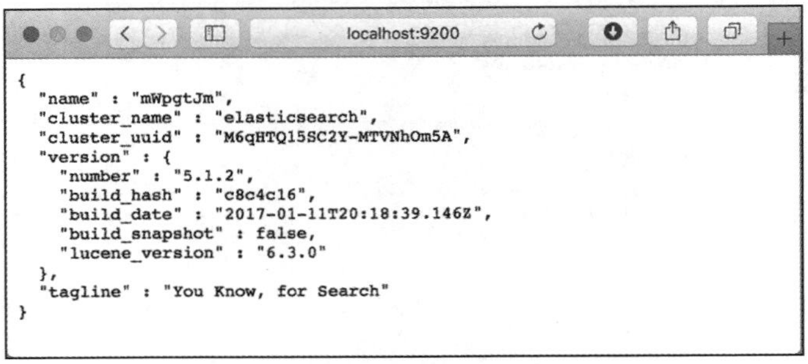

图 4-48 Elasticsearch 启动后的欢迎信息

从图 4-48 中你可以看出，相对于 Solr 而言，Elasticsearch 提供的信息更加简洁，都是基于文字的版本信息，包括集群名称、ID、版本，等等。

在 Elasticsearch 中索引文档也是相当直观和简单的。如果需要在索引 temp_index 中的类型 temp_type 中，创建一篇系统 id（_id）为 1 的文档，那么可以使用 curl 命令进行如下操作：

```
[huangsean@iMac2015:/Users/huangsean/Coding/elasticsearch-5.1.2]curl -XPUT
'localhost:9200/temp_index/temp_type/1?pretty' -H 'Content-Type: application/json' -d
'{"id":"-1", "listing_title":"测试商品 ", "category_id":"-1", "category_name":"测试目录 "}'
{
    "_index" : "temp_index",
    "_type" : "temp_type",
    "_id" : "1",
    "_version" : 1,
    "result" : "created",
    "_shards" : {
        "total" : 2,
        "successful" : 1,
        "failed" : 0
    },
    "created" : true
}
```

该命令直接访问了 localhost:9200/temp_index/temp_type/1 的端点，指定了索引名、类型名和系统 id。Solr 中是没有设计类型（type）的。Elasticsearch 让用户在同一个索引中定义不同的类型，以便从逻辑上区分多个数据的集合，可以认为其是另一个额外的字段。而参数 pretty 格式化了系统执行后返回的结果，-d 后的内容就是要索引的文档内容，以 JSON 格式传送。从返回结果可以看出，Elasticsearch 已经成功地创建了该文档。你会发现，这里并没有像 Solr 的 schema 那样定义字段的类型，等等。Elasticsearch 是支持默认的字段定义，被称为映射（mapping）。当索引一篇文章的时候，系统会根据一定的规则自行判断。如此设计的好处在于简化了使用者的操作，问题在于可能会使初学者忽视一些字段定义的问题，导致潜在的问题。我们可以访问这个链接查看目前的映射：

http://localhost:9200/temp_index/

查看的结果类似于图 4-49 [⊖]，从图中你将看到 category_id、category_name、id 和 listing_title 字段的类型都是"text"。而整个索引有两份分片（shard）和 1 个副本（replica）。

```
1    // 20170129195832
2    // http://localhost:9200/temp_index/
3
4 ▾ {
5      "temp_index": {
6 ▾      "aliases": {
7
8        },
9 ▾      "mappings": {
10 ▾       "temp_type": {
11 ▾         "properties": {
12 ▾           "category_id": {
13              "type": "text",
14 ▾            "fields": {
15 ▾              "keyword": {
16                  "type": "keyword",
17                  "ignore_above": 256
18                }
19              }
20            },
21 ▾           "category_name": {
22              "type": "text",
23 ▾            "fields": {
24 ▾              "keyword": {
25                  "type": "keyword",
26                  "ignore_above": 256
27                }
28              }
29            },
30 ▾           "id": {
31              "type": "text",
32 ▾            "fields": {
33 ▾              "keyword": {
34                  "type": "keyword",
35                  "ignore_above": 256
36                }
37              }
38            },
39 ▾           "listing_title": {
40              "type": "text",
41 ▾            "fields": {
42 ▾              "keyword": {
43                  "type": "keyword",
44                  "ignore_above": 256
45                }
46              }
47            }
48          }
49        }
50      },
51 ▾     "settings": {
52 ▾       "index": {
53          "creation_date": "1485748102091",
54          "number_of_shards": "5",
55          "number_of_replicas": "1",
56          "uuid": "sLU1Zl01RLK7bIhrLYKdtQ",
57 ▾        "version": {
58            "created": "5010299"
59          },
60          "provided_name": "temp_index"
61        }
62      }
63    }
64  }
```

图 4-49　Elasticsearch 为 temp_index 生成的默认映射

你还可以通过下述链接访问刚刚索引的文档：

http://localhost:9200/temp_index/temp_type/1

结果如图 4-50 所示，之前 curl 命令传送的 JSON 内容已经被索引为一篇 Elasticsearch 的

⊖　为了便于阅读，建议在浏览器中安装浏览 JSON 的插件，例如 Chrome 中的 JSON Viewer。

文档。

图 4-50 在 Elasticsearch 中索引的第一篇文档

通过下述命令，我们再次索引两篇文档：

```
[huangsean@iMac2015:/Users/huangsean/Coding/elasticsearch-5.1.2]curl -XPUT
'localhost:9200/temp_index/temp_type/2?pretty' -H 'Content-Type: application/json' -d
'{"id":"-2", "listing_title":"样例商品", "category_id":"-2", "category_name":"样例目录"}'
{
    "_index" : "temp_index",
    "_type" : "temp_type",
    "_id" : "2",
    "_version" : 1,
    "result" : "created",
    "_shards" : {
        "total" : 2,
        "successful" : 1,
        "failed" : 0
    },
    "created" : true
}
[huangsean@iMac2015:/Users/huangsean/Coding/elasticsearch-5.1.2]curl -XPUT
'localhost:9200/temp_index/temp_type/3?pretty' -H 'Content-Type: application/json' -d
'{"id":"-3", "listing_title":"测试商品2", "category_id":"-1", "category_name":"测试目录"}'
{
    "_index" : "temp_index",
    "_type" : "temp_type",
    "_id" : "3",
    "_version" : 1,
    "result" : "created",
    "_shards" : {
        "total" : 2,
        "successful" : 1,
        "failed" : 0
    },
    "created" : true
}
```

Elasticsearch 的查询也很简单，可以访问相应的索引和类型的 _search 端口。例如，查询 temp_index 中全部的文档：

http://localhost:9200/temp_index/_search

然后查询 temp_index 中 temp_type 的全部文档：

http://localhost:9200/temp_index/temp_type/_search

由于目前 temp_index 中只有一个类型 temp_type，所以两者的搜索结果一致。如果需要指定关键词，那么可以使用 q 参数，默认搜索全部字段：

http://localhost:9200/temp_index/temp_type/_search?q = 测试

2. 连接 MySQL 和 Elasticsearch

和 Solr 相比，将 MySQL 等数据库中的数据导入 Elasticsearch 是比较麻烦的。目前为止，Elasticsearch 自身并未提供类似 DIH 的数据导入功能，需要依赖第三方插件。在 Elasticsearch 2.x 版本时代，比较流行的插件包括 elasticsearch-jdbc 和 go-mysql-elasticsearch，其使用方法和 Solr 的 DIH 比较相似。但是到了 5.x 版本，尚无直接可用的兼容性插件。下面我们介绍一种利用 Elasticsearch 批处理接口的过渡方法。

什么是 Elasticsearch 的批量处理接口？之前我们的 3 个索引示例中每次只索引一篇文档。如此大规模的数据处理，将使得应用程序必须等待 Elasticsearch 的答复才能继续，由此也导致了性能上的损失，而我们需要更快的索引速度。Elasticsearch 提供了批量的 bulk API，让你可以每次索引多篇文档，操作完成之后，你将获得包含全部索引请求结果的答复。为了实现这个目标，你需要发送 HTTP POST 请求到 _bulk 端点，访问一定格式的数据。图 4-51 展示了该格式的样例，它的要求具体如下。

```
~/Coding/elasticsearch-5.1.2/bulk.index.test.txt
1  { "index" : { "_index" : "temp_index", "_type" : "temp_type" } }
2  { "id" : "-11", "listing_title" : "批量处理1", "category_id" : "-5", "category_name" : "批量处理目录" }
3  { "index" : { "_index" : "temp_index", "_type" : "temp_type" } }
4  { "id" : "-12", "listing_title" : "批量处理2", "category_id" : "-5", "category_name" : "批量处理目录" }
5  { "index" : { "_index" : "temp_index", "_type" : "temp_type" } }
6  { "id" : "-13", "listing_title" : "批量处理3", "category_id" : "-5", "category_name" : "批量处理目录" }
7  { "index" : { "_index" : "temp_index", "_type" : "temp_type" } }
8  { "id" : "-14", "listing_title" : "批量处理4", "category_id" : "-5", "category_name" : "批量处理目录" }
9  { "index" : { "_index" : "temp_index", "_type" : "temp_type" } }
10 { "id" : "-15", "listing_title" : "批量处理5", "category_id" : "-5", "category_name" : "批量处理目录" }
11 |
```

图 4-51　_bulk 端点所处理的数据格式

❑ 每个索引请求均由两个 JSON 对象组成，由换行符分隔开来：第一个对象是索引（index）⊖操作和元数据（_index 和 _type 表示每篇文档索引到何处），另一个是文档的具体内容。

❑ 每行只有一个 JSON 文档。这意味着每行均需要使用换行符（\n，或者是 ASCII 码10）结尾，包括整个 bulk 请求的最后一行。

将此内容保存到名为"bulk.index.test.txt"的文件，使用 Elasticsearch 的 _bulk 端点读取

⊖　你也可以使用更新（update）和删除（delete），一次处理多篇文档。

该文件内容，具体如下。

```
[huangsean@iMac2015:/Users/huangsean/Coding/elasticsearch-5.1.2]curl -s -XPOST
localhost:9200/_bulk --data-binary "@bulk.index.test.txt"
{"took":6,"errors":false,"items":[{"index":{"_index":"temp_index","_
type":"temp_type","_id":"AVnw_HNUF9ONGgYB2ROC","_version":1,"result":"created","_
shards":{"total":2,"successful":1,"failed":0},"created":true,"status":201}},{"i
ndex":{"_index":"temp_index","_type":"temp_type","_id":"AVnw_HNUF9ONGgYB2ROD","_
version":1,"result":"created","_shards":{"total":2,"successful":1,"failed":0}
,"created":true,"status":201}},{"index":{"_index":"temp_index","_type":"temp_
type","_id":"AVnw_HNUF9ONGgYB2ROE","_version":1,"result":"created","_shards
":{"total":2,"successful":1,"failed":0},"created":true,"status":201}},{"ind
ex":{"_index":"temp_index","_type":"temp_type","_id":"AVnw_HNUF9ONGgYB2ROF","_
version":1,"result":"created","_shards":{"total":2,"successful":1,"failed":0},"cr
eated":true,"status":201}},{"index":{"_index":"temp_index","_type":"temp_type","_
id":"AVnw_HNUF9ONGgYB2ROG","_version":1,"result":"created","_shards":{"total":2,"su
ccessful":1,"failed":0},"created":true,"status":201}}]}
```

操作返回的结果是一个 JSON 对象，包含了索引花费的时间，以及针对每个操作的回复。还有一个名为 errors 的字段，表示是否有任何一个操作失败了。此处使用了自动的 _id 生成，操作 index 会被转变为 create。如果一篇文档由于某种原因无法索引，那么这并不意味着整个 bulk 批量操作都失败了，因为同一个 bulk 中的各项均是彼此独立的。在实际应用中，你可以使用回复的 JSON 来确定哪些操作成功了，哪些操作失败了。完整的 bulk.index.test.txt 文件位于：

https://github.com/shuang790228/BigDataArchitectureAndAlgorithm/blob/master/Search/
Elasticsearch/bulk.index.test.txt

万事俱备，只需要准备真实的批量 JSON 对象即可了。我们使用 Java 代码，逐步读取 MySQL 中 sys.listing_segmenteds_shuffled 表格中的记录，拼装 JSON 对象并写入结果文件。首先建立 Maven 的 Java 项目，在 pom.xml 文件中加入 MySQL 的依赖包：

```
<!-- https://mvnrepository.com/artifact/mysql/mysql-connector-java -->
<dependency>
    <groupId>mysql</groupId>
    <artifactId>mysql-connector-java</artifactId>
    <version>6.0.5</version>
</dependency>
```

然后，仿照下面的代码创建处理函数：

```
public void process(String sqlConnectionUrl, String outputFileName) {

        Connection conn = null;
        PrintWriter pw = null;

        try {

            // 使用 MySQL 的驱动器，需要在 pom.xml 中指定依赖的 mysql 包
```

```
com.mysql.jdbc.Driver driver = new com.mysql.jdbc.Driver();
// 一个 Connection 进行一个数据库连接
conn = DriverManager.getConnection(sqlConnectionUrl);
// Statement 里面带有很多方法，比如 executeUpdate 可以实现插入、更新和删除等
Statement stmt = conn.createStatement();

// 保存输出的文件
pw = new PrintWriter(new FileWriter(outputFileName));

int batch = 1000;      // 每次读取 1000 条记录并写入输出文件
int start = 0;
String jsonLine1 = "{ \"index\" : { \"_index\" : \"listing_new\",
\"_type\" : \"listing\" } }";


while (true) {

    String sql = String.format("SELECT * FROM listing_segmented_
    shuffled limit %d, %d",
            start, batch);
    ResultSet rs = stmt.executeQuery(sql);
    // executeQuery 语句会返回 SQL 查询的结果集

    int returnCnt = 0;
    while (rs.next()) {

        // 读取记录并拼装 JSON 对象
        long listing_id = rs.getLong("listing_id");
        String listing_title = rs.getString("listing_title");
        long category_id = rs.getLong("category_id");
        String category_name = rs.getString("category_name");

        String jsonLine2 = String.format("{ \"id\" : \"%d\",
        \"listing_title\" : \"%s\", \"category_id\" : \"%d\",
        \"category_name\" : \"%s\" }",
                listing_id, listing_title, category_id, category_name);

        // 将 JSON 对象写入输出文件
        pw.println(jsonLine1);
        pw.println(jsonLine2);

        returnCnt ++;
    }

    if (returnCnt < batch) break;   // 没有更多的查询结果了，退出
    start += batch;                 // 查询下一个 1000 条记录
}


pw.close();
```

```
            conn.close();

    } catch (Exception e) {
        // TODO: handle exception
        e.printStackTrace();
    } finally {            // 最后的扫尾工作
        if (pw != null) pw.close();
        if (conn != null)
            try {
                conn.close();
            } catch (SQLException e) {
                // TODO Auto-generated catch block
                e.printStackTrace();
            }
    }

}
```

你可以在这里找到完整的预处理代码：

https://github.com/shuang790228/BigDataArchitectureAndAlgorithm/blob/master/Search/
SearchEngineImplementation/src/main/java/SearchEngine/SearchEngineImplementation/
Elasticsearch/ProcessForMySQL.java

运行代码后，你将获得用于导入的文件 listing-segmented-shuffled-for-elasticsearch.txt。
为了节省时间，你也可以在这里找到该文件：

https://github.com/shuang790228/BigDataArchitectureAndAlgorithm/blob/master/Search/
Elasticsearch/listing-segmented-shuffled-for-elasticsearch.txt

使用该文件，访问 Elasticsearch 的 _bulk 端点：

```
[huangsean@iMac2015:/Users/huangsean/Coding/elasticsearch-5.1.2]curl -s -XPOST
localhost:9200/_bulk --data-binary "@/Users/huangsean/Coding/data/BigDataArchite
ctureAndAlgorithm/listing-segmented-shuffled-for-elasticsearch.txt"
```

访问 http://localhost:9200/listing_new/listing/_search，你将发现 28 706 件商品已经全部写
入 Elasticsearch 的索引 listing_new 中了。

3. 中文分词和同义词

Elasticsearch 默认的分析器对中文的处理同样不佳。可尝试一下 http://localhost:9200/
listing_new/listing/_search?q = category_name: 海水

你会发现和之前 Solr 中的分词案例相仿，分类名称为"海鲜水产"的商品也被返回了。
换言之，Elasticsearch 同样会将中文切成单个的汉字。此外，Elasticsearch 中也一定存在同义
词的问题。好在对于 Elasticsearch 而言，其中文分词和同义词的设置和 Solr 类似。下面我们
就来看一看详细的步骤。

首先来看看如何解决分词问题，从查询阶段入手会比较容易。第一步也是最重要的一步
是，下载 Elasticsearch 的 IKAnalyzer 插件源码并进行编译。原始的 Git 项目位于

https://github.com/medcl/elasticsearch-analysis-ik

为方便起见，你可以直接下载基于上述内容构建的 Eclipse Maven 项目：

https://github.com/shuang790228/BigDataArchitectureAndAlgorithm/tree/master/Search/Elasticsearch/elasticsearch-analysis-ik

编译成功后，你会获得 target/releases/elasticsearch-analysis-ik-5.1.2.zip，将该文件解压到 /Users/huangsean/Coding/elasticsearch-5.1.2/plugins/，然后重启 Elasticsearch 服务，这时查询阶段的 IK 分词器就准备就绪了。不过，为了设置查询时的分析器，我们要稍微调整一下查询的方式。这里，使用 Chrome 浏览器中的 Postman 插件，发送 Elasticsearch 的 match 型查询。如图 4-52 所示，我们使用 HTTP POST，访问 http://localhost:9200/listing_new/listing/_search 端口，并且通过 Body 来设置查询的参数，此时还未指定 IK 分词器，所以结果仍然是大量不相关的内容。在图 4-53 中，我们增加了有关分析器的设定，"海水"不会再被切分为"海"和"水"两个单字。最终，搜索的结果也不再会出现无关的内容。需要注意的是，Solr 中 IK 可以不用设置工作方式，而这里需要将 IK 设置为智能模式（ik_smart）或全词模式（ik_max_word）。智能模式会根据语义，做最粗粒度的划分，比如会将"海鲜水产"拆分为"海鲜"和"水产"。而全词模式会将文本做最细粒度的拆分，穷尽各种可能的组合，比如将"海鲜水产"拆分为"海鲜""水产""海""水"，等等。通常，智能模式的切词意味着搜索会拥有较高的准确率，较低的召回率，而全词模式则反之。

虽然"海水"导致的问题得到了解决，但是此时针对 category_name 字段搜索"海鲜"却不能返回相关的结果。这是由于目前索引阶段的分词还没有更正。由于修改索引阶段的分析器之后，需要重建索引，因此首先需要删除原有的 listing_new 索引：

```
curl -XDELETE 'http://localhost:9200/listing_new/'
```

此时，在重建索引之前，我们需要手工设置 mapping，而不能再使用系统提供的默认值。还是使用同样的 Elasticsearch 的 IKAnalyzer 插件和智能模式，向 http://localhost:9200/listing_new/ 端点发送 PUT 请求，具体内容如下：

```
{
    "settings" : {
        "analysis" : {
            "analyzer" : {
                "ik" : {
                    "tokenizer" : "ik_smart"
                }
            }
        }
    },
    "mappings" : {
        "listing" : {
            "dynamic" : true,
            "properties" : {
                "listing_title" : {
```

```
            "type" : "text",
            "analyzer" : "ik"
        },
        "category_name" : {
            "type" : "text",
            "analyzer" : "ik"
        },
        "listing_id" : {
            "type" : "long"
        },
        "category_id": {
            "type": "long"
        }
    }
  }
 }
}
```

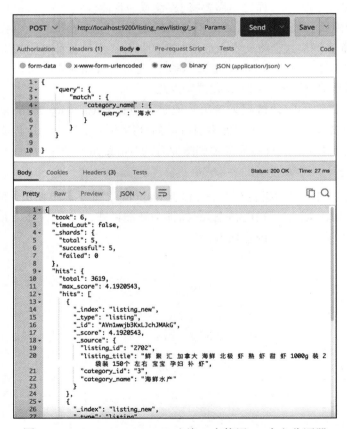

图 4-52　Elasticsearch match 查询，未使用 IK 中文分词器

其 mapping 设置的结果如图 4-54 所示。

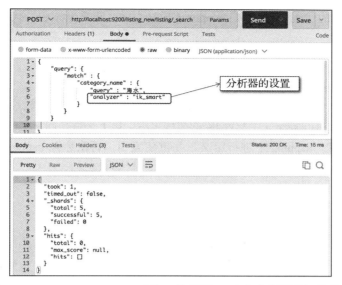

图 4-53　Elasticsearch match 查询，使用了 IK 中文分词器的智能模式

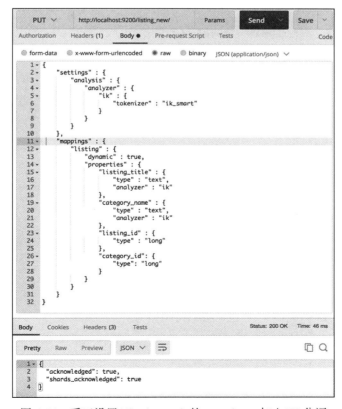

图 4-54　手工设置 Elasticsearch 的 mapping，加入 IK 分词

从图 4-54 返回的代码可以看出，mapping 成功生效，再重新索引，代码如下：

```
[huangsean@iMac2015:/Users/huangsean/Coding/elasticsearch-5.1.2]curl -s -XPOST
localhost:9200/_bulk --data-binary
"@/Users/huangsean/Coding/data/BigDataArchitectureAndAlgorithm/listing-segmented-
shuffled-for-elasticsearch.txt"
```

之后，在字段 category_name 中查询"海鲜"就会返回合理的结果。

理解了如何在 Elasticsearch 中配置 IK 的插件之后，接下来就是同义词的部分。Elasticsearch 的同义词需要在映射 mapping 中进行定义，并重建索引。再次删除 listing_new 索引，然后向 http://localhost:9200/listing_new/ 端点发送 PUT 请求，具体内容如下：

```
{
    "settings" : {
        "analysis" : {
            "analyzer" : {
                "ik_synonym" : {
                "tokenizer" : "ik_smart",
                "filter" : ["synonym"]
                }
            },
            "filter" : {
                "synonym" : {
                    "type" : "synonym",
                    "synonyms_path" : "synonyms.txt"
                }

            }
        }
    },
    "mappings" : {
        "listing" : {
            "dynamic" : true,
            "properties" : {
                "listing_title" : {
                    "type" : "text",
                    "analyzer" : "ik_synonym"
                },
                "category_name" : {
                    "type" : "text",
                    "analyzer" : "ik_synonym"
                },
                "listing_id" : {
                    "type" : "long"
                },
                "category_id": {
                    "type": "long"
                }
            }
        }
    }
}
```

图 4-55 展示了增加同义词过滤器之后，映射 mapping 设置的结果。

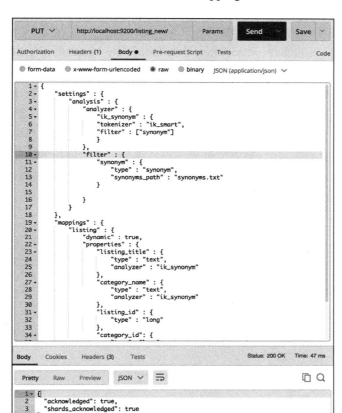

图 4-55　手工设置 mapping，加入同义词过滤器

这里的 synonyms.txt 是位于 /Users/huangsean/Coding/elasticsearch-5.1.2/config/ 的同义词文件，你可以手动生成该文件并在其中加入类似 Solr 的同义词词条，例如 "西红柿 => 番茄"。重启 Elasticsearch 并重建索引之后，再次实验 listing_title 字段上的关键词查询，你将发现搜索 "西红柿" 和 "番茄" 的结果变得一致了。

4. 基于 Aggregation 的类目或属性导航

与 Solr 的切面（Facet）类似，Elasticsearch 使用聚集（aggregation）来实现某个字段值的分组，它同样可以用于搜索结果的类目、属性筛选或导航。不过，Elasticsearch 的聚集类型繁多，更为强大，可以支持多纬度、相互嵌套的聚集，以及聚集结果上的基本数据统计。其中，最基本的是词条聚集（Terms Aggregation），它是桶型聚集（Bucket Aggregation）的一种，语法示例如下：

```
"aggs" : {
    "categories" : {
```

```
            "terms" : { "field" : "category_name" }
        }
    }
```

其中，aggs 是聚集的缩写，categories 是聚集的名称，terms 则指定聚集为词条型，根据字段上的词条进行聚集，field 指定了被聚集的字段 category_name。但是，执行之后我们很快就会看到如图 4-56 所示的错误信息，表示 text 类型的字段在默认情况下是没有打开字段数据（Fielddata）的。原来，对于和查询相匹配的每篇文档，聚集操作都必须处理其中的词条，这就需要从文档 ID 到词条的映射关系。因此，Elasticsearch 需要将倒排索引再次反转，以获得被称为字段数据的结构。字段数据要处理的词条越多，它所使用的内存也就越多。你要确保 Elasticsearch 能够提供足够大的堆空间，尤其是当你在大量文档上进行聚集的时候，这可以认为是聚集强大功能的一种代价。

图 4-56 被聚集字段 category_name 不是字段数据，无法聚集

因此，为了实现聚集，我们需要为等待聚集的字段打开字段数据。再次删除索引，创建新的映射 mapping，其中加粗、斜体的设置是为字段数据而新增的部分：

```
{
    "settings" : {
        "analysis" : {
            "analyzer" : {
                "ik_synonym" : {
                    "tokenizer" : "ik_smart",
                    "filter" : ["synonym"]
                }
            },
            "filter" : {
                "synonym" : {
                    "type" : "synonym",
                    "synonyms_path" : "synonyms.txt"
                }

            }
        }
    },
    "mappings" : {
        "listing" : {
            "dynamic" : true,
            "properties" : {
                "listing_title" : {
                    "type" : "text",
                    "analyzer" : "ik_synonym"
                },
                "category_name" : {
                    "type" : "text",
                    "analyzer" : "ik_synonym",
                    "fielddata" : true
                },
                "listing_id" : {
                    "type" : "long"
                },
                "category_id": {
                    "type": "long"
                }
            }
        }
    }
}
```

映射创建完毕之后，可依照之前的步骤重建索引。最后，如图 4-57 所示，在查询上进行聚集操作，你将得到类似 Solr 切面的效果。

"小明哥，目前来看，Solr 和 Elasticsearch 的使用比较相似啊。"

"没错，两者都是基于 Lucene 的强大扩展和延伸，从功能上来看也比较相似。不过，对于初学者而言，Solr 的 schema 管理要比 Elasticsearch 的映射更简单易懂，可视化的管理界面也更为友好。而对于较为资深的程序设计者而言，Elasticsearch 的功能则更为强大，使用起来也更为灵活一些。下面，我们就来看看 Elasticsearch 集群的搭建和 Solr 有何不同。"

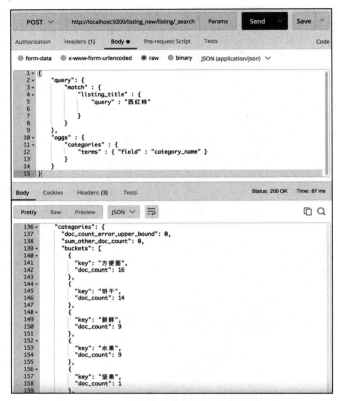

图 4-57 Elasticsearch 的聚集和 Solr 的切面效果相似

5. Elasticsearch 的集群搭建

Elasticsearch 集群的建立也是非常直观的，首先从第 1 个节点开始。为了观察集群的状态，首先通过 HTTP DELETE 删除之前所有的测试索引，并停止 Elasticsearch 服务。然后在 iMac2015 这台机器上，修改 Elasticsearch 启动的配置文件

/Users/huangsean/Coding/elasticsearch-5.1.2/config/elasticsearch.yml

在其中加入集群的名称和节点名称：

```
# --------------------------------- Cluster ---------------------------------
#
# 设置集群名称：
#
cluster.name: "ECommerce"
#
# --------------------------------- Node ---------------------------------
#
# 设置节点名称：
```

```
#
node.name: "iMac2015"
...
...
...
# 设置网络 IP
#
network.host: 192.168.1.48
network.bind_host: 192.168.1.48
network.publish_host: 192.168.1.48
#
# Set a custom port for HTTP:
#
#http.port: 9200
#
# For more information, consult the network module documentation.
#
# ------------------------------- Discovery -----------------------------------
#
# Pass an initial list of hosts to perform discovery when new node is started:
#The default list of hosts is ["127.0.0.1", "[::1]"]
#
# Prevent the "split brain" by configuring the majority of nodes (total number
of master-eligible nodes / 2 + 1):
# 防止脑裂的设置
#
discovery.zen.minimum_master_nodes: 2
discovery.zen.ping_timeout: 120s
...
...
...
```

完整的配置样例可参见：

https://github.com/shuang790228/BigDataArchitectureAndAlgorithm/blob/master/Search/
Elasticsearch/elasticsearch.yml

保持配置文件，重新启动 Elasticsearch，访问 http://
localhost:9200/_cluster/health，你将发现类似于图 4-58 所
示的结果，从中可以看出集群的名被称修改为"ECom-
merce"，而状态为"green"（绿色），表示正常。由于尚
未建立任何索引，所以分片的数量都为 0。

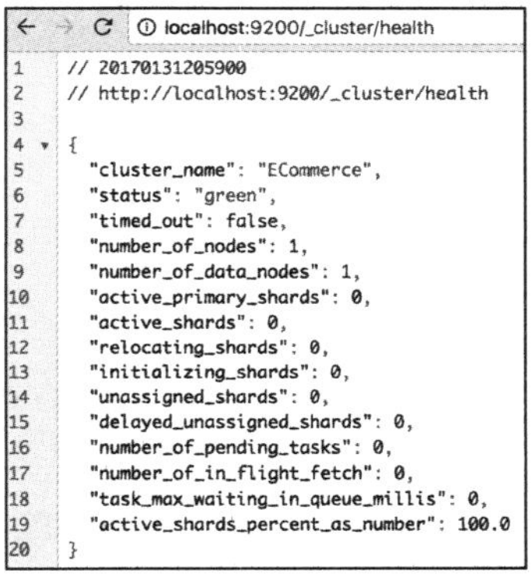

最新的 5.x 版本中，Elasticsearch 不允许在 elastic-
search.yml 中修改索引级别的设置，包括分片和副本的
数量。如果要修改默认值，那么需要在建立新索引时
进行修改。可使用手动的方式建立映射 mapping，注意
加入下面粗体、斜体的部分，它们表示副本的数量为

```
1  // 20170131205900
2  // http://localhost:9200/_cluster/health
3
4  ▼ {
5      "cluster_name": "ECommerce",
6      "status": "green",
7      "timed_out": false,
8      "number_of_nodes": 1,
9      "number_of_data_nodes": 1,
10     "active_primary_shards": 0,
11     "active_shards": 0,
12     "relocating_shards": 0,
13     "initializing_shards": 0,
14     "unassigned_shards": 0,
15     "delayed_unassigned_shards": 0,
16     "number_of_pending_tasks": 0,
17     "number_of_in_flight_fetch": 0,
18     "task_max_waiting_in_queue_millis": 0,
19     "active_shards_percent_as_number": 100.0
20  }
```

图 4-58   Elasticsearch 集群的初始状态

1，分片的数量为 3：

```
{
    "settings" : {
        "index.number_of_replicas" : "1",
        "index.number_of_shards" : "3",
        "analysis" : {
            "analyzer" : {
                "ik_synonym" : {
                    "tokenizer" : "ik_smart",
                    "filter" : ["synonym"]
                }
            },
            ...
}
```

请注意，Elasticsearch 副本设置的含义和 Solr 有所不同，它并不包含主分片。所以这里将副本设置为 1，再加上主分片共有两个副本可以用于服务请求。如果将副本设置为 n，那么一共有 $n + 1$ 个副本可用。发送 HTTP PUT 请求之后，结果就如图 4-59 所示，Elasticsearch 提示操作成功。

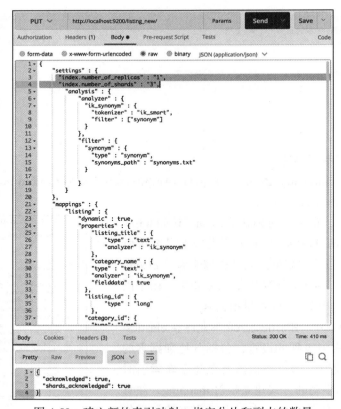

图 4-59　建立新的索引映射，指定分片和副本的数量

此时访问 http://localhost:9200/_cluster/health，你将发现一些变化，如图 4-60 所示。目前为新的索引设定了 3 份分片，但是尚无索引数据，因此没有分配任何分片，集群的状态也是"yellow"（黄色）。

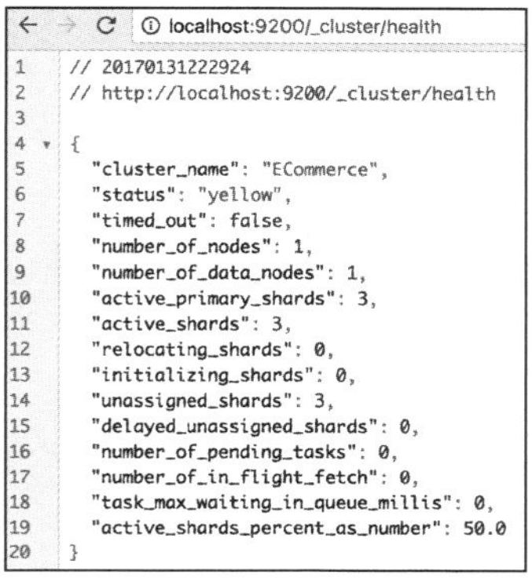

```
1   // 20170131222924
2   // http://localhost:9200/_cluster/health
3
4 ▾ {
5       "cluster_name": "ECommerce",
6       "status": "yellow",
7       "timed_out": false,
8       "number_of_nodes": 1,
9       "number_of_data_nodes": 1,
10      "active_primary_shards": 3,
11      "active_shards": 3,
12      "relocating_shards": 0,
13      "initializing_shards": 0,
14      "unassigned_shards": 3,
15      "delayed_unassigned_shards": 0,
16      "number_of_pending_tasks": 0,
17      "number_of_in_flight_fetch": 0,
18      "task_max_waiting_in_queue_millis": 0,
19      "active_shards_percent_as_number": 50.0
20  }
```

图 4-60　Elasticsearch 集群的状态发生了变化，主分片数变为 3

接下来，启动另外两个节点 MacBookPro2013 和 MacBookPro2012，elasticsearch.yml 的内容基本和 iMac2015 节点上的类似，只是需要修改相应的节点名称和 IP 地址：

```
# ------------------------------- Cluster -------------------------------
#
# 设置集群名称：
#
cluster.name: "ECommerce"
#
# ------------------------------- Node -------------------------------
#
# 设置节点名称：
#
node.name: "MacBookPro2013"
...
...
...
# 设置网络 IP
#
network.host: 192.168.1.28
network.bind_host: 192.168.1.28
network.publish_host: 192.168.1.28
...
...
...

# ------------------------------- Cluster -------------------------------
#
# 设置集群名称：
```

```
#
cluster.name: "ECommerce"
#
# ------------------------------------ Node ------------------------------------
#
# 设置节点名称：
#
node.name: "MacBookPro2012"
...
...
...
# 设置网络 IP
#
network.host: 192.168.1.78
network.bind_host: 192.168.1.78
network.publish_host: 192.168.1.78
...
...
...
```

成功启动另外两个节点之后，访问 http://localhost:9200/_cluster/health，你将看到类似图 4-61 的结果，表明 3 个节点都已经准备就绪。这时你可能会奇怪，我们并没有像 Solr 等项目那样配置 ZooKeeper，那么 Elasticsearch 的各个节点是如何自动连接上的呢？实际上，Elasticsearch 节点使用了两种不同的方式来发现另外一个节点：广播或单播。Elasticsearch 可以同时使用两者，不过默认的配置是仅使用广播。当 Elasticsearch 启动的时候，它发送了广播的 ping 请求，而其他的 Elasticsearch 节点如果使用了同样的集群名称，就会响应这个请求。因此，这里需要特别注意，要确保修改 elasticsearch.yml 配置文件中的 cluster.name 设置，将默认的 elasticsearch 修改为一个更为具体的名称，以免和他人的集群节点相互混淆。如果你想要使用更为定向的单播模式，可以在 elasticsearch.yml 文件中进行类似如下的设置：

```
// http://localhost:9200/_cluster/health

{
  "cluster_name": "ECommerce",
  "status": "yellow",
  "timed_out": false,
  "number_of_nodes": 3,
  "number_of_data_nodes": 3,
  "active_primary_shards": 3,
  "active_shards": 3,
  "relocating_shards": 0,
  "initializing_shards": 0,
  "unassigned_shards": 3,
  "delayed_unassigned_shards": 0,
  "number_of_pending_tasks": 0,
  "number_of_in_flight_fetch": 0,
  "task_max_waiting_in_queue_millis": 0,
  "active_shards_percent_as_number": 50.0
}
```

图 4-61 Elasticsearch 集群状态显示，可用节点数变为 3

```
discovery.zen.ping.unicast.hosts: ["192.168.1.48","192.168.1.28","192.168.1.78"]
```

另外，elasticsearch.yml 中需要注意的设置是有关主节点（master node）的设置。由于 Elasticsearch 没有使用 ZooKeeper 的管理，它将自己选举主节点以用于协调集群和数据同步，因此主节点和 ZooKeeper 里的领导（leader）节点类似。当主节点宕机之后，集群中剩下的节点就会选举出新的主节点。不过，当原先的主节点再次恢复时，可能会形成另一个与原集群拥有相同名字的集群，这种情况称为集群的脑裂现象（split-brain）。脑裂将导致集群状态和数据的不一致，影响搜索的服务。因此需要避免脑裂的发生。最简单的做法是只允许 1 台机器作为主节点，而其他节点的 elasticsearch.yml 中都进行 node.master: false 的设置。不过这样就会产生单点故障，失去了集群自我修复的能力。所以强烈建议进行如下设置：

```
discovery.zen.minimum_master_nodes: 2
```

该设置表示要选举出新的主节点，必须要至少 2 个节点参与。根据经验这个值一般设置成 $N/2 + 1$，N 是集群中节点的数量，例如对于这里拥有 3 个节点的集群，minimum_master_nodes 应该被设置成 3/2 + 1 = 2（向下取整）。如果设置少于集群节点总数的大半，将可能产生脑裂现象；如果设置多于节点的总数，当然就会不可能形成集群。

不过如果细心观察，你将会发现即使拥有了 3 个节点，集群的状态还是黄色的。查看日志，可发现类似如下的警告：

```
[2017-02-01T20:01:23,137][WARN ][o.e.c.r.a.DiskThresholdMonitor] [iMac2015]
high disk watermark [90%] exceeded on [fhKFEGr_RVyWP5daMEpVxg][MacBookPro2012][/
Users/huangsean/Coding/elasticsearch-5.1.2/data/nodes/0] free: 18.4gb[3.9%], shards
will be relocated away from this node
```

原来 Elasticsearch 处于磁盘管理的考虑，默认设置了 watermark，watermark.low 默认值为 85%，表示如果某节点的磁盘使用空间达到了 85%，那么不再将其他分片分配到这个节点上，而 watermark.high 默认值为 90%，表示如果某节点的磁盘使用空间达到了 90%，那么将会尝试将该节点上的分片移到其他节点。这原本是很好的预防机制，但在某些场合下过于严苛，例如整体磁盘空间非常大，而 Elasticsearch 索引数据相对较小，完全用不到 10% ~ 15% 的预留。就像这里的测试机，它虽然只剩 3.9% 的空余磁盘，但实际上也达到了 17GB。为此，你需要手动修改配置，将 watermark.low 和 watermark.high 的要求分别降低到 10GB 和 5GB，如图 4-62 所示。

完毕之后，很快就会看到类似如下的日志，显示集群状态变绿：

```
[2017-02-01T20:03:54,166][INFO ][o.e.c.r.a.AllocationService] [iMac2015]
Cluster health status changed from [YELLOW] to [GREEN] (reason: [shards started
[[listing_new][2]] ...]).
```

如图 4-63 查看集群状态，你将发现集群状态变绿，激活总分片数（active_shards）变为 6 个（3 份主分片、3 份备份分片），也不存在未分配的分片（unassigned_shards），整体恢复正常。

最后，执行批量建立索引的命令，一个 3 节点的 Elasticsearch 集群就搭建完成了：

```
[huangsean@iMac2015:/Users/huangsean/Coding/elasticsearch-5.1.2]curl -s -XPOST
localhost:9200/_bulk --data-binary "@/Users/huangsean/Coding/data/
BigDataArchitectureAndAlgorithm/listing-segmented-shuffled-for-elasticsearch.txt"
```

4.6.4　统一的搜索 API

"感谢小明哥，现在我对 Solr 和 Elasticsearch 有了比较基础的了解。不过在实际应用中应该如何选择呢？在实践中，不同的搜索引擎实现，会对前端的调用产生不同的影响，我们需要尽快确定一种选型。"

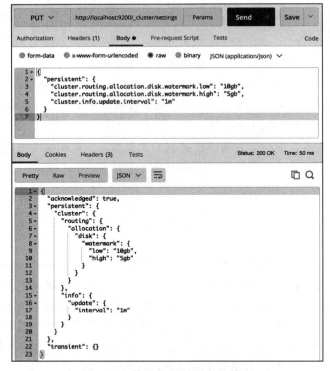

图 4-62　修改集群对磁盘的管理

```
// http://localhost:9200/_cluster/health

{
  "cluster_name": "ECommerce",
  "status": "green",
  "timed_out": false,
  "number_of_nodes": 3,
  "number_of_data_nodes": 3,
  "active_primary_shards": 3,
  "active_shards": 6,
  "relocating_shards": 0,
  "initializing_shards": 0,
  "unassigned_shards": 0,
  "delayed_unassigned_shards": 0,
  "number_of_pending_tasks": 0,
  "number_of_in_flight_fetch": 0,
  "task_max_waiting_in_queue_millis": 0,
  "active_shards_percent_as_number": 100.0
}
```

图 4-63　Elasticsearch 集群状态恢复正常，共 6 个分片

"很好的问题，不过你再深入想一想，直接让前端的应用调用 Solr 或 Elasticsearch 的 RESTFUL API 是最佳的选择吗？如果是在初期，为了进行快速的原型，这样做可以节约开发成本。但是随着项目的成熟，业务的发展，直接调用 API 会有如下几个风险。

❑ 重构：正如你所说的，如果更换了搜索引擎的实现，前端需要重新改写调用的代码。如果业务逻辑已经非常复杂，修改的工作量可想而知，而且重构后的准确性和完整性

也很难验证。而且在现实中，开源项目更新换代非常快，切换搜索引擎的实现也是很有可能会发生的。

❑ 质量：在本章我们已经初步涉及了和搜索质量相关的问题，例如中文分词和同义词。在后续几章我们将看到更多关于此的探讨和实现。这些逻辑如果全部在前端调用时就来实现，那么沟通的工作量会过大，也容易出错。

❑ 安全性：在前端直接调用就意味着更多的人可以直接访问搜索的集群，甚至是对索引数据进行删除操作。由于缺乏权限的管理，无意和有意的破坏操作都将导致严重的线上事故。"

"哦，确实如此啊，这些问题我还真没有想到。那么该如何应对这些挑战呢？"

"不用担心，其实我们可以通过良好的模块化设计，以及设计模式来解决它们。"

1. 模块化和设计模式

模块化在软件和 IT 行业是相当成熟的概念。它可以定义为各个框架之间的输入、输出关系，降低系统的复杂度，使大型系统的设计、调试和维护更加简洁。对于这里的案例，假设由于开发的历史的原因，我们有若干个搜索引擎的实现，包括了不同版本的 Solr 和 Elasticsearch。那么我们可以依照图 4-64 的原理，设计一层搜索专用的 API。

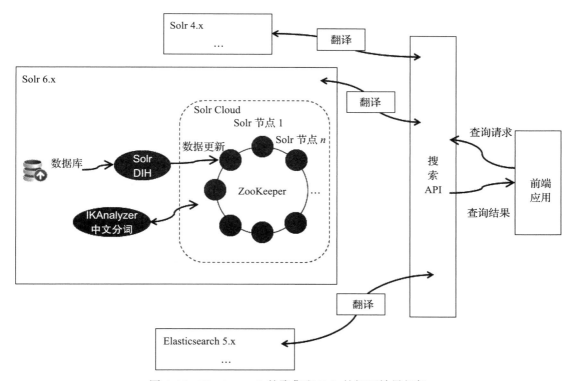

图 4-64　Elasticsearch 的聚集和 Solr 的切面效果相似

在图 4-64 中，搜索 API 层将抽象出最为常用的搜索引擎接口，保持其较为长期的稳定性，这样前端应用在调用搜索功能的时候，API 层发生变化的可能性会大幅度降低。而 API 层将为前端的使用者完成请求的转化和匹配，让不同类型的搜索引擎都可以完成同样的原始请求，我们可以将这个步骤比喻为一种"翻译"，它对前端应用是不可见的，这在很大程度上降低了使用者的负担，也会减少重构时的开发成本。而同时，API 层也可以封装很多处理逻辑，优化搜索的相关性，提升系统的性能，这对于使用方应该是不可见的，他们没有必要担心如何改善搜索的质量。而出于安全性的考虑，API 层也能通过抽象的接口进行合理的管控，屏蔽危险的操作。最终，搜索 API 层也让异构搜索引擎共存成为可能，例如图 4-64 中同时存在 4.x 版和 6.x 版本的 Solr，以及另一个 5.x 版本的 Elasticsearch。如果有足够的资源，开发团队可以同时部署不同的实现，在线测试不同服务的性能差异，甚至是用作系统灾备。

有了模块化的概念，我们就可以考虑如下两个主要的问题了。

❑ 抽象的接口有哪些。综合生产环境中常见的应用场景，搜索 API 的接口主要包括索引（index）、查询（query）和聚集（Elasticsearch 的 aggregate、Solr 的 facet 等）。

❑ 如何使用设计模式（Design Pattern）来"翻译"部分的设计。这里我们将采用适配器模式（Adapter），将 Solr、Elasticsearch 等不同搜索引擎的接口转换成搜索 API 层的接口，也就是应用端所希望调用的接口。

在下面的几个小节中，我们将以索引和查询接口为例，展示如何使用 Java 语言，为 Solr 和 Elasticsearch 编写适配代码。在此之前，我们先定义两个 Java 接口如下：

```
// 这里只实现了索引和查询接口，感兴趣的读者可以自行尝试聚集等其他操作的接口
public String index(List<ListingDocument> documents, Map<String, Object>
indexParams);
    public String query(Map<String, Object> queryParams);

//    public String aggregate(...);
```

2. 使用 SolrJ 的实现

Apache 为大家提供了一个很有价值的工具——SolrJ，它让我们可以通过 Java 来连接 Solr，并执行索引更新和查询。你只需要导入相关的 Jar 包，使用其简单的 API 就可以轻松地对 Solr 进行操作了。为了使用 SolrJ，需要在 pom.xml 里添加 Solr 相关的依赖包：

```
<!-- https://mvnrepository.com/artifact/org.apache.solr/solr-solrj -->
<dependency>
    <groupId>org.apache.solr</groupId>
    <artifactId>solr-solrj</artifactId>
    <version>6.3.0</version>
</dependency>
```

之后，我们编写了一个名为 SolrSearchEngineBasic 的类，实现了 index 和 query 接口。该类主要包含如下几个函数。

❑ public SolrSearchEngineBasic (Map<String, Object> serverParams)——这是基于 Solr 之

搜索引擎的构造函数，在其中我们将初始化 CloudSolrClient，它可以连接 Solr Cloud 的集群：

```java
public SolrSearchEngineBasic(Map<String, Object> serverParams) {

    try {

        // 读取 ZooKeeper 的配置
        String zkHost = serverParams.get("zkHost").toString();
        // 读取 Solr Collection 文档的配置
        String collection = serverParams.get("collection").toString();

        // 根据上述配置，初始化 CloudSolrClient
        solrClient = new CloudSolrClient.Builder().withZkHost(zkHost).build();
        solrClient.setDefaultCollection(collection);

    } catch (Exception e) {
        // TODO: handle exception
        e.printStackTrace();
    }

}
```

❑ public void cleanup()——关闭 Solr 的连接，回收资源。这点对于长期的线上服务非常关键：

```java
public void cleanup() {

    // 关闭 CloudSolrClient 的连接
    if (solrClient != null) {
        try {
            solrClient.close();
            solrClient = null;
        } catch (IOException e) {
            // TODO Auto-generated catch block
            e.printStackTrace();
        } finally {
            solrClient = null;
        }
    }

}
```

❑ public String index (List<ListingDocument> documents, Map<String, Object> indexParams)——实现之前定义的索引接口，其中通用的 ListingDocument 将被转换为 Solr 能够识别的 SolrInputDocument：

```java
public String index(List<ListingDocument> documents, Map<String, Object> indexParams) {

    UpdateResponse response = null;
```

```
    try {

        // 适配部分：根据输入的统一文档 ListingDocument，生成并添加 Solr
        // 所使用的 SolrInputDocument
        for (ListingDocument ld : documents) {

            SolrInputDocument sid = new SolrInputDocument();
            sid.addField("listing_id", ld.getListing_id());
            sid.addField("listing_title", ld.getListing_title());
            sid.addField("category_id", ld.getCategory_id());
            sid.addField("category_name", ld.getCategory_name());

            solrClient.add(sid);
        }

        // 写入 Solr Cloud 的索引
        response = solrClient.commit();

    } catch (Exception e) {
        // TODO: handle exception
        e.printStackTrace();
    }

    return response.toString();
}
```

❏ public String query (Map<String, Object> queryParams)——实现之前定义的查询接口，
用户的搜索请求将被转换为 SolrQuery：

```
    public String query(Map<String, Object> queryParams) {
        // TODO Auto-generated method stub

        QueryResponse  response = null;

        try {

            // 适配部分：根据输入的搜索请求，生成 Solr 所能识别的查询
            String query = queryParams.get("query").toString();
            String[] terms = query.split("\\s+");
            StringBuffer sbQuery = new StringBuffer();
            for (String term : terms) {
                if (sbQuery.length() == 0) {
                    sbQuery.append(term);
                } else {
                    // 为了确保相关性，使用了 AND 的布尔操作
                    sbQuery.append(" AND ").append(term);
                }
            }
            String[] fields = (String []) queryParams.get("fields");
            StringBuffer sbQf = new StringBuffer();
```

```
        for (String field : fields) {
            if (sbQf.length() == 0) {
                sbQf.append(field);
            } else {
                // 在多个字段上查询
                sbQf.append(" ").append(field);
            }
        }

        // 为支持翻页 (pagination) 操作的起始位置和返回结果数
        int start = (int)(queryParams.get("start"));
        int rows = (int)(queryParams.get("rows"));

        // 构建 Solr 使用的查询
        SolrQuery sq = new SolrQuery();
        sq.setParam("defType", "edismax");
        sq.set("q", sbQuery.toString());
        sq.set("qf", sbQf.toString());
        sq.set("start", start);
        sq.set("rows", rows);

        // 获取查询结果
        response = solrClient.query(sq);
        SolrDocumentList list = response.getResults();
        ... 这里略去后续统一文档拼装的实现 ...

    } catch (Exception ex) {
        ex.printStackTrace();
    }

    return response.toString();
}
```

最后在 main 函数里进行一组基本的测试：

```
public static void main(String[] args) {
    // TODO Auto-generated method stub


    // 测试索引接口
    Map<String, Object> serverParams = new HashMap<>();
    // 连接 Solr Cloud 的 ZooKeeper 设置，可以根据你的需要进行设置
    serverParams.put("zkHost", "192.168.1.48:9983");
    // 索引写入哪个 Collection，可以根据你的需要进行设置。这里写入另一个测试的 collection
    serverParams.put("collection", "listing_collection_bySolrJ");
    // 初始化
    SolrSearchEngineBasic sse = new SolrSearchEngineBasic(serverParams);

    Map<String, Object> indexParams = new HashMap<>();
    ListingDocument ld1 = new ListingDocument(
        1001, "SolrJ 索引测试标题 1", 100001, "SolrJ 索引测试类目 1");
```

```
ListingDocument ld2 = new ListingDocument(
    1002, "SolrJ 索引测试标题 2", 100002, "SolrJ 索引测试类目 2");
List<ListingDocument> documents = new ArrayList<>();
documents.add(ld1);
documents.add(ld2);
// 索引测试文档
System.out.println(sse.index(documents, indexParams));

sse.cleanup();
sse = null;



// 测试查询接口
// 连接 Solr Cloud 的 ZooKeeper 设置，可以根据你的需要进行设置
serverParams.put("zkHost",  "192.168.1.48:9983");
// 查询读取哪个 Collection，可以根据你的需要进行设置。
serverParams.put("collection",  "listing_collection");
sse = new SolrSearchEngineBasic(serverParams);

Map<String, Object> queryParams = new HashMap<>();
// 查询关键词
queryParams.put("query", " 西红柿 方便面 ");
// 在两个字段上进行查询
queryParams.put("fields",
    new String[] {"listing_title", "category_name"});
queryParams.put("start", 0);                          // 从第 1 条结果记录开始
queryParams.put("rows", 5);                           // 返回 5 条结果记录
System.out.println(sse.query(queryParams));           // 查询并输出

sse.cleanup();


}
```

本例是在 iMac2015、MacBooPro2013 和 MacBookPro2012 上搭建的 Solr 集群上进行的测试，请根据自身情况合理修改服务器配置。测试索引接口的时候，为了不影响原有的 listing_collection，因此将测试文档写入了名为" listing_collection_bySolrJ"的新文档集合。而查询部分使用了 AND 的与操作，保证搜索出来的前 5 条结果都是与西红柿方便面相关的查询结果，代码如下所示：

```
{responseHeader={zkConnected=true,status=0,QTime=11,params={q= 西红柿 AND 方便面 ,
defType=edismax,_stateVer_=listing_collection:120,qf=listing_title category_name,start=0,
rows=5,wt=javabin,version=2}},response={numFound=15,start=0,maxScore=23.69772,
docs=[SolrDocument{listing_title= 可口 牌 新加坡 koka 番茄 汤 方便面 泡面 非 油炸 340g 袋 进口 方便面 , category_name= 方便面 , id=2504, category_id=2, _version_=155772672270034 5352}, SolrDocument{listing_title= 桂冠 台湾 品牌 美味 火锅 方便 速食 桂冠 就是 好吃 意大利 番茄 肉酱 面 快餐 面 300 克 盒装 , category_name= 方便面 , id=2197, category_id=2,
```

version=1557726722203320320}, SolrDocument{listing_title=koka 可口 番茄 汤面 非 油炸 拉 面 85gx4 340g 袋, category_name= 方 便 面, id=2382, category_id=2, _version_= 1557726721996750848}, SolrDocument{listing_title= 五谷 道场 番茄 牛腩 面 113g 袋, cate gory_name= 方 便 面, id=1959, category_id=2, _version_=1557726722546204678}, Solr Document{listing_title=五谷 道场 番茄 牛腩 面 113g 袋 x 2, category_name= 方便面, id=1960, category_id=2, _version_=1557726722547253248}]}}

3. 使用 Elasticsearch 客户端的实现

与 SolrJ 类似，我们将采用 Elasticsearch 的客户端来操作和访问 Elasticsearch。第一步仍然是在 pom.xml 里添加 Elasticsearch 相关的依赖包，其中 log4j 用于日志输出：

```
<!-- https://mvnrepository.com/artifact/org.elasticsearch/elasticsearch -->
<dependency>
    <groupId>org.elasticsearch</groupId>
    <artifactId>elasticsearch</artifactId>
    <version>5.1.2</version>
</dependency>

<!-- https://mvnrepository.com/artifact/org.elasticsearch.client/transport -->
<dependency>
    <groupId>org.elasticsearch.client</groupId>
    <artifactId>transport</artifactId>
    <version>5.1.2</version>
</dependency>

<!-- https://mvnrepository.com/artifact/org.apache.logging.log4j/log4j-core -->
    <dependency>
        <groupId>org.apache.logging.log4j</groupId>
        <artifactId>log4j-core</artifactId>
        <version>2.7</version>
    </dependency>
</dependency>
```

参照 SolrSearchEngineBasic，我们这里也实现了基于 Elasticsearch 的 index 和 query 接口。该类主要包括如下几个函数。

❏ public ElasticSearchEngineBasic (Map<String, Object> serverParams)——这是基于 Elasticsearch 之搜索引擎的构造函数，在其中我们将初始化 TransportClient，它可以连接 Elasticsearch 的集群：

```
public ElasticSearchEngineBasic(Map<String, Object> serverParams) {

    try {

        // 读取 Elasticsearch 服务器的 IP 地址配置
        byte[] serverAddress = (byte [])serverParams.get("server");
        // 读取 Elasticsearch 服务器的端口配置
        int port = (int)serverParams.get("port");
        // 读取集群名称
```

```
        String cluster = serverParams.get("cluster").toString();

        // 根据上述配置，初始化 Elasticsearch 客户端
        esClient = new PreBuiltTransportClient(Settings.builder().put("cluster.
        name", cluster).build())
            .addTransportAddress(new InetSocketTransportAddress(InetAddress.get
            ByAddress(serverAddress), port));

    } catch (Exception e) {
        // TODO: handle exception
        e.printStackTrace();
    }

}
```

❑ public void cleanup()——关闭 Elasticsearch 的连接，回收资源：

```
public void cleanup() {

    // 关闭 TransportClient 的连接
    if (esClient != null) {
        esClient.close();
        esClient = null;
    }

}
```

❑ public String index (List<ListingDocument> documents, Map<String, Object> indexParams)——实现之前定义的索引接口，其中通用的 ListingDocument 将被转换为 Elasticsearch 能够识别的字段 HashMap：

```
public String index(List<ListingDocument> documents, Map<String, Object> index
Params) {

    IndexResponse response = null;

    // 适配部分：根据输入的统一文档 ListingDocument，生成并添加 Elasticsearch 所使用的 HashMap
    for (ListingDocument ld : documents) {

            String indexName = indexParams.get("index").toString();
            String typeName = indexParams.get("type").toString();

            Map<String, Object> fieldsMap = new HashMap<>();
            fieldsMap.put("listing_id", ld.getListing_id());
            fieldsMap.put("listing_title", ld.getListing_title());
            fieldsMap.put("category_id", ld.getCategory_id());
            fieldsMap.put("category_name", ld.getListing_id());

            // 写入集群的索引
            response = esClient.prepareIndex(indexName, typeName)
```

```
        .setSource(fieldsMap)
        .get();

    }

    return response.toString();
}
```

❑ public String query (Map<String, Object> queryParams)——实现之前所定义的查询接口，
用户的搜索请求将被转换为 Elasticsearch 的查询请求：

```
public String query(Map<String, Object> queryParams) {
    // TODO Auto-generated method stub

    SearchResponse response = null;

    try {

        // 适配部分：根据输入的搜索请求，生成 Elasticsearch 所能识别的查询
        String indexName = queryParams.get("index").toString();
        String typeName = queryParams.get("type").toString();
        String query = queryParams.get("query").toString();
        String[] fields = (String []) queryParams.get("fields");
        int from = (int)(queryParams.get("from"));
        int size = (int)(queryParams.get("size"));
        String mode = queryParams.get("mode").toString();

        QueryBuilder qb = null;
        if ("MultiMatchQuery".equalsIgnoreCase(mode)) {
            // 基础查询的构造，默认使用了 OR 的布尔操作，相关性较低
            qb = QueryBuilders.multiMatchQuery(query, fields);
        } else {
            // 更好的查询构造，采用 AND 的布尔操作，提升了相关性
            String[] terms = query.split("\\s+");
            for (String term : terms) {
                if (qb == null) {
                    qb = QueryBuilders.boolQuery()
                        .must(QueryBuilders.multiMatchQuery(term, fields));
                } else {
                    qb = QueryBuilders.boolQuery()
                        .must(qb)
                        .must(QueryBuilders.multiMatchQuery(term, fields));
                }
            }
        }

        // 获取查询结果
        response = esClient.prepareSearch(indexName).setTypes(typeName)
            .setSearchType(SearchType.DEFAULT)
            .setQuery(qb)
```

```
                    .setFrom(from).setSize(size)
                    .get();

        // …这里略去后续统一文档拼装的实现…
        } catch (Exception ex) {
            ex.printStackTrace();
        }

        return response.toString();
}
```

同样，在 main 函数里进行一组基本的测试：

```
public static void main(String[] args) {
        // TODO Auto-generated method stub

        // Elasticsearch 服务器的设置，根据你的需要进行设置
        Map<String, Object> serverParams = new HashMap<>();
        serverParams.put("server",  new byte[]{(byte)192,(byte)168,1,48});
        serverParams.put("port", 9300);
        serverParams.put("cluster", "ECommerce");
        // 初始化
        ElasticSearchEngineBasic ese = new ElasticSearchEngineBasic(serverParams);


        // 测试索引接口
        Map<String, Object> indexParams = new HashMap<>();
        indexParams.put("index", "listing_new_byclient");
        indexParams.put("type", "listing");
        ListingDocument ld1 = new ListingDocument(
                1001, "ES 客户端索引测试标题 1", 100001, "ES 客户端索引测试类目 1");
        ListingDocument ld2 = new ListingDocument(
                1002, "ES 客户端索引测试标题 2", 100002, "ES 客户端索引测试类目 2");
        List<ListingDocument> documents = new ArrayList<>();
        documents.add(ld1);
        documents.add(ld2);
        // 索引测试文档
        System.out.println(ese.index(documents, indexParams));

        // 测试查询接口
        Map<String, Object> queryParams = new HashMap<>();
        // 和 Solr 有所不同，需要在这里指定索引和类型
        queryParams.put("index", "listing_new");
        queryParams.put("type", "listing");
        // 查询关键词
        queryParams.put("query", " 西红柿 方便面 ");
        // 在两个字段上进行查询
        queryParams.put("fields", new String[] {"listing_title", "category_name"});
        queryParams.put("from", 0);                     // 从第 1 条结果记录开始
        queryParams.put("size", 5);                     // 返回 5 条结果记录
```

```
queryParams.put("mode", "MultiMatchQuery");      // 选择基础查询模式
System.out.println(ese.query(queryParams));      // 查询并输出

queryParams.put("mode", "BoolQuery");            // 选择优化后的查询模式
System.out.println(ese.query(queryParams));      // 再次查询并输出


ese.cleanup();

}
```

在查询的测试中，我们尝试了两种构建 Elasticsearch 查询的方式，这里来对比下效果。图 4-65 是使用默认的 MultiMatchQuery 的效果，前 5 项返回的结果中有两项只包含了"西红柿"相关的内容，而没有包含"方便面"，相关性较差。而图 4-66 则展示了第二种优化模式的效果，它结合使用了 MultiMatchQuery 和 BoolQuery，相关性比较好。

```
{
  "took": 5,
  "timed_out": false,
  "_shards": {
    "total": 3,
    "successful": 3,
    "failed": 0
  },
  "hits": {
    "total": 844,
    "max_score": 12.001797,
    "hits": [
      {
        "_index": "listing_new",
        "_type": "listing",
        "_id": "AVn8QRoRlyf0JMZ32JUf",
        "_score": 12.001797,
        "_source": {
          "listing_id": "2504",
          "listing_title": "可口 牌 新加坡 koka 番茄 汤 方便面 泡面 非 油炸 340g 袋 进口 方便面",
          "category_id": "2",
          "category_name": "方便面"
        }
      },
      {
        "_index": "listing_new",
        "_type": "listing",
        "_id": "AVn8QRoTlyf0JMZ32JtW",
        "_score": 8.427633,
        "_source": {
          "listing_id": "4095",
          "listing_title": "易 猫 生鲜 海底 捞 番茄 美颜 火 锅底 料 番茄 味 200g 袋",
          "category_id": "3",
          "category_name": "海鲜水产"
        }
      },
      {
        "_index": "listing_new",
        "_type": "listing",
        "_id": "AVn8QRoelyf0JMZ32Man",
        "_score": 8.189653,
        "_source": {
          "listing_id": "15184",
          "listing_title": "佳利 麦 海南 千禧 红 圣女 果 2斤 装 小 西红柿 番茄 新鲜 水果",
          "category_id": "11",
          "category_name": "新鲜水果"
        }
      },
```

图 4-65　Elasticsearch 默认的 MultiMatchQuery 效果

```json
{
    "took": 5,
    "timed_out": false,
    "_shards": {
        "total": 3,
        "successful": 3,
        "failed": 0
    },
    "hits": {
        "total": 16,
        "max_score": 12.001797,
        "hits": [
            {
                "_index": "listing_new",
                "_type": "listing",
                "_id": "AVn8QRoRlyf0JMZ32JUf",
                "_score": 12.001797,
                "_source": {
                    "listing_id": "2504",
                    "listing_title": "可口 牌 新加坡 koka 番茄 汤 方便面 泡面 非 油炸 340g 袋 进口 方便面",
                    "category_id": "2",
                    "category_name": "方便面"
                }
            },
            {
                "_index": "listing_new",
                "_type": "listing",
                "_id": "AVn8QRoRlyf0JMZ32JVy",
                "_score": 11.99728,
                "_source": {
                    "listing_id": "2587",
                    "listing_title": "康师傅 西红柿 鸡蛋 打 卤面 111g 桶",
                    "category_id": "2",
                    "category_name": "方便面"
                }
            },
            {
                "_index": "listing_new",
                "_type": "listing",
                "_id": "AVn8QRoQlyf0JMZ32JL-",
                "_score": 11.628806,
                "_source": {
                    "listing_id": "1959",
                    "listing_title": "五谷 道场 番茄 牛腩 面 113g 袋",
                    "category_id": "2",
                    "category_name": "方便面"
                }
            },
```

图 4-66 综合使用 MultiMatchQuery 和 BoolQuery 后的效果

4. 统一的 API 层

有了前面两个部分的模块，再构建一个统一的 API 就非常简单了，下面是一些样例代码：

```java
private static SolrSearchEngineBasic sse = null;
private static ElasticSearchEngineBasic ese = null;

public static synchronized void init() {

    if (sse == null) {
        Map<String, Object> serverParams = new HashMap<>();
        // 连接 Solr Cloud 的 ZooKeeper 设置，可以根据你的需要进行设置
        serverParams.put("zkHost", "192.168.1.48:9983");
        // 索引写入哪个 Collection，可以根据你的需要进行设置。这里写入另一个测试的 collection
        serverParams.put("collection", "listing_collection");
        // 初始化
        sse = new SolrSearchEngineBasic(serverParams);
    }
```

```
    if (ese == null) {
        // Elasticsearch 服务器的设置，可以根据你的需要进行设置
        Map<String, Object> serverParams = new HashMap<>();
        serverParams.put("server",  new byte[]{(byte)192,(byte)168,1,48});
        serverParams.put("port", 9300);
        serverParams.put("cluster", "ECommerce");
        // 初始化
        ese = new ElasticSearchEngineBasic(serverParams);
    }

}

public static void index(List<ListingDocument> documents) {

    // 同时索引测试文档到 Solr 和 Elasticsearch 两个集群
    // 这对调用方是不可见的，因此逻辑修改不影响调用方

    // 索引到 Solr 集群
    Map<String, Object> indexParams = new HashMap<>();
    sse.index(documents, indexParams);

    // 索引到 Elasticsearch 集群
    indexParams.clear();
    indexParams.put("index", "listing_new");
    indexParams.put("type", "listing");
    ese.index(documents, indexParams);

}

public static List<ListingDocument> query(String keywords, int page, int number) {

    // 随机选取 Solr 和 Elasticsearch 集群中的一个进行服务
    // 这对调用方是不可见的，因此逻辑修改不影响调用方

    List<ListingDocument> results = new ArrayList<ListingDocument>();

    int start = (page - 1) * number;                    // 假设 page 从 1 开始计数
    int rows = number;

    long timeMills = System.currentTimeMillis();
    if (timeMills % 2 == 0) {                            // 使用 Solr 服务该请求
        Map<String, Object> queryParams = new HashMap<>();
        // 查询关键词
        queryParams.put("query", keywords);
        // 在两个字段上查询
        queryParams.put("fields",
                new String[] {"listing_title", "category_name"});
        queryParams.put("start", start);                // 从第 1 条结果记录开始
        queryParams.put("rows", rows);                  // 返回 5 条结果记录
        String response = sse.query(queryParams);       // 查询结果
```

```
        // 解析 Solr 返回的结果，并封装成统一的 ListingDocument
        // 感兴趣的读者可以自行实现
        /*for (...) {
        *ListingDocument ld = new ...
            results.add(ld)...
        }*/


    } else {                                        // 使用 Elasticsearch 服务该请求

        Map<String, Object> queryParams = new HashMap<>();
        // 和 Solr 有所不同，需要在这里指定索引和类型
        queryParams.put("index", "listing_new");
        queryParams.put("type", "listing");
        // 查询关键词
        queryParams.put("query", keywords);
        // 在两个字段上查询
        queryParams.put("fields", new String[] {"listing_title", "category_name"});
        queryParams.put("from", start);             // 从第 1 条结果记录开始
        queryParams.put("size", rows);              // 返回 5 条结果记录
        queryParams.put("mode", "BoolQuery");       // 选择优化后的查询模式
        String response = ese.query(queryParams);   // 查询结果

        // 解析 Elasticsearch 返回的结果，并封装成统一的 ListingDocument
        // 感兴趣的读者可以自行实现
        /*for (...) {
        *ListingDocument ld = new ...
            results.add(ld)...
        }*/

    }

    return results;
}

public void cleanup() {

    if (sse != null) {
        sse.cleanup();
        sse = null;
    }

    if (ese != null) {
        ese.cleanup();
        ese = null;
    }

}
```

　　其中比较重要的部分是 index 和 query 函数的封装。index 函数内部的逻辑是接收到新的商品文档后，同时往 Solr 和 Elasticsearch 集群中写入索引。而 query 函数内部的逻辑是随机

选择两个集群中的一个，对外提供搜索服务。通过这样的封装，现在对外的接口都统一了，如下面的代码所示：

```
public static void main(String[] args) {
    // TODO Auto-generated method stub

    SearchEngineTest.init();

    ListingDocument ld1 = new ListingDocument(
        1001, "索引测试标题 1", 100001, "索引测试类目 1");
    ListingDocument ld2 = new ListingDocument(
        1002, "索引测试标题 2", 100002, "索引测试类目 2");
    List<ListingDocument> documents = new ArrayList<>();
    documents.add(ld1);
    documents.add(ld2);

    // 搜索引擎内部具体实现发生变化时，外部应用程序的调用可以保持不变
    SearchEngineTest.index(documents);                    // 索引新文档
    SearchEngineTest.query("西红柿 方便面", 2, 5);          // 搜索第 2 页，每页 5 项结果

    SearchEngineTest.cleanup();
}
```

"好的，感谢小明哥如此详尽的介绍。现在我对于简单搜索引擎的搭建有了一个比较全面的了解。"

"恩，这些都是比较基础的内容。其实，一个良好的搜索引擎会关乎很多方面，随着你们业务的发展，相信还有很多有待改进的空间。最后，请留意，这些都只是测试性的代码，没有经过完整的边界、压力测试，等等，因此其内容仅供参考。整个完整的 Java Maven 项目位于：

https://github.com/shuang790228/BigDataArchitectureAndAlgorithm/tree/master/Search/SearchEngineImplementation"

第三篇 *Part 3*

为顾客发现喜欢的
商品：高级篇

自从大宝团队将自家的搜索系统上线后，顾客在其网站上查找商品变得更加便捷，客户体验得到了提升。不过，问题也随之而来，创业核心团队发现搜索的转化率相对于其他行业的竞争对手而言，明显处于一个低位，大约有 20% 左右的差距。于是，大家再次将目光聚焦到全站的搜索功能上，大宝和小丽分别作为技术和业务的带头人，坐在一起仔细分析这个问题。

　　"大宝，你知道的，我们的搜索系统虽然上线很久了，但是还有很多可以改善的空间。"

　　"嗯，确实是，我最近也收到不少关于这项功能的反馈，主要是搜索的商品范围有限，没有办法搜索到促销商品和团购商品。同时，精准度也不是很好，搜索结果中经常会有不相关的商品排在前面。"

　　"看来你已经有所耳闻了，这两个确实是主要问题。还有几个小问题，我长话短说，有用户反馈搜索页面的打开速度有时会比较慢，用户没有足够的耐心等待；最后，搜索下拉框也没有任何提示，很不方便。"

　　"看来问题不少，"大宝挠了挠头，"不过你放心，这些对于我们技术部来说都不是事。"

　　"太好了，你办事我放心。接下来的几周，我们逐个过一下每个问题的细节。"小丽冲着大宝会心一笑，毕竟随着磨合的深入，彼此之间越来越有默契了。

方案设计和技术选型：
NoSQL 和搜索的整合

5.1 问题分析

　　首先，最为重要的问题是解决搜索商品覆盖面少的情况。在和促销业务及团购业务的部门负责人沟通后，大宝了解了他们的痛点。

　　促销的业务主要是实现各种形式的促销，帮助线下的店铺提升销售业绩。具体的形式包括满额减价、满件减价、满额送赠品、定额任选等，促销手段的丰富程度令人眼花缭乱，竟然有数十种之多。不过导致的结果就是，顾客在做购买决策的时候陷入了选择障碍。由于不清楚哪些商品参加了哪些活动，用户很难弄清楚购买哪些商品会更经济实惠。因此，促销的业务人员希望能够有一个搜索功能，允许用户查找参加某个促销活动的商品到底有哪些。当然，在促销活动中，根据分类和关键词再次缩小查询范围，也是更好的附加功能。

　　而团购的业务方，更为看中的是搜索带来的关键词查询和筛选能力。之前的团购是采用数据库 SQL 的查找来实现的。在业务的初期，团购主要通过不同的频道来实现，例如水产频道有阳澄湖大闸蟹团购，数码频道有 Apple iPad Pro 团购，时尚频道有爱马仕箱包团购等。用户只需要在限定的频道内浏览，SQL 查询毫无压力。但是随着团购商品和用户访问量的增加，关键词搜索的需求被提到议事日程之上。这时，SQL 模糊型的关键词匹配就出现了性能瓶颈，而且越来越明显。此外，它也没法提供开源搜索系统中自带的切面（Facet）或是聚集（Aggregation）功能。

　　大宝仔细观察了一下这些数据，发现这些商品其实已经被全站的搜索引擎收录，只是促销商品没有相关的促销信息，而团购商品没有相关的团购信息。经过一阵思考，他隐约觉得这些都可以融入同一个搜索引擎中来实现。如果不能融合，那就意味着每接受一个新的商品搜索需求，可能就要建立一个全新的搜索集群，无论对于开发、部署还是维护，这都将是一个灾难。此外，除了不同的业务形态，第三方内容的不一致性也极大地影响了数据的集成。因为是一个 O2O 平台，所以会有很多第三方的线下商铺加盟。然而由于历史的原因，他们所使用的大都是不同的 ERP 系统，数据格式也大相径庭。为了能够接入大宝团队的平台，原有商铺数据必须经过逐一转换。然而过于严苛的关系型数据库将会耗费技术和运营团队大量的时间和精力。考虑到这两大因素，当务之急是需要一个高效的融合方案，可以便捷地将不同的数据源集成起来，并塞入 Solr 或 Elasticsearch 的搜索引擎中。

为了克服这个数据集成的需求，大宝必须要修改 DIH 这种数据导入的方式。因为 DIH 通常用于将数据从关系型数据库中导入到 Solr。虽然导入非常方便，但是关系型数据库对于数据定义 schema 要求非常严格，同一张表里的数据必须要有同样的字段。如果仍然使用 DIH，那么就可能意味着要使用如下两种做法。

- ❑ 第一种，在关系型数据库里设置一个宽表，所有的商品拥有所有的字段。那么，即使不是促销的商品也必须要有促销相关的字段，不是团购的商品也需要有团购相关的字段，这势必导致很多字段都是冗余和浪费的，会影响表数据更新的性能，不利于数据库的维护。

- ❑ 第二种，需要将商品的基本信息、促销信息、团购信息放入到不同的表中，然后进行连接（Join）操作，这无疑会加大 SQL 语句的复杂程度和执行时间。新的业务类型越多，数据种类越多，那么 DIH 的效率就会越差，不利于今后需求的扩展，也不利于搜索索引系统的维护。

这时，小明给出了建议："我们可以使用一些 NoSQL 的数据库，例如 Hadoop 家族的 HBase。"

"什么是 HBase ？"

5.2 HBase 简介

在第 1 章中，我们介绍了 Hadoop 家族的 HDFS。与传统的文件系统相似，HDFS 解决了数据存储的基本问题。可是，作为文件系统，HDFS 同样面临一个问题：缺乏良好的数据组织和访问，对于开发大型应用而言，这实在是不太方便，因此需要一个类似传统关系型数据库的管理系统。在此大环境下，Apache HBase（http://hbase.apache.org/）应运而生了。HBase 是 Apache 的 Hadoop 项目的子项目，当前最新版本是 1.3.0。它是一个分布式的、面向列的开源数据库，该技术同样是受 Google 的一篇论文所启发，即"Bigtable：一个结构化数据的分布式存储系统"（"Bigtable: A Distributed Storage System for Structured Data"）。Bigtable 利用了 Google 文件系统（GFS）来提供分布式数据存储，类似地，HBase 是在 Hadoop 的 HDFS 基础之上提供了 Bigtable 的能力。Hadoop 和 Database 两个英文单词的叠加也是 HBase 英文名称的由来。HBase 不同于一般的关系型数据库，它是一个适合于非结构化数据的数据

库，最大的特点是基于列而不是基于行的模式进行存储。那么，HBase 为什么要选择这样的
NoSQL 设计方式呢？如此的设计又能带来哪些好处呢？为了更好地理解这些，我们先来简单
回顾下关系型 SQL 数据库的背景。

众所周知，关系型数据库的核心元素是 ER（EntityRelation）图（实体 – 联系图，Entity
Relationship Diagram）。在实际的系统实现中，关系模型都是通过二维表格来表示的，一个关
系型数据库就是由若干个二维表格和它们之间的联系所组成的。图 5-1 借用员工参加公司俱
乐部的例子，展示了从 ER 图到二维表的转化过程。

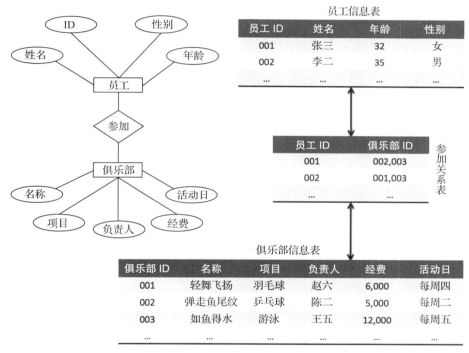

图 5-1　员工和俱乐部的二维表设计

其中，俱乐部的 ID 在现实场景中可能并不存在，但是由于处理的需要，数据库系统一
般会自动添加这个属性。除此以外，每张表格的列都是对应 ER 图中实体的一个属性，例如
员工信息表中就有员工 ID、姓名、年龄和性别共 4 列属性，而俱乐部表格中的列也包括了名
称、项目、负责人、经费和活动日的属性。在数据库中这些列称为"字段"。表的每一行则
代表一个实体，例如员工信息表的第一行代表员工张三，而俱乐部信息表的第三行代表"如
鱼得水"游泳俱乐部。在数据库中这些行称为"记录"。而我们可通过增加第三张表格（参
加关系表）来体现员工和俱乐部之间的关系，从参加关系表中可以看出，001 号员工张三参
加了乒乓球和游泳俱乐部。如果需要使用 SQL 来针对这些表格进行查询，也是非常方便的，
下面列出几个最基本的使用案例：

```
SELECT 姓名 FROM 员工信息表          含义：返回"员工信息表"中所有员工的姓名

INSERT INTO 俱乐部信息表 VALUES（"夸父追日"，"慢跑"，"吴九"，"3,000"，"每周六"）
                                  含义：建立新的"慢跑"俱乐部
```

不难发现，这种关系型数据库有着非常明显的优势，具体如下。

❑ 理解容易：相信大家从图 5-1 中已经看出来了，二维表非常贴近人类的思维逻辑。

❑ 性能良好：提供了强大的索引功能，能方便地查询各种数据集合。

❑ 使用方便：SQL（结构化查询语言）入门简单，同时也能实现比较复杂的逻辑，使用者无须考虑过多的实现细节。

❑ 维护便捷：提供了事务保证数据的一致性，大幅降低了数据的冗余和不一致概率。

正是因为有着诸多明显的优势，即使是在 NoSQL 概念炒得异常火热的今天，关系型 SQL 数据库仍然有着举足轻重和无法替代的地位。多数的银行系统、企业内部企业资源规划（Enterprise Resource Planning，ERP）系统还在使用稳健的关系型数据库，其事务性保证了每笔交易的准确无误。当然，关系型数据库在互联网和大数据的时代，也面临了前所未有的巨大挑战，其某些方面的不足也逐渐凸显出来。

❑ 处理性能不足以应付海量数据：关系型数据库的数据准确性主要得益于事务性的保证，可是，事务一致性需要消耗更多的处理资源。互联网使得数据量疯狂的膨胀，某些热门网站每日的用户访问量和并发量都是惊人的。如果还要保持事务性，那么处理速度就明显跟不上数据的增长速度了。而且在互联网的应用中，数据的准确性要求没有银行、金融或电信等行业那么高。例如，当我们收集用户访问网站的行为数据时，在某个时间点的点击记录即使发生了延迟甚至是丢失，对整体的分析并无大碍，也不会产生经济上的损失。这个时候关系型数据库的强事务性就失去了优势。

❑ 数据库的表结构不够灵活：关系型数据库建立在 ER 和关系模型上，因此在表格的设计之初需要定义严格的模式（Schema）。一旦确定了 schema，那么每行的记录都需要严格遵守这个规定。万一需要修改，整个过程也是比较复杂的。修改完毕后，既有的所有记录都要根据这个新的 schema 做相应的调整。然而，互联网领域强调的就是"变化"。每时每刻都在诞生创新的想法，项目的进度都是走的敏捷迭代方式，因此数据的定义不可能一成不变。频繁的改动会使得关系数据库疲于应付。

由于不能很好地适应互联网时代的数据处理需求，人们开始设计 NoSQL 的方案以用作补充。针对上述两个主要的不足，HBase 首先集成了 Hadoop 的 HDFS，用于提供可水平扩展的能力，为大规模数据量做好了准备。另外，HBase 还提供了非常灵活的列式存储，这是有别于关系型数据库的行式存储方式。关于列式和行式存储的差异，可通过公司俱乐部的案例来做进一步说明。假设小王是某大公司的人力资源专员，她有一项重要的任务是负责员工的福利事宜，其中就包括员工的业余爱好俱乐部。一日，主管让小王将全公司员工所参加的俱乐部情况统计一遍，3 天之内完成。非常遗憾的是，这家公司还没有将这些信息接入 ERP 系统，全公司 10 000 多名员工的俱乐部资料，全部需要小王手工整理出来。即使加班加点，对她而言 3 天完成也是不可能的。咋办呢？小王只好向老板申请增加几名实习生，对于实习生，她是这么安排的：按照公司的部门来划分，4 个实习生加上自己，共同处理公司五大部门的事务，具体内容分派大约如图 5-2 所示。

	员工 ID	俱乐部 ID	
专员小王	00037	004,008	人事和财务部
	00096	001,005	
	...	...	
实习生小黄	00018	005,006	技术部
	00024	001,007	
	...	...	
实习生小鲁	00001	002,003	产品部
	00045	003,004	
	...	...	
实习生小林	00002	001,003	运营部
	00104	001,009	
	...	...	
实习生小刘	00073	006,010	市场部
	00098	008,011	

图 5-2　小王给实习生们的分工方案 A

小王将这种方式称为方案 A。通过 3 天的艰苦奋斗，小王终于将材料按时提交给了主管。主管看过后非常满意，小王对自己的工作安排也很是得意。可是，没过几天，主管又提出了新的需求：她想知道每位员工参加俱乐部活动的出席率如何。于是小王和每位实习生只能再次统计一遍。又过了几天，主管提出她还想知道每位员工参加俱乐部比赛之后，获得名次的情况。新的需求在不断增加，每次小王和实习生都非常辛苦。而且一旦员工参加了新的俱乐部，或者是出席率发生了变化，数据更新的工作又将是无法避免的。小王开始思考，这样的分工真的是合理的吗？有没有可能换一种方式？她发现主要的变化大多是新增的统计项目，而且新增的项目也不一定适合所有员工，例如俱乐部比赛名次，有些俱乐部根本不组织比赛，也就无所谓比赛名次了。那么，如果让每个实习生专职负责若干统计项目，工作效率是否会更高呢？例如根据图 5-3 的形式来派分工作。

这次，小王是负责统计员工参加了哪些俱乐部，而其他 4 位实习生分别统计出席率，比赛名次、赞助经费和俱乐部内的职务。如果再有新的项目需要统计，小王也分会配给某人专职来维护。小王将其称为方案 B。相对于方案 A，方案 B 的好处在于，如果只是新增或更新某一项数据，只需要一位人员来操作即可，而其他人完全可以不用理会。如果将来这些数据不再由人工操作，而小王和小伙伴们的工作也交给计算机来处理的话，那么 A 方案对应的就是行式存储，而 B 方案对应的就是列式存储。两者孰优孰劣并无定论，而是要看具体的应用场合。刚刚提到小王的主管提出的新需求很多，经常需要增加统计项目，这就对应于二维表中列的维护，因此适合进行列式存储。再假设一下，主管没有那么多需求，但是经常有新员工入职，每位员工对应于二维表中的一行，那么就会涉及行的维护，此时行存储就更适合。如果这个时候还采用列存储，就意味着每次新增员工，所有的小伙伴们都要修改手头的表格。

	小王	小黄	小鲁	小林	小刘
员工 ID	俱乐部 ID	出席率	比赛名次	赞助经费	职务
00037	004,008	20%	/	200	/
00096	001,005	25%	2	300	/
...	...	...	...	...	...
00018	005,006	6%	5	200	/
00024	001,007	8%	2	200	裁判
...	...	...	...	...	...
00001	002,003	35%	/	300	/
00045	003,004	25%	5	100	/
00002	001,003	8%	1	100	教练
00104	001,009	24%	4	200	/
...	...	...	...	...	...
00073	006,010	30%	3	300	裁判
00098	008,011	56%	/	300	/
...	...	...	...	...	...

图 5-3　小王新的分工方案 B

在了解列式存储相对于行式存储的优势之后，我们就能明白为什么列式存储更适合互联网灵活多变的环境了，它并不要求开发者在起初就给出完美的数据 schema 定义，而是允许在随后的进展过程中不断优化，定义修改所导致的历史数据更新成本也会更小。接下来看看 HBase 用了怎样的数据模型来实现列式存储。下面首先列出几个关键的概念。

❑ 表格（Table）：HBase 同样用二维表格来组织数据。

❑ 行（Row）：在表格里，每一行代表一条记录，这和关系型数据库是一致的。每行均可通过行键（Row Key）进行唯一的标识。

❑ 列族（Column Family）：了解这点很关键，行里的字段按照列族进行分组，可以看作是一堆属性或字段的集合。列族的定义决定了 HBase 数据的物理存放。因此，列族需要预先定义，而且不要轻易修改。每行都拥有相同的列族，不过 HBase 并不要求每个列族都存储数据。这也是为了满足灵活的数据定义需求。

❑ 列限定符（Column Qualifier）：列族里包括多个属性，限定符可以帮助定位列族里的数据。和列族不同的是，列的限定符没有必要预先进行定义，因此每行可以拥有不同

数量和名称的限定符。图 5-3 中的表格存在很多 "/" 空缺值，对于这样的表格，灵
活的列限定符可以减少不必要的存储，提升处理稀疏矩阵的能力。

❑ 单元（Cell）：二维表里的单元格，可通过行键、列族和列限定符唯一确定。存储在其
中的值称为单元值（Cell Value）。

❑ 版本（Version）：注意，这是 HBase 和很多数据库的不同之处。即使单元被确定了，
里面的单元值仍然可以根据时间的不同，拥有多个版本。版本用时间戳（Timestamp）
来标识。读取的时候如果没有指定时间戳，则默认获取最近的版本。

如果将行键和列限定符对应于关系型数据库的行和列，那么 HBase 主要就多了列族和
版本。记住这 6 个主要概念，理解 HBase 读取数据的机制就不困难了。从图 5-4 中可以看出
HBase 的坐标体系。其中最有趣的地方在于，HBase 中可以不用提供全部坐标。如果只提供
行键，那么就返回某行的整行。如果提供行键、列族和列限定符，那么就返回某行某列的最
新单元值。再进一步，如果同时提供了行键、列族、列限定符和时间戳，那么就返回某行某
列单元值的某个版本。

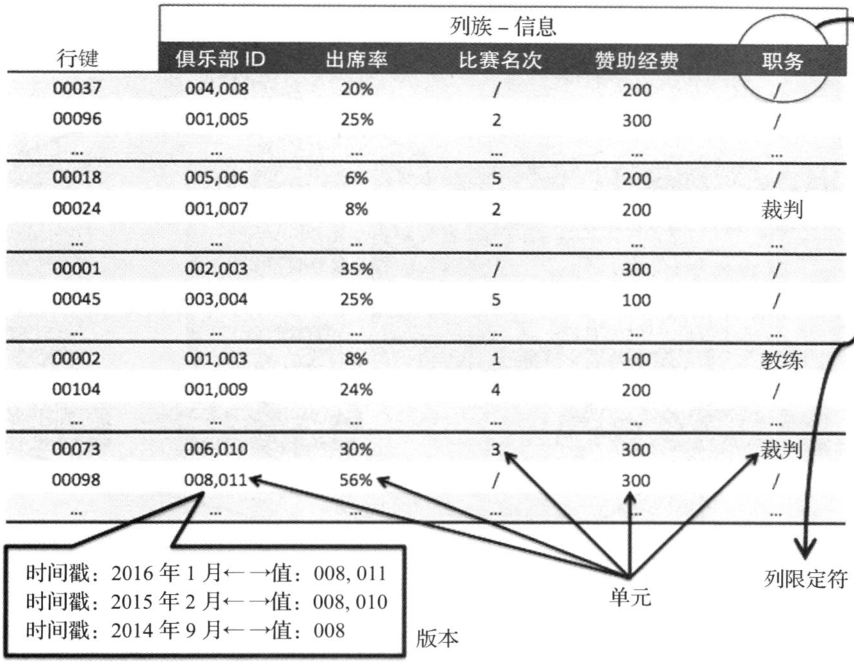

行键	列族 – 信息				
	俱乐部 ID	出席率	比赛名次	赞助经费	职务
00037	004,008	20%	/	200	
00096	001,005	25%	2	300	/
...	...	...	...	...	...
00018	005,006	6%	5	200	/
00024	001,007	8%	2	200	裁判
...	...	...	...	...	...
00001	002,003	35%	/	300	/
00045	003,004	25%	5	100	/
00002	001,003	8%	1	100	教练
00104	001,009	24%	4	200	/
...	...	...	...	...	...
00073	006,010	30%	3	300	裁判
00098	008,011	56%	/	300	/
...	...	...	...	...	...

时间戳：2016 年 1 月 ←→ 值：008, 011
时间戳：2015 年 2 月 ←→ 值：008, 010
时间戳：2014 年 9 月 ←→ 值：008 　版本

单元　　列限定符

图 5-4　HBase 的主要概念：行键、列族、列限定符、单元和版本

其中，如果给定行键 00096，将返回如下信息：

{ 俱乐部 ID："001, 005"，出席率："25%"，比赛名次："2"，赞助经费："300" }

如果给定行键 00096、列族 "信息" 和列限定符 "出席率"，那么将返回出席率："25%"

如果给定行键 00098、列族 "信息"、列限定符 "俱乐部 ID" 和时间戳 "2015 年 2 月"，

那么返回值将是"008, 010"。

了解完 HBase 的基本概念和数据模型，再来看下它的体系架构（如图 5-5）。为了保证良好的扩充性和并行处理能力，HBase 是架构在 Hadoop 的 HDFS 上的。此外，它通过 HRegion 和 HStore 来实现列族的存储。具体来说，其中的主要元素如下。

❑ HMaster：类似 HDFS 的命名节点，HBase 使用 HMaster 主节点协调和管理多个 HRegion 服务器（HRegionServer）节点。HMaster 本身并不存放具体的数据。HRegion 的服务器 也是通过 ZooKeeper 来协调的。

❑ HRegion：HBase 的表在逻辑上可以划分为多个 Region。随着数据的不断增加，一张表 会被拆分为多块。每一块就是一个 HRegion，保存一段连续的数据。数据都是通过底 层的 HStore、HFile（StoreFile）和 MemStore 来实现的。每个 HStore 对应于一个列族，HFile 和 MemStore 分别是文件和内存的存储。此外，HRegion 中还包含了 HLog 来记 录日志以便于事故后的恢复。

❑ HRegion 服务器（HRegionServer）：多个 HRegion 由 HRegion 服务器来管理。

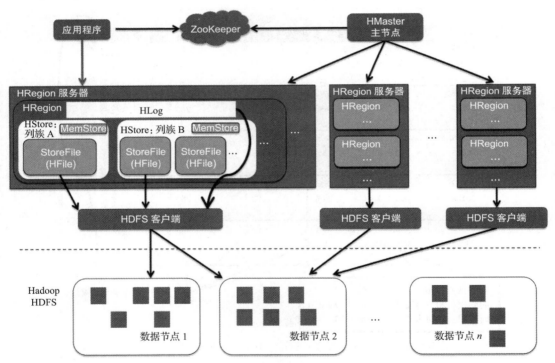

图 5-5　HBase 的整体架构，以 HDFS 为基础，通过 HRegion 构成列式存储

上述主要模块之间的关系如图 5-5 所示。HBase 的列式存储设计，为灵活的表结构提供 了基础，在实际应用中修改列族的定义是很常见的。对于新的业务需求，不断增加列簇或限 定符也是不错的选择，这种模式，从二维表的视角上看会导致表列越来越多，越来越宽，因

此我们也可以形象地将其称为"宽表"。

"看来 HBase 的宽表模式，既可以节省关系型数据库中的连接操作或存储空间，同时还能将不同 schema 的数据进行混合，包括我们公司的促销和团购商品数据。"

"你的理解完全正确，可以通过 HBase 进行异构数据的整合，而且还不用担心水平的扩展性"。

5.3　结合 HBase 和搜索引擎

由于 HBase 并没有严格的 schema 定义，因此对于集成异构的数据源而言非常灵活和高效。在设计 HBase 的宽表之初，我们只需要指定列族（Column Family）即可，具体的列限定符（Column Qualifier）可以在需要的时候再添加。例如，最开始仅仅是处理普通商品，这时只需要设置商品名称、导购属性、卖家信息等列的限定符即可。如果哪天某个商品突然被选为团购商品，那么可以动态地加入团购价格、团购数量、开始和结束时间等列的限定符。如果该商品的团购结束了，则可以再次动态地删除这些团购信息，对其他商品完全没有影响。

基于这些，小明提出了大致的架构，如图 5-6 所示。

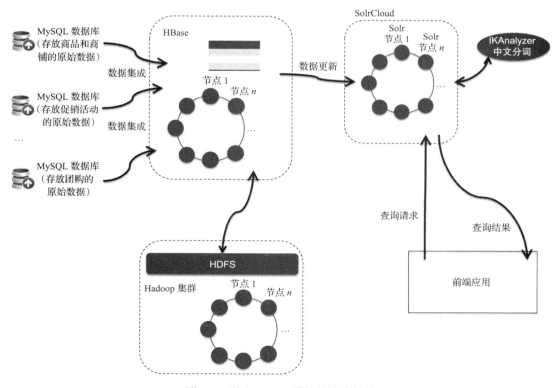

图 5-6　引入 HBase 模块的搜索架构

这里以 Solr 为例，DIH 模块被 HBase 集群取而代之，因此缺失了将数据直接导入 Solr 这个便捷的功能，这使得从多个关系数据库导入数据到 HBase，以及 Solr 读取 HBase 的数据进行索引这两个步骤都需要进行额外的编程。不过，换来的是灵活的异构数据源集成。另外，相比 DIH，这种架构还有两个明显的优势，那就是提升了整体的更新速度，并且可利用 HBase 构建一层缓冲。

- ❑ 提升更新速度：DIH 中的 SQL 可能使用了连接（Join）操作，只要涉及的数据量得到增大，势必就会执行缓慢，这就导致了最终的更新流程变长，从时间上看甚至是指数级的增加。如果是采用 HBase，就可以分批次将更新字段逐步写入 HBase，这样就能取消关系型数据库中的连接操作，大大提升效率。如果对索引更新的实时性有更高的要求，还可以考虑引入 Apache Kafka 的消息中间件，具体的用法可以参考本书第 11 章的相关内容。
- ❑ 构建数据缓冲：如果是 DIH 直接将数据导入 Solr，那么每当 MySQL 数据库中的数据发生了变化，DIH 的增量更新就会修改 Solr 里的数据，当这个更新量达到足够大的规模时，则会导致 Solr 系统进行频繁的磁盘写入操作，这一定会影响 Solr 系统的读取性能，最后使得前端应用的请求响应速度降低，增加了高并发的可能性，严重的情况下甚至会造成系统崩溃。若要在这种情况下进行优化，就需要增加 Solr 的集群节点，而这对于用户查询量不高的情况而言就是一种浪费。如果是采用 HBase，那么频繁的数据更新就会写入 HBase，只要我们控制好 Solr 同步 HBase 数据的节奏，那么最差的情况就是 HBase 系统崩溃，Solr 没有及时读取到最新的数据，但是仍然可以对前端提供正常的搜索服务，可以认为这是一种服务自动降级。只是在这种情况下，我们就要开始关注 HBase 集群的扩容了。

5.4 案例实践

5.4.1 实验环境设置

在这部分的实践环节中，我们会继续第 4 章的案例，在搜索引擎中为之前的 18 类共 28 000 多件商品增加促销和团购信息。每条商品记录除了之前的商品 ID、商品标题、分类 ID 和分类名称字段之外，还包括了促销信息字段 promotion_info 或团购折扣 group_discount 等多个字段。我们将实验从 NoSQL 数据库读取这些字段，并将使用 HBase 1.3.0 版。软件运行环境依然是 Java 语言（JDK 1.8 或 JRE 1.8），以及 Eclipse 的 IDE 环境（Neon.1a Release (4.6.1)）。用于集群的硬件仍然是 MacBookPro2012、MacBookPro2013 和 iMac2015，操作系统是 Mac OS X。局域网内的 IP 分配如下：

iMac2015	192.168.1.48
MacBookPro2013	192.168.1.28
MacBookPro2012	192.168.1.78

和之前一样，请根据自己的软硬件环境和需要，合理地调整环境变量和目录等信息。

5.4.2　HBase 的部署

1. HBase 的安装

由于 HBase 是基于 HDFS 的，按照第 1 章的简介配置并启动 Hadoop 集群。成功之后，我们来部署 HBase。你可以在 http://hbase.apache.org 下载 HBase。

解压之后，设置环境变量：

```
export HBASE_HOME=/Users/huangsean/Coding/hbase-1.3.0
export PATH=$PATH:$HBASE_HOME/bin
```

进入 /Users/huangsean/Coding/hbase-1.3.0/conf，修改配置文件 hbase-env.sh，在其中设置：

```
export JAVA_HOME=/Library/Java/JavaVirtualMachines/jdk1.8.0_112.jdk/Contents/Home
...
export HBASE_MANAGES_ZK=true
```

这里的 HBASE_MANAGES_ZK = true 表示使用 HBase 自带的 ZooKeeper，如果要自建 Zoo-Keeper 集群，请参见第 11 章。然后编辑 /Users/huangsean/Coding/hbase-1.3.0/conf/hbase-site.xml：

```
<configuration>
    <property>
        <name>hbase.rootdir</name>
        <value>hdfs://iMac2015:9000/hbase</value>
    </property>
    <property>
        <name>hbase.cluster.distributed</name>
        <value>true</value>
    </property>
    <property>
        <name>hbase.zookeeper.quorum</name>
        <value>192.168.1.48:2181</value>
    </property>
    <property>
        <name>hbase.master.port</name>
        <value>16000</value>
    </property>
    <property>
        <name>hbase.master.info.port</name>
        <value>16010</value>
    </property>
</configuration>
```

其中，hbase.rootdir 指定 hdfs://iMac2015:9000/hbase，表示在已经启动的 HDFS 服务上新建 hbase 的目录，这里的 IP（主机）和端口需要和已启动的 Hadoop 的配置相一致。而 hbase.zoo-keeper.quorum 指定了 ZooKeeper 的 IP（主机）和端口，由于使用的是 HBase 自带的 Zoo-Keeper，所以使用了默认端口 2181。通过 hbase.master.info.port 端口，你可以访问 HBase 的信息界面。

最后一个重要的配置文件是同一个目录下的 regionservers，我们希望使用全部三台机器，所以内容如下：

```
iMac2015
MacBookPro2013
MacBookPro2012
```

所有 HBase 的配置文件样例可以参考：

https://github.com/shuang790228/BigDataArchitectureAndAlgorithm/tree/master/Search/hbase/conf

将配置好的 HBase 同步到其他两台机器，然后对其中一台（也是 HMaster）使用 start-hbase.sh 启动 hbase，这里选择 iMac2015：

```
[huangsean@iMac2015:/Users/huangsean/Coding/hbase-1.3.0]start-hbase.sh
iMac2015: starting zookeeper, logging to /Users/huangsean/Coding/hbase-1.3.0/
bin/../logs/hbase-huangsean-zookeeper-iMac2015.out
starting master, logging to /Users/huangsean/Coding/hbase-1.3.0/logs/hbase-
huangsean-master-iMac2015.out
Java HotSpot(TM) 64-Bit Server VM warning: ignoring option PermSize=128m;
support was removed in 8.0
Java HotSpot(TM) 64-Bit Server VM warning: ignoring option MaxPermSize=128m;
support was removed in 8.0
iMac2015: starting regionserver, logging to /Users/huangsean/Coding/
hbase-1.3.0/bin/../logs/hbase-huangsean-regionserver-iMac2015.out
MacBookPro2013: starting regionserver, logging to /Users/huangsean/Coding/
hbase-1.3.0/bin/../logs/hbase-huangsean-regionserver-MacBookPro2013.out
MacBookPro2012: starting regionserver, logging to /Users/huangsean/Coding/
hbase-1.3.0/bin/../logs/hbase-huangsean-regionserver-MacBookPro2012.out
...
```

从日志中可以看出，HMaster 在 iMac2015 上启动了，而 HRegionServer 分别在 MacBook-Pro2013 和 MacBookPro2012 上启动。启动成功后，可以在 HDFS 中找到 hbase 的目录，如图 5-7 所示。

此外，打开 http://imac2015:16010/master-status，你将看到类似图 5-8 的截屏，显示 HBase 集群状态正常。为保证集群的可靠性，可以在其他节点上启动 HMaster：

```
hbase-daemon.sh start master
```

2. HBase 基础

下面，使用 hbase shell 命令启动 HBase shell，测试 HBase 上基本的写和读功能。首先通过 list 查看目前有哪些表，结果为空：

```
[huangsean@iMac2015:/Users/huangsean/Coding/hbase-1.3.0]hbase shell
2017-02-04 23:34:26,155 WARN  [main] util.NativeCodeLoader: Unable to load native-
hadoop library for your platform... using builtin-java classes where applicable
SLF4J: Class path contains multiple SLF4J bindings.
SLF4J: Found binding in [jar:file:/Users/huangsean/Coding/hbase-1.3.0/lib/
slf4j-log4j12-1.7.5.jar!/org/slf4j/impl/StaticLoggerBinder.class]
```

```
    SLF4J: Found binding in [jar:file:/Users/huangsean/Coding/hadoop-2.7.3/share/
hadoop/common/lib/slf4j-log4j12-1.7.10.jar!/org/slf4j/impl/StaticLoggerBinder.class]
    SLF4J: See http://www.slf4j.org/codes.html#multiple_bindings for an explanation.
    SLF4J: Actual binding is of type [org.slf4j.impl.Log4jLoggerFactory]
    HBase Shell; enter 'help<RETURN>' for list of supported commands.
    Type "exit<RETURN>" to leave the HBase Shell
    Version 1.3.0, re359c76e8d9fd0d67396456f92bcbad9ecd7a710, Tue Jan  3 05:31:38
MSK 2017

    hbase(main):001:0> list
    TABLE
    0 row(s) in 0.0440 seconds
```

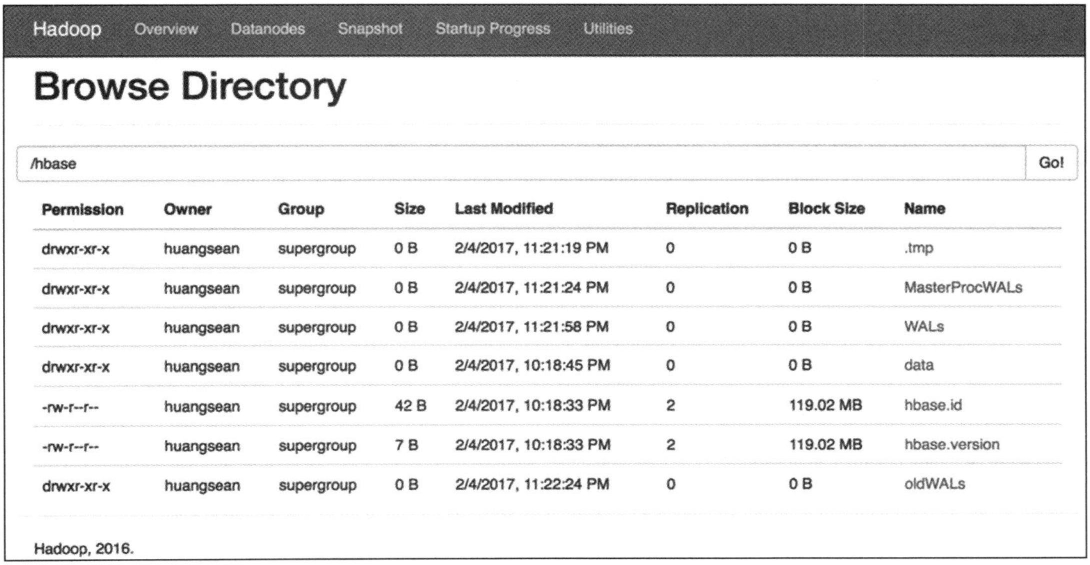

Permission	Owner	Group	Size	Last Modified	Replication	Block Size	Name
drwxr-xr-x	huangsean	supergroup	0 B	2/4/2017, 11:21:19 PM	0	0 B	.tmp
drwxr-xr-x	huangsean	supergroup	0 B	2/4/2017, 11:21:24 PM	0	0 B	MasterProcWALs
drwxr-xr-x	huangsean	supergroup	0 B	2/4/2017, 11:21:58 PM	0	0 B	WALs
drwxr-xr-x	huangsean	supergroup	0 B	2/4/2017, 10:18:45 PM	0	0 B	data
-rw-r--r--	huangsean	supergroup	42 B	2/4/2017, 10:18:33 PM	2	119.02 MB	hbase.id
-rw-r--r--	huangsean	supergroup	7 B	2/4/2017, 10:18:33 PM	2	119.02 MB	hbase.version
drwxr-xr-x	huangsean	supergroup	0 B	2/4/2017, 11:22:24 PM	0	0 B	oldWALs

图 5-7　HDFS 中显示 hbase 目录创建成功

然后创建一张表格：

```
hbase(main):002:0> create 'listing_hbase', 'datafields'
0 row(s) in 2.3550 seconds

=> Hbase::Table - listing_hbase
hbase(main):003:0> list
TABLE
listing_hbase
1 row(s) in 0.0090 seconds

=> ["listing_hbase"]
hbase(main):004:0> describe 'listing_hbase'
Table listing_hbase is ENABLED
listing_hbase
```

```
COLUMN FAMILIES DESCRIPTION
{NAME => 'datafields', BLOOMFILTER => 'ROW', VERSIONS => '1', IN_MEMORY =>
'false', KEEP_DELETED_CELLS => 'FALSE', DATA_BLOCK_ENCODING => 'NONE', TTL =>
'FOREVER', COMPRESSION => 'N
    ONE', MIN_VERSIONS => '0', BLOCKCACHE => 'true', BLOCKSIZE => '65536',
REPLICATION_SCOPE => '0'}
    1 row(s) in 1.0850 seconds
```

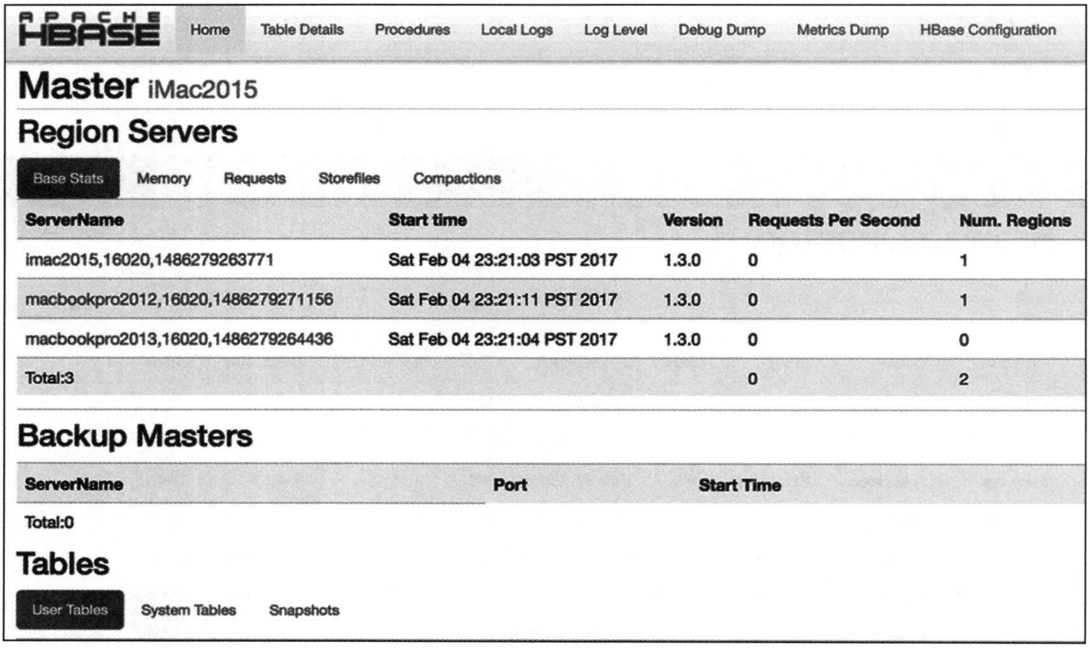

图 5-8　HBase 集群部署成功

我们发现，HBase 中创建表格的 create 语法非常简单，由于没有严格的 schema 定义，只需要提供表名 listing_hbase 和列族 datafields 即可，无须提供具体的字段名和类型，而 describe 命令会显示表格的基本信息。接下来，可以通过 put 命令插入一个商品的数据：

```
hbase(main):005:0> put 'listing_hbase', 'testid_1', 'datafields:listing_title',
'testtitle_1'
    0 row(s) in 1.0930 seconds

hbase(main):006:0> put 'listing_hbase', 'testid_1', 'datafields:category_id',
'testcategoryid_1'
    0 row(s) in 0.0170 seconds

hbase(main):010:0> put 'listing_hbase', 'testid_1', 'datafields:category_name',
'testcategoryname_1'
    0 row(s) in 0.0180 seconds
```

其中 testid_1 相当于商品 ID，testtitle_1、testcategoryid_1 和 testcategoryname_1 分别是商

品的名称、分类 ID 和分类名称。然后插入第 2 个商品的数据，不过第 2 个商品是团购商品，
比第 1 个商品多出了团购的折扣 group_discount、团购开始 group_start 和结束时间 group_
end，代码如下：

```
    hbase(main):011:0> put 'listing_hbase', 'testid_2', 'datafields:listing_title',
'testtitle_2'
    0 row(s) in 1.0190 seconds

    hbase(main):012:0> put 'listing_hbase', 'testid_2', 'datafields:category_id',
'testcategoryid_2'
    0 row(s) in 0.0060 seconds

    hbase(main):013:0> put 'listing_hbase', 'testid_2', 'datafields:category_name',
'testcategoryname_2'
    0 row(s) in 0.0160 seconds

    hbase(main):014:0> put 'listing_hbase', 'testid_2', 'datafields:group_
discount', '0.85'
    0 row(s) in 0.0060 seconds

    hbase(main):015:0> put 'listing_hbase', 'testid_2', 'datafields:group_start',
'2017/02/05'
    0 row(s) in 0.0170 seconds

    hbase(main):016:0> put 'listing_hbase', 'testid_2', 'datafields:group_end',
'2017/02/12'
    0 row(s) in 0.0120 seconds
```

最后，用 scan 命令查看插入的信息：

```
    hbase(main):017:0> scan 'listing_hbase'
    ROW                                        COLUMN+CELL
     testid_1                                  column=datafields:category_id,
timestamp=1486280887812, value=testcategoryid_1
     testid_1                                  column=datafields:category_name,
timestamp=1486280876116, value=testcategoryname_1
     testid_1                                  column=datafields:listing_title,
timestamp=1486280801770, value=testtitle_1
     testid_2                                  column=datafields:category_id,
timestamp=1486281378724, value=testcategoryid_2
     testid_2                                  column=datafields:category_name,
timestamp=1486281398504, value=testcategoryname_2
     testid_2                                  column=datafields:group_
discount, timestamp=1486281498386, value=0.85
     testid_2                                  column=datafields:group_end,
timestamp=1486281617164, value=2017/02/12
     testid_2                                  column=datafields:group_start,
timestamp=1486281517225, value=2017/02/05
     testid_2                                  column=datafields:listing_title,
timestamp=1486281310612, value=testtitle_2
    2 row(s) in 0.0330 seconds
```

可以看出 testid_1 和 testid_2 都已经存储在 HBase 之中。不过，每一行都是某条记录中的某个字段。这点和关系型数据库中的每一行就是一条完整的记录有所不同。

3. 使用 Sqoop 导入数据

由于目前的商品数据在 MySQL 中，因此我们还需要将其导入 HBase。除了使用 Java 访问 HBase 的 PUT API 之外，如果业务逻辑并不复杂，也可以通过一些辅助工具来达到这个目的。这里将采用 Apache Sqoop 这个工具，其英文字面的意思是 SQL 和 Hadoop 的结合。顾名思义，就是将 SQL 数据库中的数据快速地导入 Hadoop 环境，或者反之。通过如下链接，下载并解压 Sqoop：

http://sqoop.apache.org

由于 Sqoop 2 目前还不支持从 MySQL 到 HBase 的直接导入，本书将使用 Sqoop 1，版本号是 1.4.6，在使用它之前请确保 Hadoop 和 HBase 集群已经正常启动。设置用于 Sqoop 的环境变量：

```
export SQOOP_HOME=/Users/huangsean/Coding/sqoop-1.4.6.bin__hadoop-2.0.4-alpha
export PATH=$PATH:$SQOOP_HOME/bin
```

首先，测试 Sqoop 和 MySQL 直接的连接。确保将 MySQL 的连接驱动 Jar 包 mysql-connectorjava-5.1.40-bin.jar 放入 /Users/huangsean/Coding/sqoop-1.4.6.bin__hadoop-2.0.4-alpha/lib/ 目录中。

如果之前没有下载这个 Jar 包，可以在这里找到：

https://github.com/shuang790228/BigDataArchitectureAndAlgorithm/blob/master/Search/Solr/solr-webapp/webapp/WEB-INF/lib/mysql-connector-java-5.1.40-bin.jar

然后使用下述命令：

```
[huangsean@iMac2015:/Users/huangsean/Coding]sqoop list-tables --connect jdbc:my
sql://iMac2015:3306/sys --username root --password yourownpassword
```

如果连接数据库成功，那么你就可以看到 Sqoop 列出了 sys 数据库中的表格。之后，在 HBase shell 中创建新表 listing_segmented_shuffled_hbase：

```
hbase(main):003:0> create 'listing_segmented_shuffled_inhbase', 'datafields'
0 row(s) in 0.4220 seconds

=> Hbase::Table - listing_segmented_shuffled_inhbase
hbase(main):004:0> describe 'listing_segmented_shuffled_inhbase'
Table listing_segmented_shuffled_inhbase is ENABLED
listing_segmented_shuffled_inhbase
COLUMN FAMILIES DESCRIPTION
{NAME => 'datafields', BLOOMFILTER => 'ROW', VERSIONS => '1', IN_MEMORY =>
'false', KEEP_DELETED_CELLS => 'FALSE', DATA_BLOCK_ENCODING => 'NONE', TTL =>
'FOREVER', COMPRESSION => 'NONE', MIN_VERSIONS => '0', BLOCKCACHE => 'true', BLOCKS
IZE => '65536', REPLICATION_SCOPE => '0'}
1 row(s) in 0.0650 seconds
```

现在，我们就可以导入数据了：

```
[huangsean@iMac2015:/Users/huangsean/Coding]sqoop import -append --connect
jdbc:mysql://iMac2015:3306/sys --username root --password yourownpassword --table
listing_segmented_shuffled --hbase-create-table --hbase-table listing_ segmented_
shuffled_inhbase --column-family datafields --hbase-row-key listing_id
```

该命令使用了 MySQL 的连接设置，并指定了向名为" listing_ segmented_shuffled_
hbase "的 HBase 的表格中写入，列族为 datafields，行键为 MySQL 表中的 listing_id 字
段。在执行过程中你会看到 Sqoop 启动了 Hadoop 的 MapReduce 作业，并向 HBase 的表格
listing_hbase 中写入数据。最后你可以使用 scan 命令，检查数据是否成功写入：

```
hbase(main):013:0> scan 'listing_segmented_shuffled_inhbase'
...
 9998                                          column=datafields:category_id,
timestamp=1486343413755, value=8
 9998                                          column=datafields:category_name,
timestamp=1486343413755, value=\xE5\x9D\x9A\xE6\x9E\x9C
 9998                                          column=datafields:listing_title,
timestamp=1486343413755, value=\xE5\x8F\xA3\xE6\xB0\xB4 \xE5\xA8\x83 \xE5\xBC\x80\
xE5\x8F\xA3 \
                                               xE5\xB7\xB4 \xE6\x97\xA6 \xE6\x9C\
xA8 168g 4\xE8\xA2\x8B \xE4\xBC\x91\xE9\x97\xB2 \xE9\x9B\xB6\xE9\xA3\x9F \xE5\x9D\
x9A\xE6\x9E\
                                               x9C \xE7\x82\x92\xE8\xB4\xA7 \xE7\
x89\xB9\xE4\xBA\xA7 \xE5\xA5\xB6 \xE9\xA6\x99\xE5\x91\xB3 \xE6\x9D\x8F\xE4\xBB\x81
\xE6\x89\x8
                                               1 \xE6\xA1\x83\xE4\xBB\x81
 9999                                          column=datafields:category_id,
timestamp=1486343413755, value=8
 9999                                          column=datafields:category_name,
timestamp=1486343413755, value=\xE5\x9D\x9A\xE6\x9E\x9C
 9999                                          column=datafields:listing_title,
timestamp=1486343413755, value=\xE5\xB0\x8F \xE5\xBC\xA5\xE5\x8B\x92 xiaomile \xE5\
xBC\x80\xE5\
                                               xBF\x83\xE6\x9E\x9C \xE4\xBC\x91\
xE9\x97\xB2 \xE9\x9B\xB6\xE9\xA3\x9F \xE5\x9D\x9A\xE6\x9E\x9C \xE7\x82\x92\xE8\xB4\
xA7 \xE6\x97
                                               \xA0 \xE6\xBC\x82\xE7\x99\xBD
\xE8\xB5\xA0\xE5\x93\x81 \xE5\x8B\xBF \xE6\x8B\x8D 1g
 ...
28708 row(s) in 15.7290 seconds
```

在导入数据之前，我们并未定义 HBase 表格的 schema 和各个字段，但是现在 28 000 多
条记录都已经被成功地插入该表了。

5.4.3　HBase 和搜索引擎的集成

一旦数据进入了 HBase，我们就需要考虑如何从 HBase 中读取数据并写入搜索引擎的索

引之中。下面我们给出一些基本的示例性代码。首先，在 pom.xml 中添加 HBase 相关的依赖 Jar 包：

```
<!-- https://mvnrepository.com/artifact/org.apache.hbase/hbase-client -->
<dependency>
    <groupId>org.apache.hbase</groupId>
    <artifactId>hbase-client</artifactId>
    <version>1.3.0</version>
</dependency>
```

然后修改 ListingDocument 类，添加几个促销和团购可能会用到的字段，包括 promotion_info 和 group_discount 等：

```
public class ListingDocument {

    // 必备的基础信息
    private long listing_id;
    private String listing_title;
    private long category_id;
    private String category_name;

    // 以下是可选的动态信息
    private String promotion_info = null;
    private String promotion_startdate = null;
    private String promotion_enddate = null;
    private double group_discount = -1.0;
    private String group_startdate = null;
    private String group_enddate = null;
    ...
}
```

资源的初始化和释放，与之前的搜索引擎设计类似：

```
// 基本配置和连接
private static Configuration conf = null;
private static Connection conn = null;
private static HTable htable = null;

// HBase 连接的相关配置和初始化
public static synchronized void init() {

    if (conf == null || conn == null) {
        conf = HBaseConfiguration.create();
        conf.set("hbase.zookeeper.property.clientPort", "2181");
        conf.set("hbase.zookeeper.quorum", " 192.168.1.48:2181");
        conf.set("hbase.master", "16000");

        try {
            conn = ConnectionFactory.createConnection(conf);
        } catch (IOException e) {
            // TODO Auto-generated catch block
```

```
                e.printStackTrace();
            }
        }


    }

    // 释放资源
    public static void cleanup() {
        if (conn != null) {
            try {
                conn.close();
                conn = null;
            } catch (IOException e) {
                // TODO Auto-generated catch block
                e.printStackTrace();
                conn = null;
            }
        }

        if (conf != null) {
            conf.clear();
            conf = null;
        }
    }
```

我们实现了两个主要的函数 insertData 和 scanUpdatedData，分别测试向 HBase 中写入数据，以及从 HBase 中读取数据：

```
public static void insertData(List<ListingDocument> lds, String table) {

    try {

        // 连接指定的 HBase 表格
        htable = (HTable) conn.getTable(TableName.valueOf(table));

        List<Put> puts = new ArrayList<>();
        for (ListingDocument ld : lds) { // 使用 HBase 的 PUT API，每个文档生成一个 PUT

            // 添加必要的商品基础信息
            Put put = new Put(String.valueOf(ld.getListing_id()).getBytes());
            put.addColumn("datafields".getBytes(),
                    "listing_title".getBytes(),
                    ld.getListing_title().getBytes());
            put.addColumn("datafields".getBytes(),
                    "category_id".getBytes(),
                String.valueOf(ld.getCategory_id()).getBytes());
            put.addColumn("datafields".getBytes(),
                    "category_name".getBytes(),
                    ld.getCategory_name().getBytes());
```

```
// 如果存在，则添加促销的信息
if (ld.getPromotion_info() != null) {
    put.addColumn("datafields".getBytes(),
            "promotion_info".getBytes(),
        ld.getPromotion_info().getBytes());
    put.addColumn("datafields".getBytes(),

            "promotion_startdate".getBytes(),
            ld.getPromotion_startdate().getBytes());
    put.addColumn("datafields".getBytes(),
            "promotion_enddate".getBytes(),
            ld.getPromotion_enddate().getBytes());
}

// 如果存在，则添加团购的信息
if (ld.getGroup_discount() != -1.0) {
    put.addColumn("datafields".getBytes(),
            "group_discount".getBytes(),
    String.valueOf(ld.getGroup_discount()).getBytes());
    put.addColumn("datafields".getBytes(),
            "group_startdate".getBytes(),
            ld.getGroup_startdate().getBytes());
    put.addColumn("datafields".getBytes(),
            "group_enddate".getBytes(),
            ld.getGroup_enddate().getBytes());
}

puts.add(put);
}

htable.put(puts);

htable.close();
htable = null;

} catch (Exception e) {
    // TODO: handle exception
    e.printStackTrace();

    if (htable != null) {
        try {
            htable.close();
        } catch (IOException e1) {
            // TODO Auto-generated catch block
            e1.printStackTrace();
            htable = null;
        }
        htable = null;
    }
}
}
```

在 main 函数中，测试 insertData 的代码如下：

```
// 向 HBase 中写入测试数据
Random rand = new Random(System.currentTimeMillis());
List<ListingDocument> documents = new ArrayList<>();
for (int i = 0; i < 100; i++) {
    ListingDocument ld = new ListingDocument(
            2000 + (i + 1), "hbase 数据插入测试标题 " + (i + 1),
            200000 + (i + 1), "hbase 数据插入测试类目 " + (i + 1));

    int number = rand.nextInt(10);

    // 按照 20% 的概率，随机生成促销商品
    if (number % 5 == 0) {

        // 按照 10% 的概率，随机生成促销类型 A 的商品
        if (number % 2 == 0) {
            ld.setPromotion_info(" 买 200 减 50");
            ld.setPromotion_startdate("2017-07-28");
            ld.setPromotion_enddate("2017-08-28");
        } else {                              // 按照 10% 的概率，随机生成促销类型 B 的商品
            ld.setPromotion_info(" 买三赠一 ");
            ld.setPromotion_startdate("2017-08-01");
            ld.setPromotion_enddate("2017-08-18");
        }

    } else if (number % 10 == 1) {        // 按照 10% 的概率，随机生成团购的商品
        ld.setGroup_discount(0.75);
        ld.setGroup_startdate("2017-10-05");
        ld.setGroup_enddate("2017-10-12");
    }

    documents.add(ld);
}

HBase.insertData(documents, "listing_segmented_shuffled_inhbase");
// 慎用，每次会写入不同的数据
```

执行后，通过 HBase 的 shell 查看表格 listing_segmented_shuffled_inhbase，你将看到类似下面的结果：

```
hbase(main):029:0> scan 'listing_segmented_shuffled_inhbase'
ROW                                                          COLUMN+CELL
 2001
column=datafields:category_id, timestamp=1486422394764, value=200001
 2001
column=datafields:category_name, timestamp=1486422394764, value=hbase\xE6\x95\xB0\
xE6\x8D\xAE\xE6\x8F\x92\xE5\x85\xA5\xE6\xB5\x8B\xE8\xAF\x95\xE7\xB1\xBB\xE7\x9B\xAE1
 2001
column=datafields:listing_title, timestamp=1486422394764, value=hbase\xE6\x95\xB0\
xE6\x8D\xAE\xE6\x8F\x92\xE5\x85\xA5\xE6\xB5\x8B\xE8\xAF\x95\xE6\xA0\x87\xE9\xA2\x981
```

```
    2001
column=datafields:promotion_enddate, timestamp=1486422394764, value=2017-08-18
    2001
column=datafields:promotion_info, timestamp=1486422394764, value=\xE6\xBB\xA1\xE4\
xB8\x89\xE8\xB5\xA0\xE4\xB8\x80
    2001
column=datafields:promotion_startdate, timestamp=1486422394764, value=2017-08-01
    2002
column=datafields:category_id, timestamp=1486422394764, value=200002
    2002
column=datafields:category_name, timestamp=1486422394764, value=hbase\xE6\x95\xB0\
xE6\x8D\xAE\xE6\x8F\x92\xE5\x85\xA5\xE6\xB5\x8B\xE8\xAF\x95\xE7\xB1\xBB\xE7\x9B\xAE2
    2002
column=datafields:listing_title, timestamp=1486422394764, value=hbase\xE6\x95\xB0\
xE6\x8D\xAE\xE6\x8F\x92\xE5\x85\xA5\xE6\xB5\x8B\xE8\xAF\x95\xE6\xA0\x87\xE9\xA2\x982
    2003
column=datafields:category_id, timestamp=1486422394764, value=200003
    2003
column=datafields:category_name, timestamp=1486422394764, value=hbase\xE6\x95\xB0\
xE6\x8D\xAE\xE6\x8F\x92\xE5\x85\xA5\xE6\xB5\x8B\xE8\xAF\x95\xE7\xB1\xBB\xE7\x9B\xAE3
    2003
column=datafields:listing_title, timestamp=1486422394764, value=hbase\xE6\x95\xB0\
xE6\x8D\xAE\xE6\x8F\x92\xE5\x85\xA5\xE6\xB5\x8B\xE8\xAF\x95\xE6\xA0\x87\xE9\xA2\x983
    ...
```

从前 3 个结果可以看出，只有行键为 2001 的商品才有促销的信息（当然这是随机的结果）。再使用下述的 scanUpdatedData 函数，检索出新增的商品：

```
// 给定时间戳 timestamp，找出这个时间戳之后修改的所有数据
public static List<ListingDocument> scanUpdatedData(String table, long timest
amp) {

        List<ListingDocument> lds = new ArrayList<>();

        try {
            htable = (HTable) conn.getTable(TableName.valueOf(table));
            ResultScanner rscan = null;

            // 设置时间戳
            Scan scanWithFilter = new Scan();
            scanWithFilter.setTimeRange(timestamp, System.currentTimeMillis());

            // 使用 HBase 的 Scan 机制
            rscan = htable.getScanner(scanWithFilter);
            for (Result res : rscan) {

                ListingDocument ld = new ListingDocument();
                ld.setListing_id(Long.parseLong(new String(res.getRow())));

                // 读取各个字段，组装 ListingDocument。之前 HBase 简介中讲述了 cell 这种结构。
```

```java
        for (Cell cell : res.rawCells()) {
            String columnFamily = new String(CellUtil.cloneFamily(cell));
            if ("datafields".equalsIgnoreCase(columnFamily)) {

                String qualifier = new String(CellUtil.cloneQualifier(cell));

                if ("listing_title".equalsIgnoreCase(qualifier)) {
                    ld.setListing_title(new String(CellUtil.cloneValue(cell)));
                } else if ("category_id".equalsIgnoreCase(qualifier)) {
                    ld.setCategory_id(Long.parseLong(new String(CellUtil.
                    cloneValue(cell))));
                } else if ("category_name".equalsIgnoreCase(qualifier)) {
                    ld.setCategory_name(new String(CellUtil.cloneValue(cell)));
                } else if ("promotion_info".equalsIgnoreCase(qualifier)) {
                    ld.setPromotion_info(new String(CellUtil.cloneValue(cell)));
                } else if ("promotion_startdate".equalsIgnoreCase(qualifier)) {
                    ld.setPromotion_startdate(new String(CellUtil.
                    cloneValue(cell)));
                } else if ("promotion_enddate".equalsIgnoreCase(qualifier)) {
                    ld.setPromotion_enddate(new String(CellUtil.cloneValue
                    (cell)));
                } else if ("group_discount".equalsIgnoreCase(qualifier)) {
                    ld.setGroup_discount(Double.parseDouble(new String
                    (CellUtil.cloneValue(cell))));
                } else if ("group_startdate".equalsIgnoreCase(qualifier)) {
                    ld.setGroup_startdate(new String(CellUtil.cloneValue(cell)));
                } else if ("group_enddate".equalsIgnoreCase(qualifier)) {
                    ld.setGroup_enddate(new String(CellUtil.cloneValue(cell)));
                }

            }
        }

        lds.add(ld);
        System.out.println(ld.toString());          //用于检阅的输出

    }


    htable.close();
} catch (IOException e) {
    //TODO Auto-generated catch block
    e.printStackTrace();

}

    return lds;

}
```

其主要原理是利用 HBase 的 scan 命令和时间戳，获取全量和增量的数据更新。在 main

函数中使用如下代码进行实验，先找出近 1 小时以内更新的数据，然后写入第 4 章所构建的
搜索引擎：

```
// 查找刚刚插入的数据
long timestamp = System.currentTimeMillis() - 3600 * 1000;
                                                    // 查找 1 小时内更新的数据
    List<ListingDocument> documentsToUpdate = HBase.scanUpdatedData("listing_
segmented_shuffled_inhbase", timestamp);


// 写入搜索引擎
SearchEngineTest.init();
SearchEngineTest.index(documentsToUpdate);          // 索引新文档
SearchEngineTest.cleanup();
```

执行后，你将看到类似于图 5-9 所示的结果，某些商品有额外的促销或团购信息。

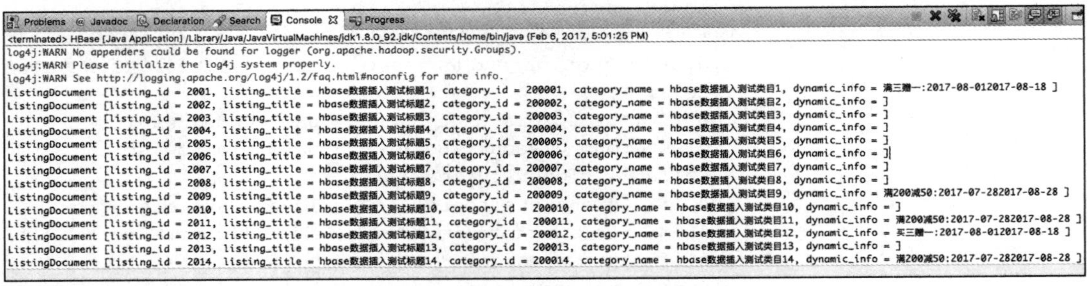

图 5-9　从 HBase 集群读取数据成功

完整的代码示例，可以参见下列项目中的 SearchEngine.Datasource 这个包：

https://github.com/shuang790228/BigDataArchitectureAndAlgorithm/tree/master/Search/
SearchEngineImplementation

值得一提的是，Solr 和 Elasticsearch 都有很好的特性与这里的动态信息进行对应。
Elasticsearch 在文档中碰到一个以前从没见过的字段时，它会利用动态映射来决定该字段的
类型，并自动对该字段添加映射。对于 Solr 而言，可以采用动态字段（Dynamic Field），它也
提供了灵活的 schema，能和 HBase 中的数据对应起来。例如，这里的促销和团购信息，并
不是每个商品所必需的，我们可以修改 Solr 的 schema.xml，加入如下字段定义：

```
<dynamicField name="promotion_*" type="string" indexed="true" stored="true"/>
<dynamicField name="group_*" type="string" indexed="true" stored="true"/>
```

这样，如果某个商品是团购商品，就可以在添加 Solr 文档时，提供 group_ 前缀开头的
字段，否则就没有必要提供了。

方案设计和技术选型：
查询分类和搜索的整合

6.1 问题分析

　　近期，用户时常抱怨的另外一个问题就是，关键词搜索的结果非常不精准。搜索"牛奶"，很多牛奶巧克力，甚至是牛奶色的连衣裙都跑到搜索结果的前排了，用户体验非常差。但是，巧克力和连衣裙这些商品标题里确实存在"牛奶"的字样，如果简单地抹去，又会导致搜索"牛奶巧克力"或"牛奶色连衣裙"时无法展示相关的商品，这肯定也是无法接受的。据反馈，这类搜索不精准的情况十分普遍，比如，搜索"橄榄油"的时候会返回热门的"橄榄油发膜"，或者是"橄榄油护手霜"；搜索"手机"的时候会返回热门的"手机壳"和"手机贴膜"，类似情况不胜枚举，加上商品的品类也在持续增加，因此也无法完全通过人工运营来解决，图 6-1 列举了"橄榄油"的案例，左边是现状，而右边是用户的期望，差距非常明显。

　　那么，如何更精准地返回搜词结果，将更为相关的商品排在前列呢？这一直是大宝挥之不去的痛，但是一时间他也不知道应该如何解决这个问题。只能再次请黄小明出马了，大宝将困境一五一十地告诉了小明。

　　"哈哈，你算问对人了。我最近专门在研究这个课题，根据目前线上测试的结果来看，非常有效，下面我就来共享一下其核心的技术思想。"

6.2 结合分类器和搜索引擎

　　小明首先向大宝说明了为什么会产生搜索结果不精准的情况，这其实主要是 Lucene 默认打分机制惹的祸。无论是 Solr 还是 Elasticsearch，底层都是使用 Lucene 来实现的，它们也继承了 Lucene 的相关性评分体制。目前默认的模型为 BM25，它和 VSM 类型一样，核心思想是计算一个查询中所有关键词和文档的相关度，然后再对分数做累加操作。而每个关键词的相关度分数主要受到 tf-idf 的影响。从整体而言，影响 BM25 模型的主要因素有如下几点。

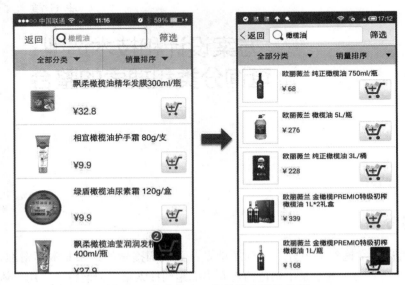

图 6-1　左右相比，相关性有明显差距

- □ 逆词频 idf：idf 越高分数越高。
- □ 词频 tf：tf 越高分数越高。
- □ 文档长度：如果该文档的长度越高于平均值，则分数越低。
- □ 其他的权重调节因子：例如 k、b 等。

为了证实这点，我们先来看两个例子。首先在已经搭建的 Solr 集群中查询关键词"番茄"，稍有不同的是，在 fl 返回字段中设置"*,score"，这样返回结果中就会增加"score"字段，展示每篇文档的排序得分。在图 6-2 中，你会看到排名靠前的几个商品标题，都拥有多次的"番茄"关键词命中，包括同义词"西红柿"在内，而且标题长度也比较短。这里关键词命中的次数对应了 BM25 模型中的 tf 词频，而商品标题长度对应了 BM25 模型中的文档长度。可以看到，其中某些商品排序得分很高，排名因此也很靠前。如果说图 6-2 排名靠前的记录还是相关的，那么图 6-3 展示的例子就更糟糕了：对于查询关键词"米"，一些相关性很差的饼干竟然排到了最前列。原因是这些饼干的标题中包含了更多的关键词"米"，而且标题长度也较短，而真正的大米商品无法得到有效的展示。再来看看 Elasticsearch，如图 6-4 所示，可以发现类似的现象。查询的关键词是"番茄 方便面"，排名靠前的商品要么是有多个"番茄"或"方便面"关键词的命中，要么是标题非常简短。

图 6-2 关键词命中的次数和文章长短，确实影响了 Solr 的排序

BM25、VSM 等模型的相关性处理方式非常适合普通文本的检索，在各大通用搜索引擎里也被证明其是行之有效的方法之一。然而，我们需要思考的是，这样做对于商品搜索而言真的是有效的吗？实践证明，这类相关性模型往往并不适合电子商务的搜索平台。主要原因具体如下。

❑ 商品的标题通常都非常短。目前电子商务网站的搜索引擎通常只对商品的标题或名称进行索引，而不会针对商品的具体描述进行索引。这主要是因为描述里面的内容过于丰富，还包括不少广告宣传，不一定都是针对产品特性进行描述的信息，如果进入了索引，不仅加大了系统计算和存储的负担，还会导致较为低下的精确度。因此商品的标题、名称和主要的导购属性成为搜索索引关注的对象，而这些内容一般短小精悍，不需要考虑其长短对于相关性衡量的影响。

❑ 关键词出现的位置、词频对相关性的意义不大。如上所述，正是由于商品搜索主要关注的是标题等信息浓缩的字段，因此某个关键词出现的位置、频率对于相关性衡量的影响非常有限。如果考虑了这些，反而容易被别有用心的商家利用，进行不合理的关键词搜索优化（SEO），导致最终结果的质量变差。

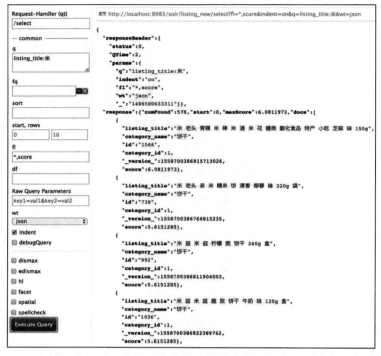

图 6-3　更为糟糕的例子：关键词命中的次数和文章长短负面影响了 Solr 的排序

❏ 用户的查询普遍比较短。普通搜索引擎中有海量的网页信息供用户查阅，因此用户为
了准确地找到其所寻找的信息，可能会输入尽可能多的关键词。在电商平台上，商品
的数量相对于互联网的网页信息量而言可谓冰山一角，顾客无须太多的关键词就能定
位大概所需的商品，因此查询的字数多少对于相关性衡量也没有太大的意义。

因此，电商的搜索系统不能局限于关键词的词频、出现位置等基础特征，更应该从其他
方面来考虑。前面大宝所犯愁的问题，实际上主要纠结在一个"分类"的问题上。例如，顾
客搜索"牛奶"字眼的时候，系统需要搞清楚用户是期望找到饮用的牛奶，包括鲜奶、包装
奶、进口奶、酸奶等，还是牛奶味的巧克力或饼干。

"那么如何才能得知这样的信息呢？人是很容易理解，但是系统没法得知啊，难道要人
为地逐个运营吗？顾客的输入千变万化，而且商品的品类也会逐步更新，人工设置的工作量
实在是太巨大了。"

"大宝，回顾一下之前的章节，你想想看有什么方法可以解决这个问题？"

"哦，对啦！在第一篇我们学习过机器学习的算法，其中的自动分类技术应该可以帮助
我们！不过，我们已经发现分类的效果有的时候不太理想，尤其是针对短的文本，你还记得
当时系统错误地将'巧克力牛奶'划分为巧克力了吗？就像图 1-33 所示的那样。"

"别急，除了商品本身固有的信息之外，我们还可以利用用户的行为来做判断，进一步
提升分类的效果。"

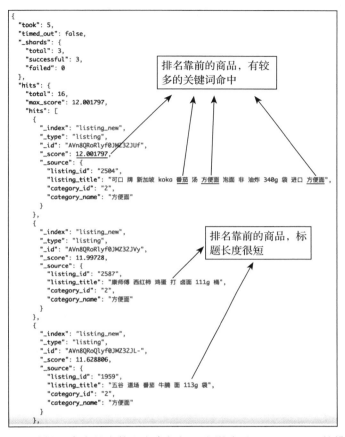

```
{
  "took": 5,
  "timed_out": false,
  "_shards": {
    "total": 3,
    "successful": 3,
    "failed": 0
  },
  "hits": {
    "total": 16,
    "max_score": 12.001797,
    "hits": [
      {
        "_index": "listing_new",
        "_type": "listing",
        "_id": "AVn8QRoRlyf0JMZ32JUf",
        "_score": 12.001797,
        "_source": {
          "listing_id": "2504",
          "listing_title": "可口 牌 新加坡 koka 番茄 汤 方便面 泡面 非 油炸 340g 袋 进口 方便面",
          "category_id": "2",
          "category_name": "方便面"
        }
      },
      {
        "_index": "listing_new",
        "_type": "listing",
        "_id": "AVn8QRoRlyf0JMZ32JVy",
        "_score": 11.99728,
        "_source": {
          "listing_id": "2587",
          "listing_title": "康师傅 西红柿 鸡蛋 打 卤面 111g 桶",
          "category_id": "2",
          "category_name": "方便面"
        }
      },
      {
        "_index": "listing_new",
        "_type": "listing",
        "_id": "AVn8QRoQlyf0JMZ32JL-",
        "_score": 11.628806,
        "_source": {
          "listing_id": "1959",
          "listing_title": "五谷 道场 番茄 牛腩 面 113g 袋",
          "category_id": "2",
          "category_name": "方便面"
        }
      },
```

排名靠前的商品，有较多的关键词命中

排名靠前的商品，标题长度很短

图 6-4　关键词命中的次数和文章长短，也影响了 Elasticsearch 的排序

"哦？具体应该怎样操作呢？"

"其实主要思路并不复杂，就是观察用户在搜词后的行为，包括点击进入的详情页，或者是否添加到购物车，这样我们就能知道对于每个关键词而言，顾客最为关心的是哪些类目了。"

"哇，这个主意好！我之前怎么没有想到。"

"嗯，所以这个问题没有想象的那么难。举个例子，当用户输入关键词'咖啡'，如果经常浏览和购买的品类是国产冲饮咖啡、进口冲饮咖啡和咖啡饮料，那么这 3 个分类就应该排在更前面，而对于其他虽然包含"咖啡"字眼、但并不太相关的分类，应将其统统排在后面。同时，这个方法还可以在一定程度上解决季节性问题，到了夏季，人们查找咖啡时更希望喝到冰爽的饮料，而不是冲饮。到了冬季，人们更多的是希望找到热乎乎的冲饮，而不是饮料，这些排序需求都可以通过用户的行为来进行调整。'巧克力牛奶'的案例也是同理，用户在搜索了'巧克力牛奶'的关键词之后，通常都是选择牛奶分类的商品，而不是巧克力分类的商品。因此，我们完全可以将这种信息和之前的分类模型相结合，对用户的查询进行更为合理的分类，这个步骤一般被称为查询分类（Query Classification）。"

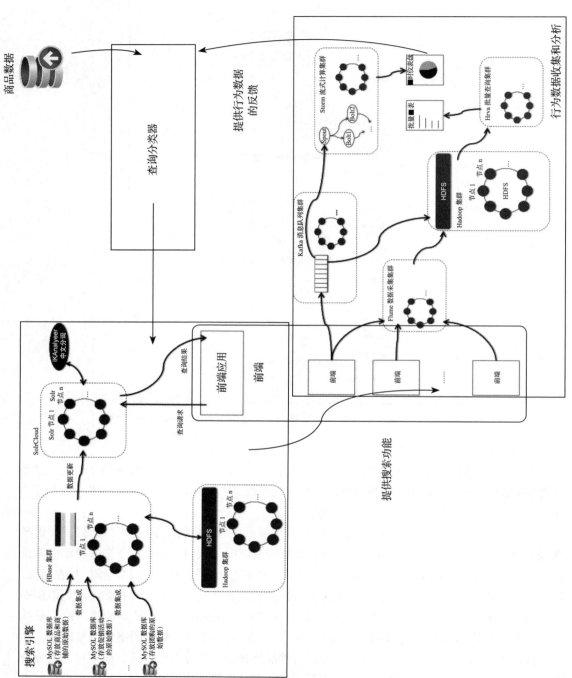

图 6-5 通过用户的行为和商品数据打造查询分类器，最终提升搜索引擎的精度

"那对用户的查询进行分类之后，又应该怎样提升搜索排序呢？"

"综合上述内容，整体系统的架构基本上是这样设计的。"小明画出了一个框架，如图 6-5 所示。其中，搜索引擎部分仍然采用第 4 章和第 5 章的设计方案，通过 HBase 融合异构数据源，然后在 Solr/Elasticsearch 上，通过 HBase 建立整体的商品索引，并向前台提供搜索服务。而对于数据收集和分析，具体来说又有几种不同的设计方案，我们将在第四篇介绍更多的细节和实现。目前读者只需理解该模块可以帮助我们采集用户的行为数据，将用户输入的关键词和期望分类之间的关系，提供给查询分类器即可。而查询分类器会结合商品数据及用户行为，引导搜索引擎进行重新排序，最终提升搜索结果的相关性。

6.3　案例实践

6.3.1　实验环境设置

在这部分实验中，非常重要的一项就是用户行为数据。这里假设已经有了一个样本 term_category_qc.txt，其内容是用户在搜索关键词之后，关注了[⊖]哪些分类。下面是部分内容：

```
（搜索词）              （相关类目列表）
...
巧克力        {"饼干": 0.04, "饮料饮品": 0.0, "巧克力": 0.96}
巧克力 德芙     {"巧克力": 1.0}
巧克力奶      {"纯牛奶": 0.78, "巧克力": 0.22}
巧克力威化     {"饼干": 0.67, "巧克力": 0.33}
巧克力牛奶     {"饮料饮品": 0.07, "纯牛奶": 0.87, "巧克力": 0.07}
巧克力豆      {"饼干": 0.1, "巧克力": 0.9}
巧克力酱      {"巧克力": 1.0}
巧克力饼干     {"饼干": 1.0}
...
```

其中，第 1 列是用户的查询关键词或词组，而第 2 列是 JSON 字符串，表示了每个分类的一个概率或得分。所以，每一行就代表一个查询和分类之间的对应关系，而每个分类后面的分数则代表了统计概率。例如第 1 行的内容是：根据网站所有顾客行为的统计，用户输入关键词"巧克力"之后，有 4% 的可能性访问了"饼干"分类，而 96% 的可能性访问了"巧克力"分类，和正常情形下的预期是一致的。值得一提的是，由于这个数值可能是根据多种行为加权综合而来的，所以随着加权因素数量和权重的变化，随着时间的推移和行为的不断发生，这个分数也会发生变化。我们可以将这种结构的数据称为词条 – 分类表（Term-Category），并利用哈希表结构进行存储和读取。完整的数据可以访问：

https://github.com/shuang790228/BigDataArchitectureAndAlgorithm/blob/master/Search/term_category_qc.txt

---

⊖　根据具体的应用，可能包括查看详情页、添加购物车、收藏等行为。

> **注意** 再次强调，此数据纯属人为虚构，不能用于任何线上的生产环境。如果你需要为自己的项目量身打造这样的数据，请参考第四篇的内容，它会告诉你如何弄清楚用户在搜索某个关键词时对哪类商品更感兴趣，以及如何从行为日志中获取相关信息，等等。

此外，这里继续延用第 1 章介绍的基于 Mahout 的在线 NB 分类器，并结合以上用户行为数据，将其扩展为一个新的查询分类器。

6.3.2　构建查询分类器

本节将使用 Java 代码示例，展示如何将用户行为数据与第 1 章所构建的 Mahout 分类器相结合。为了解析 term_category_qc .txt 中的 JSON 字符串，首先在 pom.xml 中增加相关依赖：

```
<!-- https://mvnrepository.com/artifact/com.fasterxml.jackson.core/jackson-databind -->
<dependency>
    <groupId>com.fasterxml.jackson.core</groupId>
    <artifactId>jackson-databind</artifactId>
    <version>2.7.5</version>
</dependency>
```

在 MahoutMachineLearning 项目中，新生成 NBQueryClassifierOnline 类和第 1 章的 NBClassifierOnline 类相比，它主要的更新部分具体如下。

❏ 增加了 loadTerm2Category 函数，用于加载用户行为数据。

❏ 使用线性加权，结合基于商品标题的分类和基于用户行为的分类。

函数 loadTerm2Category 的主要代码如下：

```java
public static HashMap<String, HashMap<String, Double>> loadTerm2Category(String file) {

// 读取 term_category_qc.txt，并将其加载到内存
// 如果数据量大，可能还需要考虑通过数据库这样的持久化存储，来保存和读取用户行为数据
ObjectMapper mapper = new ObjectMapper();
HashMap<String, HashMap<String, Double>> term2category = new HashMap<String,
HashMap<String, Double>>();

    try {

        BufferedReader br = new BufferedReader(new FileReader(file));
        String strLine = null;
        while ((strLine = br.readLine()) != null) {
            String[] tokens = strLine.split("\t");
            String term = tokens[0];
            String json = tokens[1];

            JsonNode jnRoot = mapper.readValue(json, JsonNode.class);
            if (jnRoot.size() > 0) {
```

```
                HashMap<String, Double> category2prob = new HashMap<>();
                Iterator<String> iter = jnRoot.fieldNames();
                while (iter.hasNext()) {
                    String category = iter.next();
                    category2prob.put(category, jnRoot.get(category).asDouble());
                }
                term2category.put(term, category2prob);
            }

        }

        br.close();


    } catch (Exception e) {
            // TODO: handle exception
        e.printStackTrace();
        }

    return term2category;
}
```

由于目前行为数据的规模非常小，因此可以直接加载到内存中。但如果数据量过大，可能还需要结合数据库等持久化存储或缓存，以便进行高效地读取。在 main 函数中调用上述函数：

```
// 加载新增的用户行为数据
HashMap<String, HashMap<String, Double>> term2category = loadTerm2Category("/
Users/huangsean/Coding/data/BigDataArchitectureAndAlgorithm/term_category_qc.txt");
```

而后就可以综合第 1 章中所介绍的基于商品标题的分类和新加入的基于用户行为的分类了：

```
    ...
    // 输出归一化后的、基于商品标题的分类结果
    HashMap<String, Double> listingClassification = new HashMap<>();
    for(Element element : predictionVector.all()) {
        int categoryId = element.index();
        String category = categoryMapping.get(labels.get(categoryId));
        double score = element.get();
        score = Math.pow(2.0, score) / sum;      // 归一化
        score = (int)(score * 100 + 0.5) / 100.0;
        if (category != null) {
            listingClassification.put(category, score);
        }
    }
    System.out.println(" 基于商品标题的预测为: " + listingClassification);

    // 输出基于用户行为数据的分类结果
    // 考虑到保留用户输入的原始语义，这里并不进行分词
    HashMap<String, Double> behaviorClassification = term2category.get(content);
    if (behaviorClassification != null) {
```

```
        System.out.println("基于用户行为的预测为：" + behaviorClassification);
    }


    // 综合两种方式的最终分类结果
    HashMap<String, Double> combinedClassification = new HashMap<>();
    double bestScore = Double.MIN_VALUE;
    String bestCategory = null;
    for (String category : listingClassification.keySet()) {
        double behaviorWeight = 0.8;
        double listingWeight = 0.2;
        double behaviorScore = 0.0;
        if (behaviorClassification != null) {
            if (behaviorClassification.containsKey(category)) {
                behaviorScore = behaviorClassification.get(category);
            }
        }
        double listingScore = listingClassification.get(category);
        double combinedScore = behaviorWeight * behaviorScore + listingWeight
        * listingScore;
        combinedScore = (int)(combinedScore * 100 + 0.5) / 100.0;

        if (combinedScore > bestScore) {

            bestScore = combinedScore;
            bestCategory = category;

        }

        combinedClassification.put(category, combinedScore);
    }
    System.out.println("基于上述两者的预测为：" + combinedClassification);

    System.out.println(String.format("根据商品标题文本和用户行为，最终预测的分类为:%s",
    bestCategory));
    System.out.println();
...
```

需要注意的是，之前只取出了预测值最大的分类，而这里为了线性结合之用，需要将 Mahout 的预测值进行归一化[⊖]。此处假设用户行为更为准确，因此线性加和的时候，为基于行为的分类预测赋予了更高的权重 0.8，而对基于商品标题的分类预测只赋予了 0.2 的权重。最后运行 main 类，将在终端进行新的分类测试。下面给出几个得到改善的样例：

请输入待测的文本：巧克力牛奶
基于商品标题的预测为：{ 手机 =0.0， 海鲜水产 =0.0， 纯牛奶 =0.03， 饼干 =0.11， 新鲜水果 =0.0，
大米 =0.0， 坚果 =0.0， 沐浴露 =0.0， 进口牛奶 =0.1， 茶叶 =0.0， 饮料饮品 =0.0， 电脑 =0.0， 美发护发

⊖ Mahout 的预测值不是可以直接使用的概率，而是经过了一系列转化之后的值。出于简化考虑，样例代码
在归一化之前，进行了大致的复原。如果对细节感兴趣的读者，可以遵从 Mahout 源码和朴素贝叶斯模型
进行严谨的复原步骤。

=0.0，方便面 =0.0，枣类 =0.0，面粉 =0.0，食用油 =0.0，巧克力 =0.76}

基于用户行为的预测为：{ 饮料饮品 =0.07，纯牛奶 =0.87，巧克力 =0.07}

基于上述两者的预测为：{ 手机 =0.0，海鲜水产 =0.0，纯牛奶 =0.7，饼干 =0.02，新鲜水果 =0.0，大米 =0.0，坚果 =0.0，沐浴露 =0.0，进口牛奶 =0.02，茶叶 =0.0，饮料饮品 =0.06，电脑 =0.0，美发护发 =0.0，方便面 =0.0，枣类 =0.0，面粉 =0.0，食用油 =0.0，巧克力 =0.21}

根据商品标题文本和用户行为，最终预测的分类为：纯牛奶

...

请输入待测的文本：巧克力威化

基于商品标题的预测为：{ 手机 =0.0，海鲜水产 =0.0，纯牛奶 =0.0，饼干 =0.23，新鲜水果 =0.0，大米 =0.0，坚果 =0.0，沐浴露 =0.0，进口牛奶 =0.0，茶叶 =0.0，饮料饮品 =0.0，电脑 =0.0，美发护发 =0.0，方便面 =0.0，枣类 =0.0，面粉 =0.0，食用油 =0.0，巧克力 =0.77}

基于用户行为的预测为：{ 饼干 =0.67，巧克力 =0.33}

基于上述两者的预测为：{ 手机 =0.0，海鲜水产 =0.0，纯牛奶 =0.0，饼干 =0.58，新鲜水果 =0.0，大米 =0.0，坚果 =0.0，沐浴露 =0.0，进口牛奶 =0.0，茶叶 =0.0，饮料饮品 =0.0，电脑 =0.0，美发护发 =0.0，方便面 =0.0，枣类 =0.0，面粉 =0.0，食用油 =0.0，巧克力 =0.42}

根据商品标题文本和用户行为，最终预测的分类为：饼干

...

请输入待测的文本：红枣牛奶

基于商品标题的预测为：{ 手机 =0.0，海鲜水产 =0.0，纯牛奶 =0.16，饼干 =0.06，新鲜水果 =0.0，大米 =0.0，坚果 =0.0，沐浴露 =0.01，进口牛奶 =0.14，茶叶 =0.01，饮料饮品 =0.05，电脑 =0.0，美发护发 =0.0，方便面 =0.0，枣类 =0.5，面粉 =0.0，食用油 =0.0，巧克力 =0.04}

基于用户行为的预测为：{ 饮料饮品 =1.0}

基于上述两者的预测为：{ 手机 =0.0，海鲜水产 =0.0，纯牛奶 =0.03，饼干 =0.01，新鲜水果 =0.0，大米 =0.0，坚果 =0.0，沐浴露 =0.0，进口牛奶 =0.03，茶叶 =0.0，饮料饮品 =0.81，电脑 =0.0，美发护发 =0.0，方便面 =0.0，枣类 =0.1，面粉 =0.0，食用油 =0.0，巧克力 =0.01}

根据商品标题文本和用户行为，最终预测的分类为：饮料饮品

除了之前提到的"巧克力牛奶"案例，"巧克力威化"的分类也由"巧克力"修正为正确的"饼干"了，而"红枣牛奶"的分类则由"枣类"修正为正确的"饮料饮品"。

完整的代码，请参阅：

https://github.com/shuang790228/BigDataArchitectureAndAlgorithm/tree/master/Classification/Mahout/MahoutMachineLearning

虽然在本节的案例中，用户行为的数据协助我们获得了更准确的分类结果，但是在实际应用中这种数据较难获得。建站初期，或者用户使用量不够时，都会导致"冷启动"的问题。因此，你需要根据自身的情况，灵活地运用商品本身的信息、用户行为的反馈甚至是其他资源。

6.3.3　定制化的搜索排序

有了增强版的在线分类模块，就可以将其用作查询的分类器了。接下来的步骤就是考虑如何利用查询分类器，进一步提升商品搜索的相关性，这就会涉及如何定制化 Solr 或 Elasticsearch 的排序了。

1. 修改默认相似度（Similarity）

在之前的章节中我们已经了解了 BM25，它是 Solr 和 Elasticsearch 默认使用的得分计算模式。如果 BM25 并不适用于商品搜索，那要如何修改呢？为了充分利用查询分类的结果，首先要达到这样的目标：对于给定的查询，所有命中的结果其得分都是相同的。至少有两种

做法：修改默认的 Similarity 实现，或者是使用过滤查询（Filter Query）。

我们在 SearchEngineImplementation 项目的 SearchEngine.SearchEngineImplementation.Solr 包中，为 Solr 实现了自定义的 ListingSimilarity，修改 tf、idf 等输出，将最终的相似度定义为 1.0：

```
public class ListingSimilarity extends ClassicSimilarity {

    public float lengthNorm(FieldInvertState state) {

        return 1.0f;
    }

    public float queryNorm(float sumOfSquaredWeights) {
        return 1.0f;
    }

    public float tf(float freq) {
        return 1.0f;
    }

    public float sloppyFreq(int distance) {
        return 1.0f;
    }


    public float idf(long docFreq, long docCount) {
        return 1.0f;
    }


    public float coord(int overlap, int maxOverlap) {
        return 1.0f;
    }

    public float scorePayload(int doc, int start, int end, BytesRef payload) {
        return 1;
    }

}
```

然后编译 Maven 项目，生成 SearchEngineImplementation-0.0.1-SNAPSHOT.jar，并放入 /Users/huangsean/Coding/solr-6.3.0/server/solr-webapp/webapp/WEB-INF/lib 中。为了让 Solr 使用这个定制的相似度，还需要在 managed-schema 的最后加上如下加粗斜体的部分：

```
    ...
    <dynamicField name="*_p" type="location" indexed="true" stored="true"/>
    <dynamicField name="*_c" type="currency" indexed="true" stored="true"/>
    <copyField source="*" dest="_text_"/>

    <similarity class="SearchEngine.SearchEngineImplementation.Solr.ListingSimilarity"/>

</schema>
```

最后，重启 Solr 以生效。

另一种做法是使用过滤查询，这种做法无论是对 Solr 还是 Elasticsearch 都是通用的。过滤查询的和普通查询的一大区别在于：过滤查询并不使用 BM25 等模型计算相关性，只判定关键词是否命中，它通过牺牲相关性来换取更快的处理速度。在这里，过滤查询的特性正是我们所需要的。在 Solr 中，将 q 字段的查询内容移到 fq 字段，并将 q 设置为 "*:*"，就可以达到这个目的。其中，将 q 设置为 "*:*" 表示获取全部的文档，而 fq 字段的内容则表示过滤出满足条件的商品。在图 6-6 所示的例子中，我们将 fq 设置为 "listing_title: 米"，试图找出和米相关的商品。从截图可以看出，虽然目前仍然是不相关的饼干排列在前，但是所有命中文档的得分都变为了 1.0，这也为我们进行下一步的操作打好了基础。

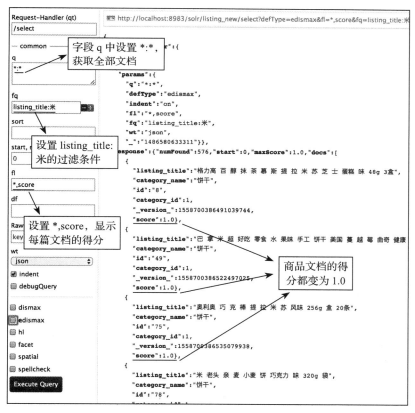

图 6-6　使用 Solr 的过滤查询，将所有命中文档的得分统一为 1.0

Elasticsearch 5.0 之后的版本废弃了之前的 filtered 语法，因此你需要使用 bool 查询的语法来实现过滤，例如：

```
{
    "query": {
        "bool": {
```

```
        "must": {
            "match_all": {
            }
        },
        "filter": {
            "term": {"listing_title" : " 米 "}
        }
    }
  }
}
```

将该内容 POST 到 Elasticsearch 集群的 _search 端点，你将看到 Elasticsearch 会搜索全部的文档，并过滤出 listing_title 含有 "米" 字的商品，最关键的是每个命中的结果其得分都是 1.0，如图 6-7 所示。

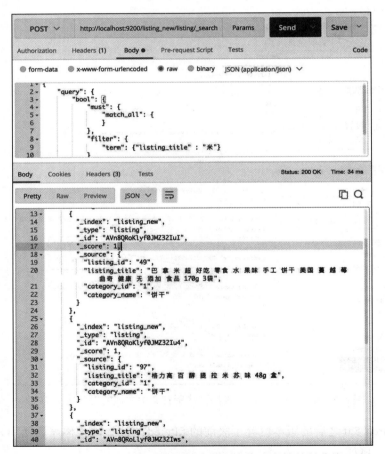

图 6-7　Elasticsearch 的过滤器，同样会将所有命中文档的得分统一为 1.0

2. 根据分类修改排序

统一了基本的排序得分之后，就可以充分利用用户的行为数据，指导搜索引擎进行有针对性的排序改变，最终提升搜索结果的相关性。需要注意的是，由于这里排序的改变依赖于用户每次输入的关键词，因此不能在索引的阶段来完成。例如，在搜索"牛奶巧克力"的时候，理想的结果是将巧克力排列在前，而搜索"巧克力牛奶"的时候，理想的结果是将牛奶排列在前，所以不能简单地在索引阶段就利用文档提升（Document Boosting）或字段提升（Field Boosting）。对于 Solr 而言，它有一个强大的功能叫作提升查询 bq（Boost Query），它可以在查询阶段，根据某个字段的值，动态地修改命中结果的得分。因此，完全可以通过前述的词条 – 分类表，构建包含 bq 参数的查询条件。仍然沿用"巧克力牛奶"的例子，首先看改良之前的情况：图 6-8 展示了在 q 字段中设置" listing_title:（巧克力 AND 牛奶）"是无法获得良好的相关性的。这里添加布尔操作符 AND 是为了覆盖默认的 OR 操作，确保两个关键词都要命中。再来看改良之后的情况：图 6-9 在 q 字段中设置了" *:*"，在 fq 字段中设置了" listing_title:（巧克力 AND 牛奶）"，并点击 edismax 选项，在下拉的部分中将字段 bq 的内容设为"category_name:（纯牛奶 ^0.7）OR category_name:（巧克力 ^0.21）"，再次搜索，就可使巧克力口味的牛奶排到前列，更符合用户的预期。这完全是在没有修改索引的前提下实现的。参数 bq 所使用的 0.7 和 0.21 都是来自查询分类器的结果，过小的取值已经被过滤掉，如图 6-10 所示。在实际生产中，可能还需要结合现实情况，将这些原始数值进行等比例的放大或缩小。

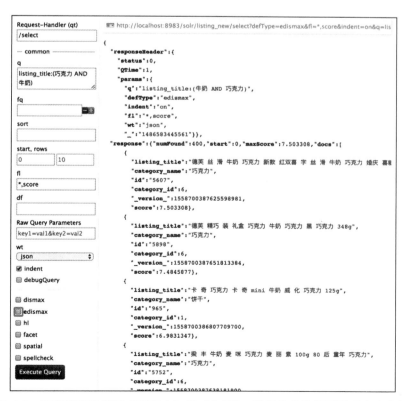

图 6-8　用户搜索关键词"巧克力"和"牛奶"，排名靠前的都不是巧克力牛奶

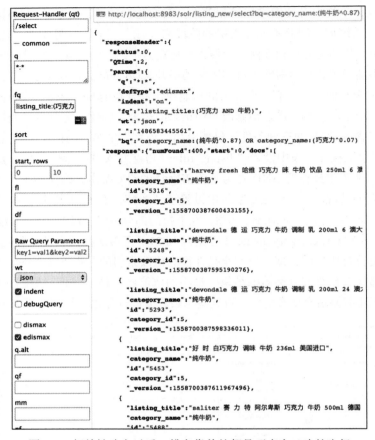

图 6-9 相关性改良过后，排名靠前的都是巧克力口味的牛奶

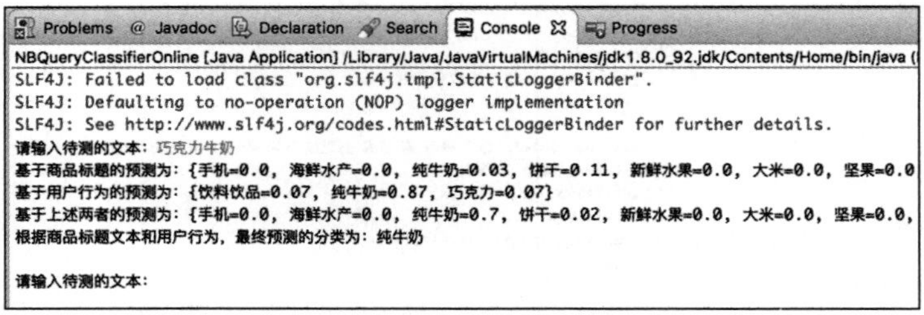

图 6-10 针对"巧克力牛奶"，查询分类器的结果

　　Elasticsearch 的实现方法与此类似，这次以查询"米"为案例，改良前如图 6-11 所示，不相关的饼干排名在最前面。

　　为了实现参照分类的排序，我们同样将查询改为过滤器，并增加基于分类的 boost。对 _search 端点所 POST 的内容做如下修改：

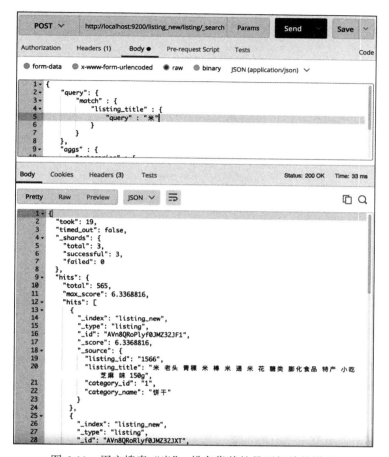

图 6-11　用户搜索"米"，排名靠前的是不相关的饼干

```
{
    "query": {
        "bool": {
            "must": {
                "match_all": {
                }
            },
            "should": [
                {
                    "match": {
                        "category_name": {
                        "query": " 大米 ",
                            "boost": 0.85
                        }
                    }
                },
```

```
            {
                "match": {
                    "category_name": {
                        "query": "饼干",
                        "boost": 0.03
                    }
                }
            },
            {
                "match": {
                    "category_name": {
                        "query": "巧克力",
                        "boost": 0.03
                    }
                }
            }
        ],
        "filter": {
            "term": {"listing_title" : "米"}
        }
        }
    }
}
```

更新的部分主要是增加了 should 的查询，针对最主要的 3 个相关分类进行了 boost 操作。其中各类 boost 的分值同样来自查询分类器。结果如图 6-12 所示，和之前对比有了明显的进步。

6.3.4 整合查询分类和定制化排序

为了提供实时的线上服务，我们还需要通过 Java 代码将查询分类和定制化排序的模块结合起来。在第 4 章中，已经使用适配器的设计模式，实现了基本的搜索引擎。这里将使用装饰器模式，实现相关性改良之后的搜索引擎。

首先，在 SearchEngineImplementation 项目中，引入 MahoutMachineLearning.Classification 的包，为查询分类做准备。由于 SearchEngineImplementation 项目使用的 Solr 和 Lucene 都是 6.x 版本，因此普通的 IKAnalyzer Jar 包不再适用，需要加载第 4 章中介绍的 ik-analyzer-solr6.x.jar。在 pom.xml 中进行如下配置，引入本地的 ik-analyzer-solr6.x.jar：

```
<!-- IKAnalyzer 的依赖 Jar 包 -->
    <dependency>
        <groupId>com.janeluo</groupId>
        <artifactId>ikanalyzer</artifactId>
            <version>for_lucene6.x</version>
                <scope>system</scope>
                <!-- 本地 jar 的路径，相对路径或绝对路径都可以 -->
        <systemPath>/Users/huangsean/Coding/solr-6.3.0/server/solr-webapp/webapp/
```

```
WEB-INF/lib/ik-analyzer-solr6.x.jar</systemPath>
        </dependency>
    <!-- 以下版本和 Lucene 6.x 不兼容 -->
    <!-- <dependency>
        <groupId>com.janeluo</groupId>
        <artifactId>ikanalyzer</artifactId>
        <version>2012_u6</version>
    </dependency>-->
```

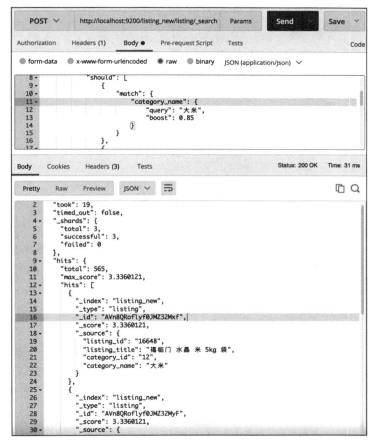

图 6-12 相关性改良后，排名靠前的都是食用大米

  然后在 SearchEngineImplementation 项目的 MahoutMachineLearning.Classification 包中，新创建一个专用于搜索的查询分类器 NBQueryClassifierOnlineForSearch。它封装了分类器的内部实现，只暴露出了分类预测的 predict (String query) 接口，其逻辑和之前 NBQueryClassifierOnline 中的 main 函数的逻辑大体一致。

  下面，就是基于 Solr 的搜索引擎之新实现——SolrSearchEngineRelevant。先看看它和基础搜索引擎很接近的部分：

```
private SolrSearchEngineBasic sseb = null;
protected NBQueryClassifierOnlineForSearch nbqcsearch = null;

public SolrSearchEngineRelevant(SolrSearchEngineBasic sseb) {

    // 基本的搜索引擎不变
    this.sseb = sseb;

    // 增加了查询分类模块
    nbqcsearch = new NBQueryClassifierOnlineForSearch();

}

public void cleanup() {
    sseb.cleanup();
    nbqcsearch.cleanup();      // 增加了查询分类的资源回收
}

// 索引部分保持不变
public String index(List<ListingDocument> documents, Map<String, Object>
indexParams) {

    return sseb.index(documents, indexParams);

}
```

从中可以看出，SolrSearchEngineRelevant 接受了 SolrSearchEngineBasic 的一个实例，保持其索引行为不变，不过增加了用于查询分类的 nbqcsearch，以及相关的资源释放。而搜索相关性改进的逻辑，都在查询接口的具体实现中：

```
// 查询部分附加上相关性的逻辑
public String query(Map<String, Object> queryParams) {
    // TODO Auto-generated method stub

    QueryResponse  response = null;

    try {

        // 适配部分：根据输入的搜索请求，生成 Solr 所能识别的查询
        String query = queryParams.get("query").toString();
        String[] terms = query.split("\\s+");
        StringBuffer sbQuery = new StringBuffer();
        for (String term : terms) {
            if (sbQuery.length() == 0) {
                sbQuery.append(term);
            } else {
                // 为了确保相关性，使用了 AND 的布尔操作
                sbQuery.append(" AND ").append(term);
            }
        }
```

```
String[] fields = (String []) queryParams.get("fields");
StringBuffer sbQf = new StringBuffer();
for (String field : fields) {
        if (sbQf.length() == 0) {
        sbQf.append(field);
    } else {
            // 在多个字段上查询
            sbQf.append(" ").append(field);
    }
}

// 为支持翻页 (pagination) 操作的起始位置和返回结果数
int start = (int)(queryParams.get("start"));
int rows = (int)(queryParams.get("rows"));

// 构建 Solr 使用的查询
SolrQuery sq = new SolrQuery();
sq.setParam("defType", "edismax");
sq.set("q", "*:*");
sq.set("fq", sbQuery.toString());        // 使用过滤查询
sq.set("qf", sbQf.toString());
sq.set("start", start);
sq.set("rows", rows);

// 新增的装饰部分：通过查询分类的结果来优化相关性
// 如下这行可以使用 RESTful API 或服务化模块代替，这样模块间的耦合度会更低
HashMap<String, Double> queryClassificationResults
        = (HashMap<String, Double>) nbqcsearch.predict(query.replaceAll
            ("\\s+", ""));
for (String cate : queryClassificationResults.keySet()) {
    double score = queryClassificationResults.get(cate);
    if (score < 0.02) continue; // 去除得分过低的噪声点

    sq.add("bq", String.format("category_name:(%s^%f)", cate, score));
// System.out.println(String.format("category_name:(%s^%f)", cate, score));
    }

    // 获取查询结果
    response = sseb.solrClient.query(sq);
SolrDocumentList list = response.getResults();
// 这里略去后续统一文档拼装的实现


} catch (Exception ex) {
    ex.printStackTrace();
}

return response.toString();
}
```

其中黑色加粗斜体的部分是关键，它使用 nbqcsearch 对输入的查询进行分类，然后根据

分类结果构造 Solr 查询中的 bq 部分。这段代码中有一行注释很重要：

```
// 如下这行可以使用 RESTful API 或服务化模块来代替，这样模块间的耦合度会更低
HashMap<String, Double> queryClassificationResults
                = (HashMap<String, Double>) nbqcsearch.predict(query);
```

它表明在线上环境，该行代码应该被服务化的调用所替代，这样就可以对分类和搜索模块进行解耦。你会发现在分析、查找和定位大型系统中的问题时，这样的松耦合非常有利于我们的理解和操作。

最后就能在 main 函数中进行对比测试了，示例代码如下：

```
public static void main(String[] args) {
    // TODO Auto-generated method stub

    // 测试查询接口
    // 连接 Solr Cloud 的 ZooKeeper 设置，可以根据你的需要进行设置
    Map<String, Object> serverParams = new HashMap<>();
    serverParams.put("zkHost", "192.168.1.48:9983");
    // 查询读取哪个 Collection，可以根据你的需要进行设置
    serverParams.put("collection", "listing_collection");

    // 创建基本款搜索引擎
    SolrSearchEngineBasic sseb = new SolrSearchEngineBasic(serverParams);
    // 使用装饰器模式设计的新搜索引擎
    SolrSearchEngineRelevant sser
            = new SolrSearchEngineRelevant(sseb);

    Map<String, Object> queryParams = new HashMap<>();
    // 查询关键词
    queryParams.put("query", "巧克力 牛奶");
    queryParams.put("fields",
                    new String[] {"listing_title"});
    queryParams.put("start", 0);        // 从第 1 条结果记录开始
    queryParams.put("rows", 5);         // 返回 5 条结果记录


    // 对比相关性改善前后
    System.out.println("基础搜索：\t\t" + sseb.query(queryParams));
    System.out.println("相关性改良后的搜索：\t" + sser.query(queryParams));

    sseb.cleanup();
    sser.cleanup();
}
```

这里不难发现通过装饰器模式可实现如下好处。

❑ 降低开发和维护成本：我们可以保持原有搜索引擎实现（SolrSearchEngineBasic 和 ElasticSearchEngineBasic）中的某些部分不变，例如文档的索引。而同时，在查询部分附加上相关性提升的逻辑。这无疑减轻了开发的成本，也为将来的维护和修改提供

了更为清晰的路线。

❑ 利于服务降级：在大型系统中，你无时无刻不在考虑系统的承载能力。一旦用户流量猛涨，或者是某些子模块出现了问题，如何保障整体系统平稳地运行就成为首要问题。较为智能的解决方案之一是系统自动降级，即按照需要将非核心的功能逐步关闭，在一定程度上降低系统的负载。这里，我们可以假设相关性提升并非最核心的功能，到了系统即将崩溃的边缘，或者说查询分类器出现了故障的时候，它是可以被暂时放弃的。在这个前提下，如果采用的是装饰器模式，你很容易就能将这部分逻辑区分出来，动态地进行屏蔽。

在本节的最后，一起来看看相关性改进的逻辑在 Elasticsearch 上是如何实现的：

```
// 查询部分附加上相关性的逻辑
public String query(Map<String, Object> queryParams) {
        // TODO Auto-generated method stub

        SearchResponse response = null;

        try {

                // 适配部分：根据输入的搜索请求，生成Elasticsearch所能识别的查询
                String indexName = queryParams.get("index").toString();
                String typeName = queryParams.get("type").toString();
                String query = queryParams.get("query").toString();
                String[] fields = (String []) queryParams.get("fields");
                int from = (int)(queryParams.get("from"));
                int size = (int)(queryParams.get("size"));
                String mode = queryParams.get("mode").toString();

                QueryBuilder qb = null;

                qb = QueryBuilders.boolQuery()
                                .must(QueryBuilders.matchAllQuery());

                // 更好的查询的构造，采用 AND 的布尔操作，提升相关性
                String[] terms = query.split("\\s+");
                for (String term : terms) {
                                qb = QueryBuilders.boolQuery()
                                                        .must(qb)
    .filter(QueryBuilders.multiMatchQuery(term, fields));
                }

        // 新增的装饰部分：通过查询分类的结果，优化相关性
        // 如下这行可以使用 RESTful API 或服务化模块来代替，这样模块间的耦合度会更低
        HashMap<String, Double> queryClassificationResults
            = (HashMap<String, Double>) nbqcsearch.predict(query);

        for (String cate : queryClassificationResults.keySet()) {
            float score = queryClassificationResults.get(cate).floatValue();
```

```
            if (score < 0.02) continue;              // 去除得分过低的噪音声点

            qb = QueryBuilders.boolQuery()
                                    .must(qb)
        .should(QueryBuilders.matchQuery("category_name", cate).boost(score));

        }


        // 获取查询结果
        response = eseb.esClient.prepareSearch(indexName).setTypes(typeName)
                                .setSearchType(SearchType.DEFAULT)
                                .setQuery(qb)
                                .setFrom(from).setSize(size)
                                .get();

// 这里略去后续统一文档拼装的实现


    } catch (Exception ex) {
        ex.printStackTrace();
    }

    return response.toString();
}
```

可以看出，Elasticsearch 中的新增部分和 Solr 中的新增部分大同小异，区别就在于查询的拼装部分。运行 main 函数加以比较：

```
public static void main(String[] args) {
    // TODO Auto-generated method stub

    // Elasticsearch 服务器的设置，可以根据你的需要进行设置
    Map<String, Object> serverParams = new HashMap<>();
    serverParams.put("server",  new byte[]{(byte)192,(byte)168,1,48});
    serverParams.put("port", 9300);
    serverParams.put("cluster", "ECommerce");

    // 初始化两个基于 Elasticsearch 的搜索引擎，一个是基础款，一个是相关性改善后的
    ElasticSearchEngineBasic eseb = new ElasticSearchEngineBasic(serverParams);
    ElasticSearchEngineRelevant eser = new ElasticSearchEngineRelevant(eseb);


    // 测试查询接口
    Map<String, Object> queryParams = new HashMap<>();
    // 和 Solr 有所不同，需要在这里指定索引和类型
    queryParams.put("index", "listing_new");
    queryParams.put("type", "listing");
    // 查询关键词
    queryParams.put("query", " 米 ");
```

```
queryParams.put("fields", new String[] {"listing_title"});
queryParams.put("from", 0);        // 从第 1 条结果记录开始
queryParams.put("size", 5);        // 返回 5 条结果记录
queryParams.put("mode", "BoolQuery");        // 选择基础查询模式

// 对比相关性改善前后
System.out.println(" 基础搜索：\t\t" + eseb.query(queryParams));
                        // 查询并输出
System.out.println(" 相关性改良后的搜索：\t" + eser.query(queryParams));
// 再次查询并输出

eseb.cleanup();
eser.cleanup();

}
```

下面是查询"米"的比较结果，商品的相关性得到了明显的提升：

基础搜索：

{"took":4,"timed_out":false,"_shards":{"total":3,"successful":3,"failed":0},
"hits":{"total":565,"max_score":6.3368816,"hits":[{"_index":"listing_new","_
type":"listing","_id":"AVn8QRoPlyf0JMZ32JF1","_score":6.3368816,"_source":{
"listing_id" : "1566", "listing_title" : " 米 老头 青稞 米 棒 米 通 米 花 糖类 膨
化食品 特产 小吃 芝麻 味 150g", "category_id" : "1", "category_name" : " 饼 干
"}},{"_index":"listing_new","_type":"listing","_id":"AVn8QRoRlyf0JMZ32JXT","_
score":5.7180433,"_source":{ "listing_id" : "2684", "listing_title" : "mizhu 米
助 纯 米 米粉 320g 台湾地区 进口", "category_id" : "2", "category_name" : " 方便面
" }},{"_index":"listing_new","_type":"listing","_id":"AVn8QRoXlyf0JMZ32Kvu","_
score":5.7180433,"_source":{ "listing_id" : "8343", "listing_title" : " 联 河
米 乐意 红枣 米 乳 310ml 罐", "category_id" : "7", "category_name" : " 饮料饮品
" }},{"_index":"listing_new","_type":"listing","_id":"AVn8QRoOlyf0JMZ32I83","_
score":5.6978903,"_source":{ "listing_id" : "992", "listing_title" : " 米
兹 米 兹 柠檬 脆 饼干 240g 盒", "category_id" : "1", "category_name" : " 饼干 "
}},{"_index":"listing_new","_type":"listing","_id":"AVn8QRoQlyf0JMZ32JJg","_
score":5.6978903,"_source":{ "listing_id" : "1801", "listing_title" : " 米 多 奇
miduoqi 雪 米 饼 438g 袋 雪饼", "category_id" : "1", "category_name" : " 饼干 "}}]}}
加载扩展词典：ext.dic
加载扩展停止词典：stopword.dic
根据商品标题文本和用户行为，最终预测的分类为：大米
相关性改良后的搜索：

{"took":7,"timed_out":false,"_shards":{"total":3,"successful":3,"failed":0},
"hits":{"total":565,"max_score":3.3360121,"hits":[{"_index":"listing_new","_
type":"listing","_id":"AVn8QRoflyf0JMZ32Mxf","_score":3.3360121,"_source":{
"listing_id" : "16648", "listing_title" : " 福临门 水晶 米 5kg 袋", "category_id"
: "12", "category_name" : " 大 米 "}},{"_index":"listing_new","_type":"listing","_
id":"AVn8QRoflyf0JMZ32MyF","_score":3.3360121,"_source":{ "listing_id" : "16686",
"listing_title" : " 金龙鱼 优质 丝 苗 米 5kg", "category_id" : "12", "category_name" :
" 大 米 " }},{"_index":"listing_new","_type":"listing","_id":"AVn8QRoflyf0JMZ32MyL","_
score":3.3360121,"_source":{ "listing_id" : "16692", "listing_title" : " 雪
龙 瑞 斯 秋田 小 町 米 5kg 袋 x 2", "category_id" : "12", "category_name" : " 大 米
" }},{"_index":"listing_new","_type":"listing","_id":"AVn8QRoflyf0JMZ32MyP","_
```
```

score":3.3360121,"_source":{ "listing_id" : "16696", "listing_title" : " 福临门　水晶米 5kg 袋 ", "category_id" : "12", "category_name" : " 大米 " }},{"_index":"listing_new","_type":"listing","_id":"AVn8QRoflyf0JMZ32My0","_score":3.3360121,"_source":{ "listing_id" : "16733", "listing_title" : " 金龙鱼 优质 丝 苗 米 5kg x 2", "category_id" : "12", "category_name" : " 大米 " }}]}}

完整的项目代码位于：

https://github.com/shuang790228/BigDataArchitectureAndAlgorithm/tree/master/Search/SearchEngineImplementation

如果你的项目拥有数量足够大、质量足够高的用户搜索，那么就很适合采用本节所介绍的技术。即使不进行大规模的人工干预，你的系统同样也可以提供更相关的搜索结果。

第 7 章 Chapter 7

方案设计和技术选型：个性化搜索

7.1　问题分析

　　大宝和小明对排序问题的细节又进行了一些探讨，没想到小明的话匣子一下子被打开了，他提出对于高级的搜索应用而言，个性化也是非常重要的。通常，人们容易产生一个误区，就是认为只有推荐系统才需要个性化，其实不然，搜索引擎同样需要。搜索的输入是明确的关键词，而推荐往往没有明确的查询条件。所以，搜索要求的是精准，而推荐在某种程度上则需要满足用户对"新颖"的渴望，从这个角度而言，搜索更需要准确的个性化。假想一下，A 品牌的奶瓶在全网是非常畅销的，大部分顾客在搜索 A 品牌时都会选择相应的奶瓶产品。此时，一位 5 岁男童的妈妈在网站上进行关键词搜索，虽然她的儿子早已过了喝奶瓶的阶段，不过她一直在购买 A 品牌的儿童洗衣液，如果她输入 A 品牌后系统在结果首页能返回这个品牌的洗衣液而不是奶瓶，那么顾客体验会更佳，这就是分类 / 品类的个性化。图 7-1 展示了品类个性化的场景。另一种场景下，这位妈妈没有输入 A 品牌，而是输入了"儿童洗衣液"，如果是 A 品牌的洗衣液产品排在首页，而不是她觉得陌生的其他品牌，用户体验也会更佳，这就是品牌的个性化。

7.2　结合用户画像和搜索引擎

　　在进行个性化设计之前，最关键的问题是如何收集和运用顾客的行为数据。前面在讲解搜索相关性提升内容时，已经介绍了如何利用整体用户的搜索行为。而在实践中，用户个人行为的涉及面更为广泛，需要进行更多细致的分析，通常我们将相应的工程称为"用户画像"。为了帮助读者更好的理解，这里给出了一个较为全面的设计概述。

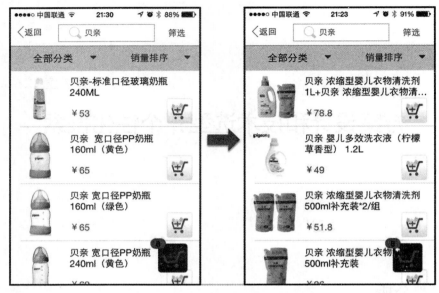

图 7-1 输入同样的品牌，普通搜索和个性化搜索结果的对比

开发用户画像，首先要回答的问题是：哪些用户数据可以收集？用户数据又可以分为原始数据和提炼数据。最基本的原始数据包括网站浏览、购物和致电行为等。除此以外，还有很多重要的原始信息可以利用，具体如下。

- ❑ 位置：随着移动互联网的兴起，用户的地理位置信息越来越重要。在用户允许的情况下，可以通过全球定位系统（GPS）对其定位，或者是通过用户自己选择的商圈、社区来定位。地理位置可以帮助我们了解客户所在区域的群体画像，包括他们的消费习惯、品牌偏好等。
- ❑ 气候：利用用户的地理位置，以及第三方的天气预报等资源，获取用户所在地区的天气状况，包括是晴还是雨、气温、气压和湿度等。
- ❑ 设备：如果允许，还可以获知用户当前设备还安装了哪些其他应用，以便于侧面理解用户的喜好和职业。
- ❑ 其他：随着越来越多的智能设备开始流行，我们甚至还能知道用户所处环境的光亮、磁场、辐射等信息。

除了原始的数据，还可以结合人工的运营，生成一些包含语义的用户标签。这里的用户标签，或者说属性标签，是一个具有语义的标签，用于描述用户的一组行为特征。例如，"美食达人""数码玩家""白领丽人""理财专家"等。对于标签的定义，按照第一篇所介绍的机器学习方法论，既可以考虑采用监督式的分类方法，也可以采用非监督式的聚类方法。

（1）分类

这种做法的好处在于可以让人工运营向计算机系统输入更多的先验知识，标签的制定和归类更为精准。从操作的层面考虑，又可以细分为如下两种方法。

❏ 通过人工规则指定。例如，运营人员指定最近 1 个月，至少购买过 2 次以上母婴产品，消费额在 500 元以上的为"辣妈"[⊖]标签。这里的规则就相当于直接产生类似决策树的分类模型，它的优势在于具有很强的可读性，便于人们的理解和沟通。但是，如果用户的行为特征过于繁多，运营人员往往很难甄别出哪些具有代表性。这时如果仍然使用规则，那么就不容易确定规则的覆盖面或是精准度。

❏ 通过样例来指定。相对于规则而言，更为简单的方法是，运营人员挑选一些具有代表性的用户，输入系统，让系统根据分类技术来学习，模型可以使用决策树、朴素贝叶斯（Naive Bayes，NB）或支持向量机（Support Vector Machine，SVM）。这种方式虽然在海量标签库里操作起来比较省事，但是其对于技术系统的要求会更高。同时，除了决策树的模型以外，其余模型产生的人群分组会缺乏可读性内容，很难向业务方解释其结果。一种缓解的办法是让系统根据数据挖掘中的特征选择技术，包括信息增益（Information Gain，IG）或开方检验（CHI）等，从而确定这组人群应该具有怎样的特征，并将其作为标签。

（2）聚类

运营人员参与得最少，完全利用用户直接的相似度来确定，相似度同样可以根据行为特征和内容特征来进行衡量。其问题也在于结果缺乏解释性，只能通过特征选择等技术来挑选具有代表性的标签。

综合上述两点来看，分类的技术比较适合业务需求明确、运营人员充足、针对少量高端顾客的管理，其精准性可以提升贵宾服务的品质。而聚类则更适合于大规模用户群体的管理，甚至是进行在线的 AB 测试，其对精准性的要求不高，但是数据处理的规模有一定门槛。

利用尽可能多的环境信息，刻画更为完整的用户画像，这是个性化数据营销的根本。有了用户的基础数据，我们会发现互联网模式下的许多应用都将变得更加有趣。

❏ 搜索，投其所好，增加搜索栏位中详情页的点击率和购买转化率。

a）个性化的商品排序，根据用户经常购买的品类和品牌，对搜索结果中的商品进行个性化的排序。本节也会针对这个环节进行实践。

b）个性化的导购属性。根据用户经常购买的品类和品牌，对搜索结果中的导购属性进行个性化的排序。

c）个性化的搜索提示。例如，经常购买儿童洗衣液的用户，输入儿童用品的品牌后，在搜索下拉框中会优先提示该品牌的儿童洗衣液。

❏ 基于用户的推荐，在用户画像完善的前提下，可以通过包含各种行为和内容特征的数据，找出和当前用户相似的"近邻"。第 10 章会介绍更多推荐算法的细节。

⊖ 请注意，这里只是根据用户行为来判定属性标签，并不代表用户真实的性别。

- 电子邮件营销（E-mail Direct Marketing，EDM）。传统的线下营销，由于印刷和人力成本的制约，无法做到因人而异的精准化定向投放。而在线上这一点却成为可能。大体上有两种主流的做法，具体如下。

    a）人工运营用于营销的电子邮件，根据品类、品牌、节日或时令，分为不同的主题。同时，根据用户的画像，将他们分别和这些主题进行相似度的匹配。

    b）人工运营并不会涉及内容的细节，而是制定一定的模板和规则，然后让系统根据用户画像的特征，自动地填充模板并最终生成电子邮件的内容。

- 移动 APP 的推送。随着移动端逐渐占据互联网市场的主导地位，掌上设备的 APP 推送变成了另一个重要的营销渠道。从技术层面上看，它可以采用与 EDM 类似的解决方案。不过，内容的运营要考虑到移动设备的屏幕尺寸和交互方式的特性，并进行有针对性的优化。

- 和第三方的合作：打通用户的流量也是业界目前最常见的做法。对于 O2O 电商而言，用户的主力军是有消费力的年轻人，因此可以去了解他们关注了哪些其他的互联网领域，然后和那些领域的行业领先者进行流量的互换，甚至在某些业务上进行深度合作。这个时候，用户画像就成为双方快速建立沟通渠道的利器，使得跨行业的用户管理成为可能。

综合这些因素，我们可以设计类似于图 7-2 所示的整体架构。

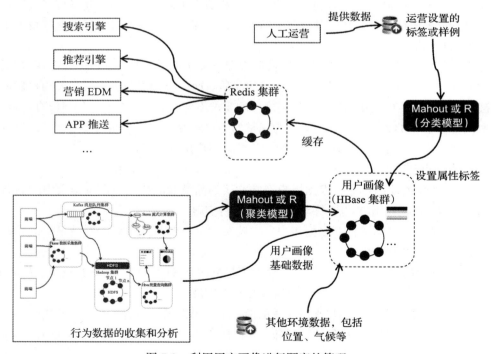

图 7-2 利用用户画像进行顾客的管理

这种架构包括行为数据的收集和分析模块，具体细节将会在第四篇介绍。其间可能需要使用第一篇介绍的机器学习技术，例如 Mahout 或 R，对行为数据或人工运营的数据进行聚类、分类处理，并最终将属性标签设置到 HBase 里存放。用户画像可能会根据应用场景的不同而有很多不同的划分方式，而且随着市场的扩张，其规模也会日益庞大，因此这里也选择列式存储 HBase，以达到异构数据整合和横向水平扩展的目的。类似 Redis 的缓存系统，能够提升数据查询的效率，为前端的搜索、推荐、EDM 和 APP 推送等应用提供服务。当然，我们还可以利用行为数据的跟踪，进一步分析这套画像系统的质量和效果，形成一个螺旋式上升的优化闭环。

有了基本的全局观，让我们再次回到个性化搜索排序的业务场景。此时，画像系统可以获取并分析用户对品牌、分类、价位等因素的喜好，为搜索提供每位用户的细化数据，使得个性化服务成为可能。其整体架构如图 7-3 所示。与第 6 章的图 6-5 相比，图 7-3 将查询分类器归入搜索引擎模块中了，从而突显了用户画像的构建和使用模块。考虑到搜索的查询是在线的实时性服务，因此需要在 HBase 的基础之上加入类似 Redis 的缓存机制，以用于大幅提升画像数据的读取性能。

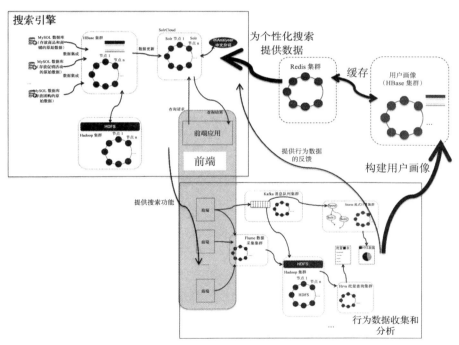

图 7-3　通过用户的行为，建立用户画像，提供个性化搜索服务

7.3　案例实践

个性化本身就是一个很有意思的话题，下面来展示一个有意思的案例。图 7-4 列举了虚

构的四位用户，以及他们喜欢的分类、品牌和标签。本节将展示这些用户画像会对搜索排序产生怎样的影响。该方法和相关性的提升比较类似，主要包含以下 2 个步骤。

- ❑ 在用户登录后，我们可以根据顾客账号 ID 从用户画像中获取他 / 她对于不同品类、不同品牌的喜好程度。
- ❑ 通过 Solr 和 Elasticsearch 的 Boost 查询对不同的品类、品牌或其他维度进行动态调整。

7.3.1 用户画像的读取

由于我们并没有现成的用户画像，所以首先需要在 HBase 中手动插入画像的测试数据：

```
hbase(main):003:0> create 'user_profile', 'datafields'
0 row(s) in 2.2910 seconds

hbase(main):004:0> put 'user_profile', 'user1', 'datafields:name', '张三'
0 row(s) in 0.0090 seconds

hbase(main):005:0> put 'user_profile', 'user1', 'datafields:categories', '新鲜水果'
0 row(s) in 0.0100 seconds

hbase(main):006:0> put 'user_profile', 'user1', 'datafields:brands', '光明'
0 row(s) in 0.0020 seconds

hbase(main):007:0> put 'user_profile', 'user1', 'datafields:tags', '老人'
0 row(s) in 0.0050 seconds

hbase(main):008:0> put 'user_profile', 'user2', 'datafields:name', '李四'
0 row(s) in 0.0100 seconds

hbase(main):009:0> put 'user_profile', 'user2', 'datafields:categories', '进口牛奶,手机'
...
hbase(main):015:0> put 'user_profile', 'user4', 'datafields:name', '赵六'
0 row(s) in 0.0090 seconds

hbase(main):016:0> put 'user_profile', 'user4', 'datafields:categories', '手机,电脑'
0 row(s) in 0.0090 seconds

hbase(main):017:0> put 'user_profile', 'user4', 'datafields:brands', '苹果'
0 row(s) in 0.0040 seconds

hbase(main):018:0> put 'user_profile', 'user4', 'datafields:tags', '自由职业'
0 row(s) in 0.0080 seconds
```

由于数据量不大，因此这里跳过了缓存这一层，直接从 HBase 中读取用户画像。在 SearchEngineImplementation 项目中新建 SearchEngine.UserProfile 的包，以及 UserProfile 类，它将负责从 HBase 获取画像数据。其资源的初始化和释放与之前 HBase 相关的代码类似：

张三
- 分类：新鲜水果
- 品牌：光明
- 其他标签：老人

李四
- 分类：进口牛奶，手机
- 品牌：欧德堡
- 其他标签：白领

王五
- 分类：手机，饮料饮品
- 品牌：（无）
- 其他标签：学生，儿童

赵六
- 分类：手机，电脑
- 品牌：苹果
- 其他标签：自由职业

图 7-4　四位用户的简单画像

```java
// 基本配置和连接
private static Configuration conf = null;
private static Connection conn = null;
private static HTable htable = null;

// HBase 连接的相关配置和初始化
public static synchronized void init() {

    if (conf == null || conn == null) {
        conf = HBaseConfiguration.create();
        conf.set("hbase.zookeeper.property.clientPort", "2181");
        conf.set("hbase.zookeeper.quorum", "192.168.1.48:2181");
        conf.set("hbase.master", "16000");

        try {
            conn = ConnectionFactory.createConnection(conf);
        } catch (IOException e) {
            // TODO Auto-generated catch block
            e.printStackTrace();
        }
    }


}

// 释放资源
public static void cleanup() {
    if (conn != null) {
        try {
            conn.close();
            conn = null;
        } catch (IOException e) {
            // TODO Auto-generated catch block
            e.printStackTrace();
```

```
            conn = null;
        }
    }

    if (conf != null) {
        conf.clear();
        conf = null;
    }
}
```

然后是使用 HBase 的 GET API 来获取用户对于分类、品牌等的偏好：

```
public static Map<String, String> getPrefence(String table, String userid) {

    Map<String, String> preference = new HashMap<>();

    // 连接指定的 HBase 表格
    try {
        htable = (HTable) conn.getTable(TableName.valueOf(table));
        Get get = new Get(userid.getBytes());

        Result res = htable.get(get);

        System.out.println(new String(res.getRow()));

        // 读取 HBase 表格 user_profile 中的各个字段，获取用户感兴趣的分类
        for (Cell cell : res.rawCells()) {
            String columnFamily = new String(CellUtil.cloneFamily(cell));
            if ("datafields".equalsIgnoreCase(columnFamily)) {
                String qualifier = new String(CellUtil.cloneQualifier(cell));
                preference.put(qualifier, new String(CellUtil.cloneValue(cell)));
            }
        }

    } catch (IOException e) {
        // TODO Auto-generated catch block
        e.printStackTrace();
    }

    return preference;

}
```

你可以运行如下的测试代码验证 HBase 的连接和读取是否正常：

```
public static void main(String[] args) {
        // TODO Auto-generated method stub

        UserProfile.init();

        System.out.println(UserProfile.getPrefence("user_profile", "user1"));
```

```
            UserProfile.cleanup();

        }
```

7.3.2　个性化搜索引擎

　　有了用户画像的支持，我们可以打造更加个性化的搜索引擎。其基本的思路是，根据用户对分类、品牌等的喜好，或者是其自身的用户标签，来相应地调整搜索排序。例如，某位用户对进口商品青睐有加，那么在保证相关性的前提下，可以将更多的进口商品排在前列。而另外一位用户对某个品牌有所喜好，那么应该将更多该品牌的商品排在前列。如果用户本身也存在年龄、职业、性别这样的标签，那么对应标签的商品也可以排在前列。通过商品的分类 category_name 字段来调整商品排序，这一点在前面的相关性调优部分已经有过介绍，这里可以使用同样的方法。而对于品牌和标签，由于本案例的测试商品缺乏这些数据，所以暂时以商品标题 listing_title 字段的关键词来代替。首先来看看 Solr 的个性化搜索引擎实现样例代码 SolrSearchEnginePersonalized：

```
private SolrSearchEngineRelevant sser = null;

public SolrSearchEnginePersonalized(SolrSearchEngineRelevant sser) {

    // 相关性搜索引擎不变
    this.sser = sser;

    // 增加了用户画像的获取模块
    UserProfile.init();

}

public void cleanup() {
    sser.cleanup();
    UserProfile.cleanup();          // 增加了用户画像的资源回收
}

// 索引部分保持不变
public String index(List<ListingDocument> documents, Map<String, Object> indexParams) {

    return sser.index(documents, indexParams);

}
```

　　在初始化和资源回收的步骤中，除了基本的相关性搜索引擎，还增加了用户画像的相关部分。索引函数依然可以保持不变。而在查询部分，则有较大的变化。首先是接口发生了一点改变，增加了 userid：

```
public interface SearchEnginePersonalizedInterface {
```

```
// 这里只实现了索引和查询接口，感兴趣的读者可以自行尝试聚集等其他操作的接口
public String index(List<ListingDocument> documents, Map<String, Object>
indexParams);
public String query(Map<String, Object> queryParams, String userid);

public String aggregate(...);


}
```

然后是具体的代码：

```
// 查询部分附加上个性化的逻辑
public String query(Map<String, Object> queryParams, String userid) {
    // TODO Auto-generated method stub

    QueryResponse  response = null;

    try {

        // 适配部分：根据输入的搜索请求，生成 Solr 所能识别的查询
        String query = queryParams.get("query").toString();
        String[] terms = query.split("\\s+");
        StringBuffer sbQuery = new StringBuffer();
        for (String term : terms) {
            if (sbQuery.length() == 0) {
                sbQuery.append(term);
            } else {
                // 为了确保相关性，使用了 AND 的布尔操作
                sbQuery.append(" AND ").append(term);
            }
        }
        String[] fields = (String []) queryParams.get("fields");
        StringBuffer sbQf = new StringBuffer();
        for (String field : fields) {
            if (sbQf.length() == 0) {
                sbQf.append(field);
            } else {
                // 在多个字段上查询
                sbQf.append(" ").append(field);
            }
        }

        // 为支持翻页 (pagination) 操作的起始位置和返回结果数
        int start = (int)(queryParams.get("start"));
        int rows = (int)(queryParams.get("rows"));

        // 构建 Solr 使用的查询
        SolrQuery sq = new SolrQuery();
        sq.setParam("defType", "edismax");
        sq.set("q", "*:*");
```

```java
sq.set("fq", sbQuery.toString());         // 使用过滤查询
sq.set("qf", sbQf.toString());
sq.set("start", start);
sq.set("rows", rows);


// 新增的装饰部分：根据用户 ID userid，获取该用户的喜好数据
HashMap<String, String> preference =
    (HashMap<String, String>) UserProfile.getPrefence("user_profile", userid);

// 对于分类的喜好程度，通过 category_name 字段的 boost 实现
if (preference.containsKey("categories")) {
    String[] categories = preference.get("categories").split("[,|,]");
    for (String category : categories) {
        sq.add("bq", String.format("category_name:(%s^%f)", category, 0.1));
    }
}

// 由于数据有限，目前关于品牌的喜好是通过商品的标题字段 listing_title 来实现的
if (preference.containsKey("brands")) {
    String[] brands = preference.get("brands").split("[,|,]");
    for (String brand : brands) {
        sq.add("bq", String.format("listing_title:(%s^%f)", brand, 0.1));
    }
}

// 由于数据有限，目前关于标签也是通过商品的标题字段 listing_title 来实现的
if (preference.containsKey("tags")) {
    String[] tags = preference.get("tags").split("[,|,]");
    for (String tag : tags) {
        sq.add("bq", String.format("listing_title:(%s^%f)", tag, 0.1));
    }
}

// 之前的装饰部分：通过查询分类的结果来优化相关性。相关性仍然是最基本的，要保持较高的 boost 分值
// 如下这行可以使用 RESTful API 或服务化模块来代替，这样模块间的耦合度会更低
HashMap<String, Double> queryClassificationResults
        = (HashMap<String, Double>) sser.nbqcsearch.predict(query);

for (String cate : queryClassificationResults.keySet()) {
        double score = queryClassificationResults.get(cate);
        if (score < 0.02) continue;         // 去除得分过低的噪声点

    sq.add("bq", String.format("category_name:(%s^%f)", cate, score));
    System.out.println(String.format("category_name:(%s^%f)", cate, score));
}

// 获取查询结果
response = sser.sseb.solrClient.query(sq);
SolrDocumentList list = response.getResults();
```

```
// 这里略去后续统一文档拼装的实现


    } catch (Exception ex) {
        ex.printStackTrace();
    }


    return response.toString();
}
```

参见以上代码的加粗、斜体部分，主要是根据用户喜好，增加了对分类、品牌和标签关键词的 boost 排序。为了保证基本的相关性，这里 boost 的数值通常要小于分类的 boost 数值，此处取 0.1。基于 Elasticsearch 的实现 ElasticSearchEnginePersonalized 的方法以此类推，加粗斜体仍然为最主要的改变：

```
private ElasticSearchEngineRelevant eser = null;

public ElasticSearchEnginePersonalized(ElasticSearchEngineRelevant eser) {

    // 相关性搜索引擎不变
    this.eser = eser;

    // 增加了用户画像的获取模块
    UserProfile.init();

}

public void cleanup() {

    eser.cleanup();
    UserProfile.cleanup();      // 增加了用户画像的资源回收

}

// 索引部分保持不变
public String index(List<ListingDocument> documents, Map<String, Object>
indexParams) {

    return eser.index(documents, indexParams);

}

// 查询部分附加上个性化的逻辑
public String query(Map<String, Object> queryParams, String userid) {
    // TODO Auto-generated method stub

    SearchResponse response = null;

    try {
```

```java
// 适配部分：根据输入的搜索请求，生成 Elasticsearch 所能识别的查询
String indexName = queryParams.get("index").toString();
String typeName = queryParams.get("type").toString();
String query = queryParams.get("query").toString();
String[] fields = (String []) queryParams.get("fields");
int from = (int)(queryParams.get("from"));
int size = (int)(queryParams.get("size"));
String mode = queryParams.get("mode").toString();

QueryBuilder qb = null;

qb = QueryBuilders.boolQuery()
        .must(QueryBuilders.matchAllQuery());

// 更好的查询构造，采用 AND 的布尔操作，提升了相关性
String[] terms = query.split("\\s+");
for (String term : terms) {
    qb = QueryBuilders.boolQuery()
            .must(qb)
            .filter(QueryBuilders.multiMatchQuery(term, fields));
}

// 新增的装饰部分：根据用户 ID userid，获取该用户的喜好数据
HashMap<String, String> preference =
        (HashMap<String, String>) UserProfile.getPrefence("user_profile",
        userid);

// 对于分类的喜好程度，通过 category_name 字段的 boost 实现
if (preference.containsKey("categories")) {
    String[] categories = preference.get("categories").split("[, |,]");
    for (String category : categories) {
        qb = QueryBuilders.boolQuery()
                .must(qb)
                .should(QueryBuilders.matchQuery("category_name", category).
        boost(0.1f));
    }
}

// 由于数据有限，目前关于品牌的喜好是通过商品的标题字段 listing_title 来实现的
if (preference.containsKey("brands")) {
    String[] brands = preference.get("brands").split("[, |,]");
    for (String brand : brands) {
        qb = QueryBuilders.boolQuery()
                .must(qb)
                .should(QueryBuilders.matchQuery("listing_title", brand).
                boost(0.1f));
    }
}

// 由于数据有限，目前关于标签也是通过商品的标题字段 listing_title 来实现的
```

```java
        if (preference.containsKey("tags")) {
            String[] tags = preference.get("tags").split("[, |,]");
            for (String tag : tags) {
                qb = QueryBuilders.boolQuery()
                        .must(qb)
                        .should(QueryBuilders.matchQuery("listing_title", tag).
                        boost(0.1f));
            }
        }


        // 之前的装饰部分：通过查询分类的结果来优化相关性
        // 如下这行可以使用 RESTful API 或服务化模块来代替，这样模块间的耦合度会更低
        HashMap<String, Double> queryClassificationResults
            = (HashMap<String, Double>) eser.nbqcsearch.predict(query);

        for (String cate : queryClassificationResults.keySet()) {
            float score = queryClassificationResults.get(cate).floatValue();
            if (score < 0.02) continue;        // 去除得分过低的噪声点

            qb = QueryBuilders.boolQuery()
                    .must(qb)
                    .should(QueryBuilders.matchQuery("category_name", cate).boost
                    (score));

        }


        // 获取查询结果
        response = eser.eseb.esClient.prepareSearch(indexName).setTypes(typeName)
                .setSearchType(SearchType.DEFAULT)
                .setQuery(qb)
                .setFrom(from).setSize(size)
                .get();

    // 这里略去后续统一文档拼装的实现


    } catch (Exception ex) {
        ex.printStackTrace();
    }

    return response.toString();
}
```

最后，为了观察个性化排序的效果，这里使用 ElasticSearchEnginePersonalized 类的个性化，写了一段测试代码：

```java
public static void main(String[] args) {
    // TODO Auto-generated method stub
```

```java
// Elasticsearch 服务器的设置，可以根据你的需要进行设置
Map<String, Object> serverParams = new HashMap<>();
serverParams.put("server",  new byte[]{(byte)192,(byte)168,1,48});
serverParams.put("port", 9300);
serverParams.put("cluster", "ECommerce");

// 初始化三个基于 Elasticsearch 的搜索引擎，一个是基础款，一个是相关性改善后的，最后一个是
// 个性化的
ElasticSearchEngineBasic eseb = new ElasticSearchEngineBasic(serverParams);
ElasticSearchEngineRelevant eser = new ElasticSearchEngineRelevant(eseb);
ElasticSearchEnginePersonalized esep = new ElasticSearchEnginePersonalized(eser);


// 测试查询接口
Map<String, Object> queryParams = new HashMap<>();
// 和 Solr 有所不同，需要在这里指定索引和类型
queryParams.put("index", "listing_new");
queryParams.put("type", "listing");
// 查询关键词
queryParams.put("fields", new String[] {"listing_title"});
queryParams.put("from", 0);               // 从第 1 条结果记录开始
queryParams.put("size", 10);              // 返回 5 条结果记录
queryParams.put("mode", "BoolQuery");     // 选择基础查询模式


// 对比基础搜索、相关性改善后的搜索，以及个性化搜索
String[] queries = {"牛奶 ", "手机 ", "康师傅 ", "苹果 "};
LinkedHashMap<String, String> users = new LinkedHashMap<>();
users.put("user1", "张三 ");
users.put("user2", "李四 ");
users.put("user3", "王五 ");
users.put("user4", "赵六 ");
for (String query : queries) {

    System.out.println("查询——" + query);

    queryParams.put("query", query);
    System.out.println("基础搜索：\t\t" + eseb.query(queryParams));
    System.out.println("相关性改良后的搜索：\t" + eser.query(queryParams));
    for (String userid : users.keySet()) {
        System.out.println(String.format("%s 用户个性化的搜索：\t%s", users.get(userid),
        esep.query(queryParams, userid)));
    }

    System.out.println("***********************");
    System.out.println();
}

esep.cleanup();

}
```

其中加粗斜体是主要变化的部分，用于对比不同用户针对同一查询的结果差异。完整的代码请参看下述项目：

https://github.com/shuang790228/BigDataArchitectureAndAlgorithm/tree/master/Search/SearchEngineImplementation

7.3.3 结果对比

运行上述测试代码，将进行 4 项查询："牛奶""手机""康师傅"和"苹果"。针对每项查询，还会显示针对 4 位用户的不同结果，这几位用户就是图 7-4 中的张三、李四、王五和赵六。

首先来看看查询"牛奶"的结果：

```
user1
张 三 用 户 个 性 化 的 搜 索：       {"took":2,"timed_out":false,"_shards":{"total":3,
"successful":3,"failed":0},"hits":{"total":1200,"max_score":1.897629,"hits":[{"_
index":"listing_new","_type":"listing","_id":"AVn4ZarnHuEIFqIHDRiA","_
score":1.897629,"_source":{ "listing_id" : "4637", "listing_title" : "牧 琴 mukki
意大利 进口 全脂 牛奶 200ml 24 儿童 老人 年轻人 能做 酸奶 好 牛奶", "category_id" :
"4", "category_name" : "进口 牛奶" }},{"_index":"listing_new","_type":"listing","_
id":"AVn4ZaroHuEIFqIHDRvD","_score":1.8925877,"_source":{ "listing_id" : "5472",
"listing_title" : "光明 利 乐 砖 牛奶 3.5 香浓 250ml 24", "category_id" : "5",
"category_name" : "纯 牛 奶" }},{"_index":"listing_new","_type":"listing","_
id":"AVn4ZaroHuEIFqIHDRvC","_score":1.8651491,"_source":{ "listing_id" :
"5471", "listing_title" : "光明 高 钙 牛奶 香浓 243ml 250g 12", "category_id" :
"5", "category_name" : "纯 牛 奶" }},{"_index":"listing_new","_type":"listing","_
id":"AVn4ZaroHuEIFqIHDRvV","_score":1.8651491,"_source":{ "listing_id" :
"5490", "listing_title" : "光明 利 乐 包 高钙 牛奶 250ml 16", "category_id" :
"5", "category_name" : "纯 牛 奶" }},{"_index":"listing_new","_type":"listing","_
id":"AVn4ZaroHuEIFqIHDRrs","_score":1.8637884,"_source":{ "listing_id" : "5257",
"listing_title" : "光明 利 乐 包 3.1 纯正 牛奶 250ml 16", "category_id" : "5",
"category_name" : "纯 牛 奶" }},{"_index":"listing_new","_type":"listing","_
id":"AVn4ZaroHuEIFqIHDRvB","_score":1.8637884,"_source":{ "listing_id" : "5470",
"listing_title" : "光明 利 乐 枕 牛奶 3.5 香浓 243ml 250g 12", "category_id" :
"5", "category_name" : "纯 牛 奶" }},{"_index":"listing_new","_type":"listing","_
id":"AVn4ZaroHuEIFqIHDRvF","_score":1.7557389,"_source":{ "listing_id" : "5474",
"listing_title" : "光明 优 舒 利 乐 砖 无 乳糖 牛奶 礼盒装 250ml 12 盒", "category_id"
: "5", "category_name" : "纯 牛 奶" }},{"_index":"listing_new","_type":"listing","_
id":"AVn4ZaroHuEIFqIHDRvO","_score":1.6863387,"_source":{ "listing_id" : "5483",
"listing_title" : "光明 利 乐 砖 牛奶 3.5 香浓 11 x 6 桂 格 即食 燕麦片 1kg 袋 x 4",
"category_id" : "5", "category_name" : "纯 牛 奶" }},{"_index":"listing_new","_
type":"listing","_id":"AVn4ZarnHuEIFqIHDRgK","_score":1.4331337,"_source":{
"listing_id" : "4519", "listing_title" : "devondale 德 运 全脂 牛奶 纯牛奶 11 澳大利
亚 进口", "category_id" : "4", "category_name" : "进口牛奶" }},{"_index":"listing_
new","_type":"listing","_id":"AVn4ZarnHuEIFqIHDRgL","_score":1.4331337,"_source":{
"listing_id" : "4520", "listing_title" : "devondale 德 运 全脂 牛奶 纯牛奶 11 6盒 澳大
利亚 进口", "category_id" : "4", "category_name" : "进口牛奶" }}]}}
```

由于老人张三喜爱"光明"品牌，以及拥有"老人"的标签，因此排名靠前的都是光明

牌牛奶和老少咸宜的进口全脂牛奶。

user2

李四用户个性化的搜索：　　　{"took":3,"timed_out":false,"_shards":{"total":3,"su ccessful":3,"failed":0},"hits":{"total":1200,"max_score":3.7116764,"hits":[{"_ index":"listing_new","_type":"listing","_id":"AVn4ZarnHuEIFqIHDRk6","_ score":3.7116764,"_source":{ "listing_id" : "4823", "listing_title" : "欧 德 堡 欧 德 宝 德 运 全脂 纯牛奶 200ml 6盒 进口 牛奶 混合 装 ", "category_id" : "4", "category_name" : "进 口 牛 奶 " }},{"_index":"listing_new","_type":"listing","_ id":"AVn4ZarnHuEIFqIHDRjE","_score":3.6685631,"_source":{ "listing_id" : "4705", "listing_title" : "欧 德 堡 德国 进口 牛奶 欧 德 宝 全脂 纯牛奶 1l 12盒 顺 丰 护 航 ", "category_id" : "4", "category_name" : "进 口 牛 奶 " }},{"_index":"listing_new","_ type":"listing","_id":"AVn4ZaroHuEIFqIHDRmi","_score":3.6004205,"_source":{ "listing_id" : "4927", "listing_title" : "欧 德 堡 oldenburger 超高温 处理 脱脂 牛 奶 1l", "category_id" : "4", "category_name" : "进 口 牛 奶 " }},{"_index":"listing_ new","_type":"listing","_id":"AVn4ZaroHuEIFqIHDRmX","_score":3.3426065,"_source":{ "listing_id" : "4916", "listing_title" : "本来 生活 欧 德 堡 超高温 全脂 牛奶 1l-- 德 国 进口 ", "category_id" : "4", "category_name" : "进口牛奶 " }},{"_index":"listing_ new","_type":"listing","_id":"AVn4ZaroHuEIFqIHDRm0","_score":3.3426065,"_ source":{ "listing_id" : "4945", "listing_title" : "本来 生活 欧 德 堡 高温 处 理 部分 脱脂 牛奶 1l-- 德国 进口 ", "category_id" : "4", "category_name" : "进口牛奶 " }},{"_index":"listing_new","_type":"listing","_id":"AVn4ZaroHuEIFqIHDRn8","_ score":3.3426065,"_source":{ "listing_id" : "5017", "listing_title" : "欧 德 堡 超 高温 处理 低 脂 牛奶 1l 利乐包 ", "category_id" : "4", "category_name" : "进口牛奶 " }},{"_index":"listing_new","_type":"listing","_id":"AVn4ZarnHuEIFqIHDRgq","_ score":3.3337755,"_source":{ "listing_id" : "4551", "listing_title" : "oldenburger 欧 德 堡 超高温 处理 脱脂 牛奶 1l 12 德国 进口 ", "category_id" : "4", "category_name" : "进 口 牛 奶 " }},{"_index":"listing_new","_type":"listing","_ id":"AVn4ZarnHuEIFqIHDRgW","_score":3.2939882,"_source":{ "listing_id" : "4531", "listing_title" : "oldenbubger 欧 德 堡 超高温 处理 脱脂 牛奶 1l 6盒 德国 进口 ", "category_id" : "4", "category_name" : "进 口 牛 奶 " }},{"_index":"listing_new","_ type":"listing","_id":"AVn4ZarnHuEIFqIHDRgX","_score":3.2939882,"_source":{ "listing_id" : "4532", "listing_title" : "oldenburger 欧 德 堡 超高温 处理 脱脂 牛奶 1l 德国 进口 ", "category_id" : "4", "category_name" : "进口牛奶 " }},{"_index":"listing_ new","_type":"listing","_id":"AVn4ZarnHuEIFqIHDRmE","_score":3.2939882,"_source":{ "listing_id" : "4897", "listing_title" : "本来 生活 欧 德 堡 超高温 脱脂 牛奶 1l-- 德国 进口 ", "category_id" : "4", "category_name" : "进口牛奶 " }}]}}

白领丽人李四，喜好进口牛奶和欧德堡品牌，因此搜索结果都是该品牌牛奶排名靠前。

user3

王 五 用户 个性化 的 搜索：　　　{"took":3,"timed_out":false,"_shards":{"total":3, "successful":3,"failed":0},"hits":{"total":1200,"max_score":2.155753,"hits":[{"_ index":"listing_new","_type":"listing","_id":"AVn4ZaroHuEIFqIHDRuX","_ score":2.155753,"_source":{ "listing_id" : "5428", "listing_title" : "高原 之宝 纯牛奶 200ml 12盒 箱 全脂 牛奶 儿童 学生 青少年 女士 成人 中老年 牛奶 国产 早餐 奶 ", "category_id" : "5", "category_name" : "纯 牛 奶 " }},{"_index":"listing_new","_type":"listing","_ id":"AVn4ZarnHuEIFqIHDRlp","_score":1.981363,"_source":{ "listing_id" : "4870", "listing_title" : "维 牧 德国 进口 全脂 纯牛奶 200mlx6 盒装 迷你 牛奶 配 吸管 冷饮 便携 学生 绝佳 早餐 ", "category_id" : "4", "category_name" : "进口牛奶 " }},{"_index":"listing_ new","_type":"listing","_id":"AVn4ZarnHuEIFqIHDRiA","_score":1.8901601,"_source":{

"listing_id" : "4637", "listing_title" : " 牧 琴 mukki 意大利 进口 全脂 牛奶 200ml 24 儿童 老人 年轻人 能做 酸奶 好 牛奶", "category_id" : "4", "category_name" : " 进口牛奶 " }},{"_index":"listing_new","_type":"listing","_id":"AVn4ZarnHuEIFqIHDRhp","_score":1.8895991,"_source":{ "listing_id" : "4614", "listing_title" : "devondale 德 运 全脂 纯牛奶 200ml 24 瓶 整箱 装 儿童 牛奶 澳大利亚 进口 最新 日期", "category_id" : "4", "category_name" : " 进口 牛奶 " }},{"_index":"listing_new","_type":"listing","_id":"AVn4ZarnHuEIFqIHDRk2","_score":1.8895991,"_source":{ "listing_id" : "4819", "listing_title" : " 超高温 处理 浓郁 香甜 巧克力 牛奶 200ml 12 盒 调制 乳 儿童 便携 装", "category_id" : "4", "category_name" : " 进 口 牛奶 " }},{"_index":"listing_new","_type":"listing","_id":"AVn4ZarnHuEIFqIHDRkN","_score":1.8823593,"_source":{ "listing_id" : "4778", "listing_title" : " 德 运 澳大利亚 进口 巧克力 牛奶 调制 乳 200ml 24 盒 儿童 最爱 奶 香味 浓 甜而不腻", "category_id" : "4", "category_name" : " 进口牛奶 " }},{"_index":"listing_new","_type":"listing","_id":"AVn4ZarnHuEIFqIHDRkO","_score":1.8823593,"_source":{ "listing_id" : "4779", "listing_title" : "devondale 德 运 巧克力 味 儿童 牛奶 200ml 整箱 24 盒 儿童节 礼物 孩子 最爱", "category_id" : "4", "category_name" : " 进 口 牛 奶 " }},{"_index":"listing_new","_type":"listing","_id":"AVn4ZarnHuEIFqIHDRkj","_score":1.8823593,"_source":{ "listing_id" : "4800", "listing_title" : "ampor 德国 进口 维 牧 全脂 纯牛奶 200mlx15 支 半个月 组合装 儿童 牛奶", "category_name" : " 进 口 牛 奶 " }},{"_index":"listing_new","_type":"listing","_id":"AVn4ZarnHuEIFqIHDRmP","_score":1.8823593,"_source":{ "listing_id" : "4908", "listing_title" : "ampor 德国 进口 维 牧 全脂 纯牛奶 200mlx12 支 儿童 牛奶 无 添加 营养 早餐", "category_id" : "4", "category_name" : " 进口牛奶 " }},{"_index":"listing_new","_type":"listing","_id":"AVn4ZarnHuEIFqIHDRk8","_score":1.827379,"_source":{ "listing_id" : "4825", "listing_title" : " 牧 琴 mukki 意大利 进口 低 乳糖 无 乳糖 低 脂 牛奶 200ml 3 易消化 奶 儿童 便携 装", "category_id" : "4", "category_name" : " 进口牛奶 " }}]}}}

对于小学生王五，可以发现搜索引擎返回给她的大部分是儿童牛奶。

user4
赵 六 用 户 个 性 化 的 搜 索： {"took":2,"timed_out":false,"_shards":{"total":3,"successful":3,"failed":0},"hits":{"total":1200,"max_score":1.4331337,"hits":[{"_index":"listing_new","_type":"listing","_id":"AVn4ZarnHuEIFqIHDRgK","_score":1.4331337,"_source":{ "listing_id" : "4519", "listing_title" : "devondale 德 运 全脂 牛奶 纯牛奶 11 澳大利亚 进口", "category_id" : "4", "category_name" : " 进口 牛 奶 " }},{"_index":"listing_new","_type":"listing","_id":"AVn4ZarnHuEIFqIHDRgL","_score":1.4331337,"_source":{ "listing_id" : "4520", "listing_title" : "devondale 德 运 全脂 牛奶 纯牛奶 11 6 盒 澳大利亚 进口", "category_id" : "4", "category_name" : " 进口 牛 奶 " }},{"_index":"listing_new","_type":"listing","_id":"AVn4ZarnHuEIFqIHDRgP","_score":1.4331337,"_source":{ "listing_id" : "4524", "listing_title" : "lactel 兰特 总统 全脂 牛奶 利 乐 装 200ml 6 组 法国 进口", "category_id" : "4", "category_name" : " 进口牛奶 " }},{"_index":"listing_new","_type":"listing","_id":"AVn4ZarnHuEIFqIHDRgZ","_score":1.4331337,"_source":{ "listing_id" : "4534", "listing_title" : "asda 艾 思 达 全脂 牛奶 11 6 英国 进口", "category_id" : "4", "category_name" : " 进口牛奶 " }},{"_index":"listing_new","_type":"listing","_id":"AVn4ZarnHuEIFqIHDRgc","_score":1.4331337,"_source":{ "listing_id" : "4537", "listing_title" : "del leche 得 乐 思 全脂 牛奶 11 法国 进口 x 12", "category_id" : "4", "category_name" : " 进口牛奶 " }},{"_index":"listing_new","_type":"listing","_id":"AVn4ZarnHuEIFqIHDRgg","_score":1.4331337,"_source":{ "listing_id" : "4541", "listing_title" : "president 总统 全脂 牛奶 11x 6 盒 法国 进口 利 乐 装", "category_id" : "4", "category_name" : " 进口 牛 奶 " }},{"_index":"listing_new","_type":"listing","_id":"AVn4ZarnHuEIFqIHDRgh","_

score":1.4331337,"_source":{ "listing_id" : "4542", "listing_title" : "lactel 兰特 总统 全脂 牛奶 1l 12盒 法国 进口 利 乐 装 ", "category_id" : "4", "category_name" : " 进 口牛奶 " }},{"_index":"listing_new","_type":"listing","_id":"AVn4ZarnHuEIFqIHDRgj","_ score":1.4331337,"_source":{ "listing_id" : "4544", "listing_title" : "country goodness 田园 全脂 牛奶 1l 新西兰 进口 ", "category_id" : "4", "category_name" : " 进口 牛 奶 " }},{"_index":"listing_new","_type":"listing","_id":"AVn4ZarnHuEIFqIHDRgk","_ score":1.4331337,"_source":{ "listing_id" : "4545", "listing_title" : "country goodness 田园 全脂 牛奶 1l 新西兰 进口 x 12", "category_id" : "4", "category_name" : " 进 口牛奶 " }},{"_index":"listing_new","_type":"listing","_id":"AVn4ZarnHuEIFqIHDRgm","_ score":1.4331337,"_source":{ "listing_id" : "4547", "listing_title" : "devondale 德 运 脱脂 牛奶 200ml 24 澳大利亚 进口 ", "category_id" : "4", "category_name" : " 进口牛奶 " }}]}}

年轻人赵六，由于对于牛奶品类及其相关的品牌没有特殊偏好，因此结果和普通的搜索排序一致。

再来看一个"手机"查询的例子：

user1
张 三 用 户 个 性 化 的 搜 索 ：　　　{"took":2,"timed_out":false,"_shards":{"total":3, "successful":3,"failed":0},"hits":{"total":1104,"max_score":2.317569,"hits":[{"_ index":"listing_new","_type":"listing","_id":"AVn4ZarzHuEIFqIHDVL5","_ score":2.317569,"_source":{ "listing_id" : "19606", "listing_title" : "daxian 大显 jl123 老人 手机 老人 手机 大 音量 大字体 手机 老 人机 大 按键 老人 手 机 ", "category_id" : "14", "category_name" : " 手机 " }},{"_index":"listing_ new","_type":"listing","_id":"AVn4ZarzHuEIFqIHDVLO","_score":2.2484493,"_ source":{ "listing_id" : "19563", "listing_title" : " 大显 1050 老人 手机 gsm 红 色 ", "category_id" : "14", "category_name" : " 手 机 " }},{"_index":"listing_ new","_type":"listing","_id":"AVn4Zar0HuEIFqIHDVbM","_score":2.2484493,"_ source":{ "listing_id" : "20585", "listing_title" : " 世纪 天元 s500+ cdma 电信 老 人 手机 ", "category_id" : "14", "category_name" : " 手机 " }},{"_index":"listing_ new","_type":"listing","_id":"AVn4ZarzHuEIFqIHDVHx","_score":2.2349544,"_ source":{ "listing_id" : "19342", "listing_title" : "huawei 华为 g5000 gsm 老人 手 机 黑色 ", "category_id" : "14", "category_name" : " 手机 " }},{"_index":"listing_ new","_type":"listing","_id":"AVn4ZarzHuEIFqIHDVMd","_score":2.2349544,"_ source":{ "listing_id" : "19642", "listing_title" : " 大显 jl123 老人 手机 gsm 黑 色 ", "category_id" : "14", "category_name" : " 手 机 " }},{"_index":"listing_ new","_type":"listing","_id":"AVn4ZarzHuEIFqIHDVSF","_score":2.2349544,"_ source":{ "listing_id" : "20002", "listing_title" : " 东信 ea308 gsm 老人 手机 白 色 ", "category_id" : "14", "category_name" : " 手 机 " }},{"_index":"listing_ new","_type":"listing","_id":"AVn4ZarzHuEIFqIHDVU0","_score":2.2349544,"_ source":{ "listing_id" : "20177", "listing_title" : "nokia 诺基亚 手机 106 gsm 老 人 手机 ", "category_id" : "14", "category_name" : " 手机 " }},{"_index":"listing_ new","_type":"listing","_id":"AVn4Zar0HuEIFqIHDVa4","_score":2.2349544,"_ source":{ "listing_id" : "20565", "listing_title" : " 诺基亚 手机 106 gsm 老人 手 机 ", "category_id" : "14", "category_name" : " 手 机 " }},{"_index":"listing_ new","_type":"listing","_id":"AVn4ZarzHuEIFqIHDVKJ","_score":2.227935,"_source":{ "listing_id" : "19494", "listing_title" : " 大显 jl123 老人 手机 gsm 红色 ", "category_ id" : "14", "category_name" : " 手机 " }},{"_index":"listing_new","_type":"listing","_ id":"AVn4ZarzHuEIFqIHDVKi","_score":2.227935,"_source":{ "listing_id" : "19519", "listing_title" : "nokia 诺基亚 手机 1050 gsm 老人 手机 ", "category_id" : "14",

"category_name" : " 手机 " }}]}}

由于具有老年人的标签，张三搜索的时候将看到更多的老年人手机。

user2

李 四 用 户 个 性 化 的 搜索： {"took":2,"timed_out":false,"_shards":{"total":3,
"successful":3,"failed":0},"hits":{"total":1104,"max_score":2.4285016,"hits":[{"_
index":"listing_new","_type":"listing","_id":"AVn4ZarzHuEIFqIHDVOL","_
score":2.4285016,"_source":{ "listing_id" : "19752", "listing_title" : " 东 信 欧
蓓 ea118 青春 版 gsm 老人 手机 黑色 ", "category_id" : "14", "category_name" : " 手
机 " }},{"_index":"listing_new","_type":"listing","_id":"AVn4ZarzHuEIFqIHDVPt","_
score":2.4285016,"_source":{ "listing_id" : "19850", "listing_title" : "iocean 欧
盛 c100 高清 影音 老人 手机 gsm 红色 ", "category_id" : "14", "category_name" : " 手
机 " }},{"_index":"listing_new","_type":"listing","_id":"AVn4ZarzHuEIFqIHDVP0","_
score":2.426833,"_source":{ "listing_id" : "19857", "listing_title" : "iocean 欧
盛 c100 高清 影音 老人 手机 gsm 黑色 ", "category_id" : "14", "category_name" : " 手
机 " }},{"_index":"listing_new","_type":"listing","_id":"AVn4ZarzHuEIFqIHDVRM","_
score":2.426833,"_source":{ "listing_id" : "19945", "listing_title" : " 东 信 欧
蓓 ea118 青春 版 gsm 老人 手机 蓝色 ", "category_id" : "14", "category_name" : " 手
机 " }},{"_index":"listing_new","_type":"listing","_id":"AVn4Zar0HuEIFqIHDVWQ","_
score":2.3444283,"_source":{ "listing_id" : "20269", "listing_title" : " 东信 欧 蓓
dx2618 gsm 老 人机 白色 老人 手机 老年 机 ", "category_id" : "14", "category_name" : "
手 机 " }},{"_index":"listing_new","_type":"listing","_id":"AVn4ZarzHuEIFqIHDVNt","_
score":2.3215823,"_source":{ "listing_id" : "19722", "listing_title" : " 德 赛
m2 大字体 大 音量 翻盖 老人 手机 gsm 支持 移动 联 通卡 来电 报号 ", "category_id" :
"14", "category_name" : " 手 机 " }},{"_index":"listing_new","_type":"listing","_
id":"AVn4Zar0HuEIFqIHDVXW","_score":2.3215823,"_source":{ "listing_id" : "20339",
"listing_title" : "desay 德 赛 t299 彩屏 大字 大 按键 老人 手机 移动 版 ", "category_id"
: "14", "category_name" : " 手 机 " }},{"_index":"listing_new","_type":"listing","_
id":"AVn4ZarzHuEIFqIHDVNQ","_score":2.3113973,"_source":{ "listing_id" : "19693",
"listing_title" : " 东信 欧 蓓 ea108 gsm 老 人机 白色 老人 手机 老年 机 ", "category_id"
: "14", "category_name" : " 手 机 " }},{"_index":"listing_new","_type":"listing","_
id":"AVn4ZarzHuEIFqIHDVTl","_score":2.3113973,"_source":{ "listing_id" : "20098",
"listing_title" : " 东信 欧 蓓 ea508 gsm 老 人机 铁灰 老人 手机 老年 机 ", "category_id"
: "14", "category_name" : " 手 机 " }},{"_index":"listing_new","_type":"listing","_
id":"AVn4Zar0HuEIFqIHDVWR","_score":2.3113973,"_source":{ "listing_id" : "20270",
"listing_title" : " 东信 欧 蓓 ea508 gsm 老 人机 白色 老人 手机 老年 机 ", "category_id" :
"14", "category_name" : " 手机 " }}]}}

李四针对手机没有特殊偏好，搜索结果和普通排序一致。

user3

王 五 用 户 个 性 化 的 搜索： {"took":2,"timed_out":false,"_shards":{"total":3,
"successful":3,"failed":0},"hits":{"total":1104,"max_score":2.9928825,"hits":[{"_
index":"listing_new","_type":"listing","_id":"AVn4ZarzHuEIFqIHDVOM","_
score":2.9928825,"_source":{ "listing_id" : "19753", "listing_title" : " 大 显
dx566 超薄 袖珍 儿童 学生 男女 mp3 音乐 卡片 迷你 小手 机 时尚 卡片 手机 ", "category_id"
: "14", "category_name" : " 手 机 " }},{"_index":"listing_new","_type":"listing","_
id":"AVn4ZarzHuEIFqIHDVOS","_score":2.9928825,"_source":{ "listing_id" : "19759",
"listing_title" : "daxian 大显 m3 迷你 手机 儿童 学生 手机 中小 少儿 直 板 卡通 低辐射

", "category_id" : "14", "category_name" : " 手 机 " }},{"_index":"listing_new","_type":"listing","_id":"AVn4Zar0HuEIFqIHDVWN","_score":2.978459,"_source":{ "listing_id" : "20266", "listing_title" : " 大显 dx566 超薄 袖珍 儿童 学生 男女 mp3 音 乐 卡片 迷你 小手 机 时尚 卡片 手机", "category_id" : "14", "category_name" : " 手机 " }},{"_index":"listing_new","_type":"listing","_id":"AVn4ZarzHuEIFqIHDVUz","_score":2.8771918,"_source":{ "listing_id" : "20176", "listing_title" : "fadar 锋 达 通 c002 超萌 hellokitty 天翼 电信 cdma 学生 儿童 情侣 迷你 小 手机", "category_id" : "14", "category_name" : " 手 机 " }},{"_index":"listing_new","_type":"listing","_id":"AVn4ZarzHuEIFqIHDVMO","_score":2.8596902,"_source":{ "listing_id" : "19627", "listing_title" : "lephone 立丰 k1 好评 返 5元 迷你 袖珍 七彩 靓丽 mini 手 机 双卡 学生 儿童 女性 超长 备用", "category_id" : "14", "category_name" : " 手机 " }},{"_index":"listing_new","_type":"listing","_id":"AVn4ZarzHuEIFqIHDVN1","_score":2.8498242,"_source":{ "listing_id" : "19730", "listing_title" : "fadar 锋 达 通 c002 超小 迷你 天 翼 电信 cdma hellokitty 手机 儿童 学生 手机", "category_id" : "14", "category_name" : " 手 机 " }},{"_index":"listing_new","_type":"listing","_id":"AVn4Zar0HuEIFqIHDVVT","_score":2.8498242,"_source":{ "listing_id" : "20208", "listing_title" : "miroad 酷 道 aiyitong 爱意 通 ay688 c 电信 儿童 手机 cdma 天 翼 低辐 射 男女 学生 ", "category_id" : "14", "category_name" : " 手机 " }},{"_index":"listing_new","_type":"listing","_id":"AVn4Zar0HuEIFqIHDVWO","_score":2.703366,"_source":{ "listing_id" : "20267", "listing_title" : " 酷派 coolpad w702 3g 双卡 双待 手写 触屏 手机 qq 后台 小巧 机身 超长 待机 学生 儿童 手机", "category_id" : "14", "category_name" : " 手机 " }},{"_index":"listing_new","_type":"listing","_id":"AVn4Zar0HuEIFqIHDVVJ","_score":2.5608437,"_source":{ "listing_id" : "20198", "listing_title" : " 大显 dx666 时尚 卡片 学生 手机 动感 音乐 低辐射 真 健康", "category_id" : "14", "category_name" : " 手 机 " }},{"_index":"listing_new","_type":"listing","_id":"AVn4Zar0HuEIFqIHDVax","_score":2.5300949,"_source":{ "listing_id" : "20558", "listing_title" : "zte 中兴 中兴 a211 彩屏 直板 手机 学生 老人机", "category_id" : "14", "category_name" : " 手机 " }}]}}

王五看到了更多的学生和儿童手机。

user4

赵六用户个性化的搜索：　　　 {"took":2,"timed_out":false,"_shards":{"total":3, "successful":3,"failed":0},"hits":{"total":1104,"max_score":2.5713775,"hits":[{"_index":"listing_new","_type":"listing","_id":"AVn4ZarzHuEIFqIHDVSD","_score":2.5713775,"_source":{ "listing_id" : "20000", "listing_title" : "apple 苹 果 4s 手机 8g 版 苹果 手机 联通 3g", "category_id" : "14", "category_name" : " 手机 " }},{"_index":"listing_new","_type":"listing","_id":"AVn4Zar0HuEIFqIHDVY5","_score":2.544601,"_source":{ "listing_id" : "20438", "listing_title" : "apple 苹 果 iphone 4s 苹果 4s 苹果 手机 8g 版 现货 未 拆封 wcdma gsm 送 礼包", "category_id" : "14", "category_name" : " 手 机 " }},{"_index":"listing_new","_type":"listing","_id":"AVn4ZarzHuEIFqIHDVQy","_score":2.5104518,"_source":{ "listing_id" : "19919", "listing_title" : "apple 苹果 iphone 4s 8g 版 联通 移动 卡 wcdma gsm 国 行 非 合约 机 苹果 4s 苹果 手机", "category_id" : "14", "category_name" : " 手机 " }},{"_index":"listing_new","_type":"listing","_id":"AVn4ZarzHuEIFqIHDVQ_","_score":2.500553,"_source":{ "listing_id" : "19932", "listing_title" : " 苹 果 apple 手机 iphone5 苹果 手机 16g 非 合约 机 wcdma gsm 全新 未 激活", "category_id" : "14", "category_name" : " 手机 " }},{"_index":"listing_new","_type":"listing","_id":"AVn4ZarzHuEIFqIHDVRa","_score":2.500553,"_source":{ "listing_id" : "19959", "listing_title" : "apple 苹果 iphone 5 联通 3g 手机 苹果 5 非 合约 版", "category_id" : "14", "category_name" : " 手机 " }},{"_index":"listing_new","_type":"listing","_id":"AVn4ZarzHuEIFqIHDVR6","_score":2.500553,"_source":{ "listing_id" : "19991",

"listing_title" : "apple 苹果 4s iphone 4s 苹果 4s 手机 iphone 4s 8g 电信 版 3g 智能 手机", "category_id" : "14", "category_name" : " 手 机 " }},{"_index":"listing_new","_type":"listing","_id":"AVn4ZarzHuEIFqIHDVH5","_score":2.4969,"_source":{ "listing_id" : "19350", "listing_title" : "apple 苹果 iphone4s 8g 手机 支持 联通 移动 苹果 iphone 4s 留住 经典 体验 非凡", "category_id" : "14", "category_name" : " 手机 " }},{"_index":"listing_new","_type":"listing","_id":"AVn4ZarzHuEIFqIHDVQs","_score":2.4969,"_source":{ "listing_id" : "19913", "listing_title" : "apple 苹果 apple 苹果 iphone 4s 8g wcdma gsm 手机 白色", "category_id" : "14", "category_name" : " 手机 " }},{"_index":"listing_new","_type":"listing","_id":"AVn4Zar0HuEIFqIHDVf5","_score":2.4969,"_source":{ "listing_id" : "20886", "listing_title" : "apple 苹果 iphone 4 8g wcdma gsm 手机 非 合约 版 苹果 4", "category_id" : "14", "category_name" : " 手机 " }},{"_index":"listing_new","_type":"listing","_id":"AVn4Zar0HuEIFqIHDVcZ","_score":2.4671633,"_source":{ "listing_id" : "20662", "listing_title" : " 苹果 apple 手机 iphone5 5s 苹果 手机 16g od 公开 版 支持 联通 移动 4g 手机 ", "category_id" : "14", "category_name" : " 手机 " }}]}}
* *

赵六喜好的苹果牌手机排名更靠前。

由于篇幅关系，这里不再比较剩下的两个查询的例子，如果你感兴趣可以访问：

https://github.com/shuang790228/BigDataArchitectureAndAlgorithm/blob/master/Search/PersonalizedSearchResults.txt

整体而言，每位用户的兴趣爱好都在个性化搜索排序中得到了一定的体现。不过，刚刚已经提及，由于受到测试数据的限制，因此品牌和其他标签都是和商品的标题进行匹配的。然而在现实中，这样的操作通常不是非常精确的。例如，品牌"苹果"这一词本身就是具有歧义的。商品标题中的"苹果"极有可能是水果的一种品类，也可能是电子产品的某个品牌。所以，为了获取更好的效果，在实际项目中应该通过运营和技术手段，获取更为全面、高质的数据。例如，对于商品而言，除了标题和分类信息之外，还应该具有专门的品牌、导购属性等数据。

"小明哥，这里用户画像你是直接读取的数据库，用户的喜好都是以键值对（Key-Value）来实现的。那么是否可能和查询分类一样，使用监督式学习技术来解决这个问题呢？"

"很好的问题，答案当然是肯定的。你可以思考一下，如果使用分类器，应该怎样进行设计和实现呢？"

第 8 章 *Chapter 8*

方案设计和技术选型：搜索分片

8.1 问题分析

　　"至于搜索请求变慢的情况，主要是由于某些设计的理念和方式不恰当导致的。当商品数量和用户访问量还很小的时候，也许问题还不明显。但是随着业务量的逐步增大，原来不是问题，或者只是小问题的问题就可能会演变为严重的问题。"在这方面小明也颇有心得，他指出，搜索引擎通常主要包含离线索引和在线查询两大模块，因此单台服务器的优化也要从这两大方面入手。

　　先来看索引方面，为什么要简化索引，以及我们能做什么。从第 4 章有关搜索的简介可以看出，倒排索引及其延伸的数据结构，对于信息检索系统而言是至关重要的。倒排索引会将数据对象包含关键词的关系转变为关键词到对象本身的关系，大幅提升了查询的效率。可是，即便如此，设计者也不应该放任索引的规模进行不必要的增长。因为过大的索引，是不可能完全放入内存进行缓存的，一定会增加对磁盘的访问，那么较慢的磁盘 I/O 读写就会成为瓶颈，最终就导致查询变慢。特别是对于多次排序这种高级技术，往往需要从索引中读取更多的返回记录和相关字段信息，那么臃肿索引所产生的问题就更明显了。为了有效地为倒排索引瘦身，常用的建议包括如下几点。

　　❑ 简化倒排索引的内容，去除不必存储的字段。刚开始使用 Solr 和 Elasticsearch 的开发者，因为担心字段的内容没有进入索引，一般很容易产生一个误区，那就是将所有的字段都进行存储。这样做的好处就在于搜索结果返回之后，可以随意读取任何一个字段，以用于前端的展示或其他应用。但是这样一来，索引的大小就很难控制住了，所以对于每个字段我们都要仔细思考，进行前端搜索时是否真的需要读取这个字段的内容？例如，在第 4 章使用 Solr 的时候已经有所提及，像商品自身的 ID，相似或相关的其他商品 ID 等，如果无需在前端展示，那么可以选择 stored=false，不进行存储。
选择 indexed=true 就能保证其被搜索到。当然，如果某个字段既不会被读取，也不会
被搜索到，那么干脆就去掉这个字段的定义吧。

❑ 合并存储字段。如果发现存储的一些字段，总是同时被读写，那么可以考虑将这些内容
合并存储到同一个字段中，查询时再进行必要的切分。这样就能有效地减少索引结构中
字段的管理开销（Overhead）。Google 自行设计的 Chunk 文件系统也应用了类似的想法。

❑ 利用正向索引，精简倒排索引的存储量。当然，很多时候因为业务的需要，我们还是需
要存储很多字段的，这种情况下应该如何处理呢？一种有效的方式，是将仅用于存储而
不做索引的字段，全部放入数据库这种正向索引中，而搜索引擎的倒排索引只负责索引
字段。这样，在用户输入关键词后，可以利用倒排索引快速获取结果的 ID，然后再根
据结果的 ID 到正向索引里获取其他存储内容。对于这种方案，需要注意的是优化正向
索引读取的速度，如果正向索引读取速度过慢，那么无疑会拖累整体查询的速度，适得
其反。此时，通常会利用 Redis 这种机制来做数据库的缓存，或者是直接构建面向服务
的应用模块（SOA），提供高效访问正向索引的服务，大致的架构如图 8-1 所示。

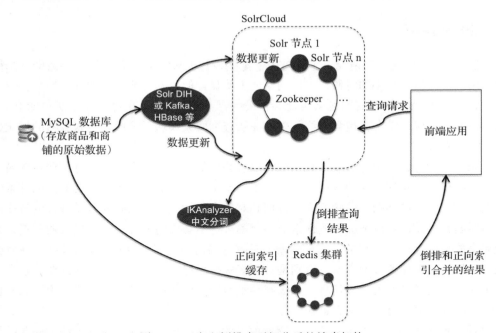

图 8-1 正向和倒排索引切分后的搜索架构

要想切分正向和倒排索引，首先需要找到合适的均衡点。如果索引还不够大，那么读取
索引里的存储字段还是相当快的。相反，如果硬要将其切分成正向和倒排，那么只会增加整
体的访问时间，而且系统也不易于维护。常见的情形是，当单个 Solr/Elasticsearch 的索引达
到数十 GB 的时候，则可以考虑进行切分。当然还要结合实际情况，进行实践的测试再做最

后的决策。

另一方面，从查询入手，常用的建议包括：

❑ 减少动态查询。Solr 和 Elasticsearch 都提供了很强大的动态查询功能，可以在即时查询时，动态地进行逻辑判断和排序。虽然使用很方便，也能保证数据更新的及时性，但是对性能的损耗比较高，因此要慎用。

❑ 尽量使用过滤查询（Filter Query）。前面在探讨相关性的时候，曾提到普通文本搜索引擎的打分机制并不一定适合所有的应用场景，有的时候也许我们只想知道被索引的数据中是否包含某个限定条件（类似第 4 章提到的布尔检索模型），这时候，设计者就可以使用过滤查询，它只会判断查询条件是否出现，而不会根据打分公式进行复杂的计算，也能提升查询的效率。

❑ 限制结果读取的范围。对于大型的搜索引擎，查询一些比较宽泛的关键词或条件时，往往会返回大量的结果，如果遍历所有的内容，那将是非常耗时的，很难实现在线服务。好在通常情况下，我们只需要向用户返回前若干项的结果⊖。但是，不排除有网络爬虫或恶意的黑客会逐页地获取结果，这可能会对搜索系统造成无法预见的压力。这也是目前主流的搜索引擎，都会限制用户只能访问前 100 页内容的原因。

❑ 增大查询、文档、切面 / 聚集等缓存。增加缓存命中率对于搜索结果的提速有着明显的作用，而增加命中率最简单直接的方式就是加大缓存容量。无论是 Solr 还是 Elasticsearch，常见的缓存包括查询、文档和切面 / 聚集等方面。顾名思义，查询缓存是以查询为单位进行缓存的，文档缓存是以文档为单位进行缓存的，切面 / 聚集缓存是以查询的切面或聚集操作为单位进行缓存的。不过，过多过大的缓存设置会消耗大量的内存。

8.2　利用搜索的分片机制

之前关于索引和查询的优化策略，都是针对单机的纵向优化。不过，再好的优化策略、再好的硬件性能，都是有其瓶颈的。大数据时代，是离不开横向的水平扩展的。第 4 章中介绍了 Solr/Elasticsearch 的分片索引和查询机制。可以知道，分片后索引的尺寸可以大幅降低，并且可以进行副本备份用于容灾。这里列出图 8-2 和图 8-3 的流程以作简短的复习。

分布式架构的实现更为精细，好在 Solr 和 Elasticsearch 这样的开源系统都已经提供了比较成熟的方案，对应用开发者而言分布式架构都是透明不可见的，通常不用关心其中的细节。不过，还是有可以优化的地方，那就是分片的策略。最基础的分片策略是随机式的，根据进来的数据 ID 哈希值将其放入到某个分片上。其优势就是实现简单，无需过多的额外开发。不过，这种默认的分片方式没有根据实际应用对性能进行优化。例如，大宝公司的 O2O 电商平台，有个 "2/8" 特征，就是 80% 的流量集中在 20% 的热门品类上。基于此，我们完

⊖　研究表明，绝大部分用户只会关注前几页的搜索结果。

全可以根据不同的品类来进行切分，这样做的好处有如下几点。

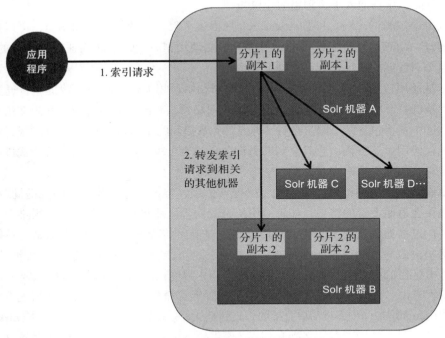

图 8-2 分布式环境中分发索引的更新请求

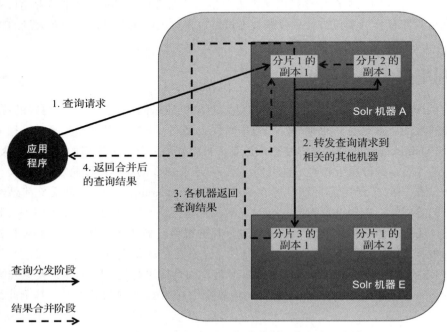

图 8-3 分布式环境中分发查询的请求，并合并查询结果

- 对于类目的查询，只需要访问固定的分片，可以尽量避免查询的合并，从而提升响应速度。
- 对于热门品类，可以有针对性地部署额外的硬件资源。而对于访问量很少的品类，可以投入更少的硬件资源，以节约成本。
- 对于搜词的查询，由于其结果经常是跨品类的，因此查询合并无法避免。不过，我们有个利器可以有效地降低合并的次数，那就是之前有所提及的查询分类。例如，对于关键词"牛奶"，因为最相关的分类都是食品饮料；对于关键词"女装"，因为最相关的分类都是服饰类，因此它们搜索时只需要访问相关品类的分片即可。如此，不仅能提高查询的效率，还能减少不相关商品的出现，一举两得。

和正向、倒排索引的切分类似，是否要做分布式的分片和副本，要依实际情况而确定。如果单机的软硬件优化后，性能足够高，那么不建议使用分布式架构，因为这样会导致更复杂的系统架构，延长了查询的周期，并且会导致更高的开发和维护成本。

8.3　案例实践

本节将尝试以索引的分片和基于分片的查询，实现 8.2 节所说的根据不同的品类来进行索引切分。

8.3.1　Solr 路由的实现

首先来看看基于 Solr 的实现。参照 4.6.2 节的描述，建立并启动 Solr Cloud 集群。然后创建分布式 collection，名为 listing_collection_withroute：

```
[huangsean@iMac2015:/Users/huangsean/Coding] solr create -c listing_collection_
withroute -d /Users/huangsean/Coding/listing_new/conf/ -shards 3 -replicationFactor
2 -n listing_collection_withroute

{
    "responseHeader":{
        "status":0,
        "QTime":13828},
    "success":{
        "192.168.1.48:8983_solr":{
            "responseHeader":{
                "status":0,
                "QTime":11898},
            "core":"listing_collection_withroute_shard1_replica1"},
        "192.168.1.78:8983_solr":{
            "responseHeader":{
                "status":0,
                "QTime":2695},
            "core":"listing_collection_withroute_shard3_replica2"},
        "192.168.1.28:8983_solr":{
            "responseHeader":{
```

```
            "status":0,
            "QTime":12614},
        "core":"listing_collection_withroute_shard1_replica2"}}}
```

在 SearchEngineImplementation 项目的 SearchEngine.SearchEngineImplementation.Solr 包中，新建类 SolrSearchEngineRelevantWithRoute。这里的大体思路和 SolrSearchEngineRelevant 一致，都是通过查询分类来改善相关性，唯一不同的是它将使用 Solr 的路由 route 来降低需要访问的索引量。首先来看该类的生成：

```java
protected SolrSearchEngineBasic sseb = null;
protected NBQueryClassifierOnlineForSearch nbqcsearch = null;
private HashMap<String, String> category2route = new HashMap<>();

public SolrSearchEngineRelevantWithRoute(SolrSearchEngineBasic sseb) {

    // 基本的搜索引擎不变
    this.sseb = sseb;

    // 增加了查询分类模块
    nbqcsearch = new NBQueryClassifierOnlineForSearch();

    // 初始化分类到路由的映射
    // 消费电子
    category2route.put("手机", "ce");
    category2route.put("电脑", "ce");
    // 日用品
    category2route.put("美发护发", "daily");
    category2route.put("沐浴露", "daily");
    category2route.put("大米", "daily");
    category2route.put("食用油", "daily");
    category2route.put("面粉", "daily");

    // 饮料和零食
    category2route.put("坚果", "drinksnack");
    category2route.put("巧克力", "drinksnack");
    category2route.put("饼干", "drinksnack");
    category2route.put("饮料饮品", "drinksnack");
    category2route.put("方便面", "drinksnack");

    // 生鲜和干货
    category2route.put("海鲜水产", "freshdry");
    category2route.put("新鲜水果", "freshdry");
    category2route.put("纯牛奶", "freshdry");
    category2route.put("进口牛奶", "freshdry");
    category2route.put("枣类", "freshdry");
    category2route.put("茶叶", "freshdry");

}
```

加粗斜体是新增的逻辑，根据商品的分类。设置路由的名称。在 Solr 中，可以通过在文档的 ID 前加上特殊的前缀，指定其应该去往的分片。例如，对于以下商品：

```
22785      samsung 三星 galaxy tab3 t211 1g 8g wifi+3g 可 通话 平板 电脑 gps 300 万像
素 白色    15    电脑
```

其商品 ID 是 "22785"，而其所属的路由则被定义为 "ce"，因此 ID 就应该被改为
"ce!22785"。创建索引的时候，Solr 就会根据这个前缀，自动地将该商品分配到 ce 所在的分
片，保证所有消费电子类的商品都位于同一个分片上。目前 Solr 最多支持两层这样的前缀，
例如 "listing!ce!22785"。为了实现这个目的，我们需要改写 index 函数：

```java
// 索引部分加入了 route 路由机制
public String index(List<ListingDocument> documents, Map<String, Object>
indexParams) {

    UpdateResponse response = null;

    try {

        // 适配部分：根据输入的统一文档 ListingDocument，生成并添加 Solr 所使用的 SolrInputDocument
        for (ListingDocument ld : documents) {

            SolrInputDocument sid = new SolrInputDocument();

            // 创建索引时为路由加入定制的前缀，这里使用 category2route 中的定义，包括 ce、daily、
            // drinksnack 和 freshdry
            sid.addField("listing_id", String.format("%s!%s", category2route.get(ld.
            getCategory_name()), ld.getListing_id()));

            // 其他字段不变
            sid.addField("listing_title", ld.getListing_title());
            sid.addField("category_id", ld.getCategory_id());
            sid.addField("category_name", ld.getCategory_name());

            sseb.solrClient.add(sid);
        }

        // 写入 Solr Cloud 的索引
        response = sseb.solrClient.commit();

    } catch (Exception e) {
        // TODO: handle exception
        e.printStackTrace();
    }

    return response.toString();

}
```

其中最为关键的变化部分是以加粗斜体的形式标出的那部分代码。由于此时使用 DIH 不

够灵活，所以这里采用如下一段代码进行索引：

```
public void indexListing(String file, Map<String, Object> indexParams) {

    ArrayList<ListingDocument> documents = new ArrayList<>();

    try {

        // 读取原始 Listing 商品数据文件，拼装 ListingDocument
        BufferedReader br = new BufferedReader(new FileReader(file));
        String strLine = null;
        while ((strLine = br.readLine()) != null) {
            String[] tokens = strLine.split("\t");

            ListingDocument ld = new ListingDocument(Long.parseLong(tokens[0]),
            tokens[1],
                    Long.parseLong(tokens[2]), tokens[3]);
            documents.add(ld);
        }

        br.close();

        System.out.println("start to index...");
        this.index(documents, indexParams);
        System.out.println("finished");

    } catch (Exception e) {
        // TODO: handle exception
        e.printStackTrace();
    }

}
```

该函数读取的是之前采用的 listing-segmented-shuffled-noheader.txt。完成基于路由的索引之后，还需要有对应的基于路由的查询：

```
// 查询部分附加上相关性，以及基于路由的逻辑
public String query(Map<String, Object> queryParams) {
    // TODO Auto-generated method stub

    QueryResponse  response = null;

    try {

        // 适配部分：根据输入的搜索请求，生成 Solr 所能识别的查询
        String query = queryParams.get("query").toString();
        String[] terms = query.split("\\s+");
        StringBuffer sbQuery = new StringBuffer();
        for (String term : terms) {
            if (sbQuery.length() == 0) {
```

```
                    sbQuery.append(term);
            } else {
                // 为了确保相关性，使用了 AND 的布尔操作
                sbQuery.append(" AND ").append(term);
            }
        }
        String[] fields = (String []) queryParams.get("fields");
        StringBuffer sbQf = new StringBuffer();
        for (String field : fields) {
            if (sbQf.length() == 0) {
                sbQf.append(field);
            } else {
                // 在多个字段上查询
                sbQf.append(" ").append(field);
            }
        }

        // 为支持翻页（pagination）操作的起始位置和返回结果数
        int start = (int)(queryParams.get("start"));
        int rows = (int)(queryParams.get("rows"));

        // 构建 Solr 使用的查询
        SolrQuery sq = new SolrQuery();
        sq.setParam("defType", "edismax");
        sq.set("q", "*:*");
        sq.set("fq", sbQuery.toString());          // 使用过滤查询
        sq.set("qf", sbQf.toString());
        sq.set("start", start);
        sq.set("rows", rows);

        // 原有的装饰部分：通过查询分类的结果来优化相关性
        // 如下这行可以使用 RESTful API 或服务化模块来代替，这样模块间的耦合度会更低
        HashMap<String, Double> queryClassificationResults
            = (HashMap<String, Double>) nbqcsearch.predict(query);

        // 由于路由数量少，查找快，所以 routes 没有使用哈希表
        ArrayList<String> routes = new ArrayList<>();
        StringBuffer sbRoutes = new StringBuffer();

        for (String cate : queryClassificationResults.keySet()) {
            double score = queryClassificationResults.get(cate);
            if (score < 0.02) continue;                // 去除得分过低的噪声点

            sq.add("bq", String.format("category_name:(%s^%f)", cate, score));

            // 新增的装饰部分：根据分类获取所有路由 route
            String route = category2route.get(cate);
            if (!routes.contains(route)) {
                routes.add(route);
                sbRoutes.append(route).append("!,");
```

```
            }
//  System.out.println(String.format("category_name:(%s^%f)", cate, score));
            }

            //新增的装饰部分：根据分类指定 route
            sq.add("_route_", sbRoutes.toString());

            //获取查询结果
            response = sseb.solrClient.query(sq);
        SolrDocumentList list = response.getResults();
//  这里略去后续统一文档拼装的实现


        } catch (Exception ex) {
            ex.printStackTrace();
        }

        return response.toString();
    }
```

其中的关键修改请参见加粗斜体部分，我们根据查询分类的结果，挑选主要相关的分类，并将其加入搜索的 _route_ 参数。例如，这里和“米”最可能相关的分类是“大米”“饼干”和“巧克力”，那么路由参数设置为 _route_=daily!,drinksnack!。最后就是进行测试：

```
public static void main(String[] args) {
        //TODO Auto-generated method stub

        //连接 Solr Cloud 的 ZooKeeper 设置，可以根据你的需要进行设置
        Map<String, Object> serverParams = new HashMap<>();
        serverParams.put("zkHost",  "192.168.1.48:9983");
        //查询读取哪个 Collection，可以根据你的需要进行设置。
        serverParams.put("collection",  "listing_collection_withroute");

        //创建基本款搜索引擎
        SolrSearchEngineBasic sseb = new SolrSearchEngineBasic(serverParams);
        //使用装饰器模式设计的新搜索引擎
        SolrSearchEngineRelevantWithRoute sserr
            = new SolrSearchEngineRelevantWithRoute(sseb);

        //测试基于路由的索引
        sserr.indexListing("/Users/huangsean/Coding/data/BigDataArchitectureAnd
Algorithm" + "/listing-segmented-shuffled-noheader.txt", serverParams);


        Map<String, Object> queryParams = new HashMap<>();
        //查询关键词
        queryParams.put("query", " 米 ");
        queryParams.put("fields",
                        new String[] {"listing_title"});
        queryParams.put("start", 0);     // 从第 1 条结果记录开始
```

```
queryParams.put("rows", 5);        // 返回 5 条结果记录


// 对比相关性改善前后
System.out.println(" 基础搜索: \t\t\t" + sseb.query(queryParams));
System.out.println(" 相关性改良、路由的搜索: \t" + sserr.query(queryParams));

sseb.cleanup();
sserr.cleanup();

}
```

测试的过程主要是进行一次基于路由的索引，然后对比两次搜索。需要注意的是，由于我们并未在 schema 中设置商品文档的 listing_id 是唯一的，因此索引函数只能执行一次，否则将会产生冗余的索引数据。而两次对比查询，第一次是没有使用路由的基本查询，系统搜索了全部的分片；第二次系统根据查询分类的相关性，使用路由，只搜索最相关的分片。如下代码为测试查询"米"的情况，可以看到，使用基于路由的搜索后，命中的文档数量（numFound）从 3119 降低到了 2103。

基础搜索: {responseHeader={zkConnected=true,status=0,QTime=18,params={q=米,defType=edismax,_stateVer_=listing_collection_withroute:51,qf=listing_title,start=0,rows=5,wt=javabin,version=2}},response={numFound=**3119**,start=0,maxScore=6.0911994,docs=[SolrDocument{listing_id=[drinksnack!1566], listing_title=米 老头 青稞 米 棒 米 通 米 花 糖类 膨化食品 特产 小吃 芝麻 味 150g, category_name=饼干, id=a350cf6d-1028-4924-80f1-f9e85b0b8fe5, category_id=1, _version_=1559107411125469184}, SolrDocument{listing_id=[drinksnack!2684], listing_title=mizhu 米 助 纯 米 米 粉 320g 台湾 地区 进口, category_name=方便面, id=2e476354-b812-4aac-80ad-5cb4dffe0af7, category_id=2, _version_=1559107280967827456}, SolrDocument{listing_id=[drinksnack!1036], listing_title=米 兹 米 兹 趣 致 饼 干 牛奶 味 120g 盒, category_name=饼 干, id=66b23f65-97ab-4e2c-9636-d68651afff1f, _version_=1559107450393591808}, SolrDocument{listing_id=[drinksnack!8525], listing_title=联 河 米 乐意 米 乳 礼盒 310ml 12 罐 整箱, category_name=饮料饮品, id=5894e435-8a6d-4da9-83f7-d8ee7f0d0e55, category_id=7, _version_=1559107423317262336}, SolrDocument{listing_id=[daily!19225], listing_title=鲜 享 泰 国小 西 米 西 米 西 谷 米 300g 2 袋, category_name=面粉, id=8d9265df-c9cd-4d24-b7b5-65c7697cee64, category_id=13, _version_=1559107336134459392}]}}
加载扩展词典: ext.dic
加载扩展停止词典: stopword.dic
相 关 性 改 良 、 基 于 路 由 的 搜索: {responseHeader={zkConnected=true,status=0,QTime=21,params={q=*:*,defType=edismax,_stateVer_=listing_collection_withroute:51,qf=listing_title,start=0,fq=米,rows=5,wt=javabin,version=2,_route_=ce!,drinksnack!,daily!,},bq=[category_name:(手 机 ^0.020000), category_name:(饼 干 ^0.030000), category_name:(大 米 ^0.850000), category_name:(巧 克 力 ^0.030000)]}},response={numFound=**2103**,start=0,maxScore=3.5897655,docs=[SolrDocument{listing_id=[daily!18569], listing_title=golden delight 金 怡 泰 国 茉 莉 香米 5kg 泰国 进 口, category_name=大 米, id=8e0f1360-c5b5-499d-a2a1-27acb55b1112, category_id=12, _version_=1559107275721801728}, SolrDocument{listing_id=[daily!16991], listing_title=福临门 东北 优质 大米 5kg+380g 袋, category_name=大米, id=213ce8f4-d0a6-446b-855c-514b4ed7fd88, category_id=12, _version_=1559107276056297472},

```
SolrDocument{listing_id=[daily!18736], listing_title= 金 龙 鱼  盘 锦  大 米 5kg 袋 x 2,
category_name= 大 米 , id=5a7d9086-90c8-4219-870f-bcbea182ddb0, category_id=12, _
version_=1559107276820709376}, SolrDocument{listing_id=[daily!18123], listing_title=
雪 龙 瑞 斯 有 机 香 米 500g 袋 x 2, category_name= 大 米 , id=7cd7dd45-c755-46ff-a6e4-
ae5832990127, category_id=12, _version_=1559107276967510016}, SolrDocument{listing_
id=[daily!18233], listing_title=golden delight 金 怡 泰 国 茉 莉 香 米 5kg 泰 国 进 口 ,
category_name= 大 米 , id=8deda68d-76fd-4d84-bee3-c5730aa2db9e, category_id=12, _versi
on_=1559107277359677440}]}}
```

8.3.2　Elasticsearch 路由的实现

参照 4.6.3 节，搭建 Elasticsearch 的集群，并创建名为 listing_new_withroute 的索引，分片和字段的设置与之前保持一致。就绪之后，就可以着手编写相应的 Java 代码了，通过 Elasticsearch 客户端来进行基于路由的索引和查询。

在 SearchEngine.SearchEngineImplementation.Elasticsearch 包中，创建新的 ElasticSearch EngineRelevantWithRoute 类，将在保证相关性的基础上，进行基于路由的搜索。其分类和路由的映射逻辑与 Solr 实现是一致的，索引和查询的路由设置原理也相似，只是具体的语法有所不同。首先来看索引中不同的部分，已用加粗斜体表示：

```
// 索引部分加入了 route 路由机制
public String index(List<ListingDocument> documents, Map<String, Object>
indexParams) {

    IndexResponse response = null;

    // 适配部分：根据输入的统一文档 ListingDocument，生成并添加 Elasticsearch 所使用的 HashMap
    for (ListingDocument ld : documents) {

        String indexName = indexParams.get("index").toString();
        String typeName = indexParams.get("type").toString();

        Map<String, Object> fieldsMap = new HashMap<>();
        fieldsMap.put("listing_id", ld.getListing_id());
        fieldsMap.put("listing_title", ld.getListing_title());
        fieldsMap.put("category_id", ld.getCategory_id());
        fieldsMap.put("category_name", ld.getListing_id());

        // 写入集群的索引，增加路由的设置
        response = eseb.esClient.prepareIndex(indexName, typeName)
                .setRouting(category2route.get(ld.getCategory_name()))
                .setSource(fieldsMap)
                .get();

    }


    return response.toString();

}
```

进行一次查询，测试路由索引的效果：

http://iMac2015:9200/listing_new_withroute/listing/_search?q= 苹果

你将得到类似图 8-4 的结果，图中方框标出的地方，展示了文档的路由。

```json
"hits": {
  "total": 4748,
  "max_score": 9.845659,
  "hits": [
    {
      "_index": "listing_new_withroute",
      "_type": "listing",
      "_id": "AVozhK_pWZfI2Z59cHaq",
      "_score": 9.845659,
      "_routing": "drinksnack",
      "_source": {
        "listing_title": "茹 梦 清纯 苹果 苹果 口味 1l 瓶",
        "category_name": 8101,
        "listing_id": 8101,
        "category_id": 7
      }
    },
    {
      "_index": "listing_new_withroute",
      "_type": "listing",
      "_id": "AVozhJxWWZfI2Z59cEQk",
      "_score": 9.518861,
      "_routing": "ce",
      "_source": {
        "listing_title": "苹果 apple 苹果 ipad 5 16gb wifi ipad air",
        "category_name": 21335,
        "listing_id": 21335,
        "category_id": 15
      }
    },
    {
      "_index": "listing_new_withroute",
      "_type": "listing",
      "_id": "AVozhKFPWZfI2Z59cFC-",
      "_score": 9.502171,
      "_routing": "ce",
      "_source": {
        "listing_title": "苹果 apple ipad air 苹果 平板 retina 屏 wifi 版 16g 9.7英寸 苹果电脑 ipadair",
        "category_name": 22271,
        "listing_id": 22271,
        "category_id": 15
      }
    },
```

图 8-4　Elasticsearch 的搜索结果中直接展示了每篇文档的路由

最后来看看查询部分的代码有何不同：

// 查询部分附加上相关性，以及基于路由的逻辑

```java
public String query(Map<String, Object> queryParams) {
    // TODO Auto-generated method stub

    SearchResponse response = null;

    try {

        // 适配部分：根据输入的搜索请求，生成 Elasticsearch 所能识别的查询
        String indexName = queryParams.get("index").toString();
        String typeName = queryParams.get("type").toString();
        String query = queryParams.get("query").toString();
        String[] fields = (String []) queryParams.get("fields");
        int from = (int)(queryParams.get("from"));
        int size = (int)(queryParams.get("size"));
        String mode = queryParams.get("mode").toString();

        QueryBuilder qb = null;

        qb = QueryBuilders.boolQuery()
                .must(QueryBuilders.matchAllQuery());

        // 更好的查询构造，采用 AND 的布尔操作，以提升相关性
        String[] terms = query.split("\\s+");
        for (String term : terms) {
            qb = QueryBuilders.boolQuery()
                    .must(qb)
                    .filter(QueryBuilders.multiMatchQuery(term, fields));
        }

        // 新增的装饰部分：通过查询分类的结果来优化相关性
        // 如下这行可以使用 RESTful API 或服务化模块来代替，这样模块间的耦合度会更低
        HashMap<String, Double> queryClassificationResults
            = (HashMap<String, Double>) nbqcsearch.predict(query);

        ArrayList<String> routing = new ArrayList<>();

        for (String cate : queryClassificationResults.keySet()) {
            float score = queryClassificationResults.get(cate).floatValue();
            if (score < 0.02) continue;        // 去除得分过低的噪声点

            qb = QueryBuilders.boolQuery()
                        .must(qb)
        .should(QueryBuilders.matchQuery("category_name", cate).boost(score));

            String route = category2route.get(cate);
            if (!routing.contains(route)) {
                routing.add(route);
            }
        }
```

```
String[] routes = (String[]) routing.toArray(new String[routing.size()]);

// 获取查询结果
response = eseb.esClient.prepareSearch(indexName).setTypes(typeName)
                            .setRouting(routes)
                            .setSearchType(SearchType.DEFAULT)
                            .setQuery(qb)
                            .setFrom(from).setSize(size)
                            .get();

// 这里略去后续统一文档拼装的实现


} catch (Exception ex) {
    ex.printStackTrace();
}
```

从中可以看出，与 Solr 一样，Elasticsearch 在索引和查询时的路由设置都是非常直观和简洁的。测试一下查询"苹果"，你也可以看到使用路由后，搜索请求只会去往更相关的分片，查询结果变少：

基础搜索：　　　　　　　{"took":4,"timed_out":false,"_shards":{"total":5,"successful":5,"failed":0},"hits":{"total":*352*,"max_score":8.617233,"hits":[{"_index":"listing_new_withroute","_type":"listing","_id":"AVozhK_pWZfI2Z59cHaq","_score":8.617233,"_routing":"drinksnack","_source":{"listing_title":"茹 梦 清 纯 苹果 苹果 口 味 11 瓶","category_name":8101,"listing_id":8101,"category_id":7}},{"_index":"listing_new_withroute","_type":"listing","_id":"AVozhJWnWZfI2Z59cDV8","_score":7.8080997,"_routing":"drinksnack","_source":{"listing_title":"10 瓶 韩 国 进 口 苹果 饮 料","category_name":8501,"listing_id":8501,"category_id":7}},{"_index":"listing_new_withroute","_type":"listing","_id":"AVozhJ0bWZfI2Z59cEYm","_score":7.2207084,"_routing":"drinksnack","_source":{"listing_title":"大 湖 100 苹果 葡 萄 汁 11 瓶","category_name":7893,"listing_id":7893,"category_id":7}},{"_index":"listing_new_withroute","_type":"listing","_id":"AVozhIPrWZfI2Z59cBVa","_score":7.2207084,"_routing":"drinksnack","_source":{"listing_title":"泰 宝 苹果 葡 萄 汁 11 泰 国 进 口","category_name":9627,"listing_id":9627,"category_id":7}},{"_index":"listing_new_withroute","_type":"listing","_id":"AVozhKC3WZfI2Z59cE-W","_score":6.4197564,"_routing":"drinksnack","_source":{"listing_title":"酷 特 椰肉 苹果 柠檬汁 饮料 320g 泰国 进口","category_name":8412,"listing_id":8412,"category_id":7}}]}}

加载扩展词典：ext.dic
加载扩展停止词典：stopword.dic
相关性改良、基于路由的搜索：　　　　{"took":3,"timed_out":false,"_shards":{"total":2,"successful":2,"failed":0},"hits":{"total":*309*,"max_score":1.0,"hits":[{"_index":"listing_new_withroute","_type":"listing","_id":"AVozhJvDWZfI2Z59cELr","_score":1.0,"_routing":"freshdry","_source":{"listing_title":"山 果 演 义 预售 考 密 斯 红梨 10斤 新鲜 水果 红梨 果园 直供 优质 水果 非 苹果 橙 芒果","category_name":15290,"listing_id":15290,"category_id":11}},{"_index":"listing_new_withroute","_type":"listing","_id":"AVozhJxrWZfI2Z59cERR","_score":1.0,"_routing":"freshdry","_source":{"listing_title":"心 远 shinning 陕西 洛川 红富士 苹果 10斤 装 85# 大果 新疆 阿克苏 冰糖 心 苹果 已 下 市","category_name":15430,"listing_id":15430,"category_id":11}},{"_index":"listing_new_withroute","_type":"listing","_

id":"AVozhJzMWZfI2Z59cEVH","_score":1.0,"_routing":"freshdry","_source":{"listing_title":" 山 果 演 义 新鲜 苹果 精品 水果 红富士 礼盒装 送礼 佳品 9个 装 大 苹果 礼盒 ","category_name":16314,"listing_id":16314,"category_id":11}},{"_index":"listing_new_withroute","_type":"listing","_id":"AVozhJ0iWZfI2Z59cEZA","_score":1.0,"_routing":"freshdry","_source":{"listing_title":" 山 果 演 义 预售 新鲜 水果 苹果 河南 灵宝 红富士 75mm5 斤 箱 装 高海拔 原产地 供货 出口 级 ","category_name":15357,"listing_id":15357,"category_id":11}},{"_index":"listing_new_withroute","_type":"listing","_id":"AVozhJ2AWZfI2Z59cEdW","_score":1.0,"_routing":"freshdry","_source":{"listing_title":"i 果 i 家 新鲜 水果 山东 新鲜 红富士 苹果 超大 果 4粒 京津 直送 ","category_name":15337,"listing_id":15337,"category_id":11}}]}}

同样，所有的示例代码位于：

https://github.com/shuang790228/BigDataArchitectureAndAlgorithm/tree/master/Search/SearchEngineImplementation

第 9 章　*Chapter 9*

方案设计和技术选型：搜索提示

9.1　问题分析

　　搜索架构和排序相关性的改良暂时告一段落。这时，小丽提出的"搜索下拉框没有任何提示"的需求，就成为当下需要攻克的首个目标。实际上，"搜索的自动提示 / 自动完成"是搜索引擎的一个常见的功能，它对输入的关键字进行预测和建议，不仅可以避免用户输入错误的搜索词，而且还可以将它们引导至相关的搜索上，在一定程度上减少了人为的工作量。大宝花了一段时间，研究了其他同行的搜索提示，从图 9-1 所示的例子中可以看出，自动提示主要分为两大功能。

- □ 相关查询：例如，用户输入"咖啡"这个关键词后，"速溶咖啡""雀巢咖啡"等用户常常输入的相关查询都会显示出来。
- □ 相关商品分类：例如，用户输入"咖啡"这个关键词后，和"咖啡"相关的分类都会显示出来，包括"速溶咖啡""进口速溶咖啡"和"咖啡饮料"。

　　此外，有些做得比较成熟的搜索建议功能，还能容忍一定范围的错拼：例如，用户错误地输入了"apple"，系统仍然会提示和"apple"相关的建议，等等。

　　"小明哥，我最近也研究了 Solr 和 Elasticsearch 的功能，好像它们可以直接支持这个自动提示的功能。"

　　"哦，是吗？你说说看。"

　　"Solr 从 1.x 开始就提供了搜索建议（Suggest）和拼写纠错（Spellcheck）的功能。搜索建议模块可选择基于提示词文本做搜索建议，还支持通过针对索引的某个字段建立索引词库做搜索建议。类似地，拼写纠错模块可根据提示词文本或被索引的字段，对用户错误的拼写进行提示。而 Elasticsearch 的搜索建议和拼写纠错是由不同类型的建议器（Suggester）实现的。如果具体到咱们的案例，可以使用商品标题的数据来完成相应的功能。"

"嗯，相当不错的调研啊！好，那我们先开始尝试一下这些功能，看看效果如何。"

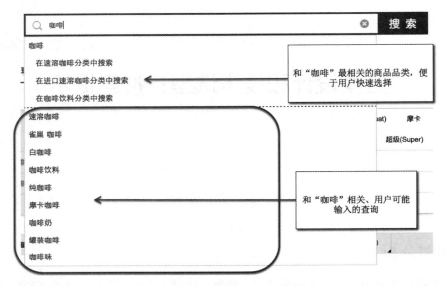

图 9-1 搜索下拉的自动提示功能

9.2 案例实践：基础方案

9.2.1 Solr 搜索建议和拼写纠错的实现

在 Solr 中无论是定义建议器，还是拼写纠错器（Spellchecker），都需要定义如下两个对象。

❑ 一个 Component 组件。

❑ 一个 Handler 处理器。Solr 的组件需要绑定在处理器上执行，在处理器被调用的时候，系统会触发其上的组件一并执行。

针对建议器，我们在

/Users/huangsean/Coding/solr-6.3.0/server/solr/listing_new/conf/solrconfig.xml 文件

中定义了一个 searchComponent 组件和一个 requestHandler 处理器：

```
<!-- 搜索建议（Suggest）的配置 -->
<!-- "建议"组件的配置 -->
<searchComponent name="suggest" class="solr.SuggestComponent">
    <str name="queryAnalyzerFieldType">text_chinese</str>  <!-- 使用 schema 文件中
配置的 IK 分词字段类型 -->
    <lst name="suggester">
        <str name="name">listingSuggester</str>
```

```
              <str name="lookupImpl">FuzzyLookupFactory</str> <!-- 模糊查询，其他选项参见
官网的介绍 -->
              <str name="suggestAnalyzerFieldType">string</str>
          <str name="field">listing_title</str>   <!-- 创建"建议"的数据源字段，必须是存
储的字段 store="true" -->
              <str name="buildOnCommit">true</str>   <!-- 提交索引更新后，重建 suggester 的
数据结构 -->

        </lst>
    </searchComponent>

    <!-- "建议"请求的配置 -->
    <requestHandler name="/suggest" class="solr.SearchHandler" startup="lazy">
        <lst name="defaults">
            <str name="suggest">true</str>
            <str name="suggest.dictionary">listingSuggester</str> <!-- 指向上面定义的
suggester -->
            <str name="suggest.count">10</str>   <!-- 返回"建议"的数量 -->
        </lst>
        <arr name="components">
            <str>suggest</str>   <!-- 绑定 suggest 组件和 /suggest 请求处理器 -->
        </arr>
    </requestHandler>
```

其中最关键的是，我们指定了建议词都来自 listing_title 这个字段的分词，所以需要确保此时该字段在 schema 的配置中是存储型的，也就是 store="true"。重启 Solr 使该配置生效之后，你就可以访问如下的链接，查阅 Solr 给出的建议词：

http://iMac2015:8983/solr/listing_new/suggest?indent=on&q=咖　啡&rows=0&wt=json

图 9-2 给出了初步的结果，从中可以看出 Solr 建议的都是以"咖啡"为前缀的词语。

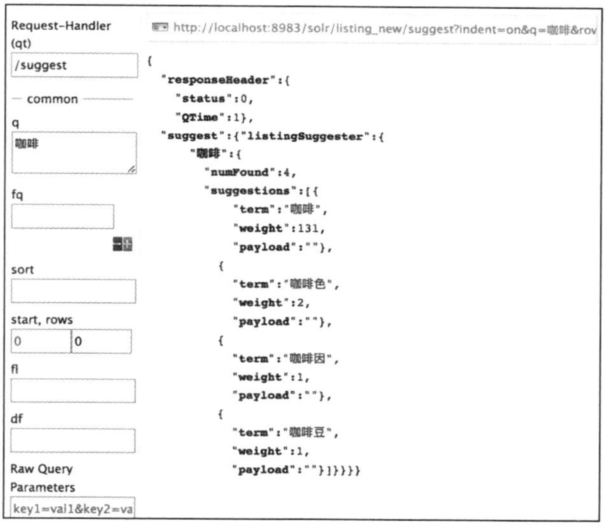

类似地，我们在 solrconfig.xml 文件中定义拼写纠错的组件和处理器，代码如下：

图 9-2　使用 Solr 的建议器实现自动提示功能

```
<!-- 拼写纠错（Spell Check）的配置 -->
<!-- "纠错"组件的配置 -->
<searchComponent name="spellcheck" class="solr.SpellCheckComponent">
```

```
    <str name="queryAnalyzerFieldType">text_chinese</str>
    <lst name="spellchecker">
        <str name="name">listingSpellchecker</str>
        <str name="field">listing_title</str>  <!-- 创建"纠错"的数据源字段，必须
是存储的字段 store="true" -->
        <str name="classname">solr.DirectSolrSpellChecker</str>
        <str name="distanceMeasure">internal</str> <!-- 使用默认的编辑距离衡量是否错
拼 -->
        <float name="accuracy">0.5</float> <!-- 作为纠错建议的最小距离阈值 -->
        <int name="maxEdits">2</int> <!-- 允许的最大单词编辑次数，1 或 2 -->
        <int name="minPrefix">1</int> <!-- 允许的最小前缀单词数 -->
    </lst>
</searchComponent>

<!-- "纠错"请求的配置 -->
<requestHandler name="/spell" class="solr.SearchHandler" startup="lazy">
    <lst name="defaults">
        <str name="spellcheck.dictionary">listingSpellchecker</str>  <!-- 指向上
面定义的 spellchecker -->
        <str name="spellcheck">true</str>
        <str name="spellcheck.count">10</str>   <!-- 返回"纠错"的数量 -->
    </lst>
    <arr name="last-components">
        <str>spellcheck</str>  <!-- 绑定 spellcheck 组件和 /spell 请求处理器 -->
    </arr>
</requestHandler>
```

生效后，可尝试如下的链接：

http://iMac2015:8983/solr/listing_new/spell?indent=on&q=applle%20iphona&wt=json

你将看到类似于图 9-3 所示的效果，我们故意输入错误的英文单词"apple"和"iphona"，Solr 能够识别并给出纠正的建议。完整的 solrconfig.xml 可以参考：

https://github.com/shuang790228/BigDataArchitectureAndAlgorithm/blob/master/Search/Solr/solr/listing_new/conf/solrconfig.xml

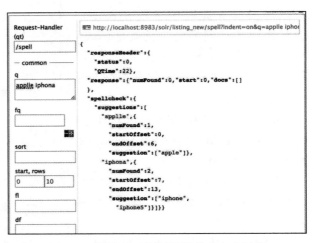

图 9-3　使用 Solr 的纠错器实现自动纠错

9.2.2　Elasticsearch 搜索建议和拼写纠错的实现

在 Elasticsearch 中建立自动建议，需要在映射 mapping 中增加字段的定义。例如：

```
{
    "settings" : {
        "analysis" : {
            "analyzer" : {
                "ik_synonym" : {
                    "tokenizer" : "ik_smart",
                    "filter" : ["synonym"]
                }
            },
            "filter" : {
                "synonym" : {
                    "type" : "synonym",
                    "synonyms_path" : "synonyms.txt"
                }

            }
        }
    },
    "mappings" : {
            "listing" : {
                "dynamic" : true,
                "properties" : {
                    "listing_title" : {
                        "type" : "text",
                        "analyzer" : "ik_synonym"
                    },
                    "listing_title_suggest" : {
                        "type" : "completion"
                    },
                    "category_name" : {
                    "type" : "text",
                    "analyzer" : "ik_synonym",
                    "fielddata" : true
                    },
                    "listing_id" : {
                        "type" : "long"
                    },
                    "category_id": {
                        "type": "long"
                    }
                }
            }
        }
    }
}
```

如上加粗斜体部分的代码所示，我们增加了一个新的字段 listing_title_suggest，将其type 设置为 completion，专门用于自动建议的功能。向如下端点 PUT 上述 JSON 内容：

http://iMac2015:9200/listing_new_autocompletion

之后访问：

http://iMac2015:9200/listing_new_autocompletion

你将看到 listing_title_suggest 的定义，如图 9-4 所示，表明映射已创建成功。

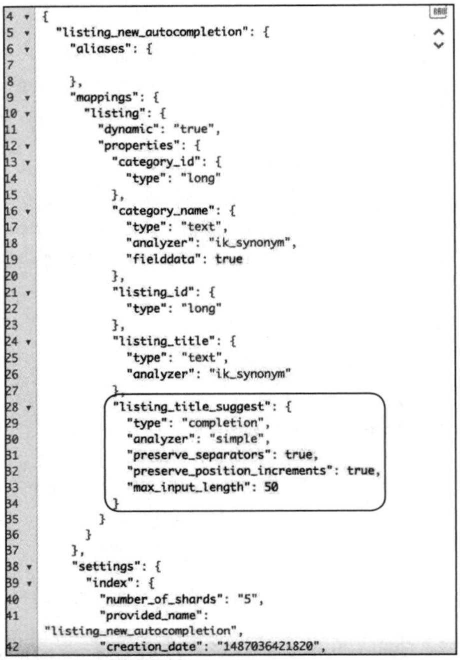

Elasticsearch 这种创建专属字段来实现建议功能的方法，优势在于更灵活，你完全可以使用和原有 listing_title 字段不同的内容；劣势在于需要消耗更多的内存空间⊖。为此，我们也要为索引准备新的数据文件，你可以访问如下链接获取该文件：

https://github.com/shuang790228/BigDataArchitectureAndAlgorithm/blob/master/Search/Elasticsearch/listing-segmented-shuffled-for-elasticsearch-autocompletion.txt

下面对其内容稍做变化，将索引 index 改为 listing_new_autocompletion：

```
{ "index" : { "_index" :
"listing_new_autocompletion", "_type"
: "listing" } }
{ "listing_id" : "1", "listing_
title" : "雀巢 脆脆鲨 威化 巧克力 巧克
力 味 夹心 20g 24 盒", "listing_title_
suggest" : "雀巢 脆脆鲨 威化 巧克力 巧
克力 味 夹心 20g 24 盒", "category_id" : "1", "category_name" : "饼干" }
{ "index" : { "_index" : "listing_new_autocompletion", "_type" : "listing" } }
{ "listing_id" : "2", "listing_title" : "奥利奥 原 味 夹心饼干 390g 袋", "listing_
title_suggest" : "奥利奥 原 味 夹心饼干 390g 袋", "category_id" : "1", "category_name"
: "饼干" }
...
```

图 9-4　新增的字段，专用于 Elasticsearch 的建议功能

与之前一样，运行批量索引端口的 API：

```
curl -s -XPOST iMac2015:9200/_bulk --data-binary "@/Users/huangsean/Coding/
data/BigDataArchitectureAndAlgorithm/listing-segmented-shuffled-for-elasticsearch-
autocompletion.txt"
```

索引建立完毕之后，你就可以向端点 http://iMac2015:9200/listing_new_autocompletion/_suggest POST 自动完成的请求。请注意，这里的端点中只需设定 index，而无须设定 type。假设 POST 的请求如下：

```
{
    "suggestions" : {
```

⊖ Elasticsearch 为了追求自动完成的速度，目前将 completion 类型字段的数据都加载到内存中处理。

```
            "text" : " 光明 ",
            "completion" : {
                "field" : "listing_title_suggest"
            }
        }
    }
```

你将得到类似于图 9-5 所示的结果，从结果可以看出，Elasticsearch 给出的自动完成建议和 Solr 的相类似，都是以输入为前缀。另外，Elasticsearch 默认命中和返回的建议是 completion 类型字段的全部内容，在这里就是整条商品标题，而不像 Solr 那样是分词后的结果。即使是在 mapping 中将 completion 类型字段的分词设置如下，也不会有所改观：

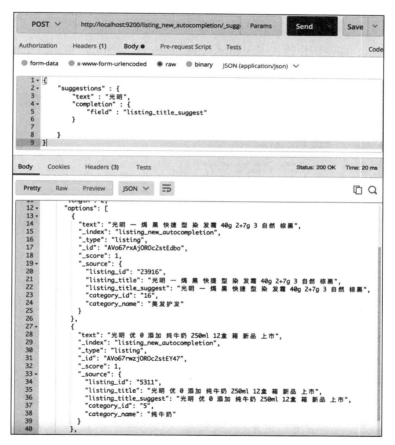

图 9-5　"光明"的输入，Elasticsearch 将返回以"光明"开头的建议

```
...
"listing_title_suggest" : {
            "type" : "completion",
```

```
            "analyzer" : "ik_synonym"
        },
...
```

为了支持错拼，可以在 POST 请求中加入 fuzzy 选项：

```
{
    "suggestions" : {
        "text" : "applle",
        "completion" : {
            "field" : "listing_title_suggest",
            "fuzzy" : { "fuzziness" : 2 }
        }


    }
}
```

如图 9-6 所示，即使用户输入了 applle，Elasticsearch 同样可以给出以 apple 开头的建议，因为它们之间的编辑距离小于设定的值 2。

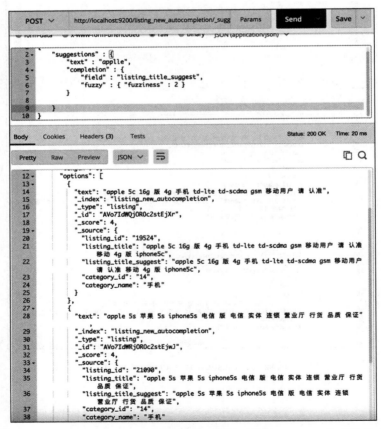

图 9-6 设置 fuzzy 之后，"applle" 的输入也可以获得以 "apple" 开头的建议

9.3　改进方案

"大宝，不错的实践，我们已经实现了搜索提示的基本功能。不过，还有一些可以改进的地方。"

"哦，哪里还需要改进？"

我们首先来看看 Solr 和 Elasticsearch 自带的搜索或拼写建议存在哪些不足之处，具体有以下几点。

❑ 无法预测相关的分类。目前主流的站点都会在给出搜索提示的同时，告诉用户最相关的那条搜索查询，属于哪个商品分类。例如图 9-1 中，用户输入"咖啡"时，搜索下拉框提示最相关的三个分类分别是"速溶咖啡""进口速溶咖啡"和"咖啡饮料"。而 Solr 和 Elasticsearch 都无法提供这些信息。

❑ 无法结合用户的行为数据。和用户输入相关的搜索查询有很多，应该优先向用户展示哪些呢？这点在很大程度上取决于用户的搜索行为。对于用户经常查询的热搜词，我们需要赋予其更高的权重，让其被优先展示。而 Solr 和 Elasticsearch 考虑更多的则是候选词在文档集合中出现的词频，这种信息和实际用户的使用数据未必一致。

❑ 无法结合其他业务数据。例如，对于电商而言，我们可能还需要考虑搜索查询所对应的商品是否还有库存，对应的分类是否热销，等等。这些都是 Solr 和 Elasticsearch 没有考虑的因素。

❑ 对中文支持不佳。

a）无法支持非前缀的建议。Solr 和 Elasticsearch 原本都是针对拉丁语系开发的，因此使用了基于前缀的匹配来查找相关建议。但是用这种方式来处理中文的效果就不一定很理想了。例如，当用户键入"咖啡"的时候，"速溶咖啡""白咖啡"等都是非常好的提示词。如果只用前缀匹配，那么将错失这些建议词。

b）无法支持基于拼音、首拼的搜索提示。拼音和首拼都是中文的特色，图 9-7 和图 9-8 分别展示了两者的用法。

c）无法支持基于拼音的纠错。拉丁语系自身的特点决定了纠错的常用策略是字符串之间的编辑距离。和前缀匹配类似，这点对于中文并不适用。例如"马卡龙"和"马应龙"只差了 1 个汉字，但是意思完全不同。另一方面，也许我们可以使用编辑距离来衡量查询所对应的拼音之间有多大差异。图 9-9 展示了一个假想的例子，用户输入拼音的时候多键入了一个字母，而基于拼音的模糊匹配使得正确的搜索提示成为可能。

针对 Solr 和 Elasticsearch 自带搜索建议的局限性，我们可以通过如下的改进措施，自行设计一个建议模块。

❑ 使用先前介绍的查询分类（query classification）模块，对用户的输入进行分类。分类的信息既可以在索引时引入，也可以在查询时实时地获取。这里建议在索引时完成，主要原因有两点：每次用户的输入都会请求自动提示功能，因此访问量较大；同时，查询的分类变化周期很长，一般不会轻易变动。

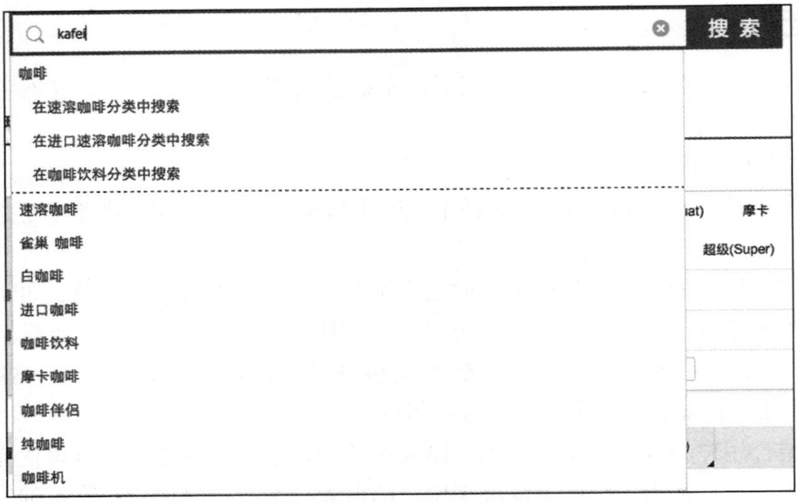

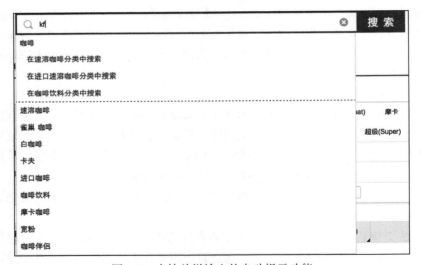

图 9-7　支持拼音输入的自动提示功能

图 9-8　支持首拼输入的自动提示功能

- ❑ 数据源采用用户的查询日志，而不是商品的标题。当然，也可以结合这两者产生候选词。如此操作，就可以保证我们不会错过用户所真正关心的热搜词。
- ❑ 结合一些业务数据，例如搜索提示词所对应的商品数量。
- ❑ 对于数据源中的候选词，进行中文分词，让前缀匹配可以应用于每个切分而来的中文词。
- ❑ 对于数据源中的候选词，获取相应的拼音和首拼信息。
- ❑ 在上述措施基础之上，将用于搜索提示的索引和商品索引分隔开来，专门针对用户搜索日志来进行索引，这就确保了提示内容的质量。由于我们已经极大地丰富了搜索日志中的内容，除了原始的关键词内容，还包括了查询的相关分类、拼音和首拼等，这就使得在查询的时候，不仅可以支持中文，还支持拼音及其变体，并且能够同时返回相关分类的信息。最终，利用 Solr 或 Elasticsearch 强大的搜索功能，考虑除了相关性之外的因素，例如搜索次数和匹配商品的数量等。根据这个基本思路，大致的整体架构如图 9-10 所示。其中行为数据的收集和分析将在第四篇进行详细介绍。

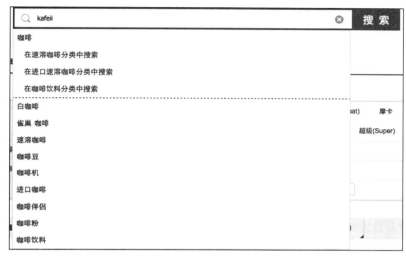

图 9-9　支持错误拼音输入的自动提示功能

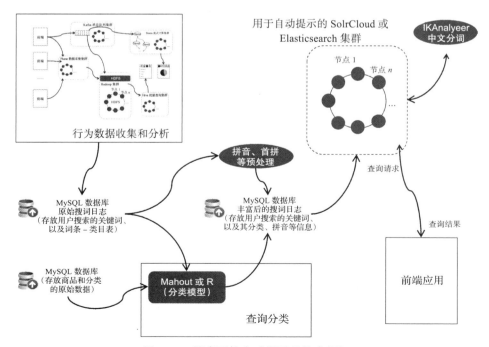

图 9-10　搜索下拉自动提示的技术框架

9.4 案例实践：改进方案

首先，我们虚构一个用户搜索的日志，它包含"关键词""搜索次数"和"商品数量"三个字段。其中"关键词"表示用户原始的输入，"搜索次数"表示一定时间内被用户搜索的频率，而"商品数量"表示在电商平台上，这些关键词所能搜到的商品数量。下面是一段样例：

关键词	搜索次数	商品数量
海飞丝	83012	889
牙膏	56622	287
卫生巾	43688	324
牛奶	41437	681
饼干	40897	106
纸巾	39278	747
方便面	36469	603
卫生纸	29598	345
咖啡	26233	811
洗衣液	24960	835
...		

完整的搜索日志样例，可以参见：

https://github.com/shuang790228/BigDataArchitectureAndAlgorithm/blob/master/Search/querylog.examples.txt

给定这个搜索日志，再结合之前的方案设计，我们期望为每个查询准备类似如下的字段：

```
<doc>
    <field name = "id">199</field>
    <field name = "query">雀巢咖啡 </field>
    <field name = "term_prefixs">雀 雀巢 雀巢咖 雀巢咖啡 咖 咖啡 </field>
    <field name = "pinyin_prefixs">q qi qia qiao qiaoc qiaoch qiaocha qiaochao
qiaochaok qiaochaoka qiaochaokaf qiaochaokafe qiaochaokafei qu que quec quech
quecha quechao quechaok quechaoka quechaokaf quechaokafe quechaokafei qiaochaog
qiaochaoga qiaochaogaf qiaochaogafe qiaochaogafei quechaog quechaoga quechaogaf
quechaogafe quechaogafei qc qck qckf qckf  qckf q qckf qc qckf qcg qckf qcgf k ka
kaf kafe kafei g ga gaf gafe gafei kf kf  kf g kf gf  </field>
    <field name = "category">饮料饮品 </field>
    <field name = "frequency">4834</field>
    <field name = "skunum">100</field>
</doc>
```

这里对几个字段的解释如下。

❑ 字段 query 为搜索查询日志中的原始用户输入。

❑ 字段 term_prefixs 是根据中文分词的结果，为每个分词都生成可能的前缀。例如，这里的"雀巢咖啡"被 IKAnalyzer 切分为"雀巢"、"咖啡"和"雀巢咖啡"3个分词，那么去重复之后，所有可能的前缀为"雀""雀巢""雀巢咖""雀巢咖啡""咖"和"咖啡"。如此操作的优势在于，无论用户输入的是"雀"还是"咖"，都有可能得到"雀巢咖啡的提示"，最终效果如图 9-1 所示。这点是普通的英文前缀搜索无法完成的。

- 字段 pinyin_prefixs 和 term_prefixs 类似，只是这次不再是中文词的前缀，而是中文词对应的拼音和首拼的所有前缀。同时，我们也考虑了多音词[⊖]。
- 字段 category 表示和该查询最相关的商品分类，我们可以使用之前设计的查询分类器来获取这些结果。注意，这里的分类可以多于一个，或者没有。通常对于品牌词（例如"雀巢""康师傅"，等等），或者是比较抽象的品类词（例如"牛奶""油"，等等），相关分类会多于一个。此外，由于我们用于查询分类器训练的样本很有限，所以对于某些查询将不存在得分很高的相关分类。实际生产中，这个问题是可以通过扩大训练样本来解决的。
- 字段 frequency 和字段 skunum 分别表示查询被用户搜索的次数，以及查询对应于商品的数量。

为了得到这些数据，我们提供了一个预处理的代码：

```
// 将查询日志 querylog.examples.txt 转化成 solr 的输入文件格式
public void prepareSolrInput(String querylogFile, String forSolrFile) {

    BufferedWriter bwForSolrIndexing = null;

    try {

        bwForSolrIndexing = new BufferedWriter
                    (new OutputStreamWriter(new FileOutputStream(forSolrFile),
                    "utf-8"));
        bwForSolrIndexing.write("<add>\r\n");

        // 读取查询日志
        int id = 0;
        BufferedReader br = new BufferedReader
                    (new InputStreamReader(new FileInputStream(querylogFile),
                    "utf-8"));
        String strLine = br.readLine();         // 跳过头部
        while ((strLine = br.readLine()) != null) {
                String[] tokens = strLine.split("\t");
                if (tokens.length < 3) continue;

                // 读取每行的关键词、查询频率及对应的商品数量
                String keyword = tokens[0];
                long frequency = 0, skunum = 0;
                frequency = Long.parseLong(tokens[1]);
                skunum = Long.parseLong(tokens[2]);

                Map<String, Integer> dedup = new HashMap<>();
                            // 用于去重
                List<String> keywordtokens = new ArrayList<String>();
```

⊖ 此处为了覆盖更多的可能性，暂时不考虑多音情况的准确性，而是列出所有多音的可能性。

```
        keywordtokens.add(keyword);        // 首先加入原有的关键词
        dedup.put(keyword, 1);

        // 除了原有关键词本身，还可以加入关键词的中文分词
        ts = ikanalyzer.tokenStream("myfield", new StringReader(keyword));
// 获取词元文本属性
CharTermAttribute term = ts.addAttribute(CharTermAttribute.class);
// 重置 TokenStream (重置 StringReader)
        ts.reset();
        // 迭代获取分词结果
        while (ts.incrementToken()) {
            String termStr = term.toString();
            if (!dedup.containsKey(termStr)) {
                keywordtokens.add(term.toString());
                dedup.put(termStr, 1);
            }
        }
        // 关闭 TokenStream (关闭 StringReader)
        ts.end();
        ts.close();

        // 获取分词、拼音及首拼的前缀
        StringBuffer sbKeywordTokens = new StringBuffer();
        StringBuffer sbPinyinTokens = new StringBuffer();
        StringBuffer sbShouPinTokens = new StringBuffer();

        dedup.clear();
        for (String keywordtoken : keywordtokens) {

            // 处理中文分词
            for (int i = 1; i < keywordtoken.length() + 1; i++) {
                String prefix = keywordtoken.substring(0, i);
                if (!dedup.containsKey(prefix)) {
                    sbKeywordTokens.append(prefix).append(" ");
                    dedup.put(prefix, 1);
                }
            }

            // 处理拼音，存在多音字的可能
            String[] pinyintokens = getPinyin(keywordtoken).split(",");
            for (String pinyintoken : pinyintokens) {
                for (int i = 1; i < pinyintoken.length() + 1; i++) {
                    String prefix = pinyintoken.substring(0, i);
                    if (!dedup.containsKey(prefix)) {
                        sbPinyinTokens.append(prefix).append(" ");
                        dedup.put(prefix, 1);
                    }
                }
            }
```

```
                // 处理首拼
                String shoupintoken = getShoupin(keywordtoken);
                for (int i = 1; i < shoupintoken.length() + 1; i++) {
                    String prefix = shoupintoken.substring(0, i);
                    if (!dedup.containsKey(prefix)) {
                        sbPinyinTokens.append(prefix).append(" ");
                        dedup.put(prefix, 1);
                    }
                }
            }
        }


// 对查询进行分类，获取最相关的 2 个分类
Map<String, Double> prediction = nbqcsearch.predict(keyword);
List<Pair> rank = new ArrayList<>();
for (String category : prediction.keySet()) {
    rank.add(new Pair(category, prediction.get(category), true));
}
Collections.sort(rank);
System.out.println(rank.get(0).strToken);


// 构建用于 Solr 索引的 xml 文件
bwForSolrIndexing.write("\t<doc>\r\n");
bwForSolrIndexing.write(String.format("\t\t<field name =
\"id\">%d</field>\r\n",id));
bwForSolrIndexing.write(String.format("\t\t<field name =
\"query\">%s</field>\r\n",keyword.trim()));
bwForSolrIndexing.write(String.format("\t\t<field name =
\"term_prefixs\">%s</field>\r\n",sbKeywordTokens.toString()));
bwForSolrIndexing.write(String.format("\t\t<field name =
\"pinyin_prefixs\">%s %s</field>\r\n",
sbPinyinTokens.toString(), sbShouPinTokens.toString()));

// 设置阈值为 0.2，过滤不相干的分类
// 注意，由于我们的分类训练样本有限，所以某些查询无法获得相应的分类预测结果，或者是
// 预测结果不准，这点可以通过加大训练样本来改善。
if (rank.get(0).dWeight > 0.2) {
        bwForSolrIndexing.write(String.format("\t\t<field name =
        \"category\">%s</field>\r\n",rank.get(0).strToken));
    if (rank.get(1).dWeight > 0.2) {
            bwForSolrIndexing.write(String.format("\t\t<field name =
            \"category\">%s</field>\r\n",rank.get(1).strToken));
    }
}

    bwForSolrIndexing.write(String.format("\t\t<field name =
    \"frequency\">%s</field>\r\n",frequency));
    bwForSolrIndexing.write(String.format("\t\t<field name =
```

```
                        \"skunum\">%d</field>\r\n",skunum));
                bwForSolrIndexing.write("\t</doc>\r\n");
                bwForSolrIndexing.flush();


                id++;

            }


            br.close();


            bwForSolrIndexing.write("</add>\r\n");
            bwForSolrIndexing.close();



        } catch (Exception ex) {

            if (bwForSolrIndexing != null) {
                try {
                    bwForSolrIndexing.flush();
                    bwForSolrIndexing.close();
                } catch (Exception ex2) {
                    ex2.printStackTrace();
                }
            }
            ex.printStackTrace();
        }



    }
```

对于完整的代码，请参考如下项目中的 PreprocessorForSolr 类：

https://github.com/shuang790228/BigDataArchitectureAndAlgorithm/tree/master/Search/SearchSuggester

运行成功之后，你将生成 Solr 可以批处理的 xml 文件 querylog.forsolr.xml，完整文件位于：

https://github.com/shuang790228/BigDataArchitectureAndAlgorithm/blob/master/Search/Solr/querylog.forsolr.xml

下一步，就是建立相应的 Solr 核心（core）或文档（collection）。参照 listing_new，新建 suggester，在其模式文件 schema 中加入下列片段，指定各个字段的设置：

```
...
    <field name="id" type="text_en" indexed="true" stored="true"/>
    <field name="query" type="text_en" indexed="true" stored="true"/>
                <!-- 既需要搜索，也需要展示 -->
```

```
            <field name="term_prefixs" type="text_en" indexed="true" stored="false"/>
                        <!-- 仅用于搜索，不用展示，所以不用存储 -->
            <field name="pinyin_prefixs" type="text_en" indexed="true" stored="false"/>
                        <!-- 仅用于搜索，不用展示，所以不用存储 -->
            <field name="category" type="text_en" multiValued="true" indexed="false"
            stored="true"/>
                        <!-- 仅用于展示，所以不索引。可以为多值 -->
            <field name="frequency" type="long" indexed="true" stored="false"/>
            <field name="skunum" type="long" indexed="true" stored="false"/>
                        <!-- 以上两个字段仅用于排序，所以需要索引，而无须存储 -->
    ...
```

此处字段和 xml 文件中的字段一一对应，是否索引或存储也在注释中做了说明，可以根据实际需要灵活变通。由于 xml 文件中的各个前缀字段都已经分词完毕，所以将类型设置为普通的 text_en 即可。最后，category 字段可以拥有多个值，存放所有相关的分类。

而在 solrconfig.xml 中，我们指定对三个字段 query、term_prefixs 和 pinyin_prefixs 进行搜索：

```
    ...
    <requestHandler name="/select" class="solr.SearchHandler">
        <!-- default values for query parameters can be specified, these
                will be overridden by parameters in the request
            -->
        <lst name="defaults">
            <str name="echoParams">explicit</str>
            <int name="rows">10</int>
            <str name="defType">edismax</str>
            <str name="qf">query term_prefixs pinyin_prefixs</str>
                            <!-- 搜索 query、term_prefixs 和 pinyin_prefix 三个字段 -->
            <!-- <str name="df">text</str> -->
        </lst>
    ...
```

设置完 schema 和 solrconfig 之后，以单机或集群模式启动 Solr。如果成功，你将看到新增了 suggester 的核心或文档。现在，有了批量索引的 xml 文件，也依照上述配置建立好了 Solr core，那么你就可以使用 Solr 的批量索引方式了，运行 /Users/huangsean/Coding/solr-6.3.0/bin/post 的命令：

```
    [huangsean@iMac2015:/Users/huangsean/Coding/solr-6.3.0]./bin/post -c suggester
/Users/huangsean/Coding/data/BigDataArchitectureAndAlgorithm/querylog.forsolr.xml
    /Library/Java/JavaVirtualMachines/jdk1.8.0_112.jdk/Contents/Home/bin/java
-classpath /Users/huangsean/Coding/solr-6.3.0/dist/solr-core-6.3.0.jar -Dauto=yes
-Dc=suggester -Ddata=files org.apache.solr.util.SimplePostTool /Users/huangsean/
Coding/data/BigDataArchitectureAndAlgorithm/querylog.forsolr.xml
    SimplePostTool version 5.0.0
    Posting files to [base] url http://localhost:8983/solr/suggester/update...
    Entering auto mode. File endings considered are xml,json,jsonl,csv,pdf,doc,docx
,ppt,pptx,xls,xlsx,odt,odp,ods,ott,otp,ots,rtf,htm,html,txt,log
```

POSTing file querylog.forsolr.xml (application/xml) to [base]
1 files indexed.
COMMITting Solr index changes to http://iMac2015:8983/solr/suggester/update...
Time spent: 0:00:00.486

图 9-11 用户键入"咖"之后的搜索自动提示

在 post 命令中指定了核心 / 文档的名称为 suggester，以及 xml 文件 querylog.forsolr.xml，你就能轻松地完成这些文档的索引。最后，搜索的自动下拉提示就是通过在此索引上的查询来实现的。用户每敲击一次键盘改变搜索框的内容时，就将其输入内容作为查询，在 suggester 上进行搜索。比如，用户键入了"咖"，你将看到类似图 9-11 的结果。其中为了避免 BM25 模型对排序得分的影响，因此使用了 fq 过滤查询，而 frequency 和 skunum 字段则可用于排序。由于默认搜索字段除了原有的查询，还有拼音和首拼字段，因此你还可以输入拼音测试一下，如图 9-12 所示，用户输入了拼音"niu"。如果希望进行拼音的容错处理，可以通过 Solr 的编辑距离模糊查询来实现。在图 9-13 所示，用户错误地输入了"kafeii"，系统仍然能猜测用户输入的是"kafei"，也就是"咖啡"。这里模糊查询的语法是"kafei~2"，表示可以容忍的编辑距离最大为 2，而"kafei"和"kafeii"的编辑距离为 1，符合条件。

图 9-12　用户键入"niu"之后的搜索自动提示

有了这个基础，使用 SolrJ 来构建实时的线上服务就不难了，可以参照之前商品的搜索引擎来实现。此外，使用 Elasticsearch 的实现和 Solr 的类似，这里也不再赘述。

"小明哥，通过这一章的学习，我发现打造一个精良的搜索引擎比想象中的更具挑战性啊！系统架构、结果相关性、用户的个性化，甚至是小小的搜索自动提示都很有讲究，简单地实施 Solr 或 Elasticsearch 这种开源软件是远远不够的。"

图 9-13　用户键入"kafeii"之后，基于编辑距离的搜索使其匹配上了"kafei"

"嗯，在生产环境中，你还需要结合实际的商业需求和软硬件环境，打造更加贴合业务的搜索引擎。"

第 10 章 *Chapter 10*

方案设计和技术选型：推荐

在大宝及其团队的不懈努力下，改进版的搜索很快上线。由于搜索功能使用便捷，用户的反响非常热烈，流量的转化率也有了明显的提升。业绩上了一个台阶，公司的合伙人们也稍稍喘了口气。不过，大宝清晰地记得小丽曾经说过，排在前几位的都是和技术相关的痛点，他很想知道后面的问题具体是什么。于是，他主动找到了小丽。

"嗨，小丽，忙什么呢？有空聊一下吗？"

"大宝，你好。这不是店庆快到了嘛，我们运营部正在积极酝酿店庆活动的方案，还有些市场推广的策划也在进行，所以最近超级忙。你找我有事吗？"

"打扰了，其实我很想知道，你上次所说的用户调研中，抱怨比较多的其他技术问题是什么。"

"嗯，这个事情优先级也很高，正好我们坐下来详细地谈一谈。首先，非常感谢你们团队的快速响应，改良的搜索功能上线后我们用户的活跃度和订单量都明显增长了。至于第 2 个主要的问题，无论是从用户的角度，还是从我们公司的角度来看，该需求都是很有必要的，本质上来说我认为就是如何进一步增加销售。"

"什么叫'增加'我们的销售？"

"简单地讲就是增加推荐栏位。这种技术在各大互联网站点的已经很普遍的了，对于用户来说，他们即使没有输入搜索条件，系统也会提出一些建议，帮助他们发现一些可能感兴趣的商品。而对于公司来说，这也是增加跨品类销售和向上促销[○]的绝好机会。目前，各大电商网站通过推荐渠道而产生的销售，可以达到整体销售的 10% 甚至更多。在这方面，最经

○ 来自英文 up sell，就是让顾客购买更贵或更多的商品来达到增加销售额的目的。

典的案例应该是美国的亚马逊电子商务网站，它是全球最大的 B2C 电商网站之一，在公司创立之初，最为出名的就是其丰富的图书品类，以及相应的推荐技术。该公司的推荐销售占比可以达到整体销售的 30% 左右。亚马逊的推荐系统会根据用户的历史行为，推荐更符合他 / 她预期的商品。比如，从某位 IT 宅男的亚马逊主页可以看出（如图 10-1 所示），亚马逊根据其个人的浏览记录，产生了一个综合的推荐栏位，且此栏位占据了首页不少的资源位。从推荐的内容来看此用户对大数据和互联网技术很感兴趣，同时最近也非常关注智能小家电。事实上，我们公司也很需要这项技术，如此一来不用被动地等待用户输入关键词，就能产生潜在的销售机会。"

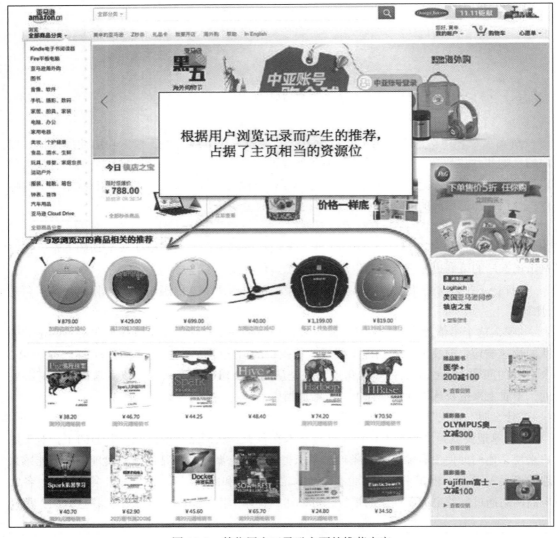

图 10-1 某位用户亚马逊主页的推荐内容

"原来是这样啊，这个课题我之前也有所了解。"这番谈话马上就让大宝就想起了小明在介绍搜索引擎的时候曾经提到过推荐系统，他接着说道：

"通常，我们认为传统的搜索主要是利用全体用户的整体行为，而推荐则更侧重于挖掘个人的喜好。另外，搜索会要求用户输入具体的关键词，而推荐往往没有要求明确的查询条件，主要是通过用户之前的历史行为数据，以及当下的应用场景，然后根据算法分析进行大致的推测。所以推荐相对于搜索而言，会更模糊一些，也更具有挑战性。具体的方案我还要和专家一起商量制定。"

"不愧是我们的技术大牛，好了，这个需求交给你我就放心了。我接着去忙那个市场策划案了。"

回到自己的座位之后，大宝开始陷入沉思。虽然之前对推荐系统也有所耳闻，但是对其主要概念、核心要素和流程框架还缺乏系统的理解，于是他再次将业界经验丰富的表哥约到了茶室。

"大宝，你的情况我基本了解了。推荐系统虽然和搜索引擎有关联，但是其设计和开发通常会更加复杂一些。所以，我们还是先回顾一下理论的知识。"

10.1 推荐系统的基本概念

广义上来讲，推荐是一种为用户提供建议，帮助其挑选物品并做出最终决策的技术。例如，为用户展示热销商品的排行榜就是一种推荐。当然，推荐热门物品的技术难度并不高，用户转化率也不一定很理想，所以这里将探讨个性化的推荐。个性化推荐系统是建立在海量数据挖掘基础上的一种高级信息检索平台，它会根据用户所处的情景，以及用户的兴趣特点，向其推荐可能感兴趣的信息和商品。搜索和推荐引擎天生就是一对孪生兄弟。之所以是兄弟，是因为它们都是人们查找信息的工具。这点就决定了这两者所需要处理的数据，以及返回给用户的信息往往都是同质的。但是它们也有很明显的不同之处，具体如下。

- 传统的搜索利用的是集体行为，而推荐则是挖掘个人或少数人的行为。所谓集体行为，就是在命中关键词之后，搜索会查看大部分的用户关心的是什么信息，最后返回结果[⊖]。而推荐则直接查看当前用户的历史行为和所处的情景，猜测他 / 她最关心的是什么信息。

- 搜索的输入是明确的关键词，而推荐往往没有明确的查询条件。搜索引擎越来越为我们所熟悉，在查询框里输入若干关键词是必不可少的。而推荐只要有这个用户之前的历史行为数据，包括查询、浏览、购买等，就可以根据算法分析进行大致的推测，查询关键词并不是必须的。

举个更形象的例子，当用户输入关键词"中国美食"，那么搜索引擎会返回时下关于美

⊖ 个性化的搜索排序除外。

食的各种热门话题或商品，包括各大菜系的历史文化、各地著名的餐馆、美食主题的狂欢节等。而推荐引擎则会根据这个用户之前的喜好，猜测他/她更偏爱对历史文化的研究，可能在其还没有下达任何查询指令的时候，就已经推荐给他/她更多与文化相关的文章或商品。搜索应对的是用户相对明确的信息需求，需要高效率的查询性能。而推荐则无需用户的明确需求，因此更加注重算法的精准性。

正因为推荐具有无需用户主动输入的特点，所以它对搜索行为可以起到很好的补充作用，主要包括如下几个方面。

- ❑ 增加物品被浏览、被销售的数量。用户在没有任何查询的情况下，同样也可以看到他/她可能感兴趣的物品，这个更符合线下"逛街"的感觉，更容易增加向上销售（Up Sell）和关联销售（Cross Sell），让用户买得更多。
- ❑ 出售多样化的商品。搜索通常都会返回畅销品，使得小众的、新颖的长尾（Long-tail）物品曝光率不够高。但这并不代表某个顾客不喜欢这类物品。推荐能够根据用户的喜好，向他们提供发现新奇物品的机会。
- ❑ 增加用户的满意度和忠诚度。相对于搜索，良好的推荐更容易让用户觉得系统更"懂"人心，长期使用自然会增加用户的好感和黏度。如果持续针对这些用户行为进行数据挖掘，并进一步优化推荐系统，那么用户的满意度会明显提升，这样就可以缓解互联网站点普遍存在的用户忠诚度较低的问题。

10.2　推荐的核心要素

推荐引擎的系统和算法发展至今，已有二十多年的历史，各种方法层出不穷。为了让大家更好地理解主流趋势，下面先来归纳一下推荐的 3 大要素。

10.2.1　系统角色

抽象来看，推荐系统中一般有 4 个重要的角色：用户、物品、情景和匹配引擎。用户是系统的使用者，物品就是将要被推荐的候选对象，情景是推荐时所处的环境，而引擎就是用于匹配用户和物品的核心技术。例如，亚马逊网站的顾客就是用户，网站所销售的商品就是物品，浏览的地理位置和时间就是情景，而研发团队提供的关键算法就是匹配引擎。因此，推荐系统可以认为是在一定的情景下，比较用户的信息需求和物品特征信息，使用相应的匹配算法进行计算筛选，最终向用户推荐其可能感兴趣的物品。最后，值得注意的是，这里用户的角色都是现实中的自然人，同时，某些场景下被推荐的物品角色可能也是现实中的自然人。例如，一个招聘网站会向企业雇主推荐合适的人才，这时候应聘者担当的就是物品的角色。如果向应聘者推荐合适的企业雇主，那么雇主担当的就是物品的角色。针对这种特殊情况我们不会做单独说明，这里并非说将人或企业当作物品来买卖，而只是为了区分推荐系统中的不同角色，以便于后面的解释。

10.2.2　相似度

推荐一般是基于如下这样 2 个假设来进行的。

❑ 假设用户对物品 a 感兴趣，那么和 a 相似的物品 b、c、d 也会引起他 / 她的兴趣。

❑ 假设用户 B 和用户 A 相似，那么 B 感兴趣的物品也会引起 A 的兴趣。

因此，推荐在很大程度上要关注如何衡量物品之间的相似度，以及用户之间的相似度。这里的相似度和第一篇中分类、聚类算法使用的相似度的概念相仿。此外，你也可能会问这里的"相似度"和搜索引擎的"相关性"有什么区别？两者之间也有关联，主要是应用场景不同。搜索里是将用户输入的条件和待查询的数据进行匹配，两者是不对等的，因此业界称为相关性；推荐里没有用户的主动输入，而是通过研究物品和物品之间、用户和用户之间存在多少相似的特征，来达到建议的目的。相比较的对象都是对等的，因此业界称之为相似度。从技术实现的角度来理解，相似度和相关性是互通的，因此相似度同样也可以利用向量空间模型（VSM）、概率模型等来刻画。

10.2.3　相似度传播框架

现实生活中的推荐，常常来源于"口口相传"，这点同样适用于线上。例如我们可以利用相似度的传播性，进一步帮助用户发现更多潜在的兴趣。例如，如果物品 a 和 b 相似，b 和 c 相似，那么 a 和 c 也可能存在一定的相似度。

10.3　推荐系统的分类

在了解了核心要素之后，就可以根据这些来对推荐系统进行划分了。

首先，按照推荐依据来进行划分，可以分为如下三类。

❑ 基于物品：给定物品 a 后，按照其他物品和 a 相似度的高低来进行推荐。典型的应用场景就是在浏览商品详情页时，左侧的"看了此商品的还看了""买了此商品的还买了"等推荐栏位，如图 10-2 中左框标出的列表，推荐了和当前苹果类似的其他水果。

❑ 基于用户：给定用户 A 后，按照其历史行为所构建的用户模型来推荐。典型的应用场景就是个性化首页中的"猜你喜欢"模块，如图 10-3 所示，此位顾客一定是一位时尚达人。

❑ 基于情景（Scenario）：情景也可以翻译为场景、情境，业界还有人称之为上下文（Context），其本身并没有严格的定义，简单来说就是指用户所处的信息环境。用户浏览的网页、所处的地理位置、当时的季节和气温等，都可以算在这个范畴之内。在很多推荐应用中，仅仅只考虑用户和物品很可能是不够的。在某些特定场景下，将环境信息整合到推荐流程也是必要的，例如对于度假旅行的线路，夏季建议承德避暑山庄是很棒的主意，而冬季最好是建议海南沙滩狂欢节。还有，中午饭点到了，在寻找餐厅的时候你当然希望是就近解决，对于需要 1 小时才能到达的地点你的肚子可能不会乐意。图 10-4 就会告诉你，在上海天山路附近有哪些美食，排名前几位的离你当前距离都没有超过 700 米。不难看出，移动端的应用更符合情景模式下的推荐。

图 10-2 基于物品推荐的示例，针对某款苹果的左侧推荐栏位

图 10-3 基于用户推荐的示例，针对某位   图 10-4 基于场景的示例，针对当前地理
用户喜好的推荐   位置的推荐

"那么这 3 种推荐依据各有什么特点呢？"好奇的大宝再次发问。

"使用物品作为推荐的依据，需要较为完善的物品信息数据，例如标题、产地、颜色、口味等与领域相关的属性。一旦拥有这些数据，即使不需要有用户访问物品的记录，也能进行推荐，这种模式比较适合用户访问量还不大的系统。使用用户作为依据时，可以不需要太多与物品相关的信息，但是需要累计用户的访问日志，需要一定的流量基础，否则会面临冷启动的问题（系统无法在量级非常有限的数据集上进行有效的计算和挖掘）。使用情景作为线索来推荐时，对物品和用户的数据要求都会降低，代价是需要额外收集用户所处的场景，例如地理位置，这种模式不仅需要获得用户的许可，而且还要进行实时的更新。"

另外，按照相似度的定义来划分，可分为如下四类，具体如下。

❑ 基于内容：其关键是通过人工运营或自动抽取的特征进行推荐。以博客的文章作为示例，假设它是物品角色，那么它的内容特征可以包括文章的标题、文体、作者和时间等。而对于用户角色，内容特征一般是人口统计学信息等，比如年龄、性别、地区、职业、爱好等。因此，基于内容的推荐需要考虑是否有自动化的技术能够帮助运营人员来便捷地获取这些特征，如何维护并持续更新，以及如何通过这些数据进行相似度的计算。如果这些都能够实现，那么基于内容的方法将会有着明显的优势：无需任何用户的访问行为，仅仅根据内容特征，就可以进行基于物品或基于用户的推荐。此外，在特定的领域中，人工的标注会提供更有价值的线索，提升推荐的满意度。

❑ 基于知识：这种方式和基于内容的推荐比较相近，只不过多了一些通过人类知识定义的逻辑规则，因此需要人为地提供大量专业领域的知识，构建成体系的知识库，并和用户产生交互。根据用户交互的形式，又可以细分为基于约束的和基于实例的推荐。两者的形式比较类似，都是让用户指定需求，然后推荐系统给出答案。如果找不到合理的结果，用户需要再次修改需求。这个方式和搜索更为接近，需要用户投入较多的精力，可惜在互联网时代，用户都是爱偷懒的，很少有人愿意这么做。综合考虑建立知识体系和用户参与的成本，这个方法更多地只限于学术研究。当然，它也有更为精准的优势。

❑ 基于用户行为：这种方法是根据用户和物品之间的关系（区别于人与人之间的交互）进行推荐。物品和物品之间的相似度，可以不再通过内容特征来进行计算，而是通过用户访问来刻画。例如，物品 a 经常被用户 A、B、C 访问，而物品 b 同样也经常被 A、B、C 访问，那么我们认为物品 a 和 b 之间也有相似度。最著名的协同过滤（Collaborative Filtering）就是这方面的典型案例。不过需要注意的是，协同过滤虽然最早是完全利用用户访问物品这种行为关系来进行的，但时至今日，已经有很多其他的方式也整合到其中，协同过滤更偏向于一种推荐的框架，后面在介绍相似度传播时会详细介绍。相对于基于内容和知识的方式，基于行为的前期运营成本很低，只要累积用户流量就能达到推荐的目的，不过精度往往不如前两者高。

❑ 基于社交和社区：这种方式是通过用户之间的关系来进行推荐的。最近几年，随着

Web 2.0 时代的到来，用户社交网络迅猛发展，大家可以建立朋友圈、发表观点、相互评论和点赞。这些都促使推荐系统诞生了新兴的方式，比如根据人与人之间的交互行为，判断用户之间的相似程度等。其优势在于，如果用户之间存在相似度，那么可信度就会较高，推荐效果也会更理想。不过，该方法对于数据源的要求实在有些高，很多时候我们无法保证推荐系统能够获得用户的社交信息。

下面是按照相似度传播⊖方式来进行划分。

□ 无传播：通常是基于内容和知识的推荐，都没有考虑用户对物品的访问行为。

□ 协同过滤（Collaborative Filtering）：协同过滤主要是基于最直观的"口口相传"，其主要思路就是利用已有用户群过去的行为或意见，预测当前用户最可能喜欢哪些东西。根据推荐依据和传播的路径，又可以进一步细分为基于用户的过滤和基于物品的过滤。

基于用户的协同过滤是指给定一个用户访问（假设访问就表示有兴趣）物品的数据集合，找出和当前用户历史行为有相似偏好的其他用户，将这些用户组成"近邻"。然后对于当前用户没有访问过的物品，利用其近邻的访问记录来进行预测。根据访问关系图 10-5 来看，用户 A 访问了物品 a 和 c，用户 B 访问了物品 b，用户 C 访问了物品 a、c 和 d。我们可以计算出用户 C 是 A 的近邻，而 B 不是。因此系统会向 A 推荐 C 访问过的物品 d。

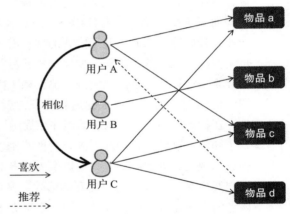

图 10-5 基于用户的协同过滤原理

基于物品的协同过滤是指利用物品的相似度，而不是用户间的相似度来计算预测值。在图 10-6 中，物品 a 和 c 因为都被用户 A 和 B 同时访问，因此认为它们的相似度更高。当用户 C 访问过物品 a 后，物品 c 也会被推荐给他 / 她。

"看上去，基于物品和基于用户的方式差不多嘛，只是观察数据的先后顺序不同而已啊！"大宝产生了疑惑。

小明："别小看这个差异哦，由于

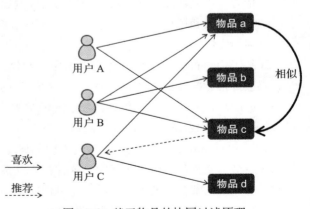

图 10-6 基于物品的协同过滤原理

⊖ 这里的传播是指相似度通过物品和用户两种角色之间的交互关系进行扩散。

传播的方向不同，基于用户和基于物品也会有一些区别，下面就来介绍一下它们的区别。"

- ❑ 准确性：推荐系统的准确性在很大程度依赖于系统中用户数和物品数之间的比例。通常情况下，一小部分相似度高的用户，其价值远远高于一大部分相似度较低的近邻。对于用户数量远远大于物品数量的大型商业系统（例如一个 B2C 的购物网站），如果用户之间的区分度不够，那么将会很难界定哪些是真正高相似度的用户，因此采用基于物品的协同过滤会更为精准。同理，对于物品数量远远大于用户数量的系统（例如内部文献系统），采用基于用户的协同过滤则更为精准。

- ❑ 高效性：虽然数据挖掘的部分是离线计算，并不要求实时返回结果，但我们也不希望消耗的时间过于离谱，更何况，目前有些应用已经需要实时性的挖掘结果。当用户数量远远大于物品数量时，物品的相似度计算所消耗的资源要远远小于用户的相似度计算，因此基于物品协同过滤的效率会更高。反之，基于用户的协同过滤会更高效。

- ❑ 稳定性：物品和用户总是在不断地发生变化。变化就意味着用户和物品之间的关系需要更新，协同过滤的结果也需要相应地发生改变。如果系统中物品的集合比用户集合更稳定，那么基于物品的方法会避免频繁地数据计算和更新，因此更适用一些。反之，基于用户的方法会更适用于用户集合相对稳定的系统。

介绍完了基于用户和物品的协同过滤，现在来看看基于聚类的协同过滤和多次协同过滤。

基于聚类的协同过滤是基于用户协同过滤的变种，其中用户的角色被替换为一组具有类似兴趣的用户，可以认为上述"近邻"就是一种用户集合。这样就会使得相似度传播的范围更为广泛，但是精确度会有所下降。

如果说基于聚类的过滤是将用户节点进行合并的话，那么多次协同过滤就是在用户和物品之间添加更多的访问连线。例如，第一次协同过滤计算之后，我们会推荐给用户 A 物品 d，那么在第二次过滤中，我们可以假设 A 就是喜欢 d 的，并作为既成事实的数据加入计算。同理，这也会通过牺牲精确度来换取更多的推荐结果。

"从无传播，到协同过滤，再到更多层级的相似度传播，可以看到精准性会越来越差，但是新颖度会越来越高，可能会给用户带来一定的惊喜，在实际应用中这方面的取舍是需要仔细权衡的。"

"谢谢小明哥的经验之谈！"

10.4　混合模型

看了如此多的推荐分类，它们在不同的应用领域表现出的效果各有千秋，也各有优劣。因此，业界也会考虑构造一种混合的体系，结合不同算法和模型的优点，尽量克服单个方法所面临的缺陷和问题。混合的方式大体上可以分为微观混合和宏观混合。

- 微观混合：将不同的特征混合起来使用，例如将基于内容和基于用户行为的相似度计算结合起来，这样基于内容的方式就可以加入协同过滤的传播框架，解决其所面临的冷启动问题。或者是将用户的社交信息加入用户近邻的选择，增加协同过滤推荐的可信任度。
- 宏观混合：相对于微观混合，宏观的方式不关心特征的合并，而是更注重将不同推荐系统的结果有机地结合起来。只要是能推送结果的系统，都可以加入进来，因此这种方式更为灵活。例如，我们可以让基于用户、基于物品和基于情景的三个系统同时工作，然后根据合并、加权和轮播等的方式进行混合。

10.5　系统架构

综合上述内容来看，推荐系统的主要模块分为数据收集、用户建模、物品建模、推荐算法、混合模块，结果存储、前端展示和查询引擎，其中大部分都是离线的操作。

离线部分涉及如下内容。

- 用户建模：根据用户的人口统计学信息和用户行为数据，建立用户画像等模型，刻画其短期和中长期的兴趣。
- 物品建模：根据物品的领域属性，以及用户访问这些物品的数据，建立物品画像模型，刻画其本质特征。
- 推荐算法：根据用户和物品的建模，通过不同的推荐方式进行演算，最终找到与用户或物品输入相匹配的推荐物品。
- 混合模块：根据不同的混合策略，将多种方式的推荐结果进行合并。因为考虑到实时性，一般都是进行离线处理。当然，如果系统足够轻量级，混合逻辑并不复杂，数据量也足够小，那么也可以放入在线部分来处理。
- 结果存储：将推荐算法的挖掘结果保存下来，以便于在线的实时访问，倒排索引同样是不错的选择。当这些结果数据达到一定的规模，或者是包含了比较复杂的商业逻辑时，可以考虑直接使用搜索引擎来协助。

在线部分涉及如下内容。

- 数据收集：因为用户行为会作为很多推荐算法的数据来源，因此需要通过 Flume 之类的框架来收集用户访问的日志。当然，用户使用推荐和搜索引擎本身的数据也会被记录，并以此来对之后的算法做进一步的优化。
- 前端展示：这部分是接收网页或移动设备发送过来的推荐请求，并经过必要的初步处理之后向推荐后端引擎进行传递，并在拿到后端返回的结果之后返回给前端用户。
- 查询引擎：推荐系统的复杂逻辑基本上都是在离线部分完成的，因此通常情况下在线查询只需要使用缓存或搜索这样的高效检索系统来完成就行了。

最后，整体的系统框架示意图如图 10-7 所示。

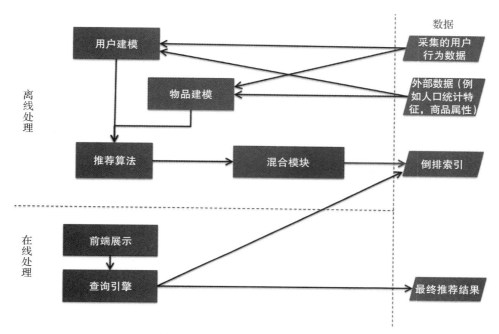

图 10-7　推荐引擎常见的系统架构

10.6　Mahout 中的推荐算法

在第一篇有关机器学习算法和工具的部分，我们就已经介绍了 Apache 的 Mahout（http://mahout.apache.org）。这个开源项目最早崭露头角之时，其推荐算法的实现就为人所知了。Mahout 主要实现了基于协同过滤的方法，包括基于用户的推荐和基于物品的推荐。在 Mahout 的推荐场景中，用户对物品的偏好形成了一个二维矩阵，并将一个用户对所有物品的偏好作为一个向量来计算用户之间的相似度，或者将所有用户对某个物品的偏好作为一个向量来计算物品之间的相似度。Mahout 关于相似度计算的实现都是基于向量的距离来进行的，距离越近相似度越大。Mahout 对于相似近邻的选择也值得一提。上文提到过，协同过滤的推荐中，需要选择和当前用户兴趣或物品特性类似的近邻。近邻的计算对于推荐数据的生成是至关重要的，Mahout 划分邻居的方法有两类，具体如下。

❑ 固定数量的近邻：用"最近"的 K 个用户或物品作为邻居。如图 10-8 所示，假设要计算点 1 的 5 个邻居，那么根据点之间的距离，我们取最近的 5 个点，分别是点 2、点 3、点 4、点 7 和点 5。很明显可以看出，因为要取固定个数的邻居，因此这种方法对于孤立点的计算效果不太好。当它附近没有足够多的相似点时，就会被迫取一些不太相似的点作为邻居，这样就影响了近邻相似的程度，比如在图 10-8 中，点 1 和点 5 其实并不是很相似。

❑ 基于相似度阈值的近邻：与计算固定数量的邻居的原则不同，基于相似度阈值的邻居计算是对邻居的远近进行最大值的限制，落在以当前点为中心，距离为 K 的区域中的所有点都作为当前点的邻居，这种方法计算得到的邻居个数是不确定的，但相似度不会出现较大的误差。如图 10-9 所示，从点 1 出发，计算距离在 K 以内的邻居，得到点 2、点 3、点 4 和点 7，这种方法计算出的邻居的相似度程度会比前一种更合理，尤其是对于孤立点的处理。这种方式要表现的就是"宁缺毋滥"，在数据稀疏的情况下其效果是非常明显的。当然，如何选择合适的阈值也是实际运用中需要考虑的问题。

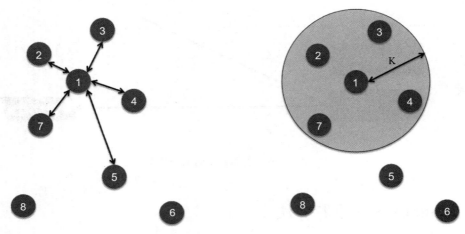

图 10-8　近邻选择方法一，最近的 K 个用户来确定　图 10-9　近邻选择方法二，通过距离的阈值来确定

"这种最近邻的选择，好像和 KNN 分类及 K-Means 聚类所使用的近邻选择非常类似呢。"

"没错，这些方法都是触类旁通的。总体而言，Mahout 上手还是相对比较直观的，我们在后面也会使用它来进行实践。"小明再次给予了大宝信心。

10.7　电商常见的推荐系统方案

10.7.1　电商常见的推荐系统方案

除了了解基础知识之外，我们还需要结合业务的需求才能设计出一个良好的推荐引擎。这里依然从在线购物的角度入手，依次分析可能的推荐栏位。在分析每个具体的栏位之前，我们先介绍一下商品购买模式中最常用的两个基本概念：相似品（Similar Item）和相关品（Related Items）。相似品是指相互之间有很高的替代度的商品，例如不同口味的薯片、不同品牌的牛奶，或者是品牌相同但是型号不同的手机。而相关品一般都是跨品类的，虽然它们属于不同的商品类目，但是从消费的行为来看它们之间存在很高的关联性，例如奶瓶和尿布、电脑整机和配件、衬衫和领带这样的关系。

前面介绍了按照不同维度进行划分的推荐方法。这里再按照是针对用户还是商品的维度来进行基本的拆解。

针对用户，可进一步划分为群体和个人。

❑ 群体：根据全站用户的行为来推荐，最经典的栏位就是"热销排行榜"这种。由于没有过多的技术难度，本文就不做深入探讨了。

❑ 个人：根据某位用户个人的历史行为来推荐，这种一般应用在"个性化主页""用户中心"等栏位，图 10-1 的亚马逊主页就是一个例子。最基础推荐的是提供用户之前浏览过，但是没有购买的商品。对于已经购买过的商品，需要考虑的是商品的类型和周期性。如果是快消品，那么在周期过后可以考虑推荐相似品类。如果不是，那么很可能要考虑推荐相关品类。如果再进一步拓展，也不必仅限于用户浏览或买过的商品。还可以通过其他可以获取的个人信息来进行设计，包括他 / 她的职业背景、兴趣爱好、喜好品牌、消费能力等。"用户中心"强调得更多的可能是之前已购商品的重复购买，而"个性化主页"重点强调的则是对于尚未购买商品的再次推广。

针对商品，可以划分相似和相关两个部分。

❑ 相似商品：如前所述，商品的相互替代性很高，一般是应用在购买决策之前，便于用户进行商品的比较。常见的商品详情页"看了此商品的用户还看了""看了此商品的用户最终买了"等栏位都属于此类，如图 10-10 所示。

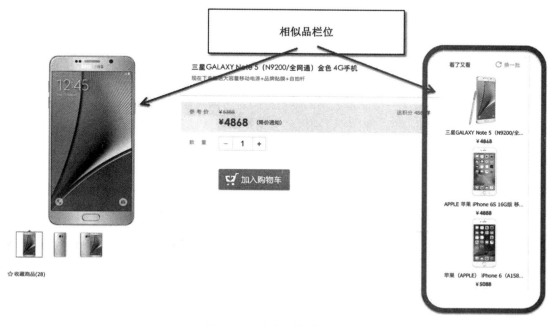

图 10-10　相似品栏位示意

❑ 相关商品：商品之间存在关联性，而不是替代性。因此，多用于用户购买后进行跨品类的关联销售，以扩大销售额。通常商品详情页的"购买此商品的用户还买了""购买此商品的用户还看了"等栏位属于此类，如图 10-11 所示。

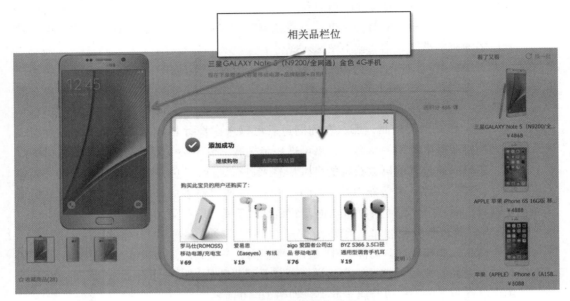

图 10-11 相关品栏位示意

除了根据用户或商品来划分之外，还有一个综合类，这是比较复杂的场景，可能需要同时考虑用户和商品的信息。例如当用户购物车里已经添加了若干商品，进入结算页时，我们也可以提供建议，让其购买更多可能感兴趣的商品，或者是进行免邮凑单。这时候，既可以考虑和购物车中商品相似、相关的品项，也可以考虑用户个人的喜好。

此外，之前还介绍了一个非常重要的推荐框架：协同过滤（Collaborative Filtering）。协同过滤是基于最直观的"口口相传"，利用已有用户群过去的行为或意见，预测当前用户最可能喜欢哪些东西。根据推荐依据和传播的路径，又可以进一步细分为基于用户的过滤和基于物品的过滤。因此，对于上述的不同场景都可以采用协同过滤的方法，进一步扩大推荐的范围，给用户带来更多的新鲜感。"看了此商品的用户还看了""看了此商品的用户最终买了""购买此商品的用户还买了"和"购买此商品的用户还看了"等利用用户访问商品的行为特征来衡量商品之间的相似程度的，都可以归为基于物品的协同过滤。由于这些栏位的名称已经阐明了推荐的逻辑，所以它们很容易被人们所理解的。而对于针对用户的推荐，如果需要应用基于用户的协同过滤，则需要利用用户访问商品的行为特征，对人群进行聚类或分组，形成"近邻"。然后对于当前用户没有访问过的物品，可利用其同组近邻的访问记录来进行预测和推荐。由于用户分组这类信息一般不会在前端展示给顾客⊖，因此其相对基于物品过

⊖ 也有例外，例如按照地理位置分组的"附近的人"。

滤的算法更为隐蔽一些，也不容易为人所知。同时，一般情况下协同过滤不会特意区分相似品和相关品，完全是基于用户的行为来进行预测和推荐的。因此，推荐结果取决于统计的行为分类，以及时间窗口，需要结合具体的场景来具体对待。最后，比较下协同过滤和数据库里的关联规则挖掘，从模型的角度而言两者是比较接近的，不过也有不同点。严格说来，关联规则面向的是成交，非常明确。而协同过滤面向的则是用户偏好，不一定是购买，比较模糊。所以，协同过滤的约束条件没有关联规则那么强，但是同时也更为灵活，可以融入更多的商业规则。

综上所述，我们可以将常见的推荐栏位进行如表 10-1 所示的划分。需要注意的是，这里的划分只是一个基本框架，在实际运用中可能还要结合具体的业务需求，进行定制和融合。

表 10-1　常用推荐栏位的划分

	基于内容特征	基于访问行为特征
针对用户	用户中心、个性化主页 （侧重于相似品，相关品需要人工运营规则）	个性化主页、用户中心 （侧重于相关品）
针对商品	和本商品相似的其他商品 （一般应用于用户访问流量缺乏的情况下，而且侧重于相似品，相关品需要人工运营规则）	看了此商品的用户还看了 看了此商品的用户最终买了 购买此商品的用户还买了 购买此商品的用户还看了 （一般应用于用户访问流量充足的情况下，可能同时还包含相似品和相关品）
综合	购物车中的关联销售、免邮凑单 （侧重于相似品，相关品需要人工运营规则）	购物车中的关联销售、免邮凑单 （侧重于相关品）

在理解了不同场景下，推荐的大致逻辑和协同过滤的方法后，我们就可以来设计各个模块和整体的架构了。这里主要的系统模块包括：相似度计算、协同过滤、结果的查询。前两者是离线计算部分，而最后一个模块主要是服务于在线访问。

10.7.2　相似度的计算

相似度计算主要涉及两点要素：数据特征选取和模型建立。

❑ 特征选择：确定如何将现实中的对象转换为计算机可以理解的数据。第 1 章所探讨的水果案例就提及了如何选择特征，用于水果分类的问题。而本章介绍的推荐系统中计算相似度时可以基于内容、用户行为、专业知识和社交网络等来实现。考虑到大宝的公司目前没有专业人士来运营，用户之间也没有形成社交网络，因此可以选择基于内容和用户行为的特征。内容特征涵盖了商品的标题和类别、用户的背景和兴趣等，用户行为涵盖了顾客浏览或购买了哪些商品，基于内容和用户行为的特征可以相互补充。对于用户流量不够的情形，内容特征是首选，它的好处在于并不需要用户的访问记录，解决了机器学习系统中常常面临的"冷启动"问题。本案例中，我们考虑的是电商 O2O 网站的商品推荐，其基于内容的主要特征选择如表 10-2 所示。除了商品，另外一个角色就是用户了，其主要内容特征如表 10-3 所示。由于这里会涉及人，因此用户基于内容的特征很容易与访问行为特征在概念上产生混淆，所以这里强调的是除了商品浏览和购买的具体行为之外的特征。例如，表 10-3 中提到的消费属性，它只关心消费的金额、频次和周期等，并不考虑具体的购买物品及基于此的协同过滤。

❑ 模型建立：对象有了基于特征的数据表示之后，就可以通过模型来分析它们了。对于相似度计算，可以采用向量空间模型（Vector Space Model，VSM）或其派生模型。该模型常用于信息检索和数据挖掘中。如第 4 章所述，VSM 会将某个文档转换为一个向量，统计其中的单词，若去重后仍有 n 个不同（Unique）的词，那么该文档的向量就是 n 个纬度。这里每个纬度都可以选择其对应单词的 $tf\text{-}idf$ 值。其中，tf 表示词频（term frequency），就是一个词在某篇文档中出现的次数，如果 tf 值越高，则表示该词对于文档而言越重要。而 idf 表示逆文档频率（inverse document frequency），其假设是，在文档集合中如果某个词出现在越多的文档中，那么其重要性就越低，反之则越高。这种表示忽略了单词在文中出现的顺序，这可以大大简化很多模型中的计算复杂度，同时保证相当的准确性，适合较短的文本，例如商品的标题。最后，相似性问题就可以转化成计算两篇文档向量之间的余弦距离的问题。该值正好是一个介于 0 到 1 之间的数，越接近于 1 则越相似。从实现的角度而言，我们可以借用开源的 R 语言、Mahout 甚至是 Solr/Elasticsearch 这样的搜索引擎来计算向量之间的距离或相似度。

表 10-2　商品的常见内容特征选择

名　称	含　义
商品名称	商品品名的全称，例如"日式精致美甲美睫套餐"。需要中文切词的支持
商品属性	考虑到可读性和简洁性，名称有时会无法描述商品所有的内涵。同时，名称也没有办法体现哪些方面对于商品而言是更为重要的。因此，需要经常考虑到运营给商品设置的属性。由于属性结合了人类的知识，通常还要给予其更高的权重。例如某款牛奶还有"低脂""高钙""助消化""进口""澳大利亚"等这样的属性。为了避免歧义，一般不进行中文切词处理
商品分类	由于商品的名称和属性是基于词包（Bag of Word）的方式来进行处理的，并未考虑其语义，因此引入分类这维特征是很好的补充。例如，词包的处理可能会认为"巧克力口味牛奶"和"牛奶口味巧克力"的相似度很高，但是"巧克力口味牛奶"和"低脂高钙牛奶"的相似度并不高。但是如果加入分类概念，系统就能理解"巧克力口味牛奶"和"低脂高钙牛奶"都是属于牛奶这个分类，而"巧克力口味牛奶"和"牛奶口味巧克力"分属于不同的食品分类，从而在相似度衡量上能够做出新的判断
商品的卖家	这里有个假设，就是同一个专卖店铺卖出的商品具有某种程度的相似度或相关性。例如母婴店，不同品牌的奶瓶就具有相似度，奶瓶和奶粉、尿布等就具有相关性。一般不进行中文切词处理。 当然，这点假设对于综合卖场并不适用。另外，从人和物的对应关系来思考，我们也可以认为这个特征属于用户行为，不过相对于顾客的浏览和购买行为而言，卖家的销售行为基本上是固定不变的，因此可以简化为内容特征来处理。从中也可以看出，行为特征和内容特征其实也是可以相互转换的

表 10-3　用户常见的内容特征选择

名　　称	含　　义
用户社会属性	包括性别、年龄、职业、爱好等，这里假设有类似社会属性的用户更相似。不过，对于互联网而言，这类信息比较难以获得准确的资料
用户消费属性	购买的金额、频次和周期，这里假设有类似消费习惯的用户更相似
用户的地理属性	需要用户提供具体的位置，可能是工作、娱乐和生活场所。这里假设在邻近商圈或住宅区出现的用户更为相似
用户的设备属性	用户访问网站时使用的设备，例如 PC、何种品牌的手机、操作系统等。这里假设使用类似设备的用户更相似

10.7.3　协同过滤

当用户流量足够高的时候，行为特征可以挖掘从文字本身无法发现的潜在语义，为人们提供更具有惊喜度的推荐内容。同样，对于用户行为而言，首先要考虑哪些行为特征可以纳入考量。表 10-4 列出了常用的部分⊖。对于这些特征，或者说是不同类型的行为，应该赋予不同的权重。比如，浏览、收藏、加入购物车、付款购买和留下好评，代表用户对于商品的喜好程度由浅到深，自然在计算时权重也要从低到高。此外，目前人们考虑得比较多的是正向特征，很少考虑负向特征，但是对于越来越讲究用户体验的互联网而言，负面的信息同样重要。甚至有些算法已经开始设计针对负向特征的推荐。

如果确定使用用户行为，那么协同过滤就是必不可少的框架，可以通过 Apache 的 Mahout 来实现它。Mahout 对于基于用户的推荐和基于物品的推荐都有实现，其中某些关于相似度计算的实现是基于向量距离的，因此很容易集成 VSM 和余弦距离的计算。随着客户的访问量日益增大，访问数据的规模也会不断膨胀。好在 Mahout 从设计开始就旨在建立可扩展的机器学习软件包，因此某些部分的实现（例如矩阵运算）都是直接基于 Hadoop 的 MapReduce 计算框架⊜的，这就使得其具有进行大数据处理的能力，这一点也是 Mahout 最大的优势所在。

如果同时使用了基于内容和基于用户行为的推荐，或者是同时使用了基于用户和物品的推荐，则要考虑推荐的混合模型。如果使用微观混合，那么开发者需要将不同的特征混合起来，这就会涉及修改 Mahout 的源码了，工作量相对较大。宏观混合则不用关心特征的合并，它可将基于内容的推荐和基于行为的推荐结果有机地合并起来。合并的策略也有多种选择，例如得分的加权合并、列表集合的加权合并等。当然，基于反馈和学习的高级策略同样也可以考虑，可以通过用户的点击行为，回归学习出各种推荐方法的权重，并用于合并的参数调优。只是在基础版中建议尽量简洁，暂不考虑这个复杂的功能。

⊖　这里只考虑网站内部能够采集到的数据。如果和其他平台合作，可能会获得更为完整的用户行为数据。

⊜　Mahout 最新的动态是支持 Spark，原理和基于 MapReduce 的 Mahout 类似。

表 10-4 常见的用户访问行为特征

名　　称	含　　义
正向：表达用户的喜欢程度	
浏览	用户点击单个商品后浏览其详情页。由于通常情形下我们无法跟踪用户看到了商品列表中的哪一款，因此都是以他 / 她实际点击和打开的为准。如果打开了某款商品的详情页，就假设用户对该商品感兴趣
收藏	如果用户将某款商品加入其收藏夹，则假设用户对该商品感兴趣
加入购物车	如果用户将某款商品加入其购物车或购物篮，则假设用户对该商品感兴趣
付款购买	如果用户最终付款购买了某款商品，那么这个兴趣是相对明显和确定的
好评	在收到商品甚至是使用一段时间后，用户留下了肯定的评语，这也能体现其对该商品的认可
负向：表达用户厌恶的程度	
差评	在收到商品或使用一段时间，甚至是退换货之后，用户留下了抱怨的评语，这说明商品服务的某些方面未能达到用户的期望，很可能会因为这方面的原因阻止用户再次购买类似的商品，或者阻止用户在同一家店铺消费
退换货	用户最终选择了退换商品，这肯定是一个非常负面的信号，有的时候这种行为可能比留下差评还要糟糕

10.7.4　结果的查询

有了数据的特征定义、相似度模型和 Mahout 的计算，我们可以完成数据挖掘的部分。但是，无论是 Hadoop 的 MapReduce，还是 Mahout 的协同过滤模型，都是批处理方式，因此没法进行实时性很强的推荐，故而还要设计在线提供结果的接口。常用的做法之一是将针对每个商品或顾客的推荐结果存入分布式缓存中，例如 Redis 集群。采用 Redis 的一个优势是既可以利用其长期保存结果，也能利用其非持久化功能做缓存，提升访问的速度。当然，随着市场规模日渐扩大，以及业务逻辑不断地演变，人们可能会发现简单的键 – 值（Key-Value）查询模式无法满足需求。例如，和某品牌商达成战略合作关系之后，系统需要在某些地区加大该品牌的推广力度，将其商品在推荐栏位里适度提前。这里在查询推荐分析结果的时候，至少要额外加入地域和品牌 2 个因素，如果仍然使用 Redis 实现这项需求，那就只能设计非常复杂的键结构，而且还会导致数据的冗余，不利于长期的性能调优和整体维护。此时可以考虑利用 Solr 和 Elasticsearch 这类的搜索引擎，我们只需要将推荐挖掘的结果、地域和品牌等其他商品信息一并建入搜索索引，这样就可以完成多条件的复杂查询了。

最后，依照这些模块搭建的推荐系统其大体架构如图 10-12 所示。其中，如果需要特别强调相关品的推荐，则可以加入关联规则挖掘。如果根据应用场景，需要使用不同的合并策略，则可以在 Redis 集群中加入参数设置，存储不同的结果集合，甚至是修改 Solr、Elasticsearch 集群中的索引数据。

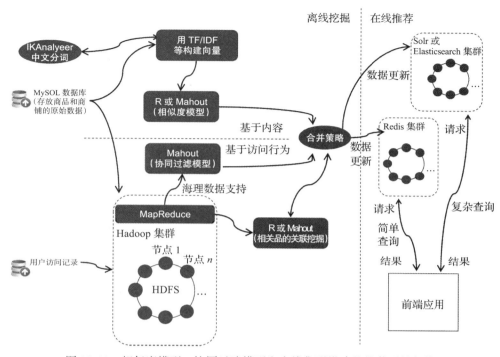

图 10-12   相似度模型、协同过滤模型和在线集群搭建的推荐系统架构

10.8   案例实践

在本节的实验中，我们将实践推荐系统中最主要的两种类型：基于内容特征的推荐和协同过滤推荐。软硬件环境除了增加 Redis 的部署之外，其他的和之前的保持一致。

10.8.1   基于内容特征的推荐

1. 离线挖掘

首先，我们将对商品进行基于内容的推荐。由于数据的维度有限，因此此处只考虑商品的标题。如果你的数据集包括更多其他的信息，例如导购属性、商家的属性、地域属性，等等，而且它们对于业务也是有意义的，那么也可以结合这些信息。

基于内容的推荐其关键是计算相似度。如果仔细回忆一下，就会发现在第 2 章的聚类算法中，我们已经深入探讨了如何为某个商品，查找与其标题相似的其他商品。聚类的问题就是计算所要的时间较长，好在这在离线阶段影响不大。所以，不妨直接借用之前 K 均值聚类的结果，看看我们能得到些什么。第 2.4.1 节讲述了使用 R 语言及其算法包所进行的聚类，当时是以 ID 为 37 的聚类为例，这里我们再提取 ID 分别为 1、2 和 3 的例子：

```
> listing_clusters_test_subset1 <- subset(listing_clusters_test, listing_clusters_test[, 1] == 1)
> listing_test_subset1 <- listing[listing_clusters_test_subset1[, 2], ]
> dim(listing_test_subset1)
[1] 163    4
> head(listing_test_subset1, 20)
```

	ID	Title	CategoryID	CategoryName
341	26258	walch 威露士 十八 本草 健康 沐浴露 11+11 保湿 精油 香 氛 精油 超值 组合装 送 芦荟 洗手液 150ml	17	沐浴露
740	26585	威露士 十八 本草 橄榄 健康 沐浴露 促销 装 800ml 送 健康 旅行 套装 十八 本草 精油 洗手液 芦荟 150ml	17	沐浴露
896	25503	walch 威露士 十八 本草 健康 沐浴露 11+11 保湿 精油 香 氛 精油 超值 组合装 送 芦荟 洗手液 150ml	17	沐浴露
1082	26378	walch 威露士 十八 本草 健康 沐浴露 11+11 保湿 精油 香 氛 精油 超值 组合装 送 芦荟 洗手液 150ml	17	沐浴露
1481	24981	walch 威露士 十八 本草 健康 沐浴露 精油 沐浴露 天竺 11 精油 沐浴露 橙 花 蜜 11	17	沐浴露
1845	25383	walch 威露士 十八 本草 健康 沐浴露 11+11 保湿 精油 香 氛 精油 超值 组合装 送 芦荟 洗手液 150ml	17	沐浴露
2180	25771	dettol 滴 露 滋润 倍 护 健康 沐浴露 950g+360g 超 值 组合装	17	沐浴露
2785	26662	dettol 滴 露 健康 沐浴露 植物 呵护 300 毫升	17	沐浴露
2954	26661	dettol 滴 露 健康 沐浴露 冰 爽 薄荷 650g 送 沐浴 露 300g	17	沐浴露
3268	26614	walch 威露士 海藻 健康 沐浴露 800ml 送十八 本草 旅行 套装	17	沐浴露
3420	26409	dettol 滴 露 薄荷 冰 爽 健康 沐浴露 950g+360g 超 值 组合装	17	沐浴露
3422	26249	dettol 滴 露 薄荷 冰 爽 健康 沐浴露 950g+360g 超 值 组合装	17	沐浴露
3621	26289	dettol 滴 露 薄荷 冰 爽 健康 沐浴露 950g+360g 超 值 组合装	17	沐浴露
3773	25782	dettol 滴 露 滋润 倍 护 健康 沐浴露 360g	17	沐浴露
4170	25303	walch 威露士 十八 本草 健康 沐浴露 11+11 保湿 精油 香 氛 精油 超值 组合装 送 芦荟 洗手液 150ml	17	沐浴露
4303	25423	walch 威露士 十八 本草 健康 沐浴露 11+11 保湿 精油 香 氛 精油 超值 组合装 送 芦荟 洗手液 150ml	17	沐浴露
4553	26527	dettol 滴 露 滋润 倍 护 健康 沐浴露 950g+360g 超 值 组合装	17	沐浴露
4824	25294	dettol 滴 露 薄荷 冰 爽 健康 沐浴露 950g+360g 超 值 组合装	17	沐浴露
4931	26207	dettol 滴 露 滋润 倍 护 健康 沐浴露 950g+360g 超 值 组合装	17	沐浴露
5323	26498	dettol 滴 露 滋润 倍 护 健康 沐浴露 360g	17	沐浴露

```
> listing_clusters_test_subset2 <- subset(listing_clusters_test, listing_clusters_test[, 1] == 2)
> listing_test_subset2 <- listing[listing_clusters_test_subset2[, 2], ]
> dim(listing_test_subset2)
```

```
[1] 45  4
> head(listing_test_subset2, 20)
           ID                                              Title CategoryID CategoryName
228   3650        jfx 聚 福 鲜 jufuxian 聚 福 鲜 冷 冻 海 鲜 烧烤 新鲜 鱿鱼 须 串 850g 包 20 串 烧烤 鱿 鱼头 串
全 鱿鱼 须 串                  3        海鲜水产
441   3620    jfx 聚 福 鲜 jufuxian 聚 福 鲜 冷 冻 海 鲜 虾 夷 贝 片 100g 袋 营养 火锅 豆 捞 海底 捞 刷 锅
食 材 肉质 鲜美              3        海鲜水产
1427  3213           jfx 聚 福 鲜 jufuxian 冷 冻 生鲜 类 海鲜 水产品 银 鳕鱼 200 克 包 深海 银 鳕鱼 宝宝
鱼类 肉质 嫩滑              3        海鲜水产
1643  3639       jfx 聚 福 鲜 jufuxian 聚 福 鲜 冷 冻 海鲜 喜 福 多 食品 鱿鱼 拼盘 150g 盘 豆 捞 海底 捞
营养 火锅 材料              3        海鲜水产
2641  3381         jfx 聚 福 鲜 jufuxian 冷 冻 生鲜 类 海鲜 水产品 银 鳕鱼 500g 袋 深海 银 鳕鱼 宝宝
鱼类 肉质 嫩滑              3        海鲜水产
2803  3604         jfx 聚 福 鲜 jufuxian 海鲜 干货 海味 干货 带 壳 虾 干 250g 包 18-25 个 干 度 65
特级 无 盐 虾 干            3        海鲜水产
4925  3518   jfx 聚福鲜 jufuxian 聚 福 鲜 冷 冻 海鲜 鲜 脆 蚌 片 120g 袋 营养 火锅 豆 捞 海底 捞 刷 锅
食 材 肉质 脆爽            3        海鲜水产
4964  4433       jfx 聚 福 鲜 jufuxian 海鲜 制品 调味 北极 贝 500g 盒 解冻 即食 调味 北极 贝 沙拉 日韩
料理 寿司 材料            3        海鲜水产
5517  4437         jfx 聚 福 鲜 jufuxian 冷冻 海鲜 长江 河鲜 高档 淡水 鱼类 纯 野生 长江 刀 鱼 8 条
装 1000 克 托盘            3        海鲜水产
6198  3436         jfx 聚 福 鲜 jufuxian 冷冻 海鲜 生鲜 贝类 大连 扇贝 王 700-800g 袋 4 只 装 鲜活 冷
冻 扇贝 大 元 贝          3        海鲜水产
7366  3049       jfx 聚 福 鲜 jufuxian 冰岛 新鲜 冷 冻 海鲜 牡蛎 800 克 包 速冻 生 蚝 冰岛 速冻 半 壳 生 蚝
烧烤 必备 刺身            3        海鲜水产
8099  4462       jfx 聚 福 鲜 jufuxian 海鲜 干货 特级 淡 干 无 盐 虾皮 250g 袋 白 虾皮 纯 野生 小虾米 熟 虾
皮 生鲜 水产品            3        海鲜水产
10550 3135       jfx 聚 福 鲜 jufuxian 大连 熟 冻 章鱼 须 大 八 爪 鱼 须 章鱼 足 刺 身 料理 豆 捞 火锅
500 克 包 2-3 只          3        海鲜水产
10591 4434       jfx 聚 福 鲜 jufuxian 海鲜 制品 西洋 辣 章鱼 500g 盒 日韩 料理 寿司 材料 调味 海鲜
产品 加热 即食            3        海鲜水产
12074 3104       jfx 聚 福 鲜 jufuxian 顶级 智利 进口 熟 冻 帝王 蟹 鲜甜 弹 牙 肉质 鲜甜 弹牙 1.3-
1.4kg 只 年货 精          3        海鲜水产
12685 3114       jfx 聚 福 鲜 jufuxian 冷冻 海鲜 全 籽 乌 带 盒 1kg 盒 小 海兔 满 籽 全 籽 乌 小 鱿鱼
笔管 鱿鱼 乌贼            3        海鲜水产
12918 3260 jfx 聚 福 鲜 jufuxian 大连 冷冻 海 鲜鱼 大 八 爪 鱼 熟 章鱼 新鲜 即食 章鱼 2kg 只 寿司 刺 身
即食 口感 香脆            3        海鲜水产
14073 4463       jfx 聚 福 鲜 jufuxian 海鲜 干货 特级 淡 干 无 盐 虾皮 100g 袋 白 虾皮 纯 野生 小虾米 熟 虾
皮 生鲜 水产品            3        海鲜水产
14382 3441            jfx 聚 福 鲜 jufuxian 冷 冻 海鲜 喜 福 多 食品 太平洋 真 鳕鱼 500g 盒 深海
野生 鱼 鳕鱼块            3        海鲜水产
14601 3326    jfx 聚 福 鲜 jufuxian 海鲜 干货 顶级 深海 响 螺 片 300g 包 海鲜 干货 海螺 肉 海螺 肉 海鲜 干
货 煲 汤 佳品            3        海鲜水产

> listing_clusters_test_subset3 <- subset(listing_clusters_test, listing_clusters_test[, 1] == 3)
> listing_test_subset3 <- listing[listing_clusters_test_subset3[, 2], ]
> dim(listing_test_subset3)
[1] 131  4
> head(listing_test_subset3, 20)
     ID                                                    Title CategoryID CategoryName
```

201 7	8897 饮料饮品	神州 北极 野生 蓝莓 果汁 三箱 装 300ml 10 瓶 箱 富含 花青素 纯天然 纯 野生 蓝莓 果
659 7	8852 饮料饮品	佳 视 宝 go east 蓝莓 枸杞 100 果汁 946ml 瓶
872 7	8891 饮料饮品	原汁 源 100 纯 蓝莓 蓝莓 苹果汁 礼盒装 500ml 瓶 高档 送礼 进口 果汁 饮料
873 7	7621 饮料饮品	卡 侬 之 蓝莓 汁 100 有机 蓝莓 原料 11 瓶
1138 7	8798 饮料饮品	cheng bao 橙 宝 100 纯 果汁 西 柚 汁 1000ml 12 盒装
1714 7	8859 饮料饮品	弘 宇 原始 口粮 野生 蓝莓 汁 蓝莓 果汁 300ml 蓝莓 饮料 原浆 果汁
1740 7	9025 饮料饮品	合 百 诺 丽 原装 进口 诺 丽 果汁 500ml 1瓶 100 野生 诺 丽 果汁 发酵 而成 世博会 指定 产品
1757 7	8746 饮料饮品	百 加得 新 浓缩 果汁 橙 味 果汁 水果 冲 调 饮料 840ml 1 9 冲 调
1775 7	8919 饮料饮品	parmalat 帕 玛拉 特 圣 涛 天然 鲜 榨 杏 汁 11 天然 鲜 榨 桃 汁 11 意大利 进口 零 食品
2170 7	8801 饮料饮品	扬 雅 鲜 榨 果园 扬 雅 nfc 果汁 草莓 汁 纯 鲜 榨 非 还原 10 瓶装 星巴克 希尔顿 冷饮
2193 7	8890 饮料饮品	原汁 源 纯 蓝莓 汁 周年 庆 送礼 红 礼盒装 500ml 瓶 年货 高档 送礼 果汁 饮料
2294 7	8918 饮料饮品	parmalat 帕 玛拉 特 圣 涛 100 鲜 榨 纯 菠萝汁 11 天然 鲜 榨 杏 汁 11 意大利 进口 零 食品
2298 7	9260 饮料饮品	卡 侬 之 蓝莓 汁 饮料 405mlx15 新 包装 加 量 不 加价 健康 美味 蓝莓 汁
2317 7	8633 饮料饮品	cheng bao 橙 宝 100 纯 果汁 橙汁 1000ml 12 盒装
2510 7	9231 饮料饮品	汇源 100 纯 果汁 桃子 200mlx24 盒 汇源 果汁 中国人 好 果汁 欢迎 团 购
2581 7	8655 饮料饮品	蓝 百 蓓 野生 有机 蓝莓 果汁 富含 花青素 美味 80 蓝莓 果汁 300ml 6瓶 礼盒装
3384 7	8560 饮料饮品	尚 禾 谷 迁西 特产 安 梨 汁 酸 梨 汁 245ml 纯天然 饮品 果汁
3741 7	8032 饮料饮品	爱 瑞 乐 百香果 混合 果汁 饮料 百香果汁 婚庆 果汁 passion juice 780ml 1
3781 7	7809 饮料饮品	parmalat 帕 玛拉 特 100 鲜 榨 果汁 橙汁 梨 汁 菠萝汁 11x3 瓶装 意大利 进口
3971 7	8792 饮料饮品	哈 唯 谷 400 浓缩 果汁 蓝莓 果汁 黑加仑 果汁 248ml 瓶 可 冲 兑 成 11 纯 果汁 2瓶 组合装

从这 3 个例子中可以看出，每个聚类集合内的商品，它们的标题文本都是高度相似的。而不同聚类之间的商品，它们标题文本的相似度就很低，符合基于内容相似度的推荐之期望。我们可以将 R 的聚类结果导出，供后续的在线推荐使用：

```
> write.table(listing_clusters_test, file = "/Users/huangsean/Coding/data/
BigDataArchitectureAndAlgorithm/listing.clusters.txt", sep = "\t")
```

完整的结果文件位于：

https://github.com/shuang790228/BigDataArchitectureAndAlgorithm/blob/master/
Recommendation/listing.clusters.txt

2. 在线推荐

R 和 Mahout 可以帮助我们实现多种模型，但是无法解决时效性问题。挖掘的算法都需要大量的计算，通常需要花上数分钟，甚至更久。前端用户访问的时候，绝对不可能等待这么长的时间。因此，我们还需要某种方式来高效地获取挖掘的结果，用于构建在线的推荐模块。如果聚类结果的数据量不大，则完全可以放在内存中。相反，如果数据量过大，就需要使用其他的辅助系统，例如 Redis 缓存集群或是 Solr/Elasticsearch 的搜索集群，大幅提升访问的速度。

缓存可以认为是计算机系统的伟大发明之一，它的应用在该领域中是普遍存在的。小到电脑的中央处理器（CPU）、主板、显卡等硬件，大到大规模的互联网站点，都在广泛使用缓存并从中受益。缓存是数据交换的缓冲区，它的读取速度远远高于普通存储介质，作用是帮助系统更快地运行。当某个应用需要读取数据时，会优先从缓存中查找所需要的内容，如果找到了则直接获取，这个效率比读取普通存储的效率要高。如果缓存中没有发现所需要的内容，则再到普通存储中寻找。

这里我们将使用 Redis（http://redis.io/），它的全称是远程字典服务器（REmote DIctionary Server），它是一个开源的、高性能、基于键－值型的缓存和存储系统，并提供了多种编程语言的 API 接口，近几年逐步开始流行于业界。2008 年，意大利的一家创业公司为了满足业务的需求，开始量身定制一套数据库系统。在其基础上，2009 年首个 Redis 版本发布。2010 年年初，Redis 的开发工作开始由 VMware 赞助。Redis 的特性主要包括：提供了极高的性能、支持多种数据类型、支持事务性、可设定生命周期、提供持久化存储等。

接下来看看如何将推荐结果存放在 Redis 中。Redis 的 Value 值支持多种数据类型的存放，考虑到推荐的内容大多数是一个列表，而且相似性 / 相关性（或者说是质量）由高到低有所不同，因此选择有序的列表（List）类型，可以保证更高质量的推荐排在前面。图 10-13 展示了针对用户的推荐存储，Key 键是用户 ID，而 Value 值是给这个用户推荐的商品 ID 列表，适用于"个性化主页"或"用户中心"这样的栏位。图 10-14 展示了针对商品的推荐存储，Key 键是商品 ID，而 Value 值是和这款商品相似、相关的商品 ID 列表，适用于"相似商品""相关商品""看了此商品的用户还看了""看了此商品的用户最终买了"等栏位。更多有关缓存和 Redis 的基础介绍，请见《大数据架构商业之路》一书。

截至本章写作之时，Redis 最新的稳定版已经更新到 3.2.8，支持分布式集群，你可以在这里下载：

https://redis.io/download

解压后，设置环境变量：

```
export REDIS_HOME=/Users/huangsean/Coding/redis-3.2.8
```

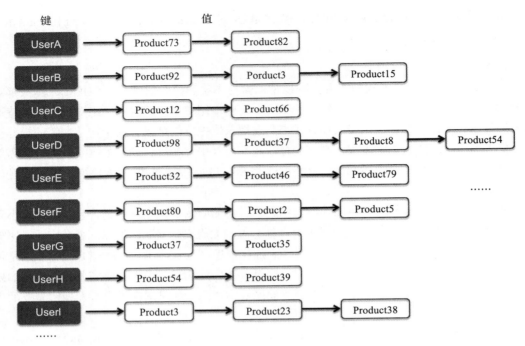

图 10-13 Redis 存放基于用户的推荐，键是用户 ID，值是推荐商品 ID 列表

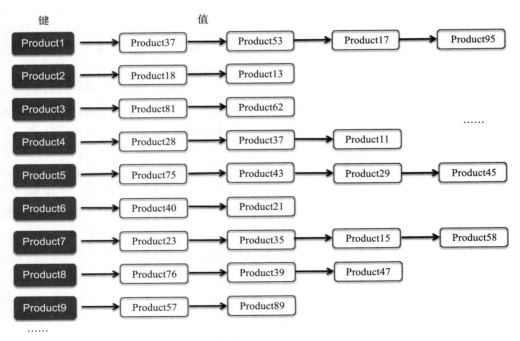

图 10-14 Redis 存放基于商品的推荐，键是商品 ID，值是推荐商品 ID 列表

进入 $REDIS_HOME 目录，然后编译：

```
[huangsean@iMac2015:/Users/huangsean/Coding/solr-6.3.0-single]cd $REDIS_HOME
[huangsean@iMac2015:/Users/huangsean/Coding/redis-3.2.8]make
cd src && /Library/Developer/CommandLineTools/usr/bin/make all
rm -rf redis-server redis-sentinel redis-cli redis-benchmark redis-check-rdb
redis-check-aof *.o *.gcda *.gcno *.gcov redis.info lcov-html
...
```

编译成功后，在 $REDIS_HOME/src 目录中就会增加可执行的命令。设置环境变量：

```
export PATH=$PATH:$REDIS_HOME/src
```

使用如下命令启动 Redis 的服务器：

```
[huangsean@iMac2015:/Users/huangsean/Coding/redis-3.2.8]redis-server
2219:C 18 Feb 14:10:36.644 # Warning: no config file specified, using the
default config. In order to specify a config file use redis-server /path/to/redis.
conf
2219:M 18 Feb 14:10:36.645 * Increased maximum number of open files to 10032 (it
was originally set to 256).
...
```

然后进入 Redis 的客户端，进行交互：

```
[huangsean@iMac2015:/Users/huangsean/Coding/redis-3.2.8]redis-cli
127.0.0.1:6379>
```

下面的 Redis 命令展示了存放的几个基础示例，采用的是在列表右侧加入。首先是对 UserA 和 UserB 进行存储：

```
127.0.0.1:6379> RPUSH UserA Product73 Product82
(integer) 2
127.0.0.1:6379> RPUSH UserB Product92 Product3 Product15
(integer) 3
```

然后是对 Product1 进行存储：

```
127.0.0.1:6379> RPUSH Product1 Product37 Product53 Product17 Product95
(integer) 4
```

下面分别是获取对于 UserA 和 UserB 的前 2 个推荐：

```
127.0.0.1:6379> LRANGE UserA 0 1
1) "Product73"
2) "Product82"
127.0.0.1:6379> LRANGE UserB 0 1
1) "Product92"
2) "Product3"
```

以及对于 Product1 的前 3 个推荐，获取非常简单：

```
127.0.0.1:6379> LRANGE Product1 0 2
1) "Product37"
2) "Product53"
3) "Product17"
```

证明 Redis 服务器工作正常之后，我们可以通过其 Java 的客户端，存储并访问离线的 K 聚类结果，打造实时的推荐。建立 Maven 项目 Recommendation，在 pom.xml 中加入 Redis 的依赖 Jar 包：

```
<!-- Redis 的依赖 Jar 包 -->
  <!-- https://mvnrepository.com/artifact/redis.clients/jedis -->
<dependency>
        <groupId>redis.clients</groupId>
        <artifactId>jedis</artifactId>
        <version>2.8.2</version>
</dependency>
```

让我们假设每个聚类之内的商品都是足够相似的，它们互为彼此的相似品。鉴于此，可在 Redis 中设计两个键值映射关系：第一个映射是从商品 ID 到聚类 ID；第二个映射是从聚类 ID 到所有属于该聚类的商品列表。Recommendation 项目中的 RedisBased 类完成了这个任务，主要的函数包括商品和聚类数据的加载、写入 Redis 服务器保存相似品信息，以及读取 Redis 服务器进行推荐。

Redis 服务器的连接和资源释放代码如下：

```
    private JedisPool jedisPool = null;        // 非切片连接池
    private Jedis jedis = null;                // 连接客户端
    // 商品 ID 到商品标题和分类信息的映射
    private Map<Long, String> listingId2tilteAndCate = new HashMap<>();
    // 样本 ID 到商品 ID 的映射
    private Map<Long, Long> sampleId2listingId = new HashMap<>();
    private Random rand = new Random();

private RedisBased()
{
    // 连接池的基本配置
    JedisPoolConfig config = new JedisPoolConfig();
    config.setMaxTotal(20);
    config.setMaxIdle(5);
    config.setMaxWaitMillis(1000l);
    config.setTestOnBorrow(false);

    // 根据你的需要设置 IP/ 主机和端口
    jedisPool = new JedisPool(config,"127.0.0.1",6379);
    // 获取连接资源
    jedis = jedisPool.getResource();

}
```

```
public void cleanup() {
    if (jedis != null) {
        jedis.close();
    }
}
```

商品数据的加载，和 Redis 中两种映射的建立：

```
public void load(String listingFile, String clusterFile) {

    try {

        // 加载商品数据
        BufferedReader br = new BufferedReader(new FileReader(listingFile));
        String strLine = br.readLine();      // 跳过 header 这行
        long sampleId = 1L;
        while ((strLine = br.readLine()) != null) {

            String[] tokens = strLine.split("\t");
            if (tokens.length < 4) continue;
            Long listingId = Long.parseLong(tokens[0]);
            String title = tokens[1];
            String cate = tokens[3];
            // 加载商品 ID 到商品标题和分类的信息
            listingId2tilteAndCate.put(listingId, String.format("标题:%s\t\t分类:%s",
            title, cate));

            // 从样本 ID 到商品 ID 的映射
            sampleId2listingId.put(sampleId, listingId);
            sampleId ++;

        }

        br.close();

        // 加载聚类数据
        jedis.flushDB();            // 清空原有数据，慎用
        br = new BufferedReader(new FileReader(clusterFile));
        strLine = br.readLine();      // 跳过 header 这行
        sampleId = 1;
        while ((strLine = br.readLine()) != null) {

            String[] tokens = strLine.split("\t");
            String clusterId = String.format("cluster_%s", tokens[1]);
            Long listingId = sampleId2listingId.get(sampleId);
            // 第一个映射：从商品 ID 到聚类 ID，以列表的形式进行存储是出于扩展性的考虑，一件商品
            // 可能属于多个聚类
            jedis.rpush(listingId.toString(), clusterId);

            // 第二个映射：从聚类 ID 到所有属于该聚类的商品列表
            jedis.rpush(clusterId, listingId.toString());
```

```
            sampleId ++;

        }
        br.close();

    } catch (Exception e) {
        // TODO: handle exception
        e.printStackTrace();
    }

}
```

读取 Redis 信息并进行推荐：

```
public List<String> recommend(Long listingId) {

    // 获取该商品所属的聚类
    String clusterId = jedis.lrange(listingId.toString(), 0, 1).get(0);

    // 从聚类的商品列表中，随机挑选 10 件商品
    long len = jedis.llen(clusterId);
    long start = rand.nextInt((int)(len - 10));
    return jedis.lrange(clusterId, start, start + 10);

}
```

最后运行 main 中的测试代码，这里随机挑选 3 个商品的 ID，并输出推荐结果：

```
public static void main(String[] args) {
        // TODO Auto-generated method stub

        RedisBased rb = new RedisBased();

        // 加载聚类数据到 Redis
rb.load("/Users/huangsean/Coding/data/BigDataArchitectureAndAlgorithm/listing-
segmented-shuffled.txt",
"/Users/huangsean/Coding/data/BigDataArchitectureAndAlgorithm/listing.clusters.
txt");

        // 随机挑选 3 个商品，获取推荐
        Random rand = new Random();
        int n = 3;
        for (int i = 0; i < n; i++) {
            Long listingId = (long) rand.nextInt(28706);
                System.out.println(String.format(" 输入的商品：%s\t%s", listingId,
                rb.getListingInfo(listingId)));
            List<String> similarListingIds = rb.recommend(listingId);
            for (String similarListingId : similarListingIds) {
                System.out.println(String.format("\t%s\t%s",
                        similarListingId, rb.getListingInfo(Long.parseLong(simi
                        larListingId))));
```

```
            }

            System.out.println();
        }

        rb.cleanup();


    }
```

以下是推荐的结果：

输入的商品：8848　　标题：长白 工 坊 含量 80 野生 蓝莓 果汁 300ml 瓶 蓝莓 汁 8 瓶 礼盒装 只限 江浙沪 日期 14 年 4 月　　分类：饮料饮品

　　　　9022　　标题：合 百 诺 丽 斐济 原装 进口 诺 丽 果汁 诺 丽 果 500ml 12 瓶 进口 果汁 礼盒装　　分类：饮料饮品

　　　　9021　　标题：蓝 百 蓓 大兴安岭 野生 蓝莓 果汁 含 50 蓝莓 果汁 450ml 12 盒 利 乐 包装 方便 安全　　分类：饮料饮品

　　　　8815　　标题：蒙特 鲜 芒果 苹果 澳洲 进口 nfc100 纯 鲜 榨 果汁 不 加水 不 加糖 不加 防腐 400ml　　分类：饮料饮品

　　　　8608　　标题：神州 北极 野生 蓝莓 果汁 300ml 10 瓶 箱 富含 花青素 纯天然 纯 野 生 蓝莓 果　　分类：饮料饮品

　　　　8810　　标题：蒙特 鲜 芒果 苹果 澳洲 进口 nfc100 纯 鲜 榨 果汁 不 加水 不 加糖 不加 防腐 300ml　　分类：饮料饮品

　　　　8596　　标题：parmalat 帕 玛拉 特 维生素 ace 鲜 榨 纯 果汁 1l 意大利 进口 零 食品　　分类：饮料饮品

　　　　8335　　标题：零度 果 坊 鲜 榨 果汁 奇异 果汁 300ml　　分类：饮料饮品

　　　　8930　　标题：维 嘉 思 vigarce 汇源 素养 生活 怡 乐 包 100 果汁 1l 盒 5 盒 组合 装 桃 汁 橙汁 苹果汁 三种 口味 随机　　分类：饮料饮品

　　　　8809　　标题：蒙特 鲜 蓝莓 葡萄 苹果 澳洲 进口 nfc100 纯 鲜 榨 果汁 不 加水 不 加糖 不加 防腐 400ml　　分类：饮料饮品

　　　　8983　　标题：圣 牧 香港 sun&shine 草莓 汁 10 瓶装 711 热卖 冷饮 百分百 100 纯 果汁 含 果肉　　分类：饮料饮品

　　　　8661　　标题：长白 工 坊 含量 90 野生 蓝莓 果汁 蓝莓 汁 300ml 8 瓶 礼盒装 只限 江浙沪 日期 14 年 4 月　　分类：饮料饮品

输入的商品：6624　　标题：拉 芙 拉 多种 口味 松露 巧克力 400g 盒 进口 料 零 食品 手工 普 通 黑 巧克力 礼盒 生日礼物　　分类：巧克力

　　　　5803　　标题：德芙 dove 德芙 心 语 什锦 巧克力 牛奶 夹心 摩卡 榛 仁 98g 18 颗 婚庆 喜 糖果 休闲 零 食品　　分类：巧克力

　　　　6626　　标题：拉 芙 拉 心心相印 1604 巧克力 礼盒 180g 盒 手工 diy 夹 心黑 巧 克力 纯 苦 创意 生日礼物　　分类：巧克力

　　　　6182　　标题：巧 洛伊 diy 创意 定制 卡通 手工 巧克力 礼盒 生日 节日 个性 六 一 节 儿童 巧克力 礼物 380 克　　分类：巧克力

　　　　5553　　标题：德芙 碗 装 巧克力 6 口味 随机 发 三碗 装　　分类：巧克力

　　　　5997　　标题：诺 梵 纯 黑 巧克力 松露 礼盒装 8 口味 400 克 2 盒 休闲 零食 喜 糖果 礼物　　分类：巧克力

　　　　5706　　标题：赏 客 优 品 香脆 营养 麦片 巧克力 好 亲家 燕麦 巧克力 低糖 装 500g　　分类：巧克力

　　　　6310　　标题：申 浦 上海 老 城隍庙 专营店 上海 特产 申 浦 罐装 牛奶 巧克力 28 克　　分类：巧克力

7133	标题：德芙 浓 醇 黑 巧克力 66 43g 零食 德芙 巧克力	分类：巧克力
6959	标题：德芙 兄弟 品牌 脆 香米 脆 米 心 牛奶 巧克力 500g 散装	分类：巧克力
5936	标题：yadi 雅 迪 营养 麦片 燕麦 巧克力 单个 约 11g 散 点 零食 特产 糖果 分类：巧克力	
6489	标题：诗 蒂 喜糖 礼盒 婚庆 节日 生日 果仁 巧克力 礼盒 3 粒 装 分类：巧克力	
输入的商品：17052	标题：金龙鱼 生态 稻 5kg 袋	分类：大米
16749	标题：金龙鱼 原香 稻 5kg 袋 x 2	分类：大米
16892	标题：金龙鱼 原香 稻 5kg 袋	分类：大米
17658	标题：金龙鱼 软香 稻 5kg 袋	分类：大米
17660	标题：金龙鱼 原香 稻 5kg 袋	分类：大米
17325	标题：金龙鱼 原香 稻 5kg 袋 x 2	分类：大米
18668	标题：金龙鱼 原香 稻 5kg 袋	分类：大米
16647	标题：十月 稻田 五常 稻 花香 大米 5kg 袋 x 2	分类：大米
18859	标题：金龙鱼 软香 稻 5kg 袋 x 2	分类：大米
18279	标题：十月 稻田 五常 稻 花香 大米 5kg 袋 x 2	分类：大米
17754	标题：金龙鱼 软香 稻 5kg 袋	分类：大米
18557	标题：金龙鱼 优质 丝 苗 米 5kg x 2	分类：大米

完整的代码，可以参考下列项目中的 Recommendation. RecommendationImplementation 包：
https://github.com/shuang790228/BigDataArchitectureAndAlgorithm/tree/master/
Recommendation/RecommendationImplementation

不过，这种离线聚类配合在线缓存的推荐模式存在一些局限性，具体如下。

❑ 相似度计算的精准性不够：K 均值聚类其实是一种简化的实现，只考虑商品和聚类质心点的距离，因此会产生一定的误差。此外，从聚类最后的结果，我们只能知道某些商品是相似的，但是它们之间的相似度得分却无法得知。换言之，给定一个商品，是无法根据相似度，对其他相似商品进行排序的，只能从聚类的集合中随机挑选。如果期望相似度的衡量完全精准，并且可以根据相似度进行排序，那么就意味着要放弃 K 均值算法的简化，将每个商品和其他所有的商品进行比较，并计算两者之间的相似度。可是，这个时间复杂度将达到 O (n^2)，其中 n 为商品的数量，这对于大规模的数据而言是灾难性的。

❑ 对复杂查询条件的支持不够：举个例子，社区 O2O 的商品有很强的地域性，换了不同的商圈可能推荐的结果就完全不同了，这时还需要在 Redis 的 Key 键中加入地域的参数。图 10-15 展示了对于基于用户的推荐如何加入地域因素，由于每个用户都会考虑家庭社区（Home）、公司商圈（Office）和旅游地商圈（Travel）等因素，因此 Key 键中加入了这些信息。假设 Product73 在公司商圈并不销售，那么它也不会出现在 UserA_Office 所对应的 Value 值之中。但是我们会发现新的问题：有些快消或流行商品可能会在多个地点出现，而这将会导致数据的冗余。例如，Product73 在 UserA 的家庭社区和旅游地商圈都有出现，Product92 和 Product8 在 UserB 的家庭社区和公司商圈也都有出现。而且，对于购物车里的栏位，可能推荐输入的不是单件商品，而是

多件，那么开发者还要自己负责结果的合并。随着查询条件的日益复杂，甚至有可能
需要多条件复合，那么 Redis 的键值设计将会变得越来越复杂，而且冗余问题也会越
来越严重，最终肯定会影响设计开发的项目进度，以及在线服务的整体性能。

❑ 数据更新较慢：只有等离线的挖掘算法处理完毕之后，我们才能将新的数据加载到缓
存中使其生效。

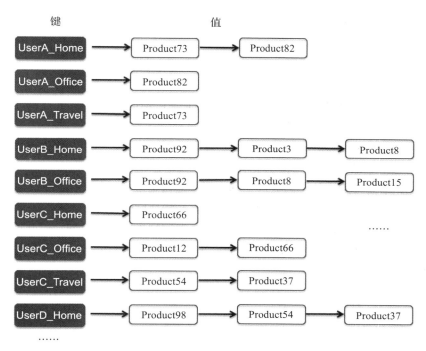

图 10-15　Redis 存放基于用户的推荐时，考虑到地域的因素

3. 利用搜索引擎实现在线推荐

总之，你会发现离线聚类配合在线缓存的方式不够灵活，很难支持复杂的查询，更新也
比较慢。其实，我们完全可以使用搜索引擎这一利器，来支持相似商品的查找。此时，读者
朋友们可能会觉得纳闷：搜索引擎和对象之间的相似度衡量有什么关系呢？正如第 4 章的理
论知识介绍所说的，如今搜索引擎的相关度模型很多都源自 VSM（向量空间模型），或者其
衍生模型。而 VSM 也是很多相似度计算的基础。实际上，信息检索中的相关度和聚类 / 分
类中的相似度，这两者可谓一脉相承。如果将某个商品标题作为搜索的查询，那么搜索结果
中排名靠前的一定是和给定标题有很高文本相似度的商品。这里以 Elasticsearch 为例，让我
们向 http://IMac015:9200/listing_new/listing/_search 端点发送 POST 请求：

```
{
    "query": {
        "match" : {
```

```
                "listing_title" : {
                    "query" : "花香 四季 长白山 野生 蒲公英 茶 茶叶 婆婆 丁 50克",
                    "minimum_should_match" : "30%"
                }
            }
        },
        "aggs" : {
            "categories" : {
                "terms" : { "field" : "category_name" }
            }
        }
    }

}
```

其中，查询的内容是某件商品的标题，并且使用 Elasticsearch match 查询默认的布尔操作符 OR。使用 OR 的原因主要有如下两点。

❑ 如果使用 AND 布尔操作符，则意味着查询的关键词都要出现在搜索结果中，那么返回的将基本上都是一模一样的商品。

❑ 虽然 OR 不要求所有的查询关键词都出现在搜索结果中，但是结果命中查询关键词越多，该结果排名就越靠前。这种相关度计算和相似度的计算是一致的。

在使用 OR 的同时，我们也不希望命中查询关键词过少的结果返回，因此这里也采用了 minimum_should_match 参数，要求至少要命中 30% 的关键词。执行之后，你将看到类似如下的搜索结果：

```
{
    "took": 92,
    "timed_out": false,
    "_shards": {
        "total": 3,
        "successful": 3,
        "failed": 0
    },
    "hits": {
        "total": 30,
        "max_score": 64.25765,
        "hits": [
            {
                "_index": "listing_new",
                "_type": "listing",
                "_id": "AVn4Zar7HuEIFqIHDXZ4",
                "_score": 64.25765,
                "_source": {
                    "listing_id": "28693",
                    "listing_title": "花香 四季 长白山 野生 蒲公英 茶 茶叶 婆婆 丁 50克",
                    "category_id": "18",
                    "category_name": "茶叶"
```

```
        }
    },
    {
        "_index":  "listing_new",
        "_type":  "listing",
        "_id":  "AVn4Zar7HuEIFqIHDXZd",
        "_score":  62.963223,
        "_source":  {
            "listing_id":  "28666",
            "listing_title":  "花香 四季 长白山 野生 蒲公英 茶 茶叶 婆
            婆 丁 50克",
            "category_id":  "18",
            "category_name":  "茶叶"
        }
    },
    {
        "_index":  "listing_new",
        "_type":  "listing",
        "_id":  "AVn4ZartHuEIFqIHDTTP",
        "_score":  21.076311,
        "_source":  {
            "listing_id":  "11884",
            "listing_title":  "花香 四季 亚麻 籽 油 500ml+ 紫苏 籽 油
            500ml 送 蒲公英 茶 一盒",
            "category_id":  "9",
            "category_name":  "食用油"
        }
    },
    {
        "_index":  "listing_new",
        "_type":  "listing",
        "_id":  "AVn4Zar6HuEIFqIHDXJr",
        "_score":  18.272518,
        "_source":  {
            "listing_id":  "27656",
            "listing_title":  "蒲公英 茶 野生 蒲公英 干 75克 2.5克 30
            袋 蒲公英 袋泡茶 盒装",
            "category_id":  "18",
            "category_name":  "茶叶"
        }
    },
    {
        "_index":  "listing_new",
        "_type":  "listing",
        "_id":  "AVn4Zar5HuEIFqIHDW7o",
        "_score":  14.976688,
        "_source":  {
            "listing_id":  "26757",
            "listing_title":  "红 尊 花草 茶 金银花 之乡 特级 野生 忍
            冬花 金银花 50克 罐 清热 降火 花茶 茶叶",
            "category_id":  "18",
```

```
                    "category_name":  "茶叶"
            }
    },
    {
        "_index":  "listing_new",
        "_type":  "listing",
        "_id":  "AVn4ZartHuEIFqIHDTbG",
        "_score":  13.808004,
        "_source":  {
            "listing_id":  "12387",
            "listing_title":  "花香  四季  冷  榨  野生  山  核桃油  核桃油
            500ml  2瓶  礼盒装  婴幼儿  食用油",
            "category_id":  "9",
            "category_name":  "食用油"
        }
    },
    {
        "_index":  "listing_new",
        "_type":  "listing",
        "_id":  "AVn4Zar6HuEIFqIHDXRM",
        "_score":  13.72332,
        "_source":  {
            "listing_id":  "28137",
            "listing_title":  "大  益  茶叶  醇香  四季  普洱茶  散  茶  熟  茶
            201  批次  80g  罐  2罐",
            "category_id":  "18",
            "category_name":  "茶叶"
        }
    },
    {
        "_index":  "listing_new",
        "_type":  "listing",
        "_id":  "AVn4Zar6HuEIFqIHDXON",
        "_score":  13.216201,
        "_source":  {
            "listing_id":  "27946",
            "listing_title":  "红  尊  野  茶  超值  组合  金银花  50克  玫
            瑰  花茶  50克  柠檬  片  55克  菊花茶  55克  花草  茶  茶叶",
            "category_id":  "18",
            "category_name":  "茶叶"
        }
    },
    {
        "_index":  "listing_new",
        "_type":  "listing",
        "_id":  "AVn4Zar5HuEIFqIHDXBU",
        "_score":  13.152653,
        "_source":  {
            "listing_id":  "27121",
            "listing_title":  "意  合  紫  玫瑰  50克  袋  纯天然  花草  茶
            健康  养身  饮品  花  茶叶  国产  野生  玫瑰  美  白",
```

```
                    "category_id": "18",
                    "category_name": " 茶叶 "
                }
            },
            {
                "_index": "listing_new",
                "_type": "listing",
                "_id": "AVn4Zar6HuEIFqIHDXN7",
                "_score": 13.143641,
                "_source": {
                    "listing_id": "27928",
                    "listing_title": " 红 尊 野 茶 超值 组合 金银花 50 克 玫
                    瑰 花茶 50 克 柠檬 片 55 克 菊花茶 55 克 花草 茶 茶叶 ",
                    "category_id": "18",
                    "category_name": " 茶叶 "
                }
            }
        ]
    },
    "aggregations": {
        "categories": {
            "doc_count_error_upper_bound": 0,
            "sum_other_doc_count": 0,
            "buckets": [
                {
                    "key": " 茶叶 ",
                    "doc_count": 28
                },
                {
                    "key": " 食用油 ",
                    "doc_count": 2
                }
            ]
        }
    }
}
```

怎么样，相似的效果不错吧？而且，只花费了 92 毫秒，完全可以作为实时查询。之所以会如此高效，主要是得益于搜索引擎的倒排索引。当然，这里只是一个特殊的例子，我们还不确定整体而言，这样做的相似查找是否奏效。为了验证其效果，可以进行一次有趣的实验：使用搜索引擎，来打造 KNN 的分类器。其假设就是，如果基于搜索引擎的相关性而发现的最近邻，能够帮助我们合理地预测商品的分类，那么就认为搜索引擎提供的相似度衡量也是合理有效的。在这个假设的基础上，该方法的大致步骤如下所示。

1）遍历所有商品的标题，对于每个标题，查询 Elasticsearch 的搜索引擎，取出搜索结果中排名前 10 的商品。相当于 KNN 算法中最近邻的查找。

2）对于取出的 10 件商品，根据大部分商品的分类，预测给定商品的分类。相当于 KNN 算法中分类的预测。

3）比较给定商品的预测分类和实际分类，计算准确性的百分比。相当于 KNN 算法的准确率评估。

方法的主要实现代码如下：

```java
// 根据输入的商品标题，预测其分类
public String predict(String title, Long id) {

    Map<String, Object> queryParams = new HashMap<>();

    // 和 Solr 有所不同，需要在这里指定索引和类型
    queryParams.put("index", "listing_new");
    queryParams.put("type", "listing");

    // 查询关键词
    queryParams.put("query", title);
    // 仅仅在标题字段上查询
    queryParams.put("fields", new String[] {"listing_title"});
    queryParams.put("from", 0);                      // 从第 1 条结果记录开始
    queryParams.put("size", 11);                     // 返回前 10 条结果记录（为了排除输入的商
                                                     // 品自己，取 11 个结果）
    queryParams.put("mode", "MultiMatchQuery");// 选择基础查询模式

    // 统计每个分类的商品数量
    Map<String, Integer> counters = new HashMap<>();
    try {
        JsonNode jnDocs = mapper.readValue(ese.query(queryParams), JsonNode.class)
                .get("hits").get("hits");
        Iterator<JsonNode> iter = jnDocs.iterator();
        while (iter.hasNext()) {
            JsonNode jnDoc = iter.next();
            // 由于搜索引擎中包含输入商品本身，排除它自己。也可以修改 ElasticSearchEngineBasic
            // 的实现，使用 filter 来排除
            if (jnDoc.get("_source").get("listing_id").asLong() == id) continue;

            String categoryName = jnDoc.get("_source").get("category_name").asText();
            if (!counters.containsKey(categoryName)) {
                counters.put(categoryName, 1);
            } else {
                counters.put(categoryName, counters.get(categoryName) + 1);
            }
        }

    } catch (IOException e) {
        // TODO Auto-generated catch block
        e.printStackTrace();
        return "";
    }

    // 获取商品数量最多的分类，将其作为输入商品的预测分类
```

```
        int max = Integer.MIN_VALUE;
        String label = "";
        for (String categoryName : counters.keySet()) {
            int count = counters.get(categoryName);
            if (count > max) {
                max = count;
                label = categoryName;
            }
        }


        return label;

}

// 遍历整个商品列表，获取准确率
public double getAccuracy(String fileName) {

    try {

        int totalCount = 0, correctCount = 0;

        // 遍历商品列表
        BufferedReader br = new BufferedReader(new FileReader(fileName));
        String strLine = null;
        while ((strLine = br.readLine()) != null) {
            String[] tokens = strLine.split("\t");
            Long listingId = Long.parseLong(tokens[0]);
            String listingTitle = tokens[1];
            String categoryName = tokens[3];

            // 如果预测的分类和商品的真实分类一致，则认为正确
            if (categoryName.equalsIgnoreCase(predict(listingTitle, listingId))) {
                correctCount ++;
            }

            totalCount ++;
            if (totalCount % 1000 == 0) {
                System.out.println(String.format(" 已完成 %d 次预测 ", totalCount));
            }
        }
        br.close();


        // 返回准确率
        return ((double) correctCount) / totalCount;

    } catch (Exception e) {
        // TODO: handle exception
        e.printStackTrace();
```

```
        return -1.0;
    }

}
```

然后在 main 函数中进行测试：

```
// Elasticsearch 服务器的设置，可以根据你的需要进行设置
Map<String, Object> serverParams = new HashMap<>();
serverParams.put("server",  new byte[]{(byte)192,(byte)168,1,48});
serverParams.put("port", 9300);
serverParams.put("cluster", "ECommerce");

ElasticsearchBasedKNN ebknn = new ElasticsearchBasedKNN(serverParams);

System.out.println(
    ebknn.getAccuracy("/Users/huangsean/Coding/data/BigDataArchitectureAndAlgorithm/
    listing-segmented-shuffled-noheader.txt")
    );

ebknn.cleanup();
```

可以得到如下的结果：

```
已完成  1000  次预测
已完成  2000  次预测
...
已完成  27000  次预测
已完成  28000  次预测
0.9741517452797325
```

最终的准确率是 97% 以上，和第 1 章的 KNN 分类或 NB（朴素贝叶斯）分类效果基本上是一致的。性能上，28 000 多次查询所花费的时间只有 20 秒不到，每次查询不到 1 毫秒。可以认为，Elasticsearch 这种搜索引擎可以胜任基于文本内容的相似度衡量。更何况如前所述，我们完全可以自定义相似度函数，以符合不同的业务场景。这是个非常好的消息，如果搜索引擎可以帮助我们实现基于内容的推荐，那么它就很强大了。例如按照销售区域、价格、库存等不同因素的排序，都是搜索引擎的强项。而且只要更新商品的这些属性，推荐结果就能自动地发生相应的变化。甚至还有可能，我们将搜索引擎和推荐系统的基础部分合二为一。对于这个实验的完整代码，请访问：

https://github.com/shuang790228/BigDataArchitectureAndAlgorithm/tree/master/Recommendation/RecommendationImplementation

如果我们理解了如何在物品集合上进行基于内容特征的推荐，那么在用户集合上进行基于内容特征的推荐也是非常近似的过程，只是有如下两个主要的不同之处。

❑ 用户的内容特征不再是商品标题，而是用户的年龄、性别、职业、爱好等属性。

❑ 发现相似用户之后，还需要将这些用户的常用物品聚集起来，进行物品的推荐。这点

在协同过滤的框架中也会得到体现。

接下来我们就来看看如何利用 Mahout 现有的功能模块，进行基于协同过滤的推荐。

10.8.2　基于行为特征的推荐

1. 用户行为数据

协同过滤模型的关键，是用户和物品之间的关联二维矩阵：一个维度是用户，另一个维度就是物品。在电商的应用中，矩阵里的特征值可以根据不同的购物行为来进行定义，包括浏览、收藏、购买，等等。下面就是一个使用 R 存储的、3 位用户对 6 件商品喜好程度的例子：

```
> mx
     [,1] [,2] [,3]
[1,] 0.25 0.28 0.87
[2,] 0.11 0.62 0.96
[3,] 0.28 0.08 0.67
[4,] 0.31 0.75 0.95
[5,] 0.85 0.68 0.27
[6,] 0.22 0.78 0.53
```

通过这类矩阵的计算，就能实现诸如协同过滤这样的算法。不过，当用户行为数据规模还很小的时候，就会产生稀疏矩阵[⊖]，导致很多时候推荐的结果为零或很少。这时，常用的解决办法有如下几种。

- ❑ 将商品的维度转换为分类维度。这是非常直观的方式，用户访问某个具体的商品概率可能非常低，但是访问该商品分类的可能性就非常高。分类一般也是多个层级的，分类的粒度越粗，推荐的覆盖面就会越广，但是精确度会越差。
- ❑ 将商品维度换为商品聚类。根据商品的内容特征，将相似的商品聚为一组。可以认为这是上面一种方法的扩展，不过粒度通常小于分类，因此形成的推荐也会更精准些。该方式也是内容特征和行为特征结合的一种。
- ❑ 将用户维度换为用户聚类。类似上面的一种，不过是根据用户的内容特征，将相似的用户聚为一组。该方式也是内容特征和行为特征结合的一种。
- ❑ 拉长统计的时间窗口。例如，原本是观察最近一天的数据，现在改为观察最近一周的数据。这样某位用户访问某款商品的概率也会提升。

要注意这几种方式都是通过牺牲精确度来换取覆盖面的，和信息检索里的精度／召回率类似，需要取一个平衡点。

为了突出重点，这里我们将略过稀疏矩阵的问题，并随机生成一个用户购买商品的历史记录，作为两者的关联矩阵。其格式如下：

⊖　如果在一个矩阵中，大多数的元素为 0，则称此矩阵为稀疏矩阵。

```
UserID    ListingIDs
1    25494 7806 27344 25692 654 6606 21197 25939 14315 10699 5924 28421 11934 ...
2    6220 21699 21857 19733 6747 19548 7943 6502 20608 21415 13098 25259 10471 ...
3    9262 23652 8994 26407 4715 5357 756 14766 6296 18403 25577 26755 19452 ...
4    23714 11291 5513 1657 10258 27463 8081 9821 4470 9144 18264 25139 27392 ...
5    20410 13291 11133 25679 10417 14840 15558 25880 1769 22379 11745 11288 ...
...
```

每一行的开始均是用户的 ID，随后是其购买的商品列表，也就是一组商品 ID。我们一共虚拟了 5 万名用户对现有 28 706 件商品的购买，每位用户最多购买过 1000 件商品（可以重复）。该虚构文件的完整内容请参见：

https://github.com/shuang790228/BigDataArchitectureAndAlgorithm/blob/master/Recommendation/user-purchases.txt.zip

2. Mahout 的协同过滤

有了行为特征的矩阵，我们来看看 Mahout 能做些什么。Mahout [注]实际上包含了很多推荐引擎模型的实现，大多都是源于基于用户、基于物品和基于 Slope-One 的技术。还有一些实验性的、初步的 SVD 矩阵分解实现。我们可以通过如下几个 Java 语言的类来建立一个最简单的 Mahout 编程示例。

（1）数据模型（DataModel）

对于用户偏好数据的压缩表示，具体又可分为 [注]如下几种。

❑ FileDataModel：从文本加载用户 – 物品 2 维矩阵。

❑ JDBCDataModel：从关系型数据库加载用户 – 物品 2 维矩阵。

❑ GenericDataModel：从内容中加载用户 – 物品 2 维矩阵。

❑ RecommendedItem：推荐的物品，通常是以列表（List）的形式返回。

（2）基于用户的协同过滤

1）推荐器（Recommender）。

基于用户推荐算法的核心实现部分，主要分为以下两种。

❑ GenericUserBasedRecommender：基于用户的推荐器，用户对物品的偏好可用连续的数值表示。

❑ GenericBooleanPrefUserBasedRecommender：基于用户的无偏好值推荐器，用户对物品的偏好仅仅用 0 或 1 来表示。

2）UserSimilarity。

根据 DataModel 进行计算，用于衡量两个用户之间的相似度。它是基于协同过滤的推荐引擎的核心部分，可以用来寻找某位用户的"近邻"。常见的计算指标在《大数据架构商业之路》一书中有介绍，主要包括如下几种。

　⊖　本文用的 Mahout 版本是 0.8。

　⊜　也有人实现了基于 HDFS 的 DataModel。

❑ PearsonCorrelationSimilarity：基于皮尔逊相关系数的相似度。

❑ EuclideanDistanceSimilarity：基于欧氏距离的相似度。

❑ UncenteredCosineSimilarity：基于夹角余弦的相似度。

❑ LogLikelihoodSimilarity：基于对数似然比的相似度。

❑ SpearmanCorrelationSimilarity：基于斯皮尔曼相关系数的相似度。

❑ CityBlockSimilarity：基于曼哈顿距离的相似度。

❑ TanimotoCoefficientSimilarity：基于谷本系数的相似度。

3）UserNeighborhood。

对此，Mahout 提供了如下两种计算方式。

❑ NearestNUserNeighborhood：对每个用户取固定数量 N 个最近邻居。

❑ ThresholdUserNeighborhood：对每个用户基于一定的限制，取落在相似度阈值以内的所有用户为邻居。

（3）基于物品的协同过滤

1）推荐器（Recommender）。

基于物品推荐算法的核心实现部分，主要分为以下 3 种。

❑ GenericItemBasedRecommender：基于物品的推荐器，用户对物品的偏好可用连续的数值来表示。

❑ GenericBooleanPrefItemBasedRecommender：基于物品的无偏好值推荐器，用户对物品的偏好仅仅用 0 或 1 来表示。

❑ KnnItemBasedRecommender：基于物品的 KNN 推荐算法。

2）ItemSimilarity。

用于计算物品之间的相似度。具体计算指标可选类型请参见上面的 UserSimilarity。

（4）其他推荐算法

❑ SlopeOneRecommender：Slope 推荐算法。

❑ SVDRecommender：SVD 推荐算法。

❑ TreeClusteringRecommender：TreeCluster 推荐算法。

如果手头的数据中，用户的推荐结果有经过人为的打分，那么还能通过 Mahout 的评分器 RecommenderEvaluator 进行量化的评测。它有以下几种实现方式。

1）测算分数型。

计算推荐结果排序和人为打分的差距，具体分为如下两种形式。

❑ AverageAbsoluteDifferenceRecommenderEvaluator：计算平均差值。

❑ RMSRecommenderEvaluator：计算均方根差。

2）测算准确性。

可采用 RecommenderIRStatsEvaluator 衡量包括准确率、精度和召回率在内的指标，具体请参考第 4 章关于信息检索系统效果的评估。

为了支持海量数据，Mahout 提供了 RecommenderJob（类以 MapReduce 的方式）来实现协同过滤。该类将各种 Mapper 和 Reducer 组件连接起来，让 Hadoop 集群接手后面一系列的运算。

（5）准备步骤

了解了 Mahout 用于推荐的基本分类之后，我们将分别实现基于物品的协同过滤和基于用户的协同过滤。作为准备工作之一，我们需要使用 ProcessForMahout 类，将原始的用户购买日志转化为 Mahout 能够处理的格式。该类位于 RecommendationImplementation 项目中的 Recommendation.RecommendationImplementation 包中，转化后的数据格式为：

```
1,20484,1
1,18952,1
1,21512,1
1,15368,1
1,8715,1
1,25099,1
...
```

其中第一列表示用户 ID，第二列表示该用户所购买的商品 ID，第三列表示用户对其的喜好程度，这里使用购买次数来表示。转化后完整的数据文件位于：

https://github.com/shuang790228/BigDataArchitectureAndAlgorithm/blob/master/Recommendation/user-purchases.mahout.csv.zip

然后在 RecommendationImplementation 项目的 pom.xml 中，添加 Mahout 的依赖包：

```
<!-- Mahout 的依赖 Jar 包 -->
<!-- https://mvnrepository.com/artifact/org.apache.mahout/mahout-core -->
<dependency>
    <groupId>org.apache.mahout</groupId>
    <artifactId>mahout-core</artifactId>
    <version>0.9</version>
</dependency>
<dependency>
    <groupId>org.apache.mahout</groupId>
    <artifactId>mahout-integration</artifactId>
    <version>0.9</version>
</dependency>
<dependency>
    <groupId>org.apache.mahout</groupId>
    <artifactId>mahout-math</artifactId>
    <version>0.9</version>
</dependency>
```

（6）实现基于物品的协同过滤

在 RecommendationImplementation 项目的 Recommendation.RecommendationImplementation 包中，创建 MahoutBasedItemBasedCF 类，实现基于物品的协同过滤。推荐器初始化的代码为：

```
// 初始化
public MahoutBasedItemBasedCF(String fileName) {

    try {
        model = new FileDataModel(new File(fileName));
        is = new PearsonCorrelationSimilarity(model);    // 基于皮尔逊相关系数的相似度
        gir = new GenericItemBasedRecommender(model, is); // 创建基于物品的协同过滤推荐

    } catch (Exception e) {
        // TODO Auto-generated catch block
        e.printStackTrace();
    }
}
```

推荐的代码为：

```
// 通过给定的用户 ID 和基于物品的协同过滤，进行推荐
    public List<Long> recommend(Long userID) {

        List<Long> listingIds = new ArrayList<>();

        try {

            List<RecommendedItem> recommItems = gir.recommend(userID, 10);

            System.out.println(String.format(" 基于物品的协同过滤 - 推荐商品是："));
            for (RecommendedItem ri : recommItems) {
                listingIds.add(ri.getItemID());
                System.out.println(String.format("\t%s", listingId2LisintTitle.
                get(ri.getItemID())));
            }

        } catch (TasteException e) {
            // TODO Auto-generated catch block
            e.printStackTrace();
        }

        return listingIds;

    }
```

运行 main 函数中的测试代码：

```
public static void main(String[] args) throws Exception {
    // TODO Auto-generated method stub

    MahoutBasedItemBasedCF micf = new MahoutBasedItemBasedCF(
    "/Users/huangsean/Coding/data/BigDataArchitectureAndAlgorithm/user-purchases.mahout.csv");

    // loadListing 函数仅供显示之用
    micf.loadListing(
```

```
                "/Users/huangsean/Coding/data/BigDataArchitectureAndAlgorithm/listing-
                segmented-shuffled-noheader.txt");

    while (true) {
        BufferedReader strin=new BufferedReader(new InputStreamReader(System.in));
        System.out.print(" 请输入用户 ID: ");
        String content = strin.readLine();

        if ("exit".equalsIgnoreCase(content)) break;

        long start = System.currentTimeMillis();
                    micf.recommend(Long.parseLong(content));
                    long end = System.currentTimeMillis();
                    System.out.println(String.format(" 耗时 %f 秒 ", (end - start) / 1000.0));
    }

}
```

你将看到类似于图 10-16 所示的截屏。

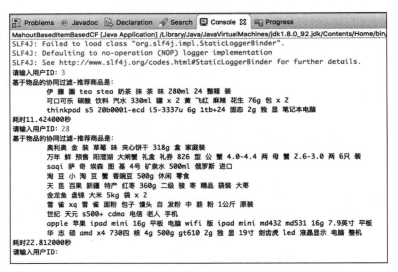

图 10-16　Mahout 所实现的基于物品的协同过滤推荐

从图 10-16 中我们也可以看出，在当前的模拟数据集上，由于商品较多，所以基于物品的协同过滤速度很慢，耗时达到了数十秒。此时可以将其放入离线的阶段，而在线部分则由 Redis 这样的缓存层来实现。

（7）实现基于用户的协同过滤

接下来，在 RecommendationImplementation 项目的 Recommendation.Recommendation Implementation 包中，创建 MahoutBasedUserBasedCF 类，实现基于用户的协同过滤。推荐器初始化的代码为：

```
// 初始化
public MahoutBasedUserBasedCF(String fileName) {

    try {
        model = new FileDataModel(new File(fileName));
        is = new EuclideanDistanceSimilarity(model);      // 基于欧氏距离的相似度
        un = new NearestNUserNeighborhood(5, is, model);
        // 选取至多 5 个最近邻
        gur = new GenericUserBasedRecommender(model, un, is);

    } catch (Exception e) {
        // TODO Auto-generated catch block
        e.printStackTrace();
    }
}
```

推荐的代码为：

```
// 通过给定的用户 ID 和基于用户的协同过滤，进行推荐
public List<Long> recommend(Long userID) {

    List<Long> listingIds = new ArrayList<>();

    try {

        List<RecommendedItem> recommItems = gur.recommend(userID, 10);

        System.out.println(String.format(" 基于用户的协同过滤 - 推荐商品是: "));
        for (RecommendedItem ri : recommItems) {
            listingIds.add(ri.getItemID());
            System.out.println(String.format("\t%s", listingId2LisintTitle.get(ri.
            getItemID())));
        }

    } catch (TasteException e) {
        // TODO Auto-generated catch block
        e.printStackTrace();
    }

    return listingIds;

}
```

运行 main 函数中的测试代码：

```
public static void main(String[] args) throws Exception {
    // TODO Auto-generated method stub

    MahoutBasedUserBasedCF mucf = new MahoutBasedUserBasedCF(
    "/Users/huangsean/Coding/data/BigDataArchitectureAndAlgorithm/user-purchases.
    mahout.csv");
```

```
// loadListing 函数仅供显示之用
mucf.loadListing("/Users/huangsean/Coding/data/BigDataArchitectureAndAlgorithm/
listing-segmented-shuffled-noheader.txt");

        while (true) {
                BufferedReader strin=new BufferedReader(new InputStreamReader
                (System.in));
System.out.print(" 请输入用户 ID: ");
String content = strin.readLine();

if ("exit".equalsIgnoreCase(content)) break;

long start = System.currentTimeMillis();
                mucf.recommend(Long.parseLong(content));
                long end = System.currentTimeMillis();
                System.out.println(String.format(" 耗时 %f 秒 ", (end - start)
                / 1000.0));
        }

}
```

你将看到类似于图 10-17 所示的截屏。

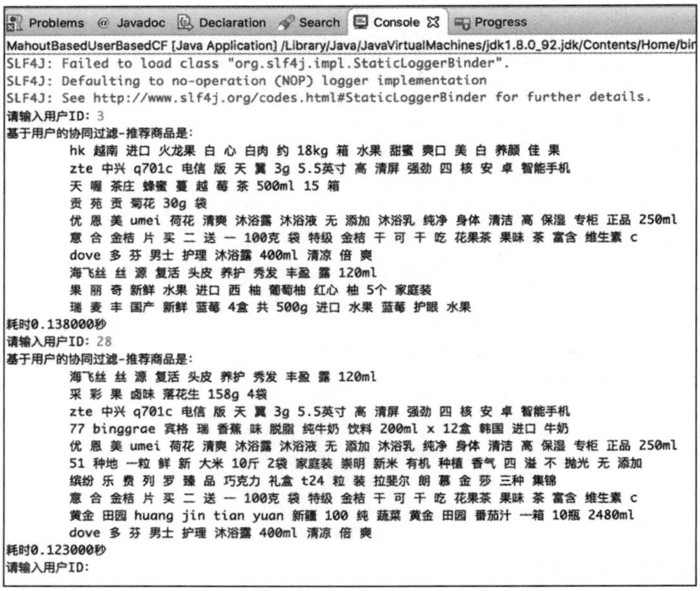

图 10-17　Mahout 所实现的基于用户的协同过滤推荐

上述所有 Mahout 实践相关的代码，可以参阅：

https://github.com/shuang790228/BigDataArchitectureAndAlgorithm/tree/master/
Recommendation/RecommendationImplementation

3. 利用搜索引擎实现在线推荐

在基于内容的推荐中，我们已经探讨了使用搜索引擎来实现推荐的可能性。那么，对于基于物品的协同过滤和基于用户的协同过滤，是否也有可能通过搜索引擎来实现呢？答案是肯定的，这里仍然以 Elasticsearch 的实现为例，逐个来分析。

（1）基于物品的协同过滤

首先，我们来构建一个基于物品的协同过滤。从之前的理论介绍可以得知，基于物品的协同过滤是根据用户的访问行为，查找相似的物品。因此仍然是以商品为单位，构建索引的文档。不过，此处要为每篇商品文档加入一个字段，用于索引（可能还需要存储）哪些用户曾经购买过该商品。有了这个字段，我们就可以以此为依据，查找相似的商品。为了实现这一点，需要建立新的索引 listing_vs_user，向端点 http://iMac2015:9200/listing_vs_user PUT 如下内容：

```
{
    "settings" : {
        "analysis" : {
            "analyzer" : {
                "ik_synonym" : {
                    "tokenizer" : "ik_smart",
                    "filter" : ["synonym"]
                }
            },
            "filter" : {
                "synonym" : {
                    "type" : "synonym",
                    "synonyms_path" : "synonyms.txt"
                }

            }
        }
    },
    "mappings" : {
        "listing" : {
            "dynamic" : true,
            "properties" : {
                "listing_title" : {
                        "type" : "text",
                        "analyzer" : "ik_synonym"
                    },
                "category_name" : {
                    "type" : "text",
                    "analyzer" : "ik_synonym",
                    "fielddata" : true
                },
                "listing_id" : {
                        "type" : "long"
                    },
```

```
                    "category_id": {
                        "type": "long"
                    },
                    "purchased_users": {
                        "type": "text"
                    }
                }
            }
        }
    }
```

注意加粗斜体的部分，purchased_users 字段是 listing_vs_user 索引和之前 listing_new 索引最大的区别，我们用它来索引并存储曾经买过该商品的用户。

然后在 RecommendationImplementation 项目中，进入 SearchEngine.SearchEngineImplementation.Elasticsearch 包，并在之前 ProcessForMySQL 类的基础上，编写新的 ProcessForMySQLAndUserPurchase 类。它除了从 MySQL 数据库中读取商品数据之外，同时还会加载用户购买的信息，生成这里 Elasticsearch 所需的索引源文件。主要代码的不同之处已用如下的加粗斜体部分显示出来：

```
public void process(String sqlConnectionUrl, String purchaseFileName, String
outputFileName) {

    // 加载用户购买的记录，并转为商品到用户的记录
    Map<Long, String> listing2users = new HashMap<>();
    try {

        BufferedReader br = new BufferedReader(new FileReader(purchaseFileName));
        String strLine = br.readLine();   // 跳过 header 行
        while ((strLine = br.readLine()) != null) {
            String[] tokens = strLine.split("\t");
            if (tokens.length < 2) continue;

            String userId = tokens[0];
            String[] listingIds = tokens[1].split(" ");

            for (String listingId : listingIds) {
                Long llistingId = Long.parseLong(listingId);
                if (listing2users.containsKey(llistingId)) {
                    listing2users.put(llistingId,
                    String.format("%s %s", listing2users.get(llistingId), userId));
                } else {
                    listing2users.put(llistingId, userId);
                }
            }

        }

        br.close();
```

```
} catch (Exception e) {
    // TODO: handle exception
    e.printStackTrace();
}



Connection conn = null;
PrintWriter pw = null;

try {

    // 使用 MySQL 的驱动器，需要在 pom.xml 中指定依赖的 mysql 包
    com.mysql.jdbc.Driver driver = new com.mysql.jdbc.Driver();
    // 一个 Connection 进行一个数据库连接
    conn = DriverManager.getConnection(sqlConnectionUrl);
    // Statement 里面带有很多方法，比如 executeUpdate 可以实现插入、更新和删除等
    Statement stmt = conn.createStatement();

    // 保存输出的文件
    pw = new PrintWriter(new FileWriter(outputFileName));

    int batch = 1000;        // 每次读取 1000 条记录并写入输出文件
    int start = 0;
    String jsonLine1 = "{ \"index\" : { \"_index\" : \"listing_vs_user\", \"_
    type\" : \"listing\" } }";


    while (true) {

        String sql = String.format("SELECT * FROM listing_segmented_shuffled limit
        %d, %d", start, batch);
        ResultSet rs = stmt.executeQuery(sql);        // executeQuery 语句会返回 SQL
                                                      // 查询的结果集

        int returnCnt = 0;
        while (rs.next()) {

            // 读取记录并拼装 JSON 对象
            long listing_id = rs.getLong("listing_id");
            String listing_title = rs.getString("listing_title");
            long category_id = rs.getLong("category_id");
            String category_name = rs.getString("category_name");
            // 下述这行是新增的，用于写入购买了该商品的用户列表
            String users = listing2users.get(listing_id);

            String jsonLine2 = String.format("{ \"listing_id\" : \"%d\", \"listing_
                    title\" : \"%s\", "
                + "\"category_id\" : \"%d\", \"category_name\" : \"%s\", "
                + "\"purchased_users\" : \"%s\" }",
```

```
                              listing_id, listing_title,
                              category_id, category_name,
                              users);

                   // 将 JSON 对象写入输出文件
                   pw.println(jsonLine1);
                   pw.println(jsonLine2);

                   returnCnt ++;
               }

               if (returnCnt < batch) break;     // 没有更多的查询结果了，退出
               start += batch;                    // 查询下一 1000 条记录
           }


           pw.close();
           conn.close();

       } catch (Exception e) {
           // TODO: handle exception
           e.printStackTrace();
       } finally {                                // 最后的扫尾工作
           if (pw != null) pw.close();
           if (conn != null)
               try {
                   conn.close();
               } catch (SQLException e) {
                   // TODO Auto-generated catch block
                   e.printStackTrace();
               }
       }

   }
```

运行完毕后，你将看到类似如下的格式：

```
{ "index" : { "_index" : "listing_vs_user", "_type" : "listing" } }
{ "listing_id" : "1", "listing_title" : "雀巢 脆 脆 鲨 威 化 巧克力 巧克力 味 夹心
20g 24 盒 ", "category_id" : "1", "category_name" : " 饼干 ", "purchased_users" : "18
184 194 231 630 682 871 1035 1361 1436 1479 1535 1732 2140 2483 2789 2874 3452 3549
3746 3780 4078 4140 4364 ..." }
{ "index" : { "_index" : "listing_vs_user", "_type" : "listing" } }
{ "listing_id" : "2", "listing_title" : " 奥 利 奥 原 味 夹 心 饼干 390g 袋 ",
"category_id" : "1", "category_name" : " 饼干 ", "purchased_users" : "221 373 420 674
800 1119 1233 1240 1284 1315 1698 1741 1758 1820 1827 1984 2319 2330 2396 2451 3096
3274 3354 3533 3963 4794 4884 5272 ..." }
{ "index" : { "_index" : "listing_vs_user", "_type" : "listing" } }
{ "listing_id" : "3", "listing_title" : " 嘉顿 香 葱 薄饼 225g 盒 ", "category_id"
: "1", "category_name" : " 饼干 ", "purchased_users" : "52 144 661 989 1051 1090 1576
1734 1763 1789 2168 3223 3233 3242 3356 3400 3436 4086 4104 4360 4443 4807 4968
```

```
5112 5318 5738 5760 5823 ..." }
...
```

完整的文件位于：

https://github.com/shuang790228/
BigDataArchitectureAndAlgorithm/
blob/master/Recommendation/listing-
segmented-shuffled-userpurchases-for-
elasticsearch.txt.zip

仍然采用 Elasticsearch 的 _bulk 端点，进行批量的索引：

```
[huangsean@iMac2015:/
Users/huangsean]curl -s -XPOST
iMac2015:9200/_bulk --data-binary
"@ /Users/huangsean/Coding/data/
BigDataArchitectureAndAlgorithm/
listing-segmented-shuffled-
userpurchases-for-elasticsearch.txt"
```

索引完毕后，访问如下端口你就可以看到类似于图 10-18 所示的搜索结果：

http://iMac2015:9200/listing_vs_
user/listing/_search

从图 10-18 可以看出，对于给定的商品，购买过该商品的用户列表已经写入索引了。

一切就绪，下面的问题就是如何使用 Elasticsearch 的查询，进行基于用户的协同过滤。为了便于读者的理解，我们将基于物品的协同过滤简化为一步，任务是根据用户所购买的某件商品，查找其相似品。那么最基本的方法是，向端口 http://iMac2015:9200/listing_vs_user/
listing/_search 发送类似下面的查询：

图 10-18　加入购买用户信息的 listing_vs_user 索引

```
{
    "query": {
        "match" : {
            "purchased_users" : {
                "query" : "21 373 420 674 800 1119 1233 1240 1284 1315 1698 1741
1758 1820 1827 1984 2319 2330 2396 2451 3096 3274 3354 3533 3963 4794 4884 5272
```

5335 5670 6728 6846 7067 7232 7431 7766 7983 8610 8854 9229 9272 9312 9405 9540
9561 9763 10009 10068 10129 10714 12313 12743 13217 13250 14362 14523 14728 14760
14810 14916 15106 15328 15342 15361 15404 15460 15590 16534 16683 16819 16916 17015
17158 17555 17570 17890 18249 18331 18476 18502 18536 18623 18766 18774 18792 19130
19131 19431 19488 19701 19743 19745 20009 20009 20185 20197 20499 20696 20910 21083
21184 21220 21319 21679 22005 22059 22144 22201 22430 22450 22522 22646 22839 23240
23258 23594 23994 24012 24110 24213 24240 24759 25104 25115 25226 25339 25452 25909
26174 26387 26473 26675 27358 27501 27745 27939 27965 28003 28147 28336 28369 28464
28491 29039 29149 29497 29790 29994 30114 30248 30482 30699 30759 31298 31651 31722
31918 31934 31960 32049 32274 32521 32558 33175 33292 33406 33521 33960 34218 34218
34491 34774 34840 34846 34966 35085 35182 35819 35820 35831 36127 36320 36410 36413
36489 36579 36708 36798 37162 37163 37342 37507 38334 38507 38741 38858 38900 39011
39233 39387 39475 39645 39746 39861 40250 40658 40693 40768 40812 40857 40917 40977
41017 41602 41687 41711 41729 41746 41802 41804 41885 42733 42969 43028 43379 43591
43713 43807 43855 44053 44065 44151 44206 44396 44435 44755 44970 45237 45617 45671
45814 46208 46231 46338 46419 46434 46551 47437 47454 47684 47956 48024 48387 48711
48925 49050 49689 49689 49795 49898 50000",
                    "minimum_should_match" : "3%"
                }
            }
        },
        "aggs" : {
            "categories" : {
                "terms" : { "field" : "category_name" }
            }
        }

    }

这个查询是针对 purchased_users 字段，查找还有哪些其他的商品和当前商品有着共同的购买者，由于我们保留了重复的购买，因此对于同一个商品，购买者的 ID 会出现多次，正好起到了词频 tf 的作用。将这个过程和图 10-6 进行对比，你将会发现两者的原理相通，所以这种查询可产生近似的基于物品之推荐。需要注意的是，由于矩阵比较稀疏，因此 minimum_should_match 需要设置的很小，否则很可能就会无法返回任何结果。具体的值需要结合实际的案例进行测试。运行该查询之后，你将得到类似图 10-19 的搜索结果。在此基础上利用 Elasticsearch 的客户端打造实时推荐模块就很容易了，主要步骤具体如下。

1）根据给定的商品 ID，搜索并获取该商品的 purchased_users 字段。

2）根据获取的 purchased_users 字段内容，构建针对 purchased_users 字段的查询，并在商品中进行搜索。

3）返回排名靠前的商品搜索结果，作为推荐内容。

据此，我们撰写 ElasticsearchItemBasedCF 类的示例代码，其代码的核心部分如下：

```
// 通过给定的商品 ID 和基于物品的协同过滤，进行推荐
public List<Long> recommend(Long listingId) {

    List<Long> listingIds = new ArrayList<>();
```

```
try {
    Map<String, Object> queryParams = new HashMap<>();

    // 和 Solr 有所不同，需要在这里指定索引和类型
    queryParams.put("index", "listing_vs_user");
    queryParams.put("type", "listing");

    // 根据商品 ID，查询哪些用户购买过该商品
    queryParams.put("query", listingId);
    queryParams.put("fields", new String[] {"listing_id"});
    queryParams.put("from", 0);                // 从第 1 条结果记录开始
    queryParams.put("size", 1);
    queryParams.put("mode", "MultiMatchQuery");    // 选择基础查询模式
    JsonNode jnDocs = mapper.readValue(ese.query(queryParams), JsonNode.class)
                    .get("hits").get("hits");
    Iterator<JsonNode> iter = jnDocs.iterator();
    String users = "";
    if (iter.hasNext()) {
            JsonNode jnDoc = iter.next();
            users = jnDoc.get("_source").get("purchased_users").asText();
            System.out.println(
                String.format("给定的商品是:%s", jnDoc.get("_source").get("listing_
                title").asText())
                );
    }

    System.out.println(String.format("基于物品的协同过滤 - 推荐商品是："));

    // 根据购买者列表构建查询，进行基于商品的协同过滤
    queryParams.clear();

    queryParams.put("index", "listing_vs_user");
    queryParams.put("type", "listing");

    queryParams.put("query", users);
    queryParams.put("fields", new String[] {"purchased_users"});
    queryParams.put("from", 0);       // 从第 1 条结果记录开始
    queryParams.put("size", 11);      // 返回前 10 条结果记录 (为了排除输入的商品自己，
                                      // 取 11 个结果)
    queryParams.put("mode", "MultiMatchQuery");    // 选择基础查询模式

    // 获取排名靠前的商品
    jnDocs = mapper.readValue(ese.query(queryParams), JsonNode.class)
                    .get("hits").get("hits");
    iter = jnDocs.iterator();
    while (iter.hasNext()) {
        JsonNode jnDoc = iter.next();
        // 由于搜索引擎中包含输入商品本身，排除它自己。也可以修改 ElasticSearchEngineBasic
        // 的实现，使用 filter 来排除
        Long listingIdRecom = jnDoc.get("_source").get("listing_id").asLong();
```

```
            if (listingIdRecom == listingId) continue;

            listingIds.add(listingIdRecom);
            System.out.println(
                    String.format("\t%s", jnDoc.get("_source").get("listing_title").
                    asText())
                    );
        }

    } catch (IOException e) {
        // TODO Auto-generated catch block
        e.printStackTrace();
        return listingIds;
    }

    // 返回推荐商品的列表
    return listingIds;

}
```

运行测试代码：

```
public static void main(String[] args) throws Exception {
        // TODO Auto-generated method stub

        // Elasticsearch 服务器的设置，可以根据你的需要进行设置
        Map<String, Object> serverParams = new HashMap<>();
        serverParams.put("server",  new byte[]{(byte)192,(byte)168,1,48});
        serverParams.put("port", 9300);
        serverParams.put("cluster", "ECommerce");

        ElasticsearchItemBasedCF eicf = new ElasticsearchItemBasedCF(serverParams);

        while (true) {
            BufferedReader strin=new BufferedReader(new InputStreamReader
            (System.in));
    System.out.print(" 请输入商品 ID: ");
    String content = strin.readLine();

    if ("exit".equalsIgnoreCase(content)) break;
            eicf.recommend(Long.parseLong(content));
        }

        eicf.cleanup();

    }
```

你将获得类似于图 10-20 所示的推荐效果。

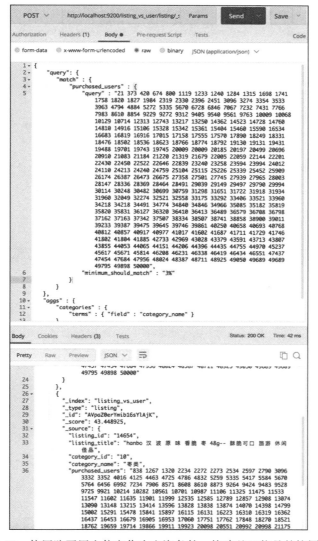

图 10-19　使用购买用户信息作为查询条件，构建基于物品的协同过滤

完整的代码请参见：

https://github.com/shuang790228/BigDataArchitectureAndAlgorithm/tree/master/
Recommendation/RecommendationImplementation

使用搜索引擎，我们还可以非常方便地结合基于物品内容的推荐和基于物品协同过滤的
推荐。主要思想是修改查询条件：

```
{
    "query": {
        "bool" : {
```

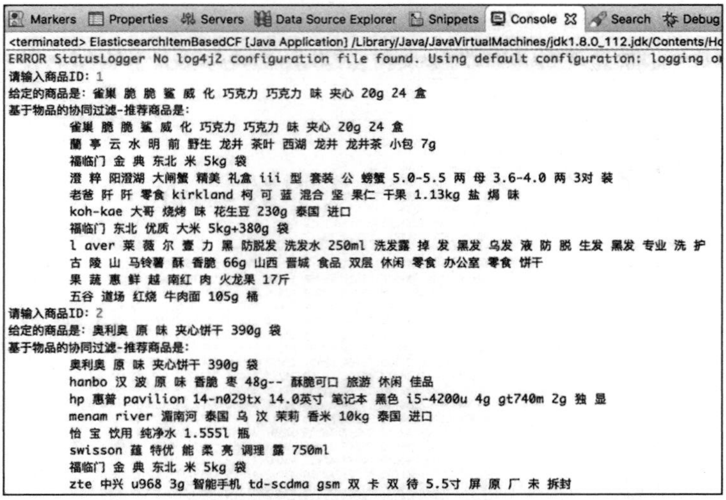

```
🗒 Markers ▦ Properties 🐘 Servers 🎛 Data Source Explorer 🗒 Snippets 🔲 Console ✖ 🔍 Search 🐞 Debug
<terminated> ElasticsearchItemBasedCF [Java Application] /Library/Java/JavaVirtualMachines/jdk1.8.0_112.jdk/Contents/Ho
ERROR StatusLogger No log4j2 configuration file found. Using default configuration: logging o
请输入商品ID：1
给定的商品是：雀巢 脆 脆 鲨 威 化 巧克力 巧克力 味 夹心 20g 24 盒
基于物品的协同过滤-推荐商品是：
        雀巢 脆 脆 鲨 威化 巧克力 巧克力 味 夹心 20g 24 盒
        兰 亭 云 水 明 前 野生 龙井 茶叶 西湖 龙井 龙井茶 小包 7g
        福临门 金 典 东北 米 5kg 袋
        澄 粹 阳澄湖 大闸蟹 精美 礼盒 iii 型 套装 公 螃蟹 5.0-5.5 两 母 3.6-4.0 两 3对 装
        老爸 肝 肝 零食 kirkland 柯 可 蓝 混合 坚 果仁 干果 1.13kg 盐 焗 味
        koh-kae 大哥 烧烤 味 花生豆 230g 泰国 进口
        福临门 东北 优质 大米 5kg+380g 袋
        l aver 莱 薇 尔 蔓 力 黑 防脱发 洗发水 250ml 洗发露 掉 发 黑发 乌发 液 防 脱 生发 黑发 专业 洗 护
        古 陵 山 马铃薯 酥 香脆 66g 山西 晋城 食品 双层 休闲 零食 办公室 零食 饼干
        果 蔬 惠 鲜 越 南红 肉 火龙果 17斤
        五谷 道场 红烧 牛肉面 105g 桶
请输入商品ID：2
给定的商品是：奥利奥 原 味 夹心饼干 390g 袋
基于物品的协同过滤-推荐商品是：
        奥利奥 原 味 夹心饼干 390g 袋
        hanbo 汉 波 原 味 香脆 枣 48g-- 酥脆可口 旅游 休闲 佳品
        hp 惠普 pavilion 14-n029tx 14.0英寸 笔记本 黑色 i5-4200u 4g gt740m 2g 独 显
        menam river 湄南河 泰国 乌 汶 茉莉 香米 10kg 泰国 进口
        怡 宝 饮用 纯净水 1.555l 瓶
        swisson 蓝 特优 能 柔 亮 调理 膏 750ml
        福临门 金 典 东北 米 5kg 袋
        zte 中兴 u968 3g 智能手机 td-scdma gsm 双 卡 双 待 5.5寸 屏 原 厂 未 拆封
```

图 10-20　使用 Elasticsearch 的 Java 客户端，实现基于物品的协同过滤

```
"should" : {
    "match" : {
        "listing_title" : {
            "query" : "花香 四季 长白山 野生 蒲公英 茶 茶叶 婆婆 丁 50 克",
            "minimum_should_match" : "30%"
        }
    }
},
"should" : {
        "match" : {
        "purchased_users" : {
            "query" : "1 141 559 911 987 1370 1436 1650 1728 1891
1946 2019 2139 2405 2725 2750 2868 3106 3694 3715 3756 3767 3769 3823 4016 4789
4821 5022 5082 5510 5678 5792 5812 5925 6604 6891 6997 7822 7922 7957 7965 8109
8467 8548 8630 8650 8724 8876 9392 9811 9935 9947 10055 10089 10307 10477 10517
10829 10911 11023 11602 11631 11688 11690 11909 12005 12251 12623 12732 12841 12868
12897 12914 13125 13370 13520 13816 13845 14061 14182 14229 14287 14519 14592 14810
15023 15192 15360 15405 15560 15869 16132 16194 16395 16580 16696 16944 16954 17310
17372 17473 17644 17730 17834 18416 18794 19022 19280 19358 19518 19807 20187 20407
20501 20734 21177 21537 21539 21662 21882 21975 22007 22142 22505 22651 23068 23209
23222 23249 23403 23487 23698 23818 23973 24021 24023 24091 24165 24216 24989 25012
25268 25370 25560 25979 26163 26226 26725 26928 27596 28281 28537 28673 28704 28878
29039 29141 29151 29435 29487 30345 30563 30629 30667 31004 31359 31889 32225 32258
32570 32882 33075 33300 33581 33692 34177 34351 34976 35311 35378 36165 36360 36810
37653 37681 37745 37831 38047 38088 38099 38343 38829 38906 38963 39212 39249 39571
39782 40013 40116 40311 40380 41031 41257 41351 41397 41573 41869 42014 42254 42449
42467 42491 42525 42613 42676 42706 42828 42831 42980 43282 43288 43473 43710 43790
43986 44277 44761 44992 45110 45162 45385 45469 45564 45571 45939 46427 46434 46790
47254 47496 47621 48237 48244 48427 48759 49055 49122 49291 49753",
            "minimum_should_match" : "3%"
        }
```

```
                    }
                }
            }
        },
        "aggs" : {
            "categories" : {
                "terms" : { "field" : "category_name" }
            }
        }
    }
}
```

测试效果满意后，再参照 ElasticsearchItemBasedCF 类，修改 Elasticsearch Java 客户端相关的代码即可。

（2）基于用户的协同过滤

通过图 10-5 和图 10-6 的比较，你将发现基于用户的协同过滤和基于物品的相比，其最大的不同之处就在于发现相似用户这一个步骤。所以希望使用搜索引擎来实现这个模型，我们还需要构建一个以用户为单位文档的索引。向端点 http:// imac2015:9200/user_vs_listing POST 如下内容：

```
{
    "mappings" : {
        "user" : {
            "dynamic" : true,
            "properties" : {
                "user_id" : {
                        "type" : "long"
                    },
                "purchased_listing": {
                    "type": "text"
                }
            }
        }
    }
}
```

其中，purchased_listing 字段用于索引并存储用户曾经购买过的所有商品列表。然后在 RecommendationImplementation 项目中，进入 SearchEngine.SearchEngineImplementation. Elasticsearch 包，编写新的 ProcessForUserPurchase 类。它的主要目的是通过 user-purchases. txt 原始数据，生成 Elasticsearch 所需的索引源文件：

```
public void process(String purchaseFileName, String outputFileName) {

        PrintWriter pw = null;
        String jsonLine1 = "{ \"index\" : { \"_index\" : \"user_vs_listing\", \"_
        type\" : \"user\" } }";
```

```
            // 加载用户购买的记录
            try {

                // 保存输出的文件
        pw = new PrintWriter(new FileWriter(outputFileName));

                BufferedReader br = new BufferedReader(new FileReader(purchaseFileName));
                String strLine = br.readLine();  // 跳过 header 行
                while ((strLine = br.readLine()) != null) {
                    String[] tokens = strLine.split("\t");
                    if (tokens.length < 2) continue;

                    Long userId = Long.parseLong(tokens[0]);
                    String listingIds = tokens[1];

                    String jsonLine2 = String.format("{ \"user_id\" : \"%d\", \"purchased_
                    listing\" : \"%s\"}",
                        userId,
                        listingIds);

        // 将 JSON 对象写入输出文件
        pw.println(jsonLine1);
        pw.println(jsonLine2);

                }

            br.close();
            pw.close();

        } catch (Exception e) {
            // TODO: handle exception
            e.printStackTrace();
        } finally {           // 最后的扫尾工作
            if (pw != null) pw.close();
        }

    }
```

运行完毕后，你将看到类似如下的格式：

```
{ "index" : { "_index" : "user_vs_listing", "_type" : "user" } }
{ "user_id" : "1", "purchased_listing" : "25494 7806 27344 25692 654 6606 21197
25939 14315 10699 5924 28421 11934 19055 6613 12578 8419 25641 135 9527 23953 21823
... "}
{ "index" : { "_index" : "user_vs_listing", "_type" : "user" } }
{ "user_id" : "2", "purchased_listing" : "6220 21699 21857 19733 6747 19548
7943 6502 20608 21415 13098 25259 10471 18730 28068 8893 25800 26760 5878 9971
21234 ... "}
{ "index" : { "_index" : "user_vs_listing", "_type" : "user" } }
{ "user_id" : "3", "purchased_listing" : "9262 23652 8994 26407 4715 5357 756
14766 6296 18403 25577 26755 19452 11268 5154 10693 8806 19360 11377 4212 23663
```

```
26179 ... "}
```
...

完整的文件位于：

https://github.com/shuang790228/BigDataArchitectureAndAlgorithm/blob/master/
Recommendation/userpurchases-for-elasticsearch.txt.zip

仍然采用 Elasticsearch 的 _bulk 端点，进行批量的索引：

```
[huangsean@iMac2015:/Users/huangsean]curl -s -XPOST iMac2015:9200/_bulk
--data-binary "@/Users/huangsean/Coding/data/BigDataArchitectureAndAlgorithm/
userpurchases-for-elasticsearch.txt"
```

索引完毕后，访问如下端口：

http://iMac2015:9200/user_vs_listing/user/_search

访问该链接后，你就可以看到类似于图 10-21 所示的搜索结果，对于给定的用户，他 /
她曾经购买过的商品列表已经写入索引了。

与基于物品的协同过滤相仿，我们需要设计 Elasticsearch 的查询。不过，之前在讲述基
于物品的协同过滤时，我们将问题简化了一些。这里将展示基于用户协同过滤的所有步骤。

1）在 user_vs_listing 索引中，根据 purchased_listing 字段，发现相似的用户。例如，向
http:// iMac2015:9200/user_vs_listing/user/_search 发送类似下面的查询：

```
{
        "query": {
        "match" : {
            "purchased_listing" : {
                "query" : "9262 23652 8994 26407 4715 5357 756 14766 6296 18403
25577 26755 19452 11268 5154 10693 8806 19360 11377 4212 23663 26179 23409 852
13835 249 20816 25643 20285 18583 14344 6463 13012 770 10345 7382 18642 2377 13120
23033 11132 14222 12709 28316 4634 8242 10030 2947 9979 27803 3997 604 15173 7658
9550 15396 10306 12774 19810 27240 11425 14932 10878 14467 17791 76 14380 24997
13462 26572 14747 25527 14692 18904 18057 4559 24606 7850 21959 10795 25068 20004
20199 4850 5052 18416 8129 24220 13529 4601 27042 15998 213 10578 16823 21635 1210
22411 10326 15006 4831 13520 16208 5168 7061 25857 17406 6450 9093 25736 20299
25618 2240 25048 21131 6952 7164 24655 27421 20006 2563 13034 27788 11875 10840
8332 25231 14943 12509 2649 28344 22849",
                "minimum_should_match" : "5%"
            }
        }
    }
}
```

2）假设第 1 步中，我们获取了前 5 个最近邻的用户，他们的 ID 分别是 43784、49648、
78、41141 和 38484。那么，在 listing_vs_user 索引中，可根据 purchased_user 字段，发现相
似商品。这和之前基于物品的协同过滤类似，向 http://iMac2015:9200/listing_vs_user/listing/_
search 发送类似下面的查询：

```
{
  "took": 3,
  "timed_out": false,
  "_shards": {
    "total": 5,
    "successful": 5,
    "failed": 0
  },
  "hits": {
    "total": 50000,
    "max_score": 1.0,
    "hits": [
      {
        "_index": "user_vs_listing",
        "_type": "user",
        "_id": "AVpfiqlXBXwgpCDsgTns",
        "_score": 1.0,
        "_source": {
          "user_id": "3",
          "purchased_listing": "9262 23652 8994 26407 4715 5357 756
14766 6296 18403 25577 26755 19452 11268 5154 10693 8806 19360 11377
4212 23663 26179 23409 852 13835 249 20816 25643 20285 18583 14344 6463
13012 770 10345 7382 18642 2377 13120 23033 11132 14222 12709 28316 4634
8242 10030 2947 9979 27803 3997 604 15173 7658 9550 15396 10306 12774
19810 27240 11425 14932 10878 14467 17791 76 14380 24997 13462 26572
14747 25527 14692 18904 18057 4559 24606 7850 21959 10795 25068 20004
20199 4850 5052 18416 8129 24220 13529 4601 27042 15998 213 10578 16823
21635 1210 22411 10326 15006 4831 13520 16208 5168 7061 25857 17406 6450
9093 25736 20299 25618 2240 25048 21131 6952 7164 24655 27421 20006 2563
13034 27788 11875 10840 8332 25231 14943 12509 2649 28344 22849 "
        }
      },
      {
        "_index": "user_vs_listing",
        "_type": "user",
        "_id": "AVpfiqlXBXwgpCDsgTn6",
        "_score": 1.0,
        "_source": {
          "user_id": "17",
          "purchased_listing": "17347 19428 10671 28490 19091 3238 23276
25715 25832 19881 15758 1615 26990 21702 17364 8701 16723 2042 18101
15675 26818 26130 16900 5887 8642 3015 19860 25680 21402 14995 15295
17228 925 28481 6198 21296 15412 12671 9037 9054 18720 11429 21551 15787
25421 5365 12960 7254 25118 23681 9957 17791 16965 23181 3537 9114 19360
19054 18589 "
        }
      },
      {
        "_index": "user_vs_listing",
        "_type": "user",
        "_id": "AVpfiqlXBXwgpCDsgToU"
```

图 10-21 用户购买的商品列表写入了 user_vs_listing 索引

```
{
    "query": {
        "match" : {
            "purchased_users" : {
                "query" : "43784 49648 78 41141 38484",
                "minimum_should_match" : "40%"
            }
        }
    },
    "aggs" : {
        "categories" : {
            "terms" : { "field" : "category_name" }
        }
```

```
    }

}
```

这里由于近邻比较少，所以可以适当放大 minimum_should_match 的设置。在此基础上，我们可以利用 Elasticsearch 的客户端打造实时推荐模块，主要步骤具体如下。

1）在 user_vs_listing 用户索引中，根据给定的用户 ID，搜索并获取该用户的 purchased_listing 字段。

2）根据获取的 purchased_listing 字段内容，构建针对 purchased_listing 字段的查询，并在 user_vs_listing 用户索引中进行搜索。

3）返回排名靠前的用户搜索结果，将其认定为近邻。

4）使用发现的近邻，在 listing_vs_user 索引中构建针对 purchased_users 字段的查询，并进行搜索。

5）返回排名靠前的商品搜索结果，作为推荐内容。

据此，我们撰写 ElasticsearchItemBasedCF 类的示例代码，其中的核心部分如下：

```java
// 通过给定的用户 ID 和基于用户的协同过滤，进行推荐
public List<Long> recommend(Long userId) {

    List<Long> listingIds = new ArrayList<>();
    StringBuffer users = new StringBuffer();

    // 根据给定用户的购买记录，查找最近邻的用户
    try {
        Map<String, Object> queryParams = new HashMap<>();

        // 根据用户 ID，查询该用户购买过哪些商品
        queryParams.put("index", "user_vs_listing");
        queryParams.put("type", "user");

        queryParams.put("query", userId);
        queryParams.put("fields", new String[] {"user_id"});
        queryParams.put("from", 0);                        // 从第 1 条结果记录开始
        queryParams.put("size", 1);
        queryParams.put("mode", "MultiMatchQuery");        // 选择基础查询模式
        JsonNode jnDocs = mapper.readValue(ese.query(queryParams), JsonNode.class)
                        .get("hits").get("hits");
        Iterator<JsonNode> iter = jnDocs.iterator();
        String purchasedListing = "";
        if (iter.hasNext()) {
            JsonNode jnDoc = iter.next();
            purchasedListing = jnDoc.get("_source").get("purchased_listing").asText();
            System.out.println(
                    String.format(" 该用户购买过的商品是:%s...", purchasedListing.
                    substring(0, 50))
```

```
                    );
        }


        // 根据购买过的商品，查找最近邻的用户
        queryParams.clear();

        queryParams.put("index", "user_vs_listing");
        queryParams.put("type", "user");

        queryParams.put("query", purchasedListing);
        queryParams.put("fields", new String[] {"purchased_listing"});
        queryParams.put("from", 0);      // 从第 1 条结果记录开始
        queryParams.put("size", 11);     // 返回前 10 条结果记录（为了排除输入的用户自己，
                                         // 取 11 个结果）
        queryParams.put("mode", "MultiMatchQuery");    // 选择基础查询模式
        jnDocs = mapper.readValue(ese.query(queryParams), JsonNode.class)
                    .get("hits").get("hits");
        iter = jnDocs.iterator();
        while (iter.hasNext()) {
            JsonNode jnDoc = iter.next();
            Long similarUserId = jnDoc.get("_source").get("user_id").asLong();
            if (similarUserId == userId) continue;

            users.append(similarUserId).append(" ");

        }
        System.out.println(
                String.format(" 该用户的最近邻是：%s", users.toString())
                );


} catch (Exception e) {
    // TODO: handle exception
    e.printStackTrace();
}



// 根据最近邻的用户 ID，查找推荐商品
try {
    Map<String, Object> queryParams = new HashMap<>();

    queryParams.put("index", "listing_vs_user");
    queryParams.put("type", "listing");

    queryParams.put("query", users.toString());
    queryParams.put("fields", new String[] {"purchased_users"});
    queryParams.put("from", 0);                        // 从第 1 条结果记录开始
```

```
queryParams.put("size", 10);                    // 返回前 10 条结果记录
queryParams.put("mode", "MultiMatchQuery");     // 选择基础查询模式

// 获取排名靠前的商品
JsonNode jnDocs = mapper.readValue(ese.query(queryParams), JsonNode.class)
                    .get("hits").get("hits");
Iterator<JsonNode> iter = jnDocs.iterator();
while (iter.hasNext()) {
    JsonNode jnDoc = iter.next();
    Long listingIdRecom = jnDoc.get("_source").get("listing_id").asLong();
    listingIds.add(listingIdRecom);
    System.out.println(
            String.format("\t%s", jnDoc.get("_source").get("listing_title").
            asText())
            );
}

} catch (IOException e) {
    // TODO Auto-generated catch block
    e.printStackTrace();
    return listingIds;
}

// 返回推荐商品的列表
return listingIds;

}
```

你将获得类似于图 10-22 所示的推荐效果。

完整的代码，请参见：

https://github.com/shuang790228/BigDataArchitectureAndAlgorithm/tree/master/Recommendation/RecommendationImplementation

有了这些经验，我们还可以将之前简化的基于物品的协同过滤还原为三步，感兴趣的读者可以自己尝试一下其效果。

1）在 user_vs_listing 索引中，根据用户 ID 字段，可发现该用户所购买的所有商品。考虑到后续步骤的性能问题，这里可以只挑选最经常购买的若干件商品。

2）在 listing_vs_user 索引中，根据第 1 步的商品列表，查找它们的 purchased_users 字段，并将这些 purchased_users 字段的内容进行聚合。同样，考虑到性能可以只选取最常见的若干位购买者。

3）根据聚合的 purchased_users，对 listing_vs_user 再次进行搜索。

同样，类似基于物品的协同过滤，你还可以结合基于用户内容和基于用户协同过滤两种推荐方式。

"感谢小明哥，真没想到推荐系统竟然也可以使用搜索引擎来实现！"

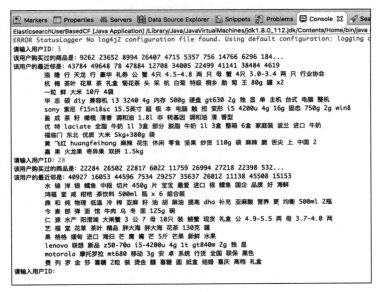

图 10-22 使用 Elasticsearch 的 Java 客户端，实现基于用户的协同过滤

"是的，你可以参照第 4 章我们讨论的适配器设计模式，打造统一的推荐接口，然后底层实现采用不同的设计方案。其实，搜索引擎、推荐系统，甚至是你将来可能碰到的在线广告系统，都是建立于现代信息检索的理论之上的。从本质上来说它们有很多相近之处，所以相互借鉴也不足为奇。随着实际项目的不断深入，你会发现越来越多这种触类旁通的案例。"

第四篇 *Part 4*

获取数据，跟踪效果

■ 第 11 章　方案设计和技术选型：行为跟踪

确定方案后，大宝团队的执行力可以称得上是一流的，第一版的推荐系统很快就上线了，形成了分布在首页、用户中心、商品详情页、购物车结算等页面的多个栏位。由于连续攻克了搜索、推荐两大核心模块，管理层还特意为开发团队颁发了公司最高级别的荣誉："总裁特别奖"。一时间，大宝的技术部门风光无限。这天，小丽找到了大宝，大宝很是得意，自以为小丽是来表示感激的。没想到，小丽此行的真正目的不在于此。

"大宝，感谢你帮助我们解决了用户最大的两个痛点。"

"哪里哪里，全都是为公司、为顾客应该做的。"

"我今天来找你，其实是有件更为重要的事情。"

"哦？请讲。"大宝心里不禁犯嘀咕，最大的两个痛点都解决了，还能有什么更重要的问题呢？

"随着系统和业务的日趋完善，我们站点的访问量也越来越大。公司的高层和业务都很关心的是，这些用户访问了我们的站点之后，都是如何表现的？他们有怎样的消费习惯？具体一些就是，有多少人看过我们的促销页？多少人使用了搜索或推荐功能？搜索和推荐的转化率又是如何呢？举个例子，我们很想知道从搜索结果页有多大概率的用户会点击进入商品详情页，或者是直接添加购物车？现在后台的数据基本上都是基于购买交易进行的，并没有这么详尽的数据用于分析。"

"让我想想……"大宝的脑子立刻开始飞速运转。之前技术部的精力都放在如何设计并实现满足用户需求的生产系统上，例如商家运营时使用的后台工具，顾客购买时使用的搜索和推荐系统。但是对于用户行为的反馈并没有建立良好的跟踪、处理，甚至是分析工具。他开始意识到这是一块明显的短板，尽管经验不足，可是为了公司能够更有效地运营，技术部必须要迎接这个新的挑战。"好的，小丽，需求我已经收到，我们会尽快设计解决方案。"

"太棒了，期待你们技术部的又一次大作！"

方案设计和技术选型：行为跟踪

大宝深知虽然业务需求很明确，但是由于团队的资历尚浅，技术实现上仍然会遭遇不少难点。于是他再次找到了小明，和他沟通了业务方的需求。小明略加思索，说道："对于这个问题，你们公司的大方向是对的。当用户在网上冲浪时，他们都会留下一些痕迹。这是用户行为的一种证据，我们通常使用一些数据，例如访问日志来存储这样的信息。举个例子，当你打开搜狐新闻的首页，或者在百度上输入一些查询关键字，或者在优酷上观看视频剪辑时，都将留下痕迹。这些网站都会将用户的这些行为存储到相应的数据记录中，并加以合理地利用。"

"哦，这些数据应该怎样利用？"

"至少会在两个大的方面产生巨大的价值。第一方面，就是你们业务部门提出的，如何理解用户在贵公司网站上的行为？现有系统是否有效？新的系统发布之后是否有更佳的表现？第二方面，一般会被大家所忽略，但价值是非常巨大的，那就是通过用户行为的反馈数据，直接改进搜索和推荐的系统。你还记得之前几章我们讨论过的内容吧，如何提升搜索排序的相关性和个性化，如何进行基于协同过滤的推荐，这些都需要记录用户的行为。"

"没错没错，之前我们都是读取 Tomcat 这种 Web 服务器上的访问日志（access log）来还原用户访问路径的。"

"这是一种可行的方案，不过可能还会漏掉一些细节性的数据，这个稍后我们再做介绍。总体来说，我觉得你们尚未充分挖掘顾客在贵公司网站上的行为。如果能做一套强有力的行为日志收集和分析系统，那么既能评估现有的功能模块、证明你们辛勤工作的价值，又能为搜索和推荐等系统的人工智能和机器学习准备更多素材，何乐而不为？"

"小明哥，你说的话非常有道理，可是我们应该怎样入手呢？"

"大体上说，你们可以有两种选择，第三方解决方案与自行设计的解决方案。第一种，你可以使用第三方的资源，例如谷歌分析（Google Analytics）。这种情况下，你只需要专注于前端跟踪代码的嵌入即可。如果你选择自己设计整套系统，那么事情会变得更复杂一些，当然你也可以从中学习到更多的技术，包括如何生成在线行为的数据，如何将其保存在分布式系统中，以及如何分析海量的数据"。

"听上去内容很丰富啊，我已经迫不及待地想深入学习了。"

"为了便于理解，让我们从最基本的网站架构分析开始吧！"

11.1　基本概念

11.1.1　网站的核心框架

首先，我们来看一看在线网站最为基本的、一般的架构。在图 11-1 中，从左上角到右侧，你可以看到从 Web 浏览器到前端 Web 服务器，到后端集群，再到持久性数据库的数据流。同时，用户将生成一些数据，如访问行为的日志和交易事务的日志。这里，我们将重点介绍通常由前端 JavaScript 生成的访问日志。原因是与交易等事务日志相比，访问日志通常具有更庞大的数据量和更为丰富的信息。另外，由于访问日志可能会经历更多的模块，它的存储和处理也更为困难。

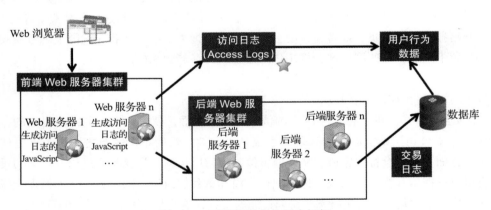

图 11-1　互联网站点的基本框架

虽然这个任务具有挑战性，但我们仍然可以将复杂的问题分解成几个较小的子模块。主要模块包括数据模式的设计，数据的收集、存储和分析。由于大多数用户行为相关的数据是在前端生成的，我们在前端 Web 服务器所呈现的网页中嵌入 JavaScript 代码。这样，一旦用户访问相应的网页，他们的行为就将被捕获并发送到相应的 Web 服务器。然而，前端 Web 服务器的主要职责并不是存储和处理这样的行为数据。为了减少这类服务器的系统负载，我们需要将这些日志数据传输到其他的地方进行存储，如一些文件服务器。文件服务器可以提供更好的容量来持久地保存所有类型的数据，并且可以进行高强度的数据分析。

此时，你可能会提出一个关于访问日志的问题："几乎每种类型的 Web 服务器都会保留访问日志，那么为什么我们还需要 JavaScript 来做同样的事情呢？"这是一个很好的问题。确实，一些经典的 Web 服务器例如 Apache Tomcat 已经能够收集很多对于页面的访问日志了。但是，在某些应用场景下，这些数据未必能供我们所需的全部字段，例如用户访问网站所用的设备和操作系统。此外，既有的数据可能也不够详细。例如，你想知道有多少人向下滚动到某一页的底部，或者用户最常点击的位置在哪里，等等。普通的访问日志无法提供这类信息。换言之，由于需要考虑更全的维度、更细的粒度，我们应该设计一套前端采集的代码，用于收集用户对于某个栏位、坑位、甚至是按钮的点击等信息。

11.1.2　行为数据的类型

前面提到过普通的 Web 服务器日志可能不够详尽，这也是为什么我们通常将用户行为数据分为两类——页面级别和事件级别——的原因。页面级数据表示日志记录用户打开了一个新的网页。下面的图 11-2 使用一个亚马逊全球 Amazon.com 的主页作为示例。上半部分的箭头表示用户单击广告横幅，并打开一个描述 Fire 平板电脑详细信息的新页面。下半部分的箭头表示用户单击亚马逊 echo 的大图，并打开一个描述 echo 产品细节的新页面。通常，大多数 Web 服务器都会存储这种类型的访问日志。

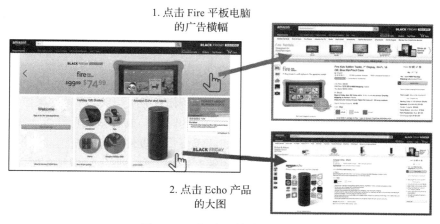

图 11-2　页面级别的行为数据

除了页面级别的行为数据，我们还需要关注事件级别的数据。这里的事件是指在某个网页上的用户输入。大多数事件是鼠标点击（或在移动设备上的触摸），其余的则主要是键盘输入。下面的图 11-3 使用名宿网站 Airbnb 的某张网页作为例子。当用户浏览公寓列表时，他 / 她可以查看和点击地图。这种点击是用户行为的一种典型代表。大多数前端 Web 服务器并不会捕获事件级别的数据。虽然点击可能会触发后端服务器中的某些调用，但是我们很难整合从前端到后端的所有数据流。这就是为什么需要一些 JavaScript 代码来直接记录这样的行为。这些代码将减少数据集成的负担，并有效地防止行为数据的丢失。

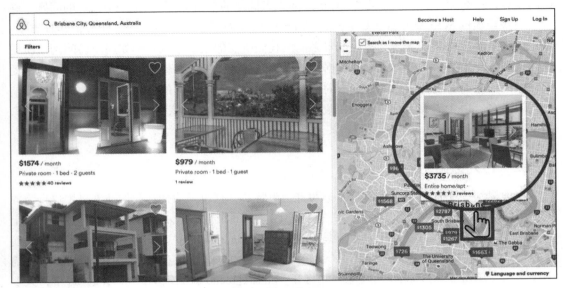

图 11-3 事件级别的行为数据

11.1.3 行为数据的模式

在数据类型之后，我们将考虑行为数据的具体模式（schema）。这个话题始终与你的业务相关：什么样的行为对你的业务最有价值？如果你心中没有一个明确的答案，那么模式将是很难定义的。当然，这里可以提供一些基本的字段，例如时间戳、用户 ID 或账户 ID、页面和事件 ID、页面加载时间、点击发生的位置、AB 测试的分组 ID、设备的操作系统，等等。需要注意的一点就是时间戳。我们建议记录客户端的时间。或者如果有可能，同时记录客户端和服务器端的时间。为什么客户端的时间如此重要？假设你正在经营国际性的业务，并为不同国家的客户提供服务。本地时区对于你了解客户行为和习惯往往更具有实际的意义。随着行为跟踪和分析系统的不断构建，你将会发现许多应用本地时间的场景。

除了上述基本字段之外，还有其他硬件平台相关的领域。例如，在个人电脑上，我们可以记录页面的 URL、引用页面（当前页面的前一页面）的 URL、屏幕分辨率、Web 浏览器的类型和 IP 地址等信息。在智能手机等移动设备上，我们更关心设备的类型、互联网的连接方式（这里指 Wi-Fi 或蜂窝网络），APP 应用版本和 GPS 位置。在大多数情况下，这些信息对移动设备的跟踪和分析更有价值。因为移动设备是一个更加个性化的东西，它能更好地描述你的用户。

一个常见的问题是：行为数据模式的设计是否存在最佳实践？在我看来，上述的基本字段可以适用于大多数情况。但是，如果你的业务确实有非常特殊的需求，有非常特别的商业模型，或者你的用户有非常特殊的行为模式，那么你需要仔细考虑这个课题，来决定应该包括什么样的数据。考虑到 O2O 电商的业务需求，常见的个人电脑端字段可以参考表 11-1 进行设计。

表 11-1　PC 端需要采集的常见字段

字　　段	含　　义
referrer_url	当前页的来源页（上一页）URL
request_url	当前界面的 URL
forward_url	即将跳转页面的 URL
user_id	网站会员 ID，可以通过用户登录时植入 Cookie 来实现
client_time	客户端时间戳
page_area_id	页面区域 ID，标记点击所在页面的栏位所属区域，如首页的个性化栏位
action_id	用户行为的标识 ID，例如加入购物车按钮为 add_cart，点击商品详情为 view_detail
resolution	用户显示屏的分辨率
click_position	点击发生时所处像素点的 X、Y 坐标
response_time	页面的响应时间
content_id	表示业务内容的 ID，例如类目页的分类 ID、搜词页的关键词、促销页的促销活动 ID、详情页的商品 ID，或者是下单页的订单 ID
abtest	用于 AB 测试的流量分组 ID，例如 a 表示第 1 组，b 表示第 2 组，c 表示第 3 组

目前移动互联网也是相当火爆，其流量和交易占比越来越高，因此这里也要考虑常见的移动 APP 端字段设计，如表 11-2 所示。

表 11-2　移动 APP 端需要采集的常见字段

字　　段	含　　义
user_device_id	用户登录设备（例如手机、平板等）ID
session_id	唯一标识一次启动的 ID
user_id	网站会员 ID
client_time	客户端时间戳
terminal_os	操作系统，IOS 还是 Android
ver	APP 的版本号
channel	通过何种下载渠道获取的 APP
ip	访问时的 IP 地址
network	联网方式，2G、3G、4G 还是 Wi-Fi
gps	用户允许的情况下，所记录的地理经纬度
action_id	用户行为的标识 ID，例如加入购物车按钮为 add_cart，点击商品详情为 view_detail
page_id	当前页面类型的 ID，例如搜词页为 search、类目页为 category、促销页为 promotion、详情页为 detail
page_area_id	页面栏位的 ID，例如搜索结果为 result、推荐栏位为 recommend

（续）

字　段	含　义
content_id	表示业务内容的 ID，例如类目页的分类 ID、搜词页的关键词、促销页的促销活动 ID、详情页的商品 ID，或者是下单页的订单 ID
abtest	用于 AB 测试的流量分组 ID，例如 a 表示第 1 组、b 表示第 2 组、而 c 表示第 3 组

虽然有些相类似的字段，但是 APP 还有些特殊的收集需求，例如移动设备的情况、访问的网络环境、用户的地理位置，等等，这些信息对于精准化的分析同样重要。当然，上述只是最基础的设计，可能还需要根据实际需求制定更为详尽的字段列表。有了数据的定义，就可以着手进行记录。下面是一条 APP 终端记录的例子，包含了 15 个信息字段。

原始记录：

```
iphone6s    3434df878g    dabao.yang    2017/01/18/20/28    IOS10.0    2.2.8
AppleStore    10.202.130.128    WIFI    NULL    view_detail    category
result
    32207    2
```

解析后的结果如表 11-3 所示。

表 11-3　移动 APP 端采集样例的解析

user_device_id	iPhone6s	设备是目前最新的 iPhone 6s
session_id	3434df878g	唯一标识的 session ID
user_id	dabao.yang	杨大宝本人自己的网站账号
client_time	2017/01/18/20/28	行为发生的时间
terminal_os	IOS10.0	操作系统为 9.0 版本的 IOS
ver	2.2.8	APP 客户端的发行版本
channel	AppleStore	Apple Store 获得的最新 APP
ip	10.202.130.128	行为发生时网络的 IP
network	Wi-Fi	网络连接方式
gps	NULL	大宝没有打开 GPS 定位
action_id	view_detail	查看详情的行为
page_id	category	发生在类目页
page_area_id	result	类目页中的搜索结果
content_id	32207	类目 ID
abtest	2	进行 AB 测试，属于第 2 组流量

11.1.4　设计理念

在了解了这个任务的几个子模块，以及用户行为数据的类型之后，下面我们来看看如何实现它们。你可以在第三方解决方案的基础之上构建整个系统，或者完全由自己打造各个模块。第三方包括一些著名的解决方案，例如谷歌分析（Google Analytics）、百度统计、Piwik

等。第三方解决方案的优点是显而易见的，它们是开箱即用型的，你所需要花费的软件开发量很少。由于第三方解决方案为你解决了大多数问题，所以使用它们的时候只需要考虑数据的模式及生成即可。然而，当你的网站流量达到一定的规模之后，它们可能就不再提供免费的服务了，这时再切换到其他的解决方案成本就会很高。此外，用户隐私和可靠性也是问题。简而言之，你无法很好地控制自己的预算和数据资产。从另一个角度来看，自行设计的解决方案具有更高的灵活性。你可以根据需要来跟踪任何类型的用户行为，并以实时的方式监控数据，而无须担心任何第三方窥视属于你自己的数据。你还可以构建性能更强，容错性更佳的系统，以实现更高的可靠性。当然，所有这些都会花费更高的开发成本。不过不用担心，本章我们将提供更多的相关知识，来帮助你设计可扩展的用户行为跟踪系统。

值得注意的是，虽然可以通过不同的方式来实现用户行为系统，但它们并非完全相互排斥。如果你有足够的资源，则可以使用多个第三方跟踪系统，甚至同时使用第三方和自定义的系统。多个跟踪系统最大的优势在于可用性和可靠性。即使一个系统出现意外而无法继续运作，因为其他系统仍然可以继续，因此不会造成数据的丢失。此外，你可以做交叉验证来检查数据的正确性。当然，你必须投入更多的资源用于系统的开发。而且，更多的跟踪代码也可能会增加网页加载的时间，从而影响了用户的体验。

无论如何，利用第三方和自行设计的解决方案都是值得研究的。下面，我们分别来深入理解这两种理念。首先你将学习一个流行的第三方跟踪系统：谷歌分析。然后，我们将描述自行设计系统的中的诸多细节。

11.2　使用谷歌分析

在数据类型和模式设计之后，本节将介绍一个用于用户行为跟踪的流行的第三方解决方案：谷歌分析（Google Analytics）。谷歌在 2005 年 11 月推出了这项服务，提供了一系列常用的用户行为跟踪功能，用于报告网站流量。至少到目前为止它还是免费的。谷歌分析还提供了另外两个版本：面向企业用户的基于订阅的谷歌分析 360 和面向移动应用的使用数据采集 SDK。你可以访问这个网址了解更多的详情：https://www.google.com/analytics/。

如果你决定使用它，请访问此处的链接并注册一个新账户：https://www.google.com/analytics/analytics/#?modal_active=none。获取账户后，你可以在某个账户设置的页面上找到跟踪代码，如图 11-4 的屏幕快照所示。其中一件很重要的事情是 UA ID，你应该正确地使用自己的 UA ID。否则，网站所生成的数据将无法得到准确地统计。正如之前所介绍的，有两大类型的数据需要收集：页面级别和事件级别的数据。因此，我们需要为这两种类型分别准备对应的谷歌分析代码，并插入网页的相应位置。因为这是一个开箱即用的解决方案，上述内容就是你所需要完成的全部步骤。这些代码运行一段时间之后，你就可以打开谷歌分析的账户，查看描述网站用户行为的实时和每日报告。具体细节将在实战部分阐述。图 11-5 列出了某个样例网站其报告的若干示意图。

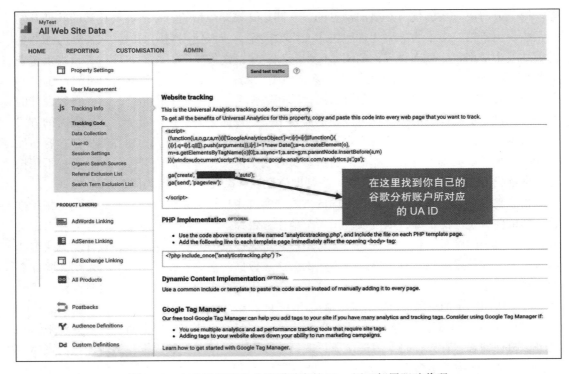

图 11-4　在自己的账户中找到对应的 ID，用于部署跟踪代码

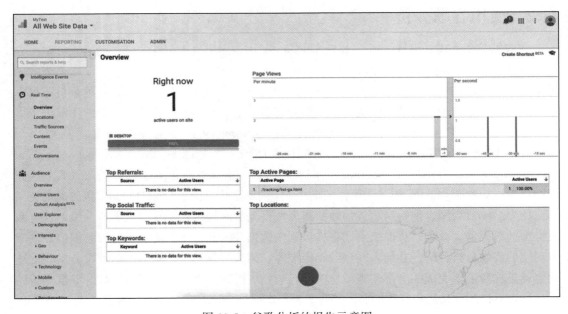

图 11-5　谷歌分析的报告示意图

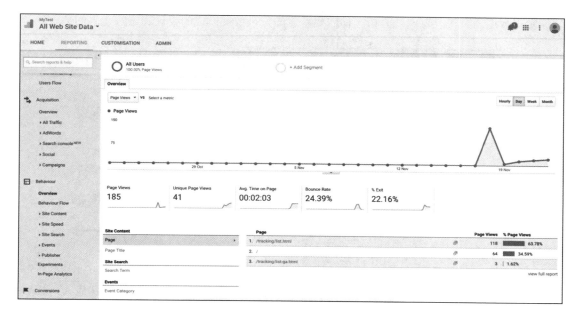

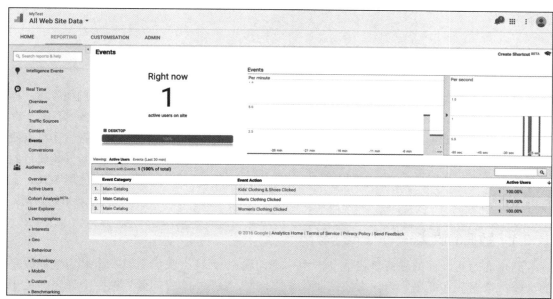

图 11-5 （续）

　　为了让读者更好地理解完整的数据流，图 11-6 绘制了这种解决方案的基本架构。在右侧，你需要定义数据模式并在网页上部署 GA（谷歌分析）代码。如果用户访问嵌有此类代码的网页，那么加载该网页之后，鼠标点击和键盘输入的日志将被发送到谷歌的服务器中，然后谷歌将这些内容记录到其数据库中。稍后，谷歌将利用此类日志生成报告。换句话说，谷歌分析会为你实现数据的收集、存储和分析。你需要考虑的只是数据模式的设计和跟踪代码的部署。

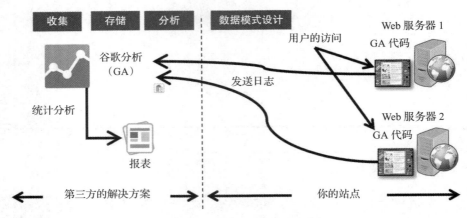

图 11-6 为你的站点使用谷歌分析

第三方解决方案绝对可以节省你的工作量。但是，有的时候你并不希望其他人可以访问自己的数据。如果隐私和安全对你的业务更为重要，那么自行设计的解决方案就是更好的选择。

11.3 自行设计之 Flume、HDFS 和 Hive 的整合

如果自己来设计行为数据的跟踪系统，那么你应该考虑许多其他的事情，例如收集、存储和分析数据。常见的收集方法包括 SCP，Apache Flume、Logstash、Scribe，等等。至于存储，当然我们可以使用像本地文件系统这样最简单的方式。对于大规模系统而言，还可以使用分布式存储系统，例如 Apache Hadoop 的 HDFS、经典的 SQL 数据库，近些年开始流行的NoSQL 数据库，甚至是 Kafka 这样的消息队列。如果要分析收集的数据，可以使用 SQL，支持类 SQL 的 Hive 或 Storm 这样的流式计算框架。下面，我们针对各个核心技术点进行讲解。

11.3.1 数据的收集——Flume 简介

到现在为止，你的脑海里可能会产生一个问题："为什么我们需要一个名为数据收集的步骤？数据就在那里，为什么还需要收集它们？"又是一个好问题。第一个原因是关于数据的分布。实际上，对于大规模的网站而言，我们将使用分布式的系统来服务大量的用户，这意味着行为数据将分散在不同的服务器上。假设只有少量的网络服务器，那么可以使用 SCP 命令将日志文件复制到另一台机器上。此外，还可以配置 Crontab，让机器每日进行常规的备份动作。但是，如果服务器的数量达到了一定的规模，那么相应的维护工作量就会变得非常庞大，这对后续的处理和数据分析来说是非常棘手的。另一个原因是关于数据的备份，有时 Web 服务器真的很繁忙，很有可能会崩溃。在硬件故障的情况下，我们甚至会

丢失访问日志。所以从多个地方收集日志数据并将它们存储在其他地方，还能达到备份的目的。

在本章节的实战中，我们将使用开源的 Apache Flume（http://flume.apache.org/）。这是一个分布式、可靠和高可用的海量数据收集系统，目前最新的版本是 1.7.0。它同时采用推送和拉取这两种采集模式，其能力受到了业界的广泛认可。它支持在系统中定制各类数据发送方，同时还支持对数据进行简单处理，然后写到各种可定制的数据接受方。Flume 最早属于知名的 Cloudera 公司，初始的发行版本被统称为 Flume-OG（Original Generation），目前的版本号是 Flume 0.9X 这种形式。随着 Flume 功能的扩展，Flume-OG 代码工程臃肿、核心模块设计不合理、核心配置不标准等缺点纷纷暴露出来，尤其是在 Flume-OG 的最后一个发行版本 0.94.0 中，日志传输不稳定的现象尤为突出。为了解决这些问题，2011 年 Cloudera 完成了 Flume 中里程碑式的改动，核心模块、核心配置及代码架构都得到了重构，改善后的新版本统称为 Flume-NG（Next Generation），版本号都是 Flume 1.X 的形式。与此同时，Flume 也被纳入 Apache 社区，Cloudera Flume 正式改名为 Apache Flume。本书后面提到的 Flume 如无特殊说明均指 Flume-NG。

Flume 的核心模块有三个，具体如下。

❑ 源头（Source）：负责接收数据的模块，它定义了数据的源头，从源头收集数据，传递给通道（Channel）。源头还可以用于接收其他 Flume 代理中沉淀器传输过来的数据。

❑ 沉淀器（Sink）：批量地从通道（Channel）读取并移除数据，并将所读取的内容存储到指定的位置。

❑ 通道（Channel）：作为一个管道或队列，连接源头和沉淀器。

通过这几个模块，可形成如下的重要概念。

❑ 代理（Agent）：Flume 运行在服务器上的程序，是最小的运行单位。每台机器只会运行一个代理，其中可能包含多个源头（Source）和沉淀器（Sink）。

❑ 事件（Event）：Flume 的数据流由事件贯穿始终，是应用逻辑上的基本处理单元，例如当 Flume 处理网站日志记录的收集时，事件可以是一条日志记录，它携带了日志数据和头信息。代理中的源头会生成这些事件，进行特定的格式化，然后将事件推入若干通道中。你可以将通道看作一个缓冲区，它将保存事件直到沉淀器处理完该事件。沉淀器负责持久化日志，或者将事件推向另一个源头，这也表明 Flume 的数据流传输是可以嵌套的，可以经过多级的传递和预处理。

整个 Flume 的收集流程如图 11-7 所示。

在图 11-7 中，我们可以将源头想象成一个水龙头，沉淀器是一个水桶，而通道就是水管。水管的两头分别接上水龙头和水桶，当水龙头打开时，水就通过水管源源不断地流入水桶。

Flume 的一大优势在于它是集群化管理，当需要采集的应用过多的时候，单个 Flume 的代理可能就会无法处理了，需要更多的代理来组成集群，图 11-8 显示了集群处理的大体架构，其中从应用程序端到集群就需要做流量的负载均衡。类似的，这里可以认为是水龙头有太多的水需要放出，一根水管远远不够，因此需要连接多根水管用于传送。

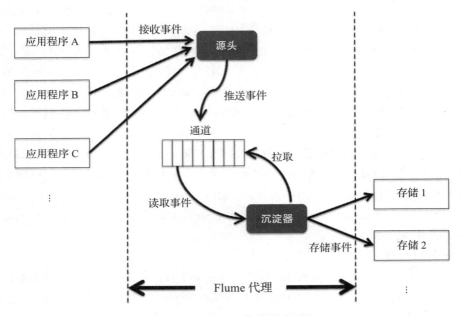

图 11-7 Flume 工作的基本流程

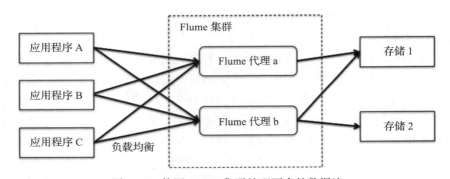

图 11-8 使用 Flume 集群处理更多的数据流

前文也提到过，Flume 的数据流是可以通过多级嵌套进行传输的，图 11-9 就体现了这样的架构。如此架构的优势在于，可以将不同的处理逻辑进行分层，以便于开发、测试和管理。同时，也能更好地控制数据流缓冲的节奏。同样，延续前面的比喻，我们可以认为是通过管道连接器，将多段水管连接起来了。每个连接器还可以加入不同的水处理模块，比如，让第 1 段和第 2 段水管连接器进行活性炭吸附杂质的处理，而第 2 段和第 3 段的水管连接器进行紫外线杀菌的处理，等等。

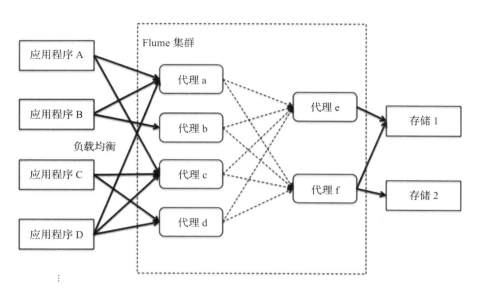

图 11-9　层次型的 Flume 集群架构

从上述的模块和流程中可以看出，源头、沉淀器和通道的实现至关重要。好消息是，对于这三大模块，Flume 已经为我们实现了很多基本的功能，下面就来快速浏览一下。

Flume 的源头主要包括如下几种。

❑ Spooling Directory 源头：在一些场景中，应用数据产生后会存入本地的文件中，文件中的一行或若干行可组成一个逻辑单元。但是不同的应用，会导致不同的字段定义和格式，而你又无法去修改这些应用本身，如何整合这些信息将是一个令人头疼的问题。这个时候 Spooling Directory 源头就有了用武之地，它是非常简单和常用的源头，会监视指定目录的变化，从这些目录的文件中读取所需要的数据，并且进行必要的预处理，将不同数据源的内容转化为对应于 Flume 的事件，在之后的实践部分我们将主要使用这种源头。不过，由于 Spooling Directory 源头可能产生密集的磁盘 I/O 读取操作，所以它的性能通常不会很高。

❑ HTTP 源头：该源头可以通过 HTTP 的 POST 方式接收数据。从客户端的角度来看，它的表现就像 Web 服务器一样，同时还接收 Flume 的事件。

❑ JMS 源头：JMS 的全称是 Java 消息服务（Java Message Service），用于在分布式系统中发送消息，进行异步通信。Flume 自带的 JMS 源头可以获取来自 Java 消息服务队列的数据，例如 ActiveMQ 和 Kafka，等等。

❑ 嵌套：Avro 和 Thrift 这样的源头，可以和上一级代理的沉淀器进行对接，实现代理的多级嵌套。

Flume 封装的沉淀器也不少，能够写到例如 HDFS、HBase、Kafka、Solr 和 Elasticsearch 等存储和检索引擎中。由于它们在 Flume 流程中通常都是最终点，因此这些类型一般被称为终端沉淀器。另外一些类型，例如 Avro 和 Thrift 沉淀器，将和之前介绍的 Avro 和 Thrift 源头对接，用于将数据传给下一级代理。

- HDFS 沉淀器：在大数据架构方案中，它是十分常用的一种沉淀器，可以将数据直接写入 Hadoop 的分布式文件系统（HDFS），以便于大规模数据的存储。该沉淀器非常灵活，可以根据不同事件的报头、时间戳等，配置不同的目录。
- HBase 沉淀器：HBase 是基于 Hadoop 的宽表系统。直接写入 HBase 的沉淀器将使得查询 HDFS 中的数据变得更为高效。
- Kafka 沉淀器：Kafka 是由 Apache 基金会开发的一个开源流处理平台，采用 Scala 和 Java 语言编写。该项目旨在提供一个统一的、高吞吐量、低延迟的平台来处理实时数据。在稍后的实践部分，你将看到 Flume 如何使用 Kafka 沉淀器将数据写入该消息系统。
- Morphine Solr 沉淀器：Morphine 是一个高度扩展的 ETL（Extraction、Transform and Load）框架，在这里它可以将 Flume 的事件加载到 Solr 搜索引擎，通过 Solr 的索引和查询功能，实现更为强大的数据功能。
- Elasticsearch 沉淀器：如前所述，Elasticsearch 是一个类似 Solr 的搜索引擎实现，Flume 同样可以将数据存储到其中，并让 Elasticsearch 对这些数据进行下一步的处理。
- 嵌套：Avro 和 Thrift 这样的沉淀器，可用于将数据传给下一级代理。

Flume 自带两种通道：

- 内存通道：该通道是内存中的队列，源头从它的尾部写入数据，而沉淀器则是从它的头部读取数据。由于都是内存操作，因此可以支持非常高的吞吐量。不过由于其是非持久化的方式，因此存在丢失数据的风险。
- 文件通道：该通道会将事件都写到磁盘中，以持久化的方式保存。这样数据就不会因为宕机或断电而丢失，而且海量数据存储的成本也比较低，不过其性能远远不及内存通道。综合来看，如果对于数据的丢失无法容忍，并且不在意数据处理的速度，那么文件通道是最理想的选择。相反，如果对系统反应速度要求很高，可以允许一定程度的数据丢失，那么建议选择内存管道。

总结一下，Flume 支持各类数据发送方的定制，同时还支持对数据的简单处理，然后将其写到各种可定制的数据接受方。Flume 还有一大优势在于它是集群化管理，便于水平扩展，即使需要采集的应用很多，我们也不用担心收集系统无法承受。更为重要的是，Flume 是开放源代码的，这就意味着开发者们完全可以自定义这些模块的功能和实现。

11.3.2 数据的存储——Hadoop HDFS 回顾

现在我们来讨论用于行为跟踪的数据存储。实际上，这个任务有很多种选择。主要类型包括文件系统，消息队列，SQL 数据库和非 SQL 数据库。文件系统通常包括本地文件系统，Hadoop 分布式文件系统（Hadoop Distributed File System，HDFS）。消息队列包括 Kafka、ActiveMQ、RabbitMQ 等。你可能已经非常熟悉 SQL 数据库了，如 MySQL、DB2 和 Oracle

等。近年来，非 SQL 数据库也变得越来越流行，像 HBase、MongoDB 等。

从精确性角度而言，行为数据不像银行交易系统要求的那么严格。从内容的规范性来看，行为数据的格式可能会随着业务需求的变化而不断变化，包含较高的不确定性。另外，用户流量将来也会不断增长，对于数据规模的要求反而是更高。综合这三点，扩展性良好的 Hadoop HDFS 将是一个不错的选择，它可以非常方便地存储海量非结构化的数据。对于 HDFS，我们在第 1 章已经有所介绍，需要的读者可以重温一下。在稍后的实践部分，我们将展示怎样结合 HDFS 与 Flume，来实现海量日志的存储。

11.3.3　批量数据分析——Hive 简介

如果你使用的是之前介绍的谷歌分析系统，那么谷歌将基于使用数据为你生成许多有价值的报告。如果自己设计行为跟踪系统，那么你也需要依靠自己来分析数据。从计算机处理的方式而言，分析的方式可以分为两种主要类型：批量处理和流式处理。批量处理模式是指每次处理一堆的数据，如果可以接受在几分钟甚至几个小时后获得报告的结果，那么批量处理的模式将适合于你的应用。批量处理模式的应用包括运营日报、市场调研、客户关系管理，等等。但是如果你拥有一个大型网站，并且非常需要实时性的报告，那么流式计算将是一个更好的选择。流式计算将连续处理不断进入的数据。其应用包括实时仪表板、网络安全监控，等等。在本章，我将使用 Apache Hive 展示批处理模式，稍后使用 Kafka 和 Storm 的组合来展示流模式。

在介绍 Hive 之前，让我们快速地了解一下 Hadoop 中的 MapReduce。前文提到 Apache Hadoop 包含两个要素，第一个是 HDFS，第二个就是 MapReduce 计算。MapReduce 与 HDFS 的联系非常紧密，如果你将行为数据存储到 HDFS，那么就意味着你需要进行 MapReduce 的编程来处理 HDFS 中的数据。这可能会花费你很多时间，特别是对于经验不够丰富的开发者来说。现在，Hive 将帮助大家完成这项任务。Hive（http://hive.apache.org/）是 Hadoop 项目中的另一个子项目，它是建立在 Hadoop 基础之上的数据仓库工具，可以存储、查询和分析存储在 HDFS 中的大规模数据，目前最新的版本是 2.1.1。经典的关系型数据库使用结构化查询语言（Structure Query Language，SQL）来查找数据。为了实现数据的提取、转化和加载（Extraction、Transform、Load），Hive 也定义了一种简单的类似于 SQL 的查询语言，称为 HiveQL（Hive SQL）。对于熟悉 SQL 的用户而言，HiveQL 的入门和使用非常方便。Hive 会将 SQL 语句转换为 MapReduce 任务在后台运行，因此用户不必开发专门的 MapReduce 应用，也不用关心具体转换的逻辑，非常适合应用于数据仓库的统计和分析。同时，HiveQL 也允许熟悉 MapReduce 框架的用户开发自定义的 Mapper 和 Reducer 来处理内建模块无法完成的复杂工作。可是，由于 Hive 是基于 HDFS 的，它本身并不能很好地支持实时性很强的需求。

从架构上来看，Hive 主要包括如下几个模块：用户端、解释器、元数据存储和分析数据存储。

❑ 用户端：主要包含命令行（CLI）、客户端（Client）和 Web 图形化界面（WebGUI）。最常用的是 CLI，它启动的时候会同时启动一个 Hive 守护进程服务，使用者可以交互式地输入命令并得到相应的结果输出。Client 是 Hive 的客户端，用户通过它连接到 Hive 的服务器。Client 模式启动的时候，需要启动 Hive 服务器所在的节点，并进行相应的配置。WebGUI 工具允许用户通过浏览器访问 Hive，使用前要启动 HWI 组件（Hive Web Interface）。

❑ 解释器：主要包含执行编译器、优化器和执行器，它们可完成 HiveQL 查询语句的词法分析、语法分析、编译、优化及计划的生成。生成的查询计划也会存储在 HDFS 中，并在随后通过 MapReduce 框架调用执行。这步体现了 Hive 的核心思想之一，那就是尽量简化 MapReduce 开发的工作量，使得某些操作和查询的复杂逻辑对使用者完全透明。

❑ 元数据存储：Hive 中的元数据包括表的名字、表的列、表分区、表数据所在的目录、是否为外部表，等等。尽管 Hive 采用 NoSQL 的方式进行工作，但是它仍然使用关系型数据库存储元数据，这主要是考虑到元数据的规模较小，而对读写同步的要求很高。此外，将元数据的存储从 Hive 的数据服务中解耦出来，可以大大减少执行语义检查的时间，也能提高整个系统运行的健壮性。常用的关系型数据库配置是 MySQL 或 Derby 嵌入式数据库。

❑ 分析数据存储：Hive 用于分析的海量数据都存储在 HDFS 之中，支持不同的存储类型包括纯文本文件、HBase 等文件。一旦解释器接受了 HiveQL，那么 Hive 将直接读取 HDFS 的数据，并将查询逻辑转化成为 MapReduce 计算来完成。

整个 Hive 加上 Hadoop 的大体架构如图 11-10 所示。

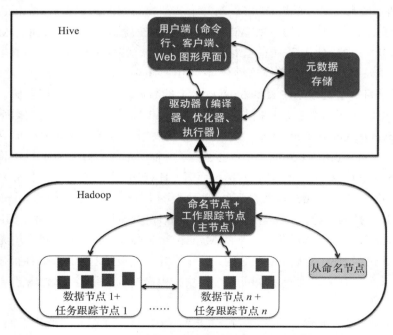

图 11-10　Hive 基本系统架构，底层存储和计算都通过 Hadoop 实现

　　Hive 中所有的数据都存储在 HDFS 中，并没有专门的存储格式，也没有为数据建立索引，它可以非常自由地组织表结构。使用者只需要在创建表的时候指定字段列分隔符和记录行分隔符，Hive 就可以进行解析了。尽管如此，Hive 的数据模型仍然包括几个主要的概念：数据库（Database）、表（Table）、分区（Partition）和桶（Bucket）。

- ❏ 数据库：它的作用是将用户的应用隔离到不同的数据模式中，Hive 0.6.0 之后的版本均支持数据库，其相当于关系型数据库里的命名空间（Namespace）。

- ❏ 表：Hive 的表和数据库中的表在概念上非常接近，在逻辑上，其由描述表格形式的元数据和存储于其中的具体数据组成，可以分为托管表和外部表。托管表在 Hive 中都有一个对应的目录，所有的数据都存储在这个目录中。而外部表的数据文件可以存放在 Hive 仓库以外的分布式文件系统上。表删除的 DROP 命令对于这两种类型产生的效果也不同，对托管表执行 DROP 命令的时候，会同时删除元数据和其中存储的数据，而对外部表执行该命令的时候，则只能删除元数据，而不会删除外部分布式系统上所存储的数据。

- ❏ 分区：Hive 中的分区方式和数据库中的分区方式存在很大的差异，它的概念是根据分区列对表中的数据进行大致地划分。这里，分区列不是表里的某个字段，而是一个独立的列。前面提到 Hive 表就是通过分布式文件系统的目录来实现的，那么相应地，表的分区在 Hive 存储上就体现为主目录下的多个子目录，而子目录的名称就是分区列的名称。使用分区的好处在于，查询某个具体分区列里的数据时不用进行全表扫描，可以大大加快范围的查询。

- ❏ 桶：表和分区都是在目录级别上进行数据的拆分，而桶则是对数据源文件本身进行数据拆分。使用桶的表会将源数据文件按照一定的规律拆分成多个文件。

　　同时，我们也要注意，Hive 与关系型的 SQL 数据库毕竟还是有所不同，应用场景也有差异。下面就来简要地总结如下。

- ❏ 查询语言：HiveQL 与大部分的 SQL 语法兼容，但并不完全支持 SQL 标准。由于底层依赖于 Hadoop 的平台，因此 HiveQL 不支持更新操作，也不支持索引和事务，子查询和连接（Join）操作也很有限。HiveQL 也有些特点是关系型 SQL 所无法企及的，比如和 MapReduce 计算过程的集成和多表查询。

- ❏ 存储方式和计算模型：Hive 和关系型数据库相比，存储和计算的方式也有所不同。Hive 使用的是 Hadoop 的 HDFS，而关系型数据库则是服务器本地的文件系统。Hive 使用的计算模型是 MapReduce，其充分利用多机并行的原理，而关系型数据库设计的计算模型一般适用于单机模式。

- ❏ 实时性：由于架构在 Hadoop 之上，Hive 也继承了其批处理的方式，因此在作业提交和调度的时候需要大量的开销，并且不能在大规模数据集上实现低延迟的查询，其实时性相较于关系型数据库而言就比较差了。实时性的区别也导致了两者的应用场景有很大的不同，关系型数据库大多是为了比较实时查询的业务而设计的，例如联机事务处理（OLTP）。而 Hive 则是为大数据集的批处理作业而设计的，例如，网络日志分析、海量数据挖掘等。

❑ 扩展性、并行性和容错性：虽然 Hadoop 的离线处理特性导致 Hive 并不适用于实时性要求很高的场景，但是 Hadoop 的分布式特性使得 Hive 很容易扩展自己的存储能力和计算能力，并且在部分机器出现故障的时候更容易恢复。在这点上 Hive 比关系型数据库具有更为明显的优势。

11.3.4　Flume、HDFS 和 Hive 的整合方案

综合使用 Apache Flume、Hadoop HDFS 和 Hive 这些开源系统，你可以构建一个用户行为跟踪系统，以批量处理的模式来收集、存储和处理行为数据。图 11-11 列出了该系统的整个框架。在第一步中，Flume 将使用 Spooling Directory 源从前端 Web 服务器获取和传输访问日志，然后在第二步将数据存储到 Hadoop HDFS 集群中，最后 Hive 将取出这些数据，并在第三步中做一些分析，例如获取每日的用户访问量 UV（Unique Visitor）、页面浏览量 PV（Page View）、订单转化率，等等。我们将在稍后的案例实践中展示更多的细节。

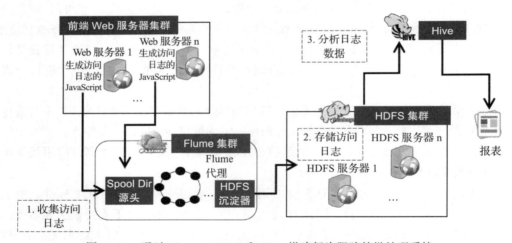

图 11-11　通过 Flume、HDFS 和 Hive 搭建行为跟踪的批处理系统

11.4　自行设计之 Flume、Kafka 和 Storm 的整合

11.4.1　实时性数据分析之 Kafka 简介

HDFS 和 Hive 都比较适用于对实时性要求不高的批处理。假如有些数据报表需要非常及时地完成，那又该如何处理呢？此时我们可以考虑选择类似 Kafka 的消息机制，提供比 Hive 更敏捷的处理速度，避免过度频繁的批处理操作。不过，Kafka 本身并不支持复杂的计算。为了节省你的工作量，你也需要使用 Apache Storm 的框架，这种流式计算可以保证在第一时

间内获得统计的结果。

Apache Kafka（http://kafka.apache.org）是 LinkedIn 公司设计和开发的高吞吐量的分布式发布订阅消息系统，它将帮助你保存大量的流数据，并以非同步的方式重用这些数据。其内在设计就是分布式的，具有良好的可扩展性，截至本章写作之时其版本已更新到 2.12。Kafka 的创造者们在使用之前的一些消息中间件时，发现如果严格遵循 JMS 的规范，虽然消息投递的成功率非常之高，但是会增加不少额外的消耗，例如 JMS 所需的沉重消息头，以及维护各种索引结构的开销等。最终将导致系统的性能很难得到进一步的突破，不太适合海量数据的应用。因此，他们并没有完全按照 JMS 的规范来设计 Kafka 具，而是对一些原有的定义做了简化，大幅提升了处理性能，同时对传送成功率也有一定的保证。总体看来，Kafka 具有如下特性。

- ❑ 高性能存储：通过特定设计的磁盘数据结构，保证时间复杂度为 O (1) 的消息持久化，这样数以 TB 的消息存储也能够保持良好的稳定性能。此外，被保存的消息可以被多次消费，用于商务智能 ETL 和其他一些实时应用程序。
- ❑ 天生分布式：Kafka 被设计为一个分布式系统，它利用 ZooKeeper 来管理多个代理（Broker），支持负载均衡和副本机制，易于横向地扩展。ZooKeeper 旨在构建可靠的、分布式的数据结构，这里可将其用于管理和协调 Kafka 代理。当系统中新增了代理，或者某个代理故障失效时，ZooKeeper 服务会通知生产者和消费者，让它们据此开始与其他代理协调工作。
- ❑ 高吞吐量：由于存储性能的大幅提升，以及具有良好的横向扩展性，因此即使是非常普通的硬件 Kafka 也可以支持每秒数十万的消息流，同时为发布和订阅提供惊人的吞吐量。
- ❑ 无状态代理：与其他消息系统不同的是，Kafka 代理是无状态的。代理不会记录消息被消费的状态，而是需要消费者各自维护。
- ❑ 主题（Topic）和分区（Partition）：支持通过 Kafka 服务器和消费机集群来分区消息。一个主题可以认为是一类消息，而每个主题可以分成多个分区。通过分区，可以将数据分散到多个服务器上，避免达到单机瓶颈。更多的分区意味着可以容纳更多的消费者，有效提升并发消费的能力。基于副本方案，还能够对多个分区进行备份和调度。
- ❑ 消费者分组（Consumer Group）：Kafka 中每个消费者都属于一个分组，每个分组中可以有多个消费者。主题中的某条消息可以被多个分组获得，不过在同一分组中，只有一个消费者会获得该消息。

图 11-12 是 Kafka 系统的整体架构。当然，性能的显著提升并不一定意味着传递可靠性的下降。对于 JMS 规范的实现而言，消息传输的方式非常直接：有且只有一次。而在 Kafka 中则有所不同，消息传输的方式可以分为 3 个档次。

- ❑ 最多一次（At Most Once）：这个和 JMS 中的非持久化消息类似，只发送一次，无论成败都不会重发。如果在消息处理过程中出现了异常，导致部分消息未能继续处理，那么此后未处理的消息将不能被获取。

❑ 至少一次（At Least Once）：消息至少发送一次，如果消息未能接受成功，可能会重发，直到接收成功。消费者获取并处理消息，但是若发生异常将会导致状态保存操作未能执行成功，那么接下来再次获取时可能会获得上次已经处理过的消息。

❑ 正好一次（Exactly Once）：消息只会发送一次，这其实和关系型数据库中的事务概念一致。目前 Kafka 并没有严格地去实现基于两阶段提交的事务机制。

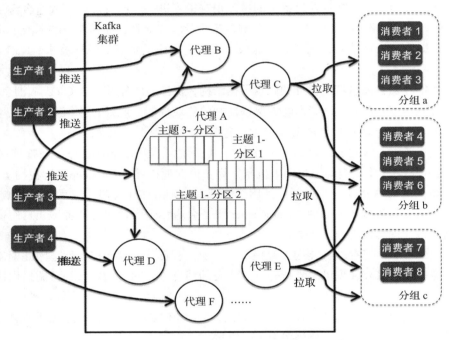

图 11-12　Kafka 的整体架构

考虑到重复接收数据总比丢失数据要好，通常情况下 Kafka 的"至少一次"机制是使用者的首选方案。整体而言，对于一些常规的消息系统，Kafka 是一个理想的选择。内在的分布式设计、分区和副本，使得其具有良好的扩展性、容错性和性能优势。不过，目前 Kafka 并没有提供 JMS 中的事务性消息传输，无法严格地保证消息一定会被处理或只处理一次，因此其比较适合于那些对一致性要求不高的应用场景。

11.4.2　实时性数据分析之 Storm 简介

Apache Storm（http://storm.apache.org）源于 Twitter 公司，目前已经成为 Apache 顶级的开源项目，截至本章写作之时其最新的版本已更新到 1.0.2。Storm 是一个分布式的、容错的实时计算系统，除了用于实时性分析之外，它还可用于在线数据挖掘、机器学习、商务智能 ETL、分布式远程调用等领域。Storm 为分布式实时计算提供了一组通用原语，这是管理队列及工作者集群的另一种方式。在计算时就将结果以流的形式输出给用户，以进一步提升实时性。

首先我们来理解 Storm 体系中一些重要的概念和含义，包括元祖（Tuple）、数据流（Stream）、Spout、Bolt、流量分组（Streaming Group）和拓扑结构（Topology）。

- ❑ 元组：这是 Storm 中使用的一种数据结构，包含了若干个键 – 值对（Key-Value Pair）的列表，这里的键 – 值对的定义和哈希表的定义相类似。元组以一种分布式的方式并行地在 Storm 集群上进行创建和处理。

- ❑ 数据流：数据流是 Storm 中非常重要的一个抽象概念，是一个没有边界的元组序列，由 Spout 和 Bolt 进行发送和转发。对数据流的定义主要就是对其中的元组进行定义，此外还需要为其分配唯一的标识 ID。

- ❑ Spout：英文单词 Spout 翻译过来就是水龙头的意思，顾名思义它是提供数据源的，是一个计算任务中数据的生产者。Spout 可以从数据库或文件系统等加载数据，然后作为入口，向若干节点组成的拓扑结构中发送数据流。每个 Spout 都可以发送多个数据流，同时也可以按照送达的可靠性划分等级。

- ❑ Bolt：可以将其理解为运算或函数，用于将一个或多个数据流作为输入，实施加工处理后，再进行新数据流的输出。Bolt 可以接受 Spout 或其他 Bolt 发送的数据，并据此建立复杂的流转网络，形成最终的拓扑结构，完成对整条流水线数据的操作。Storm 计算中的逻辑几乎都是在 Bolt 中完成的，例如，过滤、分类、聚集、计算、查询数据库等。

- ❑ 流量分组：它决定了 Spout 和 Bolt 节点之间相互连接的方式，主要分为以下几种类型。

  a）洗牌分组（Shuffle Grouping）：随机地将元组分发到各个 Bolt 上，理论上这样做的结果是每个 Bolt 都会接收到同样数量的元组。

  b）按字段值分组（Fields Grouping）：按照指定的元组字段来进行分组。例如，按照"水质"来划分，那么具有同等质量的水源会分到一组，发送到同一个或同一组 Bolt 上。这个逻辑和 Hadoop 中 MapReduce 框架非常相似，这样一来，数据流上游的 Spout 或 Bolt 节点就和 Mapper 比较接近，而下游的 Bolt 节点则和 Reducer 比较接近。

  c）广播（All）：所有的元组都会发送到所有的 Bolt 上。

  d）全局（Global）：所有的元组都发送到全局指定的某个 Bolt 上。

  e）不做指定（None）：目前等同于洗牌分组，将来可能会进行新的定义扩充。

  f）指定分组（Direct）：明确指定元组发送到哪个确切的 Bolt 上。

- ❑ 拓扑结构：它是由流量分组连接起来的 Spout 和 Bolt 节点网络。在 Storm 中，一个实时的计算应用程序的逻辑被封装在一个拓扑对象中，也可以称为计算拓扑。如果与 Hadoop 的生态系统相对比，拓扑结构则类似于 MapReduce 的任务，但是它们之间的关键区别在于，一个 MapReduce 任务最终总是会结束的，然而一个 Storm 的拓扑结构将会一直运行，直到使用者主动关闭或出现异常。

为了更好地理解，让我们为 Storm 拓扑中的基本数据流绘制一张图片。从左到右，你将看到称为 Stream 的数据元组依次通过 Spout 和 Bolt。Spout 就像数据源一样工作，并为 Bolt 发送数据。Bolt 将处理来自 Spout 的数据，并将处理的数据发送到应用程序或其他 Bolt 以进行更多的处理。类似 Flume，Storm 也支持多层构建更复杂的逻辑。如果你对更多的细节感兴趣，那么可以参考 Storm 的官方网站。

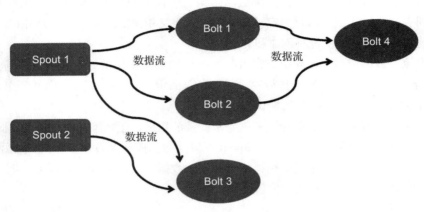

图 11-13　Storm 的拓扑

从架构的角度理解，Storm 的集群主要包含两种节点：主节点 Nimbus 和工作节点 Supervisor，它们都是无状态的，可以从失败中快速恢复，健壮性较好。Nimbus 负责管理、协调和监控在集群上运行的拓扑结构，包括拓扑的发布、任务指派、出错后的恢复等。从这点上看，其功能和 Hadoop 集群中的工作跟踪（Job Tracker）节点非常相似。Supervisor 在接收到 Nimbus 分配的任务之后，会启动名为 Worker 的进程来完成工作。每个 Worker 负责一个拓扑结构，而一个 Supervisor 可以启动多个 Worker，并负责管理它们，类似 Hadoop 中任务跟踪（Task Tracker）节点的角色。此外，Storm 同样是利用 ZooKeeper 来管理节点的集群的，例如任务的分配情况、Worker 的状态、Supervisor 之间的 Nimbus 的拓扑度量等。Nimbus 和 Supervisor 节点之间的通信也是结合 ZooKeeper 的状态变更通知和监控通知来处理的。

11.4.3　Flume、Kafka 和 Storm 的整合方案

使用 Apache Flume、Kafka 和 Storm，可以构建另一种跟踪系统，以更加实时的方式收集、存储和处理用户的行为数据。图 11-14 列出了该系统的整个框架。其中 Flume 使用 Kafka 沉淀器将大量数据存储到消息队列中，Storm 使用 Kafka 中的数据并生成实时性更强的报告，如实时仪表板。

到目前为止，我们已经学习了生成、收集、存储和分析用户行为数据的基本方法。但是理论知识还不足以建立一个实用的系统。为了确保你能掌握最重要的技能，我们通过一个案例，逐步展示如何构建这样的系统。案例的实践不仅涵盖了第三方解决方案，还涵盖了自行

设计的解决方案。此外，对于自行设计的方案，本文还将由浅入深，覆盖三种类型的实现：第一个是 Flume 加本地文件系统，第二个是 Flume 加 HDFS 再加 Hive，最后一个是 Flume 加 Kafka 再加 Storm。

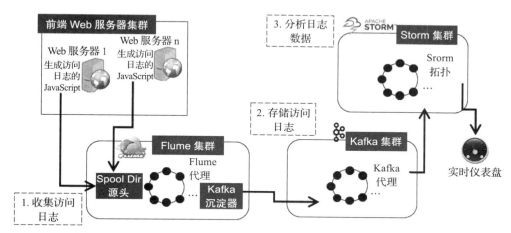

图 11-14　通过 Flume、Kafka 和 Storm 搭建行为跟踪的实时处理系统

11.5　案例实践

在深入细节之前，我们先来看看案例的基本概述。下面将模拟电子商务网站上的一张页面，这张页面上包含了三个类别：女装（Women's Clothing）、男装（Men's Clothing）和童装（Kid's Clothing & Shoes）。在每个类别下，都有几项商品。用户可以打开此页面，或单击一个商品的按钮表示对其感兴趣。图 11-15 显示了该测试页面的一个截屏。

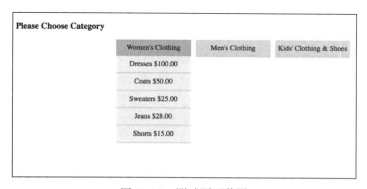

图 11-15　测试页面截屏

在这个研究案例中，我们将设置一个简单的 Web 服务器并托管此页面。当然，更重要的是，我们将设计一个系统来记录这样的行为，并从中得到一些数据分析的结果。通过这个过

程，你将了解如何使用谷歌分析这类第三方方案，以及自行设计分析方案的三个实现模块：Flume 的基本用法、批处理模式下的数据处理和实时模式下的数据处理。

11.5.1 数据模式的设计

由于我们会尝试谷歌分析的解决方案，因此在数据模式的设计部分采用了谷歌分析常用的几个字段：category、action、label 和 value，同时还加上了客户端的时间戳。

表 11-4 案例中采集的字段

字　　段	含　　义
category	商品的主分类。本案例中假设只有一个名为 Main 的主分类
action	选择的商品子分类，包括女装（Women's Clothing）、男装（Men's Clothing）和童装（Kid's Clothing & Shoes）
label	被点击商品的名称
value	被点击商品的价格
timestamp	客户端时间戳

这里需要注意如下两点。

❑ 对于谷歌分析提供的默认字段 category、action、label 和 value，可以根据你的业务需求，进行自定义，而不必完全依照表 11-4 的方式。

❑ 在完全进行自主设计时，我们采用了同样的数据模式。当然，你没有必要遵循 category、action、label 和 value，此外你还可以定义更多新的字段，例如被用户点击的商品在页面的什么位置，等等，更多细节可回顾第 11.1.3 节。这也充分体现了自主设计的优势。

11.5.2 实验环境设置

用于本案例的硬件环境和之前的案例相类似，仍然使用三台苹果个人电脑作为服务器，两台 MacBook Pro（MacBookPro2012 和 MacBookPro2013）和一个 iMac（iMac2015）。局域网和互联网都是必需的。局域网中，三台机器的 IP 分别如下：

iMac2015　　　　　　192.168.1.48

MacBookPro2013　　　192.168.1.28

MacBookPro2012　　　192.168.1.78

至于软件，由于所有的操作系统都是 Mac OS，下面示例中的命令和路径都以 Mac OS 为准，其他的操作系统可能需要适当调整。其他需要使用的重要软件包括谷歌分析、Java、Apache Tomcat、Flume、HDFS、Kafka、Storm 和 ZooKeeper 等。对于本章新介绍的软件，本节将在剩余部分逐一描述它们的设置和使用。和之前的案例相同，你可以通过这个 GitHub 链接下载用于实践的所有样例文件：

https://github.com/shuang790228/BigDataArchitectureAndAlgorithm.git

我们假设你已经实践了之前所有章节的案例，因此 JDK 1.8，Intranet 中的主机名和一些必要的环境变量都已就绪。此外，由于本章节介绍了一些新的软件，我们也需要为其设置环境变量。请注意，这些设置非常重要，因为它们将对后面的实验部分产生影响。在 Mac OS 中，你仍然可以通过运行 "sudo vim/etc/profile" 这类命令来做到这一点。如下的代码清单展示了设置的样例：

```
export JAVA_HOME=/Library/Java/JavaVirtualMachines/jdk1.8.0_112.jdk/Contents/Home

export PATH=/usr/bin:/bin:/sbin:/usr/sbin:/usr/local/bin

export TOMCAT_HOME=/Users/huangsean/Coding/apache-tomcat-8.5.3
export PATH=$PATH:$TOMCAT_HOME/bin

export NGINX_HOME=/usr/local/nginx
export PATH=$PATH:$NGINX_HOME/sbin

export HADOOP_HOME=/Users/huangsean/Coding/hadoop-2.7.3
export PATH=$PATH:$HADOOP_HOME/bin
export PATH=$PATH:$HADOOP_HOME/sbin
export HADOOP_MAPRED_HOME=$HADOOP_HOME
export HADOOP_COMMON_HOME=$HADOOP_HOME
export HADOOP_HDFS_HOME=$HADOOP_HOME
export HADOOP_YARN_HOME=$HADOOP_HOME
export YARN_HOME=$HADOOP_HOME
export HADOOP_COMMON_LIB_NATIVE_DIR=$HADOOP_HOME/lib/native
export HADOOP_OPTS="-Djava.library.path=$HADOOP_HOME/lib"

export FLUME_HOME=/Users/huangsean/Coding/apache-flume-1.7.0-bin
export PATH=$FLUME_HOME/bin:$PATH

export HIVE_HOME=/Users/huangsean/Coding/apache-hive-2.1.0-bin
export PATH=$HIVE_HOME/bin:$PATH

export ZOOKEEPER_HOME=/Users/huangsean/Coding/zookeeper-3.4.9
export PATH=$ZOOKEEPER_HOME/bin:$PATH

export KAFKA_HOME=/Users/huangsean/Coding/kafka_2.11-0.10.1.0
export PATH=$KAFKA_HOME/bin:$PATH

export STORM_HOME=/Users/huangsean/Coding/apache-storm-1.0.2
export PATH=$STORM_HOME/bin:$PATH
```

你可以在 https://github.com/shuang790228/BigDataArchitectureAndAlgorithm/blob/master/UserBehaviorTracking/conf/profile 中访问这些内容，并根据自己安装的目录来调整相应的路径。当然，如果你不能完全理解这些内容所代表的含义，也不用担心，我们将在以下的实验中逐一设置它们。首先来看下如何集成谷歌分析这样的第三方解决方案。

11.5.3 谷歌分析实战

1. 基本框架和准备工作

对于谷歌分析（Google Analytics），我们使用了所有三台机器、局域网和互联网。当然还需要申请谷歌分析的账户，并为 Java 和 JavaScript 开发安装 JDK，以及使用 Tomcat 的默认设置搭建 Web 服务器来托管测试页面。由于我们正在尝试构建一个 Web 服务器集群，因此也需要像 Nginx 这样的负载均衡软件。图 11-16 列出了架构的示意图，它将帮助你理解下一步要做什么。图 11-16 与图 11-6 的示意图非常相似，不过图 11-16 使用了具体的机器名称和软件名称。正如你所看到的，我们使用了三台机器和局域网来构建一个 Web 前端集群。Tomcat 在每台机器上提供 Web 服务，Nginx 为用户访问提供负载均衡。另一方面，谷歌分析的跟踪代码将通过互联网向谷歌服务器持续发送用户访问的日志记录。

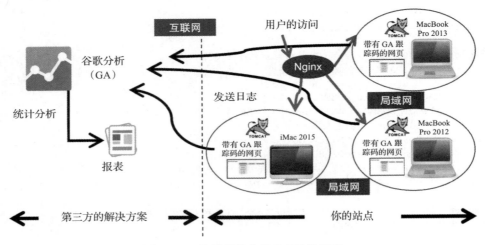

图 11-16　使用谷歌分析的实验性框架

从这个基本框架可以看出，谷歌分析解决方案的第一步就是申请谷歌分析的账户⊖，并阅读相关的用户指南⊜。在此基础之上，你可以将其跟踪代码嵌入待测试网页。接下来，只需通过 Tomcat 设置和启动 Web 服务器并展示该网页就可以了。最后，你可以在自己的谷歌分析账户中读取一些数据报告。

2. 嵌入谷歌分析的代码

让我们先来看看示例代码是如何部署谷歌分析的跟踪代码的。你将在本书的样例文件中找到一个名为"list-ga.html"的文件：

https://github.com/shuang790228/BigDataArchitectureAndAlgorithm/blob/master/

⊖　https://www.google.com/analytics/

⊜　https://support.google.com/analytics#topic=3544906

UserBehaviorTracking/GoogleAnalytics/list-ga.html

打开此文件，你会发现两个相关的代码片段。第一个代码片段如下所示：

```
<!-- Start: Google Analytics for page loading-->
<script>
        (function(i,s,o,g,r,a,m){i['GoogleAnalyticsObject']=r;i[r]=i[r]||function(){
        (i[r].q=i[r].q||[]).push(arguments)},i[r].l=1*new Date();a=s.createElement(o),
        m=s.getElementsByTagName(o)[0];a.async=1;a.src=g;m.parentNode.insertBefore(a,m)
        })(window,document,'script','https://www.google-analytics.com/analytics.
        js','ga');
        ga('create', 'UA-87676846-1', 'auto');
        ga('set', 'userId', 'Joy2017'); //Set the user ID using signed-in user_id.
        ga('send', 'pageview');

</script>
<!-- End: Google Analytics for page loading-->
```

它将处理页面级的数据，比如某位用户打开此网页。此代码的关键是谷歌分析的 UA ID，本例中是 UA-87676846-1。请正确使用你的 UA ID，否则将会无法获得统计报告，它可以在你的分析账户中找到。您还可以设置对应用程序有意义的用户 ID（userId）。

以下代码段将处理事件级的数据，如点击一个商品的按钮：

```
// Start: Google Analytics for click
function sendGA(e) {

    var category = e.getAttribute("data-gaCategory");
    var action = e.getAttribute("data-gaAction");
    var label = e.getAttribute("data-gaLabel");
    var value = e.getAttribute("data-gaValue");
    ga("send", "event", category, action, label, value);

}
// End: Google Analytics for click
```

谷歌预先定义了一些参数，例如 category、action、、label 和 value。通常它们是字符串类型的参数，除了 value 之处。这里我们使用 category、action 和 label 来标记用户点击的按钮，并使用 value 来保存被点击商品的价格。参数的使用可以是非常灵活的，只要对你的业务有意义就可以。至于每个商品按钮对应的 category、action、label 和 value 值，可以在页面的按钮中进行设置：

```
<div id="menu">
    <ul>
        <li><a href="#">Women's Clothing</a>
            <ul>
                            <li><a href="#" data-gaCategory="Main Catalog" data-
gaAction="Women's Clothing Clicked" data-gaLabel="Dresses" data-gaValue="100"
onclick="sendGA(this)">Dresses $100.00</a></li>
                            <li><a href="#" data-gaCategory="Main Catalog" data-
```

```
gaAction="Women's Clothing Clicked" data-gaLabel="Coats" data-gaValue="50"
onclick="sendGA(this)">Coats $50.00</a></li>
                        <li><a href="#" data-gaCategory="Main Catalog" data-
gaAction="Women's Clothing Clicked" data-gaLabel="Sweaters" data-gaValue="25"
onclick="sendGA(this)">Sweaters $25.00</a></li>
                        <li><a href="#" data-gaCategory="Main Catalog" data-
gaAction="Women's Clothing Clicked" data-gaLabel="Jeans" data-gaValue="28"
onclick="sendGA(this)">Jeans $28.00</a></li>
                        <li><a href="#" data-gaCategory="Main Catalog" data-
gaAction="Women's Clothing Clicked" data-gaLabel="Shorts" data-gaValue="15"
onclick="sendGA(this)">Shorts $15.00</a></li>
                </ul>
        </li>
        <li><a href="#">Men's Clothing</a>
                <ul>
                        <li><a href="#" data-gaCategory="Main Catalog" data-
gaAction="Men's Clothing Clicked" data-gaLabel="Casual Shirts" data-gaValue="36"
onclick="sendGA(this)">Casual Shirts $36.00</a></li>
                        <li><a href="#" data-gaCategory="Main Catalog" data-
gaAction="Men's Clothing Clicked" data-gaLabel="T-Shirts" data-gaValue="12"
onclick="sendGA(this)">T-Shirts $12.00</a></li>
                        <li><a href="#" data-gaCategory="Main Catalog" data-
gaAction="Men's Clothing Clicked" data-gaLabel="Sport Coats" data-gaValue="58"
onclick="sendGA(this)">Sport Coats $58.00</a></li>
                        <li><a href="#" data-gaCategory="Main Catalog" data-
gaAction="Men's Clothing Clicked" data-gaLabel="Jeans" data-gaValue="25"
onclick="sendGA(this)">Jeans $25.00</a></li>
                        <li><a href="#" data-gaCategory="Main Catalog" data-
gaAction="Men's Clothing Clicked" data-gaLabel="Pants" data-gaValue="35"
onclick="sendGA(this)">Pants $35.00</a></li>
                </ul>
        </li>
        <li><a href="#">Kids' Clothing & Shoes</a>
                <ul>
                        <li><a href="#" data-gaCategory="Main Catalog" data-
gaAction="Kids' Clothing & Shoes Clicked" data-gaLabel="Girls' Clothing" data-
gaValue="65" onclick="sendGA(this)">Girls' Clothing $65.00</a></li>
                        <li><a href="#" data-gaCategory="Main Catalog" data-
gaAction="Kids' Clothing & Shoes Clicked" data-gaLabel="Boys' Clothing" data-
gaValue="20" onclick="sendGA(this)">Boys' Clothing $20.00</a></li>
                        <li><a href="#" data-gaCategory="Main Catalog" data-
gaAction="Kids' Clothing & Shoes Clicked" data-gaLabel="Girls' Shoes" data-
gaValue="40" onclick="sendGA(this)">Girls' Shoes $40.00</a></li>
                        <li><a href="#" data-gaCategory="Main Catalog" data-
gaAction="Kids' Clothing & Shoes Clicked" data-gaLabel="Boys' Shoes" data-
gaValue="26" onclick="sendGA(this)">Boys' Shoes $26.00</a></li>
                        <li><a href="#" data-gaCategory="Main Catalog" data-
gaAction="Kids' Clothing & Shoes Clicked" data-gaLabel="Unisex Accessories" data-
gaValue="8" onclick="sendGA(this)">Accessories $8.00</a></li>
                </ul>
        </li>
```

```
            <div class="clear"></div>
        </ul>
    </div>
```

3. 搭建 Web 服务

好了，谷歌的跟踪代码已经嵌入了待测试的页面 list-ga.html。我们还需要 Web 服务器来展示这个页面。本案例使用的 Apache Tomcat，通常被称为 Tomcat 服务器，其是一个开源的 Java Servlet 容器和 Web 服务器。可从这个链接下载并解压 Tomcat 的 8.x 版本：

https://tomcat.apache.org/download-80.cgi

你可以使用 Tomcat 的默认配置，运行 Tomcat 中 bin 目录的 startup.sh：

```
[huangsean@iMac2015:/Users/huangsean/Coding]/Users/huangsean/Coding/apache-
tomcat-8.5.3/bin/startup.sh
```

如果你已经按照下面的方式设置了 Tomcat 主目录的环境变量，那么只需运行命令行 startup.sh 就可以了：

```
export TOMCAT_HOME=/Users/huangsean/Coding/apache-tomcat-8.5.3
export PATH=$PATH:$TOMCAT_HOME/bin
```

接下来，将 list-ga.html 放入名为 tracking 的 webapps 目录中，如图 11-17 的屏幕截图所示。

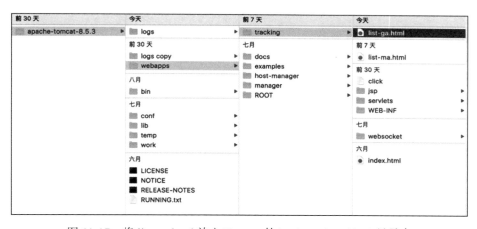

图 11-17　将 list-ga.html 放入 Tomcat 的 \webapps\tracking\ 目录中

默认的 Tomcat 配置会使用 8080 端口，如果 Tomcat 启动成功，就可以通过如下链接访问此网页：

http://localhost:8080/tracking/list-ga.html

其页面展示内容如图 11-15 所示。我们可以在所有的三台机器上用类似的方式安装 Tomcat 服务器。为了区分不同的机器，我略微修改了一下 list-ga.html 的代码，将机器的名称展示在明显的位置。例如，在机器 iMac2015 上的 list-ga.html 文件（https://github.com/shuang790228/

BigDataArchitectureAndAlgorithm/blob/master/UserBehaviorTracking/GoogleAnalytics/list-ga.html）
中，我添加了名字 iMac2015，代码如下所示：

```
<h3>Please Choose Category (on iMac2015)</h3>
```

如此一来，我们可以同时对三台 Web 服务器进行访问，链接如下：

http://iMac2015:8080/tracking/list-ga.html

http://MacBook2012:8080/tracking/list-ga.html

http://MacBook2013:8080/tracking/list-ga.html

三张页面示意图如图 11-18 所示。

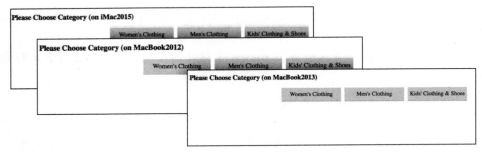

图 11-18　三台机器上的 list-ga.html 将展示不同的主标题

现在有三台可用的 Web 服务器，我们还需要一个负载均衡的服务。这里可在 iMac2015
这台机器上启动 Nginx 以达到此目的。你可以在这个链接中下载并编译 Nginx 的 1.10 版本：

https://nginx.org/en/

与其他开源软件不同的是，Nginx 通常不会提供可以直接使用的包。你需要自己进行配
置和编译。解压后找到诸如 /Users/xxx/nginx-1.10.2 的目录，然后运行如下命令行：

```
[huangsean@iMac2015:/Users/huangsean/Coding/nginx-1.10.2]./configure --without-
http_rewrite_module
[huangsean@iMac2015:/Users/huangsean/Coding/nginx-1.10.2]sudo make
[huangsean@iMac2015:/Users/huangsean/Coding/nginx-1.10.2]sudo make install
```

获得可执行的程序包之后，你需要编辑 /usr/local/nginx/conf/ 目录中名为 nginx.conf 的配
置文件，如图 11-19 所示。

在 nginx.conf 文件中加入如下的内容：

```
upstream  tracking.com {  #cluster name
        server    MacBookPro2013:8080  weight=1;
        server    MacBookPro2012:8080  weight=1;
        server    iMac2015:8080  weight=2;  #higher weight for more powerful machine
    }
```

上述编辑的内容包括了三台 Web 服务的链接，并采用了轮询的机制来分配用户访问的

流量。由于 iMac2015 的硬件配置较好，我们将该电脑的 weight 设置为其他两台机器的 2 倍，为其分配更多的流量。然后，你可以运行如下命令来启动 Nginx 的服务：

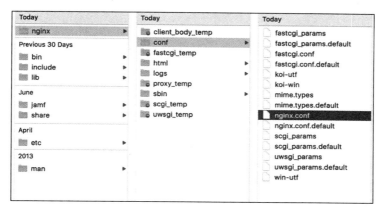

图 11-19　设置 Nginx 的配置文件

```
[huangsean@iMac2015:/Users/huangsean/Coding/nginx-1.10.2]sudo /usr/local/nginx/
sbin/nginx
```

如果你已经按照下面的方式设置了 Nginx 主目录的环境变量，那么只需要运行命令行 nginx 即可：

```
export NGINX_HOME=/usr/local/nginx
export PATH=$PATH:$NGINX_HOME/sbin
```

Nginx 成功启动后，它会使用 80 端口，访问 http://iMac2015/tracking/list-ga.html 进行测试。通过标记的网页上的机器名，你就会知道每次到 Nginx 的请求是由哪台机器提供的服务。由于权重的配置，你将有更多的机会看到来自 iMac2015 的页面。

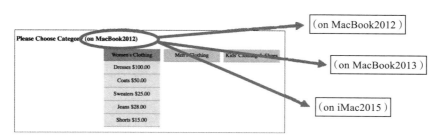

图 11-20　访问负载均衡的链接，将轮流看到三台机器上的 list-ga.html 页面

4. 获取报告

现在，我们有三台 Web 服务器和一个负载均衡，只要你开始访问含有谷歌分析跟踪码的 list-ga.html，用户的行为数据就会源源不断地发往谷歌，它会帮你记录并做出基本的分析。

登录你的谷歌分析账户，看看能获取怎样的数据报告。建议从站点的 Overview 开始，你将看到最近半小时内发生的网页浏览行为和其他的一些基本信息。如果是从上述的负载均衡链接打开被测试网页，几秒钟之后你将在 Overview 中看到一次页面访问和访问者的位置，如图 11-21 所示。

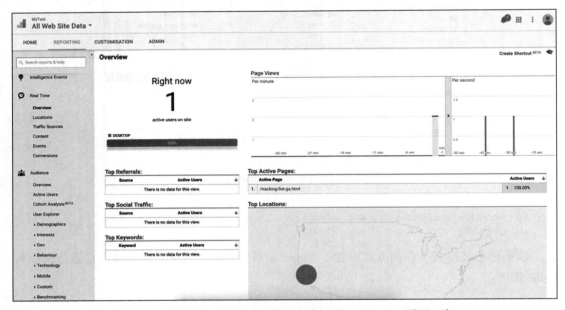

图 11-21　在美国西海岸，一位用户访问了 list-ga.html 页面 1 次

除了像访问页面视图这种页面级的行为，你也可以单击按钮，测试事件级别的行为。首先，打开谷歌分析账户中的 Events 选项卡，然后单击 list-ga.html 中的任何按钮。一段时间后，你将会看到事件选项卡上的数据发生了变化，比如按钮的点击次数和相关的 category 及 action，如图 11-22 所示。

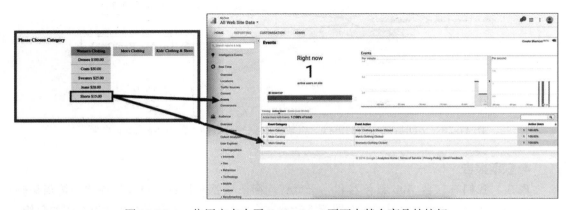

图 11-22　一位用户点击了 list-ga.html 页面中某个商品的按钮

如果运行谷歌分析超过一天，你还可以获取所有用户行为的总结性报告。如图 11-23 所示。

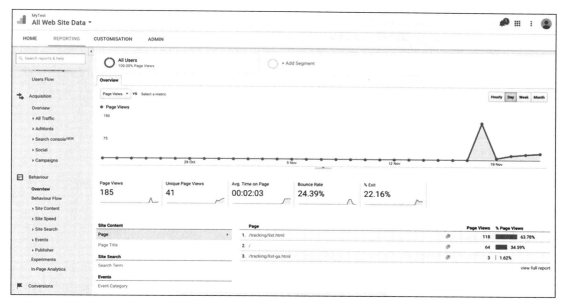

图 11-23　近期用户行为数据的总结

通过以上这些步骤，我们现在可以通过谷歌分析来跟踪网站用户的行为。当然，第三方提供的解决方案存在种种限制，例如跟踪的数据种类、隐私性和安全性，等等。如果你开始考虑设计并实现自己的跟踪系统，那么请继续本章的剩余部分，我们将展示几种主流的实现。

11.5.4　自主设计实战之 Flume、HDFS 和 Hive 的整合

这部分的实践我们仍然采用类似的硬件环境，不过在实验阶段，我们可以忽略互联网，因为无需向谷歌分析这样的第三方发送日志。至于软件，除了先前已经安装了的那些，我们还需要 Apache Flume、Hadoop 的 HDFS、Hive、ZooKeeper、Kafka 和 Storm。ZooKeeper 在之前的章节已有所介绍，这里它将向 Kafka 和 Storm 提供分布式的配置、同步和命名注册等服务。通常人们使用不同的服务器来建立 HDFS、Kafka 和 Storm 等集群。不过，这里我们没有足够的硬件资源，因此会在相同的三台机器上部署多种集群。

1. 行为日志的生成

和谷歌分析的解决方案有所不同，现在我们需要考虑整个跟踪系统的方方面面，包括数据的生成、收集、存储和分析。本节先从访问日志的生成开始。你可能会好奇如何为事件级的数据添加日志，其实最简单的方法是在 Tomcat 的 /webapps/tracking/ 中创建一个空文件，

比如一个名为"click"的空文件，如图 11-24 所示。

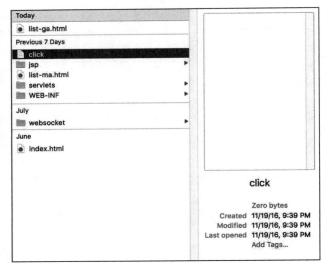

图 11-24 在 /webapps/tracking/ 中放入名为"click"的空文件

然后在新的页面 list-ma.html 中添加一些使用该空文件的 JavaScript 代码，具体的内容请参见：

https://github.com/shuang790228/BigDataArchitectureAndAlgorithm/blob/master/UserBehaviorTracking/SelfDesign/list-ma.html

下面的代码片段是针对页面级别数据的跟踪码：

```
// Start: Self-designed tracking code for page loading
        var contextPath = getContextPath();
        var img = new Image();
    img.src = contextPath + "/click?loadpage=true";
        // End: Self-designed tracking code for page loading
```

而下面的片段则是针对事件级别数据的跟踪码：

```
// Start: Self-designed tracking code for click
    function sendMyAnalytics(e) {

        var category = e.getAttribute("data-gaCategory");
        var action = e.getAttribute("data-gaAction");
        var label = e.getAttribute("data-gaLabel");
        var value = e.getAttribute("data-gaValue");

        var contextPath = getContextPath();
        var img = new Image();
        img.src = contextPath + "/click?category="
            + category + '&action=' + action + '&label=' + label + "&value="
```

```
                  + value + "&timestamp=" + (new Date()).valueOf();

        }
// End: Self-designed tracking code for click
```

从上述的两个代码片段可以看出，自行设计的跟踪代码其基本思想也是非常直观的，只需要访问刚刚创建的空文件并追加一些参数即可。而对于日后的分析这些参数才是关键，因此空文件的内容和名称都无关紧要[⊖]。对于每一次访问，像 Tomcat 这样的 Web 服务器将自动地记录相应的日志条目。

之后，你仍然可以参照谷歌分析实践中的 Web 服务器进行搭建，部署三个 Web 服务器上的 lsit-ma.html 文件。选择任何一台机器，并访问其上的 list-ma.html 页，同时观察 Tomcat 访问日志（/logs/localhost_access_log.*）的变化。你会发现访问行为的记录都存放在了 Tomcat 的日志文件中，如图 11-25 所示。

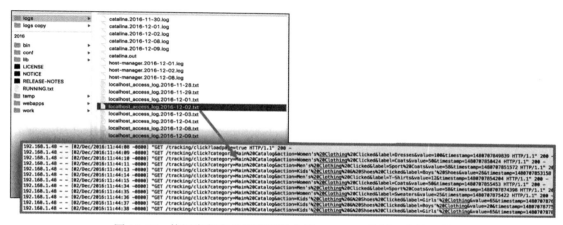

图 11-25　使用自行定义的跟踪码之后，Tomcat 访问日志的示例

你也可以在这里找到访问日志的片段：

https://github.com/shuang790228/BigDataArchitectureAndAlgorithm/blob/master/UserBehaviorTracking/SelfDesign/localhost_access_log.2016-12-02.txt

2. Flume 的基本用法

随着访问日志的生成，我们应该考虑如何聚集分布在不同 Web 服务器上的数据。让我们先从 Flume 的基本用法开始。你可以通过这个链接下载并解压 Flume：

https://flume.apache.org/download.html

本文使用的版本是 1.7.0。为方便起见，也可以为 Flume 设置环境变量：

```
export FLUME_HOME=/Users/huangsean/Coding/apache-flume-1.7.0-bin
export PATH=$FLUME_HOME/bin:$PATH
```

⊖　当然，你可以根据业务的需要，为该文件的内容和名称赋予特定的含义。

将解压后的 Flume 存放于所有三台 Web 服务器上。然后，对于每台服务器上的 Flume，根据模板创建配置文件 /conf/flume-conf.properties。其核心的部分如下：

```
trackingAgent.sources = trackingSource
trackingAgent.channels = trackingChannel
trackingAgent.sinks = trackingSink

# For each one of the sources, the type, spooldir and channels are defined
trackingAgent.sources.trackingSource.type = spooldir
trackingAgent.sources.trackingSource.spoolDir = /Users/huangsean/Coding/apache-
tomcat-8.5.3/logs copy
trackingAgent.sources.trackingSource.includePattern = ^.*access_log.*$
trackingAgent.sources.trackingSource.channels = trackingChannel

# Define trackingChannel
trackingAgent.channels.trackingChannel.type = memory
trackingAgent.channels.trackingChannel.capacity = 20000
trackingAgent.channels.trackingChannel.transactionCapacity = file

# Define trackingSink
trackingAgent.sinks.trackingSink.type = file_roll
trackingAgent.sinks.trackingSink.sink.directory = /Users/huangsean/Downloads
trackingAgent.sinks.trackingSink.channel = trackingChannel
trackingAgent.sinks.trackingSink.rollInterval = 30
```

该配置为 tracking 的任务定义了源头 trackingSource、通道 trackingChannel 和沉淀器 trackingSink。TrackingSource 的类型是 spooldir，它将访问 Web 服务器上的本地文件。为了不影响正常的 Tomcat 日志记录，我们在测试的时候另外备份了一份日志目录，名为"log copy"，trackingSource 将读取这个目录。同时，配置文件也定义了所要包含文件的名称模板：^.*access_log.*$。这样 Flume 只会处理用户的访问日志，而不会处理 Tomcat 产生的其他日志。而通道 trackingChannel 是内存型，容量为 20 000。沉淀器 trackingSink 也被设置为文件型 file_roll，它将收集而来的数据存放在 /Users/huangsean/Downloads 中，每隔 30 秒执行一次写入。完整的配置文件请参见：

https://github.com/shuang790228/BigDataArchitectureAndAlgorithm/blob/master/UserBehaviorTracking/SelfDesign/flume/conf/flume-conf.properties-localfile

完成对所有 3 台机器上的 Flume 配置之后，可运行下列命令行来启动所有的 Flume 代理，请确保使用了正确的代理名称和配置文件名：

```
[huangsean@iMac2015:/Users/huangsean/Coding]flume-ng agent -n trackingAgent -c
conf -f conf/flume-conf.properties-localfile -Dflume.root.logger=INFO,console
```

如果一切顺利，你将看到 Flume 处理了 Tomcat 服务器的访问日志目录 log copy，并将数据转换成了某种格式，然后保存在指定的目录中，如图 11-26 所示。已被处理的访问日志文件，其名称也被 Flume 增加了后缀".COMPLETED"以示完成，如图 11-27 所示。

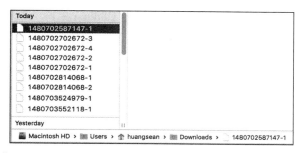

图 11-26　依照配置，每 30 秒 Flume 就会在指定的目录中写入收集而来的数据

图 11-27　被处理的日志文件被加上了 .COMPLETED 的后缀

3. Flume 和 HDFS 的集成

当然，我们不能总是将日志数据保持在本地，还需要进行分布式的扩展。在本小节和下一小节中，你将分别了解到如何将数据传输到 Hadoop 的 HDFS，以及如何通过 Hive 分析 HDFS 中的数据。由于这种策略是比较复杂的，我们在图 11-28 中绘制了整体的框架。Flume 和 HDFS 将被部署在所有三台机器之上。Flume 的代理将使用 HDFS 的沉淀器与 HDFS 协同工作。而 Hive 只需要部署在某台机器上即可，例如 iMac2015，因为一台机器就足以运行 Hive 的 SQL 脚本并启动相应的 Map Reduce 任务了。

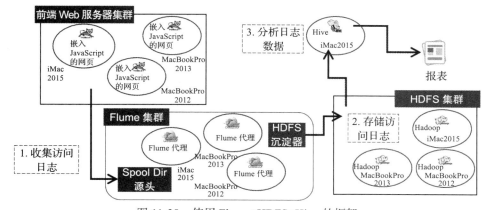

图 11-28　使用 Flume+HDFS+Hive 的框架

在让 Flume 访问 HDFS 之前，我们需要可用的 Hadoop 集群。第 1 章已经详细地阐述了相关的内容，如有必要读者可以重温一下。接下来，我们可以让 Flume 将采集到的日志数据传输到 HDFS。创建一个新的 Flume 配置文件并编辑其内容：

```
# For each one of the sources, the type, spooldir and channels are defined
trackingAgent.sources.trackingSource.type = spooldir
trackingAgent.sources.trackingSource.spoolDir = /Users/huangsean/Coding/apache-
tomcat-8.5.3/logs copy
trackingAgent.sources.trackingSource.includePattern = ^.*access_log.*$
trackingAgent.sources.trackingSource.channels = trackingChannel

# Define trackingChannel
trackingAgent.channels.trackingChannel.type = memory
trackingAgent.channels.trackingChannel.capacity = 20000
trackingAgent.channels.trackingChannel.transactionCapacity = file

# Define trackingSink
trackingAgent.sinks.trackingSink.type = hdfs
trackingAgent.sinks.trackingSink.hdfs.path = hdfs://iMac2015:9000/flume-log
trackingAgent.sinks.trackingSink.hdfs.fileType = DataStream
trackingAgent.sinks.trackingSink.hdfs.writeType = text
trackingAgent.sinks.trackingSink.hdfs.filePrefix = tracking
trackingAgent.sinks.trackingSink.hdfs.fileSuffix = .log
trackingAgent.sinks.trackingSink.hdfs.rollSize = 120000000
trackingAgent.sinks.trackingSink.hdfs.rollCount = 500000
trackingAgent.sinks.trackingSink.hdfs.request-timeout = 30000
trackingAgent.sinks.trackingSink.channel = trackingChannel
trackingAgent.sinks.trackingSink.rollInterval = 30
```

从上述配置内容的片段可以看出，源头 trackingSource 和通道 trackingChannel 和之前基本保持一致。主要的区别在于 trackingSink 的部分：其中你需要指定 core-site.xml 中所设置的 HDFS 路径。同时，我们使用了前缀 filePrefix 和后缀 fileSuffix，为新生成的数据文件修改名称。而 rollSize 和 rollCount 用于确定何时将数据写入 HDFS，这些需要根据你的应用合理设置。过大的值会在 Flume 系统宕机时产生丢失数据的风险，而过小的值则可能会导致采集和存储性能的下降。完整的配置文件请参见：

https://github.com/shuang790228/BigDataArchitectureAndAlgorithm/blob/master/
UserBehaviorTracking/SelfDesign/flume/conf/flume-conf.properties-hdfs

采用这个配置文件，重新启动每台 Web 服务器上的 Flume 代理，例如：

```
[huangsean@iMac2015:/Users/huangsean/Coding]flume-ng agent -n trackingAgent -c
conf -f conf/flume-conf.properties-hdfs -Dflume.root.logger=INFO,console
```

稍后你就会看到一些数据被导入 HDFS，如图 11-29 所示。将这些数据下载到本地并进行观察，你会发现熟悉的 Tomcat 访问日志。如果被测试的日志足够大，或者不断有新的数据产生，那么你将会看到不断有新的文件写入 HDFS。同时，Web 服务器中已被处理的访问日志文件其名称也会被 Flume 加上".COMPLETED"的后缀。到目前为止，Flume 和 HDFS 的整合都取得了阶段性的成果。

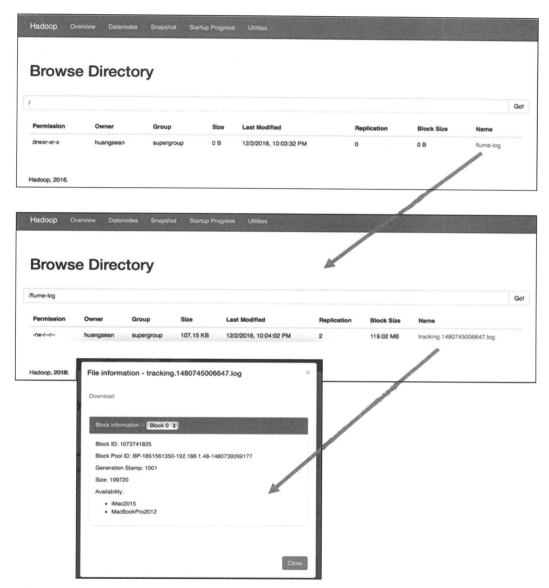

图 11-29　日志数据被成功导入 HDFS 中，并拥有两个副本

4. 利用 Hive 分析 HDFS 里的数据

对于批处理模式的分析而言，目前剩下的唯一技术点就是通过 Hive 来分析 HDFS 中的日志数据。首先，通过如下链接下载并解压 Hive 包，本文采用的版本是 2.1.0：

https://hive.apache.org/downloads.html

将其环境变量设置为：

```
export HIVE_HOME=/Users/huangsean/Coding/apache-hive-2.1.0-bin
export PATH=$HIVE_HOME/bin:$PATH
```

然后进入 Hive 的主目录 /conf/，依照模板生成并编辑 hive-env.sh，在其中设置 HADOOP_HOME、JAVA_HOME 和 HIVE_HOME 等：

```
# Set HADOOP_HOME to point to a specific hadoop install directory
export HADOOP_HOME=${HADOOP_HOME}

export JAVA_HOME=${JAVA_HOME}

export HIVE_HOME=${HIVE_HOME}

# Hive Configuration Directory can be controlled by:
export HIVE_CONF_DIR=${HIVE_HOME}/conf
```

完整的文件请参看：

https://github.com/shuang790228/BigDataArchitectureAndAlgorithm/blob/master/UserBehaviorTracking/SelfDesign/hive/conf/hive-env.sh

然后运行如下命令格式化 Hive 的元数据：

```
[huangsean@iMac2015:/Users/huangsean/Coding]schematool -dbType derby
-initSchema
```

最后启动 Hive：

```
[huangsean@iMac2015:/Users/huangsean/Coding]hive
```

一旦 Hive 正常启动，就可以用如下命令查看当前有哪些表：

```
hive> show tables;
```

然后，利用如下命令建立外部表：

```
hive> CREATE EXTERNAL TABLE accesslog2016(ip STRING, skip1 STRING, skip2
STRING, timepoint STRING, skip3 STRING, action STRING, url STRING, protocol
STRING, status STRING, latency STRING)
    > ROW FORMAT DELIMITED
    > FIELDS TERMINATED BY ' ';
```

其中，我们跳过了几个本案例没有使用的 Tomcat 访问日志字段，保留了 url 等最为重要的几项信息。执行成功后将显示如下耗时等信息：

```
OK
Time taken: 0.085 seconds
```

再将之前 Flume 收集到的 HDFS 的数据，加载到所创建的 Hive 表中，选中 tracking.

1480745006647.log 这个日志文件：

```
hive> load data inpath '/flume-log/tracking.1480745006647.log' into table
accesslog2016;
```

执行成功后显示如下耗时、处理文件的大小等信息：

```
Loading data to table default.accesslog2016
OK
Time taken: 0.118 seconds
```

请注意，你可以将不同的数据集多次加载到同一个 Hive 表中，来获得完整的日志集合。
现在，就让我们使用 SQL 来检查数据是否已成功导入 Hive：

```
hive> SELECT COUNT(*) FROM accesslog2016;
Query ID=huangsean_20161225013754_5f2ef8a6-4af7-9a51-09206003e134
Total jobs = 1
Launching Job 1 out of 1
Number of reduce tasks determined at compile time: 1
In order to change the average load for a reducer (in bytes):
    set hive.exec.reducers.bytes.per.reducer=<number>
In order to limit the maximum number of reducers:
    set hive.exec.reducers.max=<number>
In order to set a constant number of reducers:
    set mapred.reduce.tasks=<number>
Starting Job = job_1480843768982_0003, Tracking URL = http:// iMac2015:8088/
proxy/application_1480843768982_0003
Kill Command = /Users/huangsean/Coding/hadoop-2.7.3/bin/hadoop job  -kill
job_1480843768982_0003
Hadoop job information for Stage-1: number of mappers: 2; number of reducers: 1
2016-12-04 01:38:37,353 Stage-1 map = 0%,   reduce = 0%
2016-12-04 01:38:52,720 Stage-1 map = 50%,   reduce = 0%
2016-12-04 01:39:02,509 Stage-1 map = 100%,   reduce = 0%
2016-12-04 01:39:11,753 Stage-1 map = 100%,   reduce = 100%
Ended Job = job_1480843768982_0003
MapReduce Jobs Launched:
Job 0: Map: 2  Reduce: 1 HDFS Read: 343673 HDFS Write: 103 SUCCESS
Total MapReduce CPU Time Spent: 0 msec
OK
4561
Time taken: 81.501 seconds, Fetched: 1 row(s)
```

从上述代码中可以看出，Hive 启动了 Hadoop 的 MapReduce 任务来执行查询 "SELECT
COUNT(*) FROM accesslog2016"，最后执行得到的结果是共计 4561 条记录。剩下的步骤不
难理解，我们用另一个 select 语句统计童装类商品被点击了多少次，以此来估计该类产品对
整体业务的影响：

```
hive> SELECT  COUNT(*)  from  accesslog2016  where  url  like  '%tracking/
click?%Kids%';
```

```
Query ID=huangsean_20161225014316_6b499552-a404-4662-8bbe-3b19dcd85a62
Total jobs = 1
Launching Job 1 out of 1
Number of reduce tasks determined at compile time: 1
In order to change the average load for a reducer (in bytes):
    set hive.exec.reducers.bytes.per.reducer=<number>
In order to limit the maximum number of reducers:
    set hive.exec.reducers.max=<number>
In order to set a constant number of reducers:
    set mapred.reduce.tasks=<number>
Starting Job = job_1480843768982_0004, Tracking URL = http:// iMac2015:8088/
proxy/application_1480843768982_0004
Kill Command = /Users/huangsean/Coding/hadoop-2.7.3/bin/hadoop job  -kill
job_1480843768982_0004
Hadoop job information for Stage-1: number of mappers: 2; number of reducers: 1
2016-12-04 01:43:53,882 Stage-1 map = 0%,  reduce = 0%
2016-12-04 01:44:09,239 Stage-1 map = 50%,  reduce = 0%
2016-12-04 01:44:19,110 Stage-1 map = 100%,  reduce = 0%
2016-12-04 01:44:28,344 Stage-1 map = 100%,  reduce = 100%
Ended Job = job_1480843768982_0004
MapReduce Jobs Launched:
Job 0: Map: 2  Reduce: 1 HDFS Read: 343688 HDFS Write: 102 SUCCESS
Total MapReduce CPU Time Spent: 0 msec
OK
424
Time taken: 76.219 seconds, Fetched: 1 row(s)
```

通过之前两次的统计，我们可以预估大约 9.3% 的用户流量访问了童装类产品。以此类推，在实际业务场景中我们还可以完成很多 KPI 指标的计算，例如各渠道流量绝对值、流量占比、到详情页或添加购物车的转化率，等等。由于 Hive 支持很多类 SQL 的操作，因此入门简单，功能强大，对于批量处理的报表而言绝对是一大利器。

在之前的简介章节中，我们提到了 Hive 也是通过 MapReduce 来实现计算的，此时可以到 Hadoop 的可视化界面进行确认：

http://imac2015:8088/cluster

你将看到和图 11-30 类似的结果，有些任务已经完成，或者仍在进行中。所有这些工作都是由 Hive 提交的。

11.5.5　自主设计实战之 Flume、Kafka 和 Storm 的整合

1. Flume 和 Kafka 的集成

Flume、HDFS 和 Hive 的搭配对于批量处理来说是比较合适的。可是，对于实时性更强的需求，例如实时仪表盘这样的应用，必须要加速整体的数据处理速度。在这里我们采用了 Flume、Kafka 消息机制和 Storm 流式处理的集成。这部分也是本章最难理解的技术难点所在，为此我们先来看看其整体的架构概述。如图 11-31 所示、这里 Flume、Kafka 和 Storm 都

将部署在同样的三台机器上。Flume 代理将使用 Kafka 消息队列的沉淀器进行工作。消息通过 Flume 进入 Kafka 中间件之后，然后再经由 Storm 进行流式处理，这样，消息的异步机制可以起到缓冲的作用，保护 Storm 集群不被突如其来的海量数据打垮。我们还需要编写一些必要的代码，用 java 的 jar 包来构建 Storm 的拓扑结构。

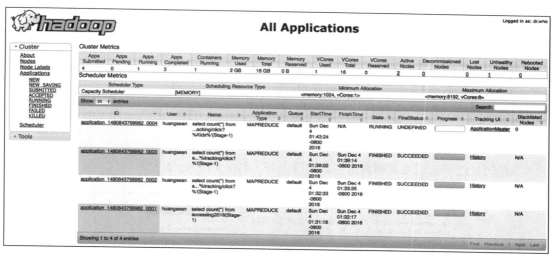

图 11-30　Hive 启动了多个 MapReduce 的任务

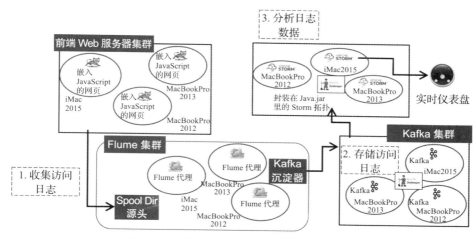

图 11-31　使用 Flume+Kafka+Storm 的框架

首先，我们要建立 ZooKeeper 集群。ZooKeeper 是一个为分布式应用提供一致性服务的软件，其提供的功能包括：配置维护、域名服务、分布式同步、组服务等。Apache Kafka 和 Storm 都是使用 ZooKeeper 来进行分布式管理的。通过如下链接下载和解压 ZooKeeper 的发行版，本文采用的版本是 3.4.9：

https://zookeeper.apache.org/releases.html

其环境变量设置如下：

```
export ZOOKEEPER_HOME=/Users/huangsean/Coding/zookeeper-3.4.9
export PATH=$ZOOKEEPER_HOME/bin:$PATH
```

仍然使用手头上的三台机器，进入 ZooKeeper 主目录的 conf 目录，修改 zoo.cfg 文件，加入服务器节点的名称和端口号：

```
server.48=iMac2015:2888:3888
server.28=MacBookPro2013:2888:3888
server.78=MacBookPro2012:2888:3888
```

这些配置内容要在所有服务器节点上生效。在 zoo.cfg 中有一项配置是 dataDir：

```
dataDir=/Users/huangsean/Coding/zookeeper-3.4.9/data/
```

如图 11-32 所示，在其所指定的数据目录下，创建文件 myid。

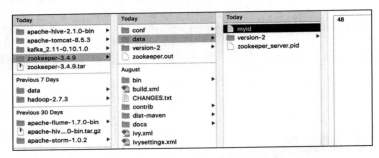

图 11-32　在 dataDir 所指定的目录中创建 myid

文件 myid 的内容为一个正整数，用来唯一标识当前服务器节点，因此不同机器的数值不能设置得相同。这里使用机器 IP 地址的最后两位，以方便记忆和管理：

iMac2015	192.168.1.48	48
MacBookPro2013	192.168.1.28	28
MacBookPro2012	192.168.1.78	78

完整的 ZooKeeper 配置文件样例可以参考：

https://github.com/shuang790228/BigDataArchitectureAndAlgorithm/blob/master/UserBehaviorTracking/SelfDesign/zookeeper/conf/zoo.cfg

最后，在每台服务器上，运行 ZooKeeper 主目录 /bin/ 中的 zkServer.sh，逐台启动 ZooKeeper：

```
[huangsean@iMac2015:/Users/huangsean/Coding]zkServer.sh start
[huangsean@MacBookPro2013:/Users/huangsean/Coding]zkServer.sh start
[huangsean@MacBookPro2012:/Users/huangsean/Coding]zkServer.sh start
```

返回的结果显示启动成功：

```
JMX enabled by default
Using config: /Users/huangsean/Coding/zookeeper-3.4.9/bin/../conf/zoo.cfg
Starting zookeeper ... STARTED
```

然后依次查看 3 台机器的状态：

```
[huangsean@iMac2015:/Users/huangsean/Coding]zkServer.sh status
[huangsean@MacBookPro2013:/Users/huangsean/Coding]zkServer.sh status
[huangsean@MacBookPro2012:/Users/huangsean/Coding]zkServer.sh status
```

其中两台机器返回的结果表明它们是跟随者（Follower）：

```
JMX enabled by default
Using config: /Users/daobao.yang/bigdata/zookeeper-3.4.6/bin/../conf/zoo.cfg
Mode: follower
```

另一台返回的结果表明它是领袖（Leader）：

```
JMX enabled by default
Using config: /Users/daobao.yang/bigdata/zookeeper-3.4.6/bin/../conf/zoo.cfg
Mode: leader
```

您还可以检查端口 2181，这是 ZooKeeper 使用的默认端口。这样 3 台机器组成的 ZooKeeper 集群就部署完毕了，接下来我们可以在其基础上，搭建 Kafka 集群用于实时消息的发送[⊖]。Kafka 可以通过如下链接下载：

https://kafka.apache.org/downloads

本文使用的版本是 2.11，解压之后设置环境变量如下：

```
export KAFKA_HOME=/Users/huangsean/Coding/kafka_2.11-0.10.1.0
export PATH=$KAFKA_HOME/bin:$PATH
```

对于每台机器上的 Kafka，编辑 Kafka 主目录 /config/ 中的 server.properties 如下：

```
broker.id=0
zookeeper.connect= iMac2015:2181,MacBookPro2013:2181,MacBookPro2012:2181
listeners=PLAINTEXT://iMac2015:9092
advertised.listeners=PLAINTEXT://iMac2015:9092
```

将 zookeeper.connect 配置为当前 ZooKeeper 的设置。需要注意的是，broker.id 和 ZooKeeper 的 myid 类似，在不同的机器上需要不一样的 id，通常是从 0 开始逐个递增的非负整数。而 iMac2015:9092 的设置也很关键，稍后 Flume 的沉淀器需要用到这个信息。完整的 Kafka 配置文件样例可以参考：

https://github.com/shuang790228/BigDataArchitectureAndAlgorithm/blob/master/

⊖　Kafka 本身自带一个 ZooKeeper 的发行版。考虑到部署的模块化，以及之后 Storm 的搭建，这里我们没有使用自带的 ZooKeeper。

UserBehaviorTracking/SelfDesign/kafka/conf/server.properties

修改配置完毕之后，就可以按照下面的命令依次启动每台服务器上的 Kafka 服务了：

```
[huangsean@iMac2015:/Users/huangsean/Coding]kafka-server-start.sh -daemon /
Users/huangsean/Coding/kafka_2.11-0.10.1.0/config/server.properties
```

然后创建名为 tracking_accesslog_topic 的消息 topic，这里使用了 2 个副本和 3 个分区。这里的副本和分区符合分布式系统中通用的概念。通常，它们会帮你实现更好的扩展性。需要注意副本参数的数值不能大于 Kafka 服务的数量，否则启动可能会失败：

```
[huangsean@iMac2015:/Users/huangsean/Coding]kafka-topics.sh --create --topic
tracking_accesslog_topic --replication-factor 2 --partitions 3 --zookeeper
iMac2015:2181
```

最后展示下目前创建的 tracking_accesslog_topic，以及其分区和副本的状态：

```
[huangsean@iMac2015:/Users/huangsean/Coding]kafka-topics.sh --describe --topic
tracking_accesslog_topic --replication-factor 2 --partitions 3 --zookeeper
iMac2015:2181
Topic:accesslog-topic PartitionCount:3    ReplicationFactor:2    Configs:
Topic: tracking_accesslog_topic    Partition: 0    Leader: 0    Replicas: 0,1
Isr: 0,1
Topic: tracking_accesslog_topic    Partition: 1    Leader: 1    Replicas: 1,2
Isr: 1,2
Topic: tracking_accesslog_topic    Partition: 2    Leader: 2    Replicas: 2,0
Isr: 2,0
```

为了验证消息集群是否成功，可以使用 Kafka 自带的 kafka-console-producer.sh 和 kafka-console-consumer.sh 进行消息发送和接收的测试。

虽然准备的过程有点长，不过下面马上就可以进入本节的主题了：让 Flume 将采集到的日志数据传输到 Kafka。创建一个新的 Flume 配置文件并编辑其内容：

```
# For each one of the sources, the type, spooldir and channels are defined
trackingAgent.sources.trackingSource.type = spooldir
trackingAgent.sources.trackingSource.spoolDir = /Users/huangsean/Coding/apache-
tomcat-8.5.3/logs copy
trackingAgent.sources.trackingSource.includePattern = ^.*access_log.*$
trackingAgent.sources.trackingSource.channels = trackingChannel

# Define trackingChannel
trackingAgent.channels.trackingChannel.type = memory
trackingAgent.channels.trackingChannel.capacity = 20000
trackingAgent.channels.trackingChannel.transactionCapacity = file

# Define trackingSink
trackingAgent.sinks.trackingSink.type = org.apache.flume.sink.kafka.KafkaSink
trackingAgent.sinks.trackingSink.kafka.bootstrap.servers = iMac2015:9092
trackingAgent.sinks.trackingSink.kafka.topic = tracking_accesslog_topic
trackingAgent.sinks.trackingSink.kafka.flumeBatchSize = 3
```

```
trackingAgent.sinks.trackingSink.kafka.producer.acks=1
trackingAgent.sinks.trackingSink.channel = trackingChannel
trackingAgent.sinks.trackingSink.rollInterval = 30
```

从上述配置内容的片段可以看出，源头 trackingSource 和通道 trackingChannel 与之前的配置继续保持一致。主要的区别还是在 trackingSink 的部分，其中你需要指定 Kafka server. properties 中所设置的 listeners，以及消息的 topic。完整的配置文件请参见：

https://github.com/shuang790228/BigDataArchitectureAndAlgorithm/blob/master/UserBehaviorTracking/SelfDesign/flume/conf/flume-conf.properties-kafka

采用这个配置文件，重新启动每台 Web 服务器上的 Flume 代理，例如：

```
[huangsean@iMac2015:/Users/huangsean/Coding]flume-ng agent -n trackingAgent -c
conf -f conf/flume-conf.properties-kafka -Dflume.root.logger=INFO,console
```

稍后你就会看到一些数据被导入 Kafka 的消息队列。与 HDFS 有所不同，我们不能通过图形化的用户界面直接查看 Kafka 的消息。不过，可以通过如下的命令来检视：

```
[huangsean@iMac2015:/Users/huangsean/Coding]kafka-run-class.sh kafka.tools.
DumpLogSegments --file /tmp/kafka-logs/tracking_accesslog_topic-0/000000
00000000000000.log --print-data-log
```

图 11-33 展示了某台机器上的结果示意图。

```
offset: 298 position: 46129 CreateTime: -1 isvalid: true payloadsize: 75 magic: 1 compresscodec: NoCompressionCodec
offset: 299 position: 46238 CreateTime: -1 isvalid: true payloadsize: 72 magic: 1 compresscodec: NoCompressionCodec
offset: 300 position: 46344 CreateTime: -1 isvalid: true payloadsize: 72 magic: 1 compresscodec: NoCompressionCodec
```

图 11-33　日志数据被存储为 Kafka 中的消息

和之前类似，如果被测试的日志足够大，或者不断有新的数据产生，那么你将看到不断有新的文件写入 Kafka。同时，Web 服务器中已经被处理的访问日志文件其名称也会被 Flume 加上 " .COMPLETED" 的后缀。到目前为止，Flume 和 Kafka 的整合都取得了阶段性的成果。

2. Kafka 和 Storm 的集成
这个方案最后的关键之处就是 Kafka 和 Storm 的整合。Storm 可以通过如下链接下载：
http://storm.apache.org/
本文使用的 Storm 版本是 1.0.2，解压之后设置环境变量如下：

```
export STORM_HOME=/Users/huangsean/Coding/apache-storm-1.0.2
export PATH=$STORM_HOME/bin:$PATH
```

在每台机器上，进入 Storm 主目录 /conf/，并修改 storm.yaml 的配置文件如下：

```
storm.zookeeper.servers:
    - "iMac2015"
    - "MacBookPro2013"
```

```
        - "MacBookPro2012"
#
storm.local.dir: "/tmp/storm/data"

nimbus.seeds: ["iMac2015", "MacBookPro2013", "MacBookPro2012"]
ui.port: 7788

drpc.servers:
        - "iMac2015"
        - "MacBookPro2013"
        - "MacBookPro2012"
```

其中最主要的配置是 storm.zookeeper.servers，将其修改为目前 ZooKeeper 的设置。另外，由于 Tomcat 默认使用了 8080 端口，而 Nginx 默认使用了 80 端口，所以将 ui.port 修改为新的端口，例如 7788。Storm 的完整配置示例可以参考：

https://github.com/shuang790228/BigDataArchitectureAndAlgorithm/blob/master/
UserBehaviorTracking/SelfDesign/storm/conf/storm.yaml

Storm 集群的主节点称为 Nimbus，从节点称为 Supervisor，现在我们在 iMac2015 和 MacBookPro2012 上启动 Nimbus 服务，互为备份：

```
[huangsean@iMac2015:/Users/huangsean/Coding]nohup storm nimbus &
[huangsean@MacBookPro2012:/Users/huangsean/Coding]nohup storm nimbus &
```

在全部 3 台机器上启动 Supervisor 服务，启动所有的计算资源：

```
[huangsean@iMac2015:/Users/huangsean/Coding]nohup storm supervisor &
[huangsean@MacBookPro2012:/Users/huangsean/Coding]nohup storm supervisor &
[huangsean@MacBookPro2013:/Users/huangsean/Coding]nohup storm supervisor &
```

最后在 iMac2015 和 MacBookPro2012 上启动可视化 UI 的服务，便于我们浏览集群的状态：

```
[huangsean@iMac2015:/Users/huangsean/Coding]nohup storm ui &
[huangsean@MacBookPro2012:/Users/huangsean/Coding]nohup storm ui &
```

Storm 启动成功之后，你可以通过 iMac2015 或 MacBookPro2012 上的可视化 UI 查看集群的状态，注意端口是之前配置的 7788：

http://imac2015:7788/index.html

http://macbookpro2012:7788/index.html

图 11-34 显示了目前三台机器上所建 Storm 集群的概况。

现在，实时性分析只差最后也是最关键的一步：利用 Storm 的 Spout 读取 Kafka 消息并进行流式计算。好在 1.0.2 这个版本的 Storm 已经自带了一组 Kafka 集成插件可直接使用。我们可以采用 Java 编码来自定义 Storm 的 Spout 和 Bolt 类，持续统计各类按钮点击的次数、页面加载的次数，等等，实现具体的处理逻辑，最终得到用户行为的实时报告。让我们先从

main 函数入手，了解整体的代码框架：

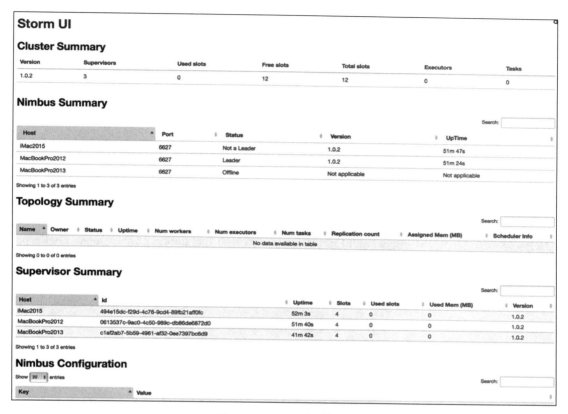

图 11-34　Storm 集群概况

```
public static void main( String[] args ) throws Exception
    {
        String zks = "iMac2015:2181,MacBookPro2012:2181,MacBookPro2013:2181";
        String topic = "tracking_accesslog_topic";
        String zkRoot = "/storm";
        String id = "click";

        BrokerHosts brokerHosts = new ZkHosts(zks);
        SpoutConfig spoutConf = new SpoutConfig(brokerHosts, topic, zkRoot, id);
        spoutConf.scheme = new SchemeAsMultiScheme(new StringScheme());
        spoutConf.zkServers = Arrays.asList(new String[] {"iMac2015", "MacBookPro2012",
        "MacBookPro2013"});
        spoutConf.zkPort = 2181;

        TopologyBuilder builder = new TopologyBuilder();
        builder.setSpout("Kafka-reader", new KafkaSpout(spoutConf), 4);
        builder.setBolt("click-extractor", new KafkaTrackingExtractor(), 2).shuffle
```

```
Grouping("Kafka-reader");
builder.setBolt("click-counter", new ClickCounter()).fieldsGrouping("click-
extractor", new Fields("click"));

Config conf = new Config();

String name = MyKafkaLogTopology.class.getSimpleName();


conf.put(Config.NIMBUS_HOST, "iMac2015");
conf.setNumWorkers(3);
StormSubmitter.submitTopologyWithProgressBar(name, conf, builder.create
Topology());

    }
```

首先，我们设置了 spoutConf，包括 ZooKeeper 服务的配置（这里仍然是 iMac2015:2181、MacBookPro2012:2181、MacBookPro2013:2181）、Kafka 消息的主题 tracking_access_topic、ZooKeeper 中 Storm 配置存放的路径 /storm，等等。然后在 TopologyBuilder 的实例 builder 中，就可以使用 spoutConf 创建 KafkaSpout，让 Storm 读取 Kafka 中的日志数据。读取这些数据时，还需要 bolt 来同步处理它们，这里我们定义了两个方法：click-extractor 和 click-counter，分别用于日志记录的核心记录抽取和数量的统计。先看下 click-extractor 的代码：

```
public static class KafkaTrackingExtractor extends BaseRichBolt {

    private static final long serialVersionUID = 1L;
    private OutputCollector collector;

//      @Override
    public void prepare(Map stormConf, TopologyContext context, OutputCollector
collector) {
        // TODO Auto-generated method stub
        this.collector = collector;
    }

//      @Override
    public void execute(Tuple input) {
        // TODO Auto-generated method stub
        String line = input.getString(0);
        System.out.println("Receive[Kafka -> extractor]" + line);

        if (line.contains("/tracking/click?")) {
            collector.emit(input, new Values("total_click", 1));
            collector.ack(input);

            if (line.contains("action=Kids")) {
                collector.emit(input, new Values("Kids_click", 1));
            } else if (line.contains("action=Men")) {
```

```
                collector.emit(input, new Values("Mens_click", 1));
            } else if (line.contains("action=Women")) {
                collector.emit(input, new Values("Womens_click", 1));
            }

        } else {
            collector.emit(input, new Values("total_click", 0));
        }

    }

    public void declareOutputFields(OutputFieldsDeclarer declarer) {
        // TODO Auto-generated method stub
        declarer.declare(new Fields("click", "count"));
    }
}
```

其主要任务是接收 Kafka-reader 这个 spout 所传送的数据，仅仅关注和 click 相关的行为日志，并按照女装、男装和童装的商品类别进行分组，向下一个 bolt（click-counter）继续发出分组后的数据。而 click-counter 的代码如下：

```
public static class ClickCounter extends BaseRichBolt {

    private static final long serialVersionUID = 1L;
    private OutputCollector collector;
    private Map<String, AtomicInteger> counterMap;

    public void prepare(Map stormConf, TopologyContext context, OutputCollector
collector) {
        // TODO Auto-generated method stub
        this.collector = collector;
        this.counterMap = new HashMap<String, AtomicInteger>();
    }

    public void execute(Tuple input) {
        // TODO Auto-generated method stub
        String word = input.getString(0);
        int count = input.getInteger(1);
        System.out.println("Receive[extractor -> counter]" + word + " : " + count);
        AtomicInteger ai = this.counterMap.get(word);
        if (ai == null) {
            ai = new AtomicInteger();
            this.counterMap.put(word, ai);
        }
        ai.addAndGet(count);
        collector.ack(input);
        System.out.println("Check statistics map: " + this.counterMap);

        AtomicInteger aiTotal = counterMap.get("total_click");
        AtomicInteger aiKids = counterMap.get("Kids_click");
```

```
        AtomicInteger aiMens = counterMap.get("Mens_click");
        AtomicInteger aiWomens = counterMap.get("Womens_click");
        int total_click = (aiTotal == null) ? 0 : aiTotal.intValue();
        int kids_click = (aiKids == null) ? 0 : aiKids.intValue();
        int mens_click = (aiMens == null) ? 0 : aiMens.intValue();
        int womens_click = (aiWomens == null) ? 0 : aiWomens.intValue();
        if (total_click != 0) {
            System.out.println(String.format("Kids click ratio is %.3f",
            ((double) kids_click) / total_click));
            System.out.println(String.format("Mens click ratio is %.3f",
            ((double) mens_click) / total_click));
            System.out.println(String.format("Womens click ratio is %.3f",
            ((double) womens_click) / total_click));
        }
    }

    public void cleanup() {
        System.out.println("The final results:");
        Iterator<Entry<String, AtomicInteger>> iter = this.counterMap.
        entrySet().iterator();
        while (iter.hasNext()) {
            Entry<String, AtomicInteger> entry = iter.next();
            System.out.println(entry.getKey() + "\t:\t" + entry.getValue().get());
        }
    }


    public void declareOutputFields(OutputFieldsDeclarer declarer) {
        // TODO Auto-generated method stub
        declarer.declare(new Fields("click", "count"));
    }

}
```

上述代码的主要任务是按照不同商品的类别进行聚集和统计，实时地计算出每个分类点击的占比。完整的代码示例可以参考如下的 Maven 工程，你可以将其下载并导入到 Eclipse 的 workspace 中：

https://github.com/shuang790228/BigDataArchitectureAndAlgorithm/tree/master/ UserBehaviorTracking/SelfDesign/storm-kafka

在该 Maven 工程的 pom.xml 文件中还要设置必需的 Storm 和 Kafka 依赖包：

```
<!-- https://mvnrepository.com/artifact/org.apache.storm/storm-core -->
    <dependency>
    <groupId>org.apache.storm</groupId>
    <artifactId>storm-core</artifactId>
    <version>1.0.2</version>
    <scope>provided</scope>
    </dependency>
```

```
<dependency>
<groupId>org.apache.storm</groupId>
    <artifactId>storm-kafka</artifactId>
<version>1.0.2</version>
</dependency>

<!-- https://mvnrepository.com/artifact/org.apache.kafka/kafka_2.11 -->
<dependency>
<groupId>org.apache.kafka</groupId>
<!-- <artifactId>kafka_2.11</artifactId>
<version>0.9.0.0</version> -->
<artifactId>kafka_2.9.2</artifactId>
<version>0.8.2.1</version>
<exclusions>
    <exclusion>
        <groupId>org.apache.zookeeper</groupId>
        <artifactId>zookeeper</artifactId>
    </exclusion>
    <exclusion>
        <groupId>log4j</groupId>
        <artifactId>log4j</artifactId>
    </exclusion>
</exclusions>
</dependency>
```

　　你可能还有一个疑问：如何在 Storm 集群上运行这个 Java 程序呢？你所要做的就是运行 Maven build 或 Maven install 构建一个 jar 包，如图 11-35 所示。然后，使用如下的命令将编译后的 jar 包提交给 Storm 集群：

```
[huangsean@iMac2015:/Users/huangsean/Coding]storm jar /Users/huangsean/Coding/
eclipse-jee-neon/workspace/storm-kafka/target/storm-kafka-0.0.1-SNAPSHOT.jar Storm_
Kafka.storm_kafka.MyKafkaLogTopology iMac2015
```

　　如果一切顺利，拓扑的 jar 包将不停地运行，进行流式计算，直到你主动将其停止。在 Supervisor 机器的 Storm 主目录 /logs/workers-artifacts/ 中，你会发现如图 11-36 所示的 worker.log 日志文件。打开它，你会看到来自 Java 代码的一些输出。图 11-37 显示了 click-extractor 输出结果的一些样例。图 11-38 则显示了 click-counter 输出结果的样例，各商品分类的点击不断地发生着变化，达到了实时分析的效果。

　　现在，我们已经介绍了自主设计方案的所有要点。值得一提的是，不同的解决方案可能不会相互冲突。设计混合的架构是完全可能的，例如结合批量处理系统和实时系统，甚至是结合自主设计的方案和第三方的解决方案，如图 11-39 所示。如果开发成本及系统性能在可以接受的范围之内，那么这样做的好处在于可以加强不同系统间的相互校验，提升数据的可靠性。

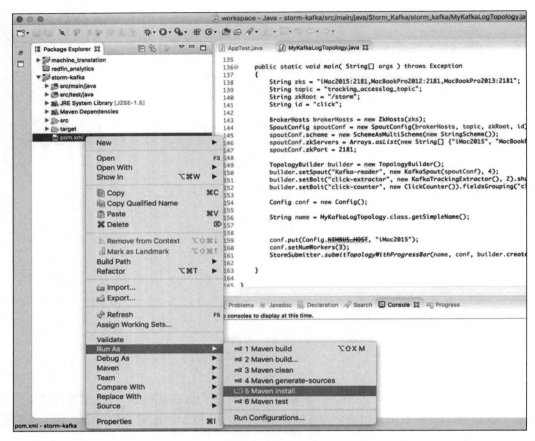

图 11-35 通过 Eclipse 中的 Maven 插件构建 jar 包

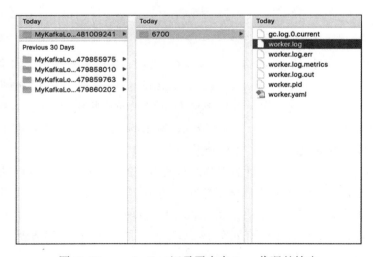

图 11-36 worker.log 记录了来自 Java 代码的输出

```
[INFO] Receive[Kafka -> extractor]192.168.1.28 - ~ [02/Dec/2016:11:22:52 -0800] "GET /tracking/click?loadpage=true HTTP/1.0" 2
[INFO] Receive[Kafka -> extractor]0:0:0:0:0:0:0:1 - ~ [18/Nov/2016:12:24:57 -0800] "GET /tracking/list.html HTTP/1.1" 200 2782
[INFO] Receive[Kafka -> extractor]192.168.1.48 - ~ [02/Dec/2016:11:23:05 -0800] "GET /tracking/list-ga.html HTTP/1.1" 304 -
[INFO] Receive[extractor -> counter]total_click : 0
[INFO] Receive[Kafka -> extractor]192.168.1.48 - ~ [02/Dec/2016:11:23:15 -0800] "GET /tracking/list-ga.html HTTP/1.1" 200 5328
[INFO] Receive[Kafka -> extractor]0:0:0:0:0:0:0:1 - ~ [18/Nov/2016:13:49:41 -0800] "GET /tracking/list.html HTTP/1.1" 200 4576
[INFO] Receive[Kafka -> extractor]192.168.1.48 - ~ [02/Dec/2016:11:23:31 -0800] "GET /tracking/click?category=Main%20Catalog&a
[INFO] Check statistics map: {total_click=0}
[INFO] Receive[extractor -> counter]total_click : 0
[INFO] Receive[Kafka -> extractor]192.168.1.48 - ~ [02/Dec/2016:11:25:11 -0800] "GET /tracking/click?loadpage=true HTTP/1.1" 2
[INFO] Receive[Kafka -> extractor]0:0:0:0:0:0:0:1 - ~ [18/Nov/2016:13:50:16 -0800] "GET /tracking/list.html HTTP/1.1" 200 4569
[INFO] Receive[Kafka -> extractor]192.168.1.48 - ~ [02/Dec/2016:11:30:24 -0800] "GET /favicon.ico HTTP/1.1" 200 21630
[INFO] Check statistics map: {total_click=0}
[INFO] Receive[Kafka -> extractor]192.168.1.48 - ~ [02/Dec/2016:11:30:25 -0800] "GET /tracking/click?category=Main%20Catalog&a
[INFO] Receive[Kafka -> extractor]0:0:0:0:0:0:0:1 - ~ [18/Nov/2016:13:52:35 -0800] "GET /tracking/list.html HTTP/1.1" 200 4537
[INFO] Receive[Kafka -> extractor]192.168.1.48 - ~ [02/Dec/2016:11:31:01 -0800] "GET /favicon.ico HTTP/1.1" 200 21630
[INFO] Receive[extractor -> counter]total_click : 0
```

图 11-37　click-extractor 的输出

```
[INFO] Receive[extractor -> counter]total_click : 1
[INFO] Check statistics map: {Mens_click=14, Womens_click=35, total_click=99, Kids_click=10}
[INFO] Kids click ratio is 0.101
[INFO] Mens click ratio is 0.141
[INFO] Womens click ratio is 0.354
[INFO] Receive[extractor -> counter]Mens_click : 1
[INFO] Check statistics map: {Mens_click=15, Womens_click=35, total_click=99, Kids_click=10}
[INFO] Kids click ratio is 0.101
[INFO] Mens click ratio is 0.152
[INFO] Womens click ratio is 0.354
[INFO] Receive[extractor -> counter]total_click : 1
[INFO] Check statistics map: {Mens_click=15, Womens_click=35, total_click=100, Kids_click=10}
[INFO] Kids click ratio is 0.100
[INFO] Mens click ratio is 0.150
[INFO] Womens click ratio is 0.350
[INFO] Receive[extractor -> counter]Womens_click : 1
[INFO] Check statistics map: {Mens_click=15, Womens_click=36, total_click=100, Kids_click=10}
[INFO] Kids click ratio is 0.100
[INFO] Mens click ratio is 0.150
[INFO] Womens click ratio is 0.360
```

图 11-38　click-countor 的输出

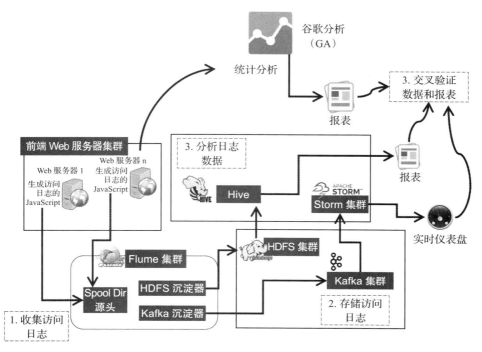

图 11-39　行为跟踪系统的混合架构设计

11.6　更多的思考

　　"感谢小明哥这么详细的讲解，看来貌似简单的用户行为分析，还囊括了不少学问呢。我还有个问题，那就是可不可以让前端直接将行为数据发送到 Kafka，而无须等待 Flume 收集呢？这样岂不是更快？"

　　"很好的问题，技术上确实是可行的。不过，这也意味着还需要设计和实现额外的代码，将前端的行为日志直接发送到 Kafka，增加了系统的复杂性和维护成本。还有一种可能更好的做法是，自己实现一个套日志记录的 API，让前端或其他客户端往其中写入数据。只要 API 接口保持不变，那么使用方的成本就可以最小化。与此同时，API 内部的实现也可以不断地演化，保证来自前端的数据可以和各种处理方式无缝的对接，这点和第 4、5 章提到的搜索 API 层相仿。当然，在生产环境中也许不存在最优秀的架构模板，而是需要根据实际业务的需求，具体情况具体分析，找到最合适的路线。"

后　记

　　时光荏苒，岁月如梭，转眼间又是一个春天，夕阳透过薄薄的窗帘，懒懒散散地洒入屋内。当一缕光线偷偷地爬到杨大宝的眼角时，他睁开了朦胧的双眼。一看挂钟，已经是下午5点了。创业一年多以来，他和他的团队就没有好好休息过。在今天凌晨公司大促圆满结束之后，他也第一次申请了休假，一方面是想调整身心，另一方面也是想对自己创业的一年进行总结。这一觉，大宝睡得很踏实。

　　起床后，大宝冲了一杯咖啡，斜坐在躺椅上，悠悠地回顾了工作、生活和奋斗的点点滴滴。他深深感到自己在大数据领域的积累正在逐渐增多。当然，大宝绝不会忘记引领自己进入大数据领域的导师：表哥黄小明。在《大数据架构商业之路》的历险中，大宝从一开始的大数据盲，到对基础知识的了解，再到技术方案的整体设计，都离不开小明的悉心指导。而在《大数据架构和算法实现之路》的这次历险中，小明更是分享了许多宝贵的实践经验和心得。可以说，没有小明的付出，大宝和他的团队就不能撑起整个公司的业务发展。一想到这里，大宝写了一封长长的感谢信，告诉小明他是如何学以致用，将公司的业务持续扩大的。

　　第二天，大宝收到了小明的回信：

　　"大宝，你好。

　　好久不见，最近可好？

　　听说你们公司发展得很顺利，我也很高兴。看来我之前关于大数据的经验之谈，还是起了一定的作用。我也看到，你能活学活用，为公司设计的几个方案相当不错，其中不少地方都体现了你的创新精神，难能可贵！加油吧，年轻人，相信你们的前景会更美好，说不定哪天你会为你们公司上市而敲钟呢。

　　至于我，目前还要在美国继续深造，学成之后，再回到祖国，毕竟中国互联网的机会还有很多，希望到时候我们还有合作的机会！"

　　大宝看完微微一笑，回复了5个字"等你好消息！"

　　（全书完）

推荐阅读

推 荐 阅 读

推荐阅读